童铠（1931.9.12–2005.8.10），江苏省泰州市人。1950年加入中国共产党，中国空间技术研究院研究员，中国工程院院士。

1952年毕业于山东大学电机系。1959年毕业于苏联列宁格勒电信工程学院，获副博士学位后回国。1961年起在航天部门主持多项国家重点工程研制工作。

我国卫星测控、定位和信息处理领域的主要学术带头人和北斗双星导航定位系统建设的主要发起人之一。从事航天事业45年，长期工作在工程第一线，为航天事业作出了重大贡献。参加并负责研制成功我国第一部精密制导多普勒相参雷达；先后担任副总设计师、总设计师参加并主持研制成功我国第一颗地球静止轨道同步通信卫星微波测控系统；任总设计师参加并主持研制成功我国第一座地球静止轨道气象卫星指令与数据获取站（CDAS）；作为双星导航课题负责人，参加并领导完成了课题预研、关键技术攻关、星地大系统可行性方案论证工作，该系统最终通过国家工程立项，被命名为北斗一号卫星导航定位系统；之后，担任北斗一号地面应用系统总设计师，参加并领导完成了该系统的建设；指导并亲自开展了新一代卫星导航系统发展途径的研究和方案论证工作，为我国新一代卫星导航系统通过国家工程立项作出了新的突出贡献。

1978年获全国科学大会奖；1985年获国家科技进步特等奖，并荣立航天工业部一等功；1999年获国家科技进步三等奖；2004年获国家科技进步一等奖。

● 我国双星导航定位系统主要发起人(左起:陈芳允、童铠)

● 完成卫星测控任务后回京受到欢迎(左二为张钧部长)

● 在FY-2 CDAS交付使用仪式上(左起:童铠、许建民)

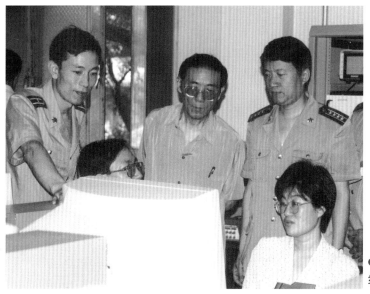
● 在北斗一号卫星导航应用系统地面总站了解和指导工作

● 在北京450卫星测控站

● 在FY-2 CDAS接收大厅（左起：董力、童铠、范士明）

● 在苏联列宁格勒电信工程学院获得副博士学位，与导师合影

● 在国际学术会议上作报告

● 和学生们聚会

童铠院士文集

中国宇航出版社
·北京·

版权所有　侵权必究

图书在版编目(CIP)数据

童铠院士文集/童铠著. —北京:中国宇航出版社,2007.7
ISBN 978-7-80218-289-9

Ⅰ.童... Ⅱ.童... Ⅲ.①无线电遥测术—文集②无线电遥控—文集③卫星导航—文集　Ⅳ.TP87-53　TN967.1-53

中国版本图书馆 CIP 数据核字(2007)第 107925 号

责任编辑	张艳艳　陈卫红	责任校对	祝延萍
责任印制	任连福	装帧设计	03 工舍

出版发行　**中国宇航出版社**

社　址	北京市阜成路 8 号	邮编	100830
	(010)68768548		
网　址	www.caphbook.com　www.caphbook.com.cn		
经　销	新华书店		
发行部	(010)68371900　(010)88530478(传真)		
	(010)68768541　(010)68767294(传真)		
零售店	读者服务部　北京宇航文苑		
	(010)68371105　(010)62529336		
承　印	北京智力达印刷有限公司		

版　次	2007 年 7 月第 1 版		
	2007 年 7 月第 1 次印刷		
规　格	787×1092		
开　本	1/16		
印　张	23.75		
字　数	590 千字		
书　号	ISBN 978-7-80218-289-9		
定　价	98.00 元		

本书如有印装质量问题,可与发行部联系调换

自强不息 务实创新

立军铠
二〇〇三.九.三十

序

童铠院士是我国著名的航天无线电测控、雷达和卫星应用专家，是我国卫星测控技术和卫星导航定位技术的主要开拓者之一，也是我国卫星测控、卫星导航定位和信息处理领域的学术带头人之一。

童铠院士1959年在苏联列宁格勒电信工程学院研究生毕业，获技术科学副博士学位，回国后从事航天技术领域无线电系统总体工作。早期从事连续波测速定位系统体制研究，并为后续工程研制奠定了基础。1974年主持完成了我国第一部精密制导脉冲多普勒相参雷达的研制，亲自解决了一系列关键技术难题。1980年参加并主持研制成功微波统一载波测控系统，用于我国第一颗地球静止轨道通信卫星测控，在全面提高系统整体性能、解决远距离快速捕获跟踪目标和角跟踪精度等难题方面发挥了关键作用。1997年任总设计师期间主持研制了我国第一座地球静止轨道气象卫星指令与数据获取站（CDAS），提出了该站的总体方案构思和工程研制途径，领导攻克了一系列关键技术。该站达到了20世纪90年代国际先进水平，成为世界上第四大站，他为此做出了突出贡献。

童铠院士从1984年开始致力于我国双星导航定位系统的前期研究和系统建设，参加并领导完成了系统预研、关键技术攻关和方案可行性论证等工作，并实现了该项目的国家工程立项。他曾担任北斗一号卫星导航工程地面应用系统总设计师，领导完成了具有自主知识产权、全新技术的北斗一号区域卫星导航定位应用系统的建设。他为我国建立第一代卫星导航定位系统做出了重大贡献。童铠院士还深入研究了我国卫星导航的未来发展问题，提出了有关建议，积极指导并亲自开展了详细的系统论证、方案设计和国际合作构想等工作。令人十分惋惜的是，在我国新型卫星导航系统加紧建设中，童铠院士却因积劳成疾，驾鹤西去了。

我和童铠院士共事多年，了解他的为人和工作作风。他学风正派、知识渊博、学术造诣深，善于跟踪、研究国际科技发展前沿，更善于创造性地实践，有丰富的工程实践经验和很强的解决问题的能力，他治学严谨、待人诚恳、团结协作、淡泊名利，重视人才培养，深得同事、合作者和学生们的尊敬与爱戴。45年来，他把自己毕生的精力奉献给了他所热爱的航天事业，并做出了重大贡献，他是无私奉献的楷模，他的逝世是我国航天事业的重大损失。

  本文集收集了童铠院士部分公开发表过的研究报告、论文及其他文章等。编辑出版《童铠院士文集》是一件有意义的事，从一个侧面反映了他为我国航天技术发展做出的贡献，同时将对促进我国航天技术的发展产生影响。

  谨以该文集的出版表达我们对童铠院士的深切怀念！

黄纬禄

2006年8月

目 录

正弦振荡频率短期稳定度问题及其测量方法 …………………………………………… 1

单脉冲雷达低仰角跟踪时多路径效应问题的分析与试验 ……………………………… 36

FFT 在 PD 雷达中截获与跟踪高速和高加速目标的应用 ……………………………… 73

大型微波测控设备北京地区校飞试验 …………………………………………………… 85

地面反射对空间等信号面的影响 ………………………………………………………… 103

由轨道根数求测站观察目标的位置及其有关偏导数计算 ……………………………… 109

CHINA'S SYSTEM OF TTC FOR LAUNCHING GEOSTATIONARY COMMUNICATIONS
    SATELLITE ……………………………………………………………………………… 129

A DIGITAL VELOCITY AND ACCELERATION DESIGNATION SYSTEM …………… 138

卫星导航定位系统的发展概况及其应用前景 …………………………………………… 144

RDSS 在迅速发展中 ……………………………………………………………………… 150

中国空间技术成就展望与对未来民用航空 CNS 系统可能提供的贡献 ………………… 155

双星快速定位通信系统入站信号快速捕获系统 ………………………………………… 160

给五○四所姚禹飞等同志的回信 ………………………………………………………… 173

双星快速定位系统原理 …………………………………………………………………… 174

卫星应用对各部门技术进步的促进作用 ………………………………………………… 189

对我国一些应用卫星频段选择问题的探讨 ……………………………………………… 194

全球移动通信"铱"系统计划 …………………………………………………………… 197

我国卫星移动通信导航定位及航天测控技术发展趋向研讨 …………………………… 201

我国应用卫星与卫星应用的发展前景 …………………………………………………… 207

NEW DESIGN CONCEPTION AND DEVELOPMENT OF THE SYNCHRONIZER/DATA BUFFER SYSTEM IN CDA STATION FOR CHINA'S GMS ………………………… 211

关于建设灾害测报监控系统的建议 ………………………………………… 228

THE PROPOSAL ABOUT CONSTRUCTING THE NATIONAL DISASTER MONITORING, FORECAST AND CONTROL SYSTEM ………………………… 236

参加国际民航组织 FANS 第二届委员会第二次会议情况汇报 …………… 244

我国卫星在未来航行中应用的设想 ………………………………………… 249

关于空间数据系统标准的建议书 CCSDS 501.0-B-1 "无线电测量和轨道数据" 介绍 ……………………………………………………………………… 252

我国数据中继卫星系统发展途径探讨 ……………………………………… 259

RAPID ACQUISITION OF LONG PSEUDO-NOISE SPREAD SPECTRUM CODES ……… 261

PRIMARY ANALYSIS OF DEVELOPMENT APPROACH TO CHINESE SATELLITE MOBILE COMMUNICATION ………………………………………… 272

中国卫星移动通信系统发展途径分析 ……………………………………… 284

我国卫星数字通信的发展 …………………………………………………… 295

导航定位卫星的现状与发展 ………………………………………………… 303

CHINESE SATELLITE MOBILE COMMUNICATIONS AND APMT …………… 308

风云二号气象卫星指令与数据获取站 ……………………………………… 317

对欧洲导航定位系统的考察报告 …………………………………………… 327

发展我国深空探测飞行器测控与通信初步设想 …………………………… 330

加强国防科普意识 …………………………………………………………… 337

无线电跟踪、遥测与遥控 …………………………………………………… 339

感念母校培育，汇报科研征程 ……………………………………………… 351

卫星导航系统对星载原子钟与星地时间同步技术的需求 ………………… 353

导航定位卫星 ………………………………………………………………… 357

附录　童铠院士生平活动年表 ……………………………………………… 367

正弦振荡频率短期稳定度问题及其测量方法[*]

0　引言

近来在研究正弦振荡长期稳定度的同时，频率短期稳定度问题日益为人们所重视，特别自研制高精度多普勒测速定位系统以来，这一问题更加引起我们极大的兴趣，由于系统测量精度对频率短期稳定度的要求很高，而要达到这样高的稳定度又涉及一系列元件的研制，例如振荡器、倍频器、高频放大器和混频器等，除此而外还涉及电波传播介质的一些随机特性。本文不打算论述这一方面的全部问题，仅就影响正弦振荡频率和相位抖动的一般物理特性及其数学表达式作简略介绍，分析中把带有频率和相位抖动的正弦振荡视为一调频波和调相波，其频率或相位受有规干扰或无规噪声调制，从而可以利用调频调相理论和信息论来处理这一过程。为了适应系统的需要和合理地降低对元件设备研制指标的要求我们提出了一种文献中不常见到的频率短期稳定度定义，并认为这一定义有助于统一各有关研制单位的语言，指引研制中改进元件性能的方向，以促进研制进度。最后，我们提出几种目前实际可行的测量短期稳定度的方法，并给出测试数据和结果分析。参加这一部分工作的有一支队四分队的钱襄、褚保初、姚素贞、侯茂堃、朱美娴、王鉴明、李齐来、韩天佑、杨荣华和张子禾等同志，由于我们水平有限，测试工作做得不多，错误和不确切的地方可能很多，请同志们严格提出批评意见。

1　正弦振荡频率和相位抖动的物理特性和数学表达式

1.1　正弦振荡频率和相位抖动的数学表达式

一个理想的正弦振荡的表达式是

$$u(t) = U_0 \sin(\omega_0 t + \varphi_0)$$

式中　U_0　——振幅；

ω_0　——角频率。

U_0 和 ω_0 都是常值，但当一个正弦振荡受到干扰时，或者说一个实际的正弦振荡，总

---

[*]　本文为作者在 1963 年中国电子学会全国年会上的报告。

是调幅调相波，于是

$$u(t) = U(t)\sin[\omega_0 t + \varphi(t)] = U(t)\sin\theta(t) \quad (1a)$$

而
$$\theta(t) = \omega_0 t + \varphi(t)$$

这里，$U(t)$ 及 $\varphi(t)$ 都是时间的函数，由于我们只研究频率和相位的抖动问题，下面分析中往往认为 $U(t)$ 就等于 U_0，这时

$$u(t) = U_0 \sin[\omega_0 t + \varphi(t)] = U_0 \sin\theta(t) \quad (1b)$$

式中　$\theta(t)$——t 时刻的瞬时相位值；

$\varphi(t)$——$\theta(t)$ 与理想正弦振荡瞬时相位 $\omega_0 t$ 的瞬时相位偏移值。

根据瞬时相位表达式可以立即写出其瞬时频率表达式，且有

$$\omega(t) = \frac{d}{dt}\theta(t) = \omega_0 + \frac{d}{dt}\varphi(t) = \omega_0 + \Delta\omega(t) \quad (2)$$

其中
$$\Delta\omega(t) = \frac{d}{dt}\varphi(t) = \omega(t) - \omega_0 \quad (3)$$

我们称 $\Delta\omega(t)$ 为瞬时频率偏移，它是瞬时频率 $\omega(t)$ 与额定频率 ω_0 之差，而且与瞬时相位偏移成微分关系。

以上关系同时示于图1。

$\varphi(t)$ 或 $\Delta\omega(t)$ 往往由两部分组成，一部分是有规变化，另一部分是无规变化。有规变化通常是由振荡发生器及其他电子电路中的电源频率和有规律振动所引起的寄生调制，这种干扰原则上是可以消除的，我们在实际工作中也做到了这一点；无规变化则是由电子器件中的起伏噪声和电波传播中的外界起伏干扰及介质常数无规变化所引起，它在原则上只能降低，不能消除，正弦振荡的短期稳定度最后就是由这部分干扰所限制，因此本文只对无规干扰进行分析。

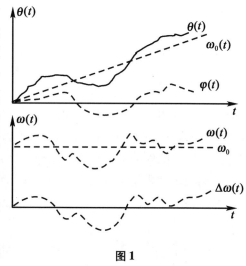

图1

对于无规相位或频率抖动，原则上又可分为两种类型的特性，一种是属于白噪声调频，振荡器噪声引起的频率抖动往往可近似地归于这一类；另一种属于白噪声调相，振荡通过其他电子器件或传播介质时，由这些器件中的起伏噪声或电气参数的随机变化所引起的附加调相即属于这一类。下面就按这两类来讨论。

1.2　白噪声调频、振荡器的噪声调制（只讲小调制指数）

1.2 节和 1.3 节在文献 [1] 中有详细的讨论和数学推导，本文只是引用其结果，白噪声调频即时间函数 $\Delta\omega(t)$ 呈白噪声特性，这好似用一个白噪声对频率为 ω_0 的正弦振荡进行调频，此调频白噪声频谱是均匀分布的，为简化分析计，设调频器的系数为1，调频

噪声均匀分布于从 0 到 ΔF 的通带内,该通带内调频噪声功率谱密度为 σ_Ω^2 [①],通带以外调频噪声功率谱密度为 0,因此总噪声功率为 $\sigma_\Omega^2 \Delta F$,而均方根频率偏移(有效频率偏移)$\Delta \omega_\theta$ 为

$$\Delta \omega_\theta = \sqrt{\overline{\Delta \omega (t)^2}} = \sigma_\Omega \sqrt{\Delta F}$$

由于对中心频率 ω_0 进行了白噪声调频,因此在载频两侧出现新的噪声边频带,且有功率谱密度为 $\sigma_N^2(\omega)$,设 $\omega - \omega_0 = \Omega$,$\dfrac{U_0^2}{2} = S^2$ 根据文献 [1] 结果[②]我们可以写出

在 $\dfrac{\Delta \omega_\theta}{\Delta \Omega} \gg 1$ 时,边带功率谱密度 $\sigma_N^2(\omega) = \sigma_N^2(\omega_0 + \Omega) = S^2 \dfrac{\sqrt{2\pi} e^{-\Omega^2/2\Delta \omega_\theta^2}}{\Delta \omega_\theta}$ (4)

边带半功率点角频率带宽之半

$$B_\Omega = \sqrt{2 \ln 2}\, \Delta \omega_\theta = 1.18 \Delta \omega_\theta = 1.18 \sigma_\Omega \sqrt{\Delta F} \tag{5}$$

在 $\dfrac{\Delta \omega_\theta}{\Delta \Omega} \ll 1$ 时,

$$\sigma_N^2(\omega) = \sigma_N^2(\omega_0 + \Omega) = S^2 \cdot \dfrac{2\pi \Delta \omega_\theta^2 / 2\Delta \Omega}{\left(\dfrac{\pi \Delta \omega_\theta^2}{2\Delta \Omega}\right)^2 + \Omega^2} = S^2 \dfrac{\dfrac{\sigma_\Omega^2}{2}}{\left(\dfrac{1}{4}\sigma_\Omega^2\right)^2 + \Omega^2} \tag{6}$$

$$B_\Omega = \dfrac{\pi \Delta \omega_\theta^2}{2\Delta \Omega} = \dfrac{1}{4}\sigma_\Omega^2 = 0.25 \sigma_\Omega^2 \tag{7}$$

以上结果示于图 2。

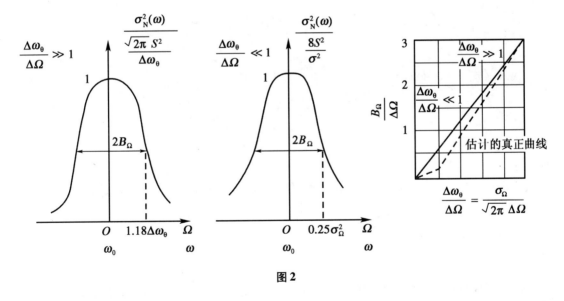

图 2

---

① 注:设负载电阻为 1Ω,功率和电压平方数值相同,功率谱密度是指单位带宽(Hz)内的噪声功率,也就是单位带宽内噪声电压的均方值。

② 注:由于本文单位和符号不同于原文献,故表达式需经过换算。

实际上调频噪声很弱,满足 $\frac{\Delta\omega_\theta}{\Delta\Omega}\ll 1$ 条件,因此式 (6)、式 (7) 成立,在这种情况下白噪声调频有以下几个特点:

a) 振荡功率分散于噪声边带内,中心载频上不集中能量;

b) 噪声边带宽度 $\frac{B_\Omega}{2\pi}$ 直接决定于调频噪声功率谱密度 σ_Ω^2,且为 $\frac{1}{8}\sigma_\Omega^2$;

c) 由于存在接近于零频的调制分量,其瞬时相位偏移 $\varphi(t)$ 随着 t 的增长趋向于无穷。

白噪声调频的最典型例子是振荡器中的噪声调制,不少文献[2-4]中都提出振荡器中噪声调制近似于白噪声调频,Edson 在文献 [4] 内曾提出一个单调谐回路的线性振荡器可等值于一个正反馈回路。其方框图示于图 3,$G(\omega)$ 是频率选择回路的传递函数,μ_0 是放大器增益,β 是用钨丝灯组成的桥式反馈回路,它自动调节增益等输出功率不变,$\sigma_N^1(\omega)$ 是噪声,且为常值 σ_N^1,显然可以写出

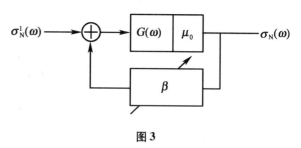

图 3

$$[\sigma_N^1(\omega) + \beta\sigma_N(\omega)]\mu_0 G(\omega) = \sigma_N(\omega)$$

$$\sigma_N(\omega) = \frac{\mu_0 G(\omega)\sigma_N^1(\omega)}{1-\beta\mu_0 G(\omega)} = \frac{\mu_0 \sigma_N^1}{\frac{1}{G(\omega)}-\beta\mu_0}$$

设

$$G(\omega) = \frac{1}{1+j\frac{2Q(\omega-\omega_0)}{\omega_0}}$$

代入上式

$$\sigma_N(\omega) = \frac{\mu_0 \sigma_N^1}{(1-\beta\mu_0)+j\frac{2Q(\omega-\omega_0)}{\omega_0}} = \frac{\omega_0\mu_0\sigma_N^1/2Q}{\frac{\omega_0(1-\beta\mu_0)}{2Q}+j\Omega}$$

$$\sigma_N^2(\omega) = \frac{(\omega_0\mu_0\sigma_N^1/2Q)^2}{[\frac{\omega_0(1-\beta\mu_0)}{2Q}]^2+\Omega^2} \tag{8}$$

比较式 (6) 与式 (8) 可以看出,两者的边带功率谱密度是一致的而且有

$$B_\Omega = \frac{\omega_0(1-\beta\mu_0)}{2Q} \tag{9}$$

和

$$\sigma_\Omega^2 = 4B_\Omega = \frac{2\omega_0(1-\beta\mu_0)}{Q} \tag{10}$$

由此可见,边带噪声带宽和调频噪声功率谱密度是与振荡器回路参数有关的数值,有些文献指出,当振荡器输出存在谐振回路时,其调频噪声功率谱将不会有多大变化,只是调频噪声带宽 ΔF 有所减小,对于其他类型的正弦波振荡器,以上分析的原理基本上也是适用的。

1.3 白噪声调相,电波传播、放大、倍频中的噪声调制

白噪声调相就是说时间函数 $\varphi(t)$ 呈白噪声特性,这好似用一个白噪声对频率的 ω_0 的正弦波调相,同 1.2 节一样假设调相器系数为 1,调相噪声均匀分布于 0 到 ΔF 的通带以内,通带 ΔF 内调相噪声功率谱密度为 σ_ϕ^2,通带以外调相噪声功率谱密度为 0,因此总相位噪声功率为 $\sigma_\phi^2 \Delta F$,而均方根相位偏移 $\Delta\varphi_\theta$(有效调制指数)为

$$\Delta\varphi_\theta = \sqrt{\varphi(t)^2} = \sigma_\phi \sqrt{\Delta F}$$

根据文献 [1] 的推导可以写出

在 $\Delta\varphi_\theta \gg 1$ 时,

$$\sigma_N^2(\omega) \approx S^2 \left[e^{-\Delta\varphi_\theta^2} \delta(\Omega) + \frac{e^{-\frac{\Omega^2}{2\Delta\varphi_\theta^2 \Delta\Omega^2/3}}}{(2\pi \Delta\varphi_\theta^2 \Delta F^2/3)^{\frac{1}{2}}} \right] \tag{11}$$

$$B_\phi = \sqrt{\frac{2\ln 2}{3}} \Delta\varphi_\theta \Delta\Omega = 0.68 \Delta\varphi_\theta \Delta\Omega = 4.27 \sigma_\phi \Delta F^{\frac{3}{2}} \tag{12}$$

在 $\Delta\varphi_\theta \ll 1$ 时,

$$\sigma_N^2(\omega) = S^2 \left[e^{-\Delta\varphi_\theta^2} \delta(\Omega) + \frac{\Delta\varphi_\theta^2}{2\Delta F} e^{-\Delta\varphi_\theta^2} \right]$$

$$= S^2 \left[\delta(\Omega) + \frac{\sigma_\phi^2}{2} \right] e^{-\Delta\varphi_\theta^2}, \quad F \leq \Delta F \tag{13}$$

$$= 0 \quad , \quad F > \Delta F$$

以上结果示于图 4。

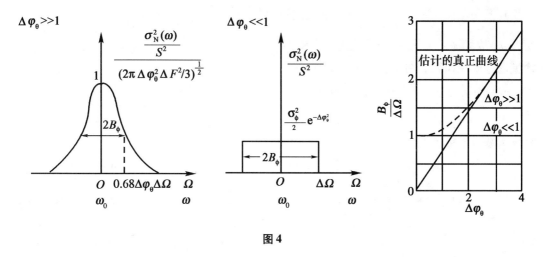

图 4

实际上调相噪声很弱,满足 $\Delta\varphi_\theta \ll 1$ 的条件,因此式(13)成立,而且可以进一步认为 $e^{-\Delta\varphi_\theta^2} \approx 1$,这时

$$\sigma_N^2(\omega) \approx S^2 \left[\delta(\Omega) + \frac{\sigma_\phi^2}{2} \right], \quad F \leq \Delta F$$

$$= 0 \quad , \quad F > \Delta F \tag{14}$$

白噪声调相有以下几个特点：

a) 式 (14) 内存在 $\delta(\Omega)$ 函数，在 $\Omega \to 0$ 或 $\omega \to \omega_0$ 时，$\delta(\Omega)$ 趋近于无穷，且在 Ω 轴上所占面积为 1，由此可见振荡功率绝大部分集中于载频 ω_0 上；

b) 边带噪声带宽 B_ϕ 直接决定于调相噪声带宽，而且 $\dfrac{B_\phi}{2\pi}$ 就等于 ΔF；

c) 瞬时相位偏移 $\varphi(t)$ 呈白噪声特性，其平均值为 0，始终围绕 0 作起伏变化，不随 t 之增长而增大。

一个正弦振荡通过传播介质和各种电子电路时（如放大器、倍频器和混频器等）总是会产生附加的相位调制的，这种附加调制大体可分为两种情况，一种是由于传播介质和电路的相移特性有随机变化，因之输出端振荡的相位就产生相应的相位随机变化；另一种是由于介质和电路中的噪声叠加在正弦振荡上，引起振荡的寄生调幅和调相，从而这影响了振荡的相位稳定性或者说降低了振荡的频率短期稳定度，对于第一种情况不用多说，对第二种情况我们下面分析一下。见图 5。

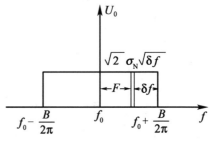

设理想振荡为
$$u(t) = U_0 \sin \omega_0 t = \sqrt{2} S \sin \omega_0 t$$

其上叠加之噪声具有 $\dfrac{2B}{2\pi}$ 通带，其功率谱密度为 σ_N^2 取频率为 $\omega_0 + \Omega$ 处带宽为 δf 内之噪声分量进行单独研究，可近似地认为该分量为
$$n(t) = \sqrt{2}\, \sigma_N \sqrt{\delta f} \sin[(\omega_0 + \Omega) t + \varphi_\Omega]$$

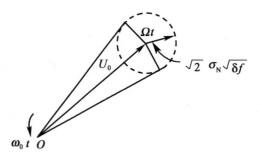

图 5

这时

$$\begin{aligned}
u(t) + n(t) &= U_0 \sin \omega_0 t + \sigma_N \sqrt{2\,\delta f} \sin[(\omega_0 + \Omega) t + \varphi_\Omega] \\
&= U_0 \sin \omega_0 t + \sigma_N \sqrt{2\,\delta f} [\sin \omega_0 t \cos(\Omega t + \varphi_\Omega) + \cos \omega_0 t \sin(\Omega t + \varphi_\Omega)] \\
&= U_0 \left[1 + \frac{\sigma_N \sqrt{2\,\delta f}}{U_0} \cos(\Omega t + \varphi_\Omega)\right] \sin \omega_0 t + \sigma_N \sqrt{2\,\delta f} \sin(\Omega t + \varphi_\Omega) \cos \omega_0 t \\
&= \sqrt{U_0^2 \left[1 + \dfrac{\sigma_N \sqrt{2\,\delta f}}{U_0} \cos(\Omega t + \varphi_\Omega)\right]^2 + 2\sigma_N^2 \delta f} \\
&\quad \sin\left\{\omega_0 t + \cot \dfrac{\sigma_N \sqrt{2\,\delta f} \sin(\Omega t + \varphi_\Omega)}{U_0\left[1 + \dfrac{\sigma_N \sqrt{2\,\delta f}}{U_0}\cos(\Omega t + \varphi_\Omega)\right]}\right\}
\end{aligned}$$

由于噪声分量远远小于正弦振荡振幅，即 $\sigma_N 2\,\delta f \ll U_0$，上式可以简化

$$u(t)+n(t) \approx U_0\left[1+\frac{\sigma_N \sqrt{2\delta f}}{U_0}\cos(\Omega t+\varphi_\Omega)\right]\sin\left[\omega_0 t+\frac{\sigma_N \sqrt{2\delta f}}{U_0}\sin(\Omega t+\varphi_\Omega)\right]$$
(15)

由式（15）可见，由于单一噪声分量叠于正弦振荡，引起了寄生调幅和调相，而且可近似地认为是线性转换，调制频率是噪声边带中该分量频率与中心频率 ω_0 之差值，其调制指数都为 $\frac{\sigma_N \sqrt{2\delta f}}{U_0}$。由于在小噪声情况下，以上转换可近似地认为是线性的，其他噪声分量可以同样进行线性转换并且最后相互叠加，由此可以得出结果，寄生调相函数之频谱内均匀分布于 $-B/2\pi$ 到 $+B/2\pi$ 带宽之内，考虑到正负频率的同类项可以归并，由于噪声上下边带各分量是相互独立的，归并时是均方相加，我们可以写出：

$$\sigma_\phi^2 = 2\left(\frac{\sigma_N\sqrt{\delta f}}{U_0}\right)^2/\delta f = \frac{2\sigma_N^2}{U_0^2}=\frac{\sigma_N^2}{S^2}, \quad F\leqslant B/2\pi 内$$
$$= 0 \quad , \quad F>B/2\pi 内$$
(16)

式（16）与式（14）是相似的，其共同特性是 $\Delta F = B/2\pi$，但式（16）中之 σ_ϕ^2 使式（14）之结果小 1 倍，这是由于在反变换过程中，上下噪声边带是互相独立的，因此只有一半噪声功率转换为相位调制，另一半噪声功率转换为幅度调制了。

2 频率短期稳定度与调制噪声功率谱密度的关系

2.1 瞬时频率、平衡频率与频率短期稳定度的关系[5]

在研究频率短期稳定度时首先应该有一个正确的适合我们研制工作需要的频率短期稳定度定义，可惜在一般文献中这一定义是混乱的，为此我们先简单回顾一下多普勒测速定位系统对频率短期稳定度所要求的具体意义。

多普勒测速系统的基本工作原理示于图6，发射机发出正弦振荡，其瞬时相位为 $\theta(t)$，电磁波在空间传播时产生时间延迟，延迟值为 $\frac{R(t)}{C}$，其中 $R(t)$ 是时间函数，它反映飞行器距发射机和接收机的距离之和，C 为光速，因此接收振荡之瞬时相位为 $\theta\left[t-\frac{R(t)}{C}\right]$，然后将收发二信号差拍检出 $\theta(t)-$

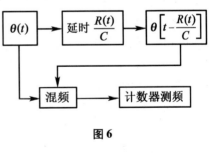

图6

$\theta\left[t-\frac{R(t)}{C}\right]$，再用计数器测频，测频方法是在一定时间间隔 Δt 内，测定其相位变化量 $\Delta\theta$（实际是在一定相位变化量 $\Delta\theta$ 内测定其时间间隔 Δt），从而求出多普勒角频率 $\overline{\Omega}$

$$\overline{\Omega}=\frac{\Delta\theta}{\Delta t}$$

这一过程同时反映于图 7（a）上，设 $\theta(t) = \omega_0 t$，则 $\theta\left[t - \dfrac{R(t)}{C}\right] = \omega_0\left[t - \dfrac{R(t)}{C}\right]$，这两者差拍后为 $\omega_0 \dfrac{R(t)}{C}$，然后在 t_3、t_4 间测定其相位变化量，这一方法完全等值于在 t_3 到 t_4 内分别测定 $\theta(t)$ 及 $\theta\left[t - \dfrac{R(t)}{C}\right]$ 的变化量，然后再两者相减。

这时，$\overline{\Omega} = \dfrac{\omega_0}{C} \dfrac{R(t_4) - R(t_3)}{t_4 - t_3} = \dfrac{\omega_0}{C} \dfrac{R(t_4) - R(t_4 - \Delta t)}{\Delta t} = \dfrac{\omega_0}{C} \overline{V}(t_4)$

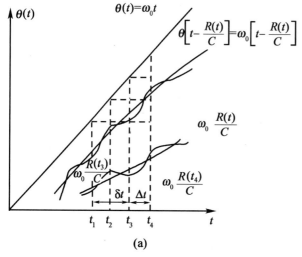 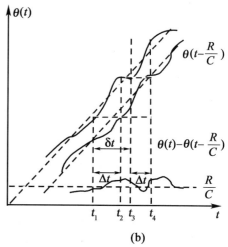

图 7

由此可见，多普勒频率完全反映了飞行器的速度信息，但这只是在理想情况下如此，如果发射频率存在抖动，信号传播和通过电路设备时产生附加调相，则测量会产生误差，图 7（b）反映了由于发射振荡存在相位抖动所引起的测量误差，图中为简化计设 $R(t) = R$，即 $V(t) = 0$，这时理应 $\overline{\Omega} = 0$，但测出结果却不为 0，这一误差量的根源是 t_1 到 t_2 内相位变化量和 t_3 到 t_4 内相位变化量不等之故，因此这一误差是与 δt 及 Δt 有关的，δt 是电波传播时间，约为几个毫秒的数量级，Δt 是测频时间，约为几十毫秒的数量级，所以对于发射机内的各元件（包括主振、倍频等）提短期稳定度要求时应该反应 δt 及 Δt 的数值在内，至于对电波传播过程中，接收机、应答器等所产生的误差是与 δt 无关的，只与 Δt 有关，因而对这些条件下的稳定度定义则应有所不同。

为了与上述情况相适应，需要明确以下几个概念：

a) 瞬时相位及瞬时相位偏移

上面已经提出一个振荡波的表达式为

$$u(t) = U_0 \sin \theta(t) = U_0 \sin[\omega_0 t + \varphi(t)] \tag{1b}$$

式中 $\theta(t)$——该振荡在 t 时刻之瞬时相位；

ω_0——该振荡的额定频率；

$\varphi(t)$——该振荡在 t 时刻之瞬时相位偏移。

b) 瞬时频率及瞬时频率偏移

对瞬时相位微分可得

$$\omega(t) = \frac{\mathrm{d}}{\mathrm{d}t}\theta(t) = \omega_0 + \frac{\mathrm{d}}{\mathrm{d}t}\varphi(t) = \omega_0 + \Delta\omega(t) \tag{17}$$

$$\Delta\omega(t) = \frac{\mathrm{d}}{\mathrm{d}t}\varphi(t) \tag{18}$$

式中　$\omega(t)$ ——该振荡在 t 时刻的瞬时角频率；

$\Delta\omega(t)$ ——该振荡在 t 时刻的瞬时角频率偏移。

c) 平均频率及平均频率偏移

$$\overline{\omega(t)}_{\Delta t} = \frac{\theta(t+\frac{\Delta t}{2})-\theta(t-\frac{\Delta t}{2})}{\Delta t} = \omega_0 + \frac{\varphi(t+\frac{\Delta t}{2})-\varphi(t-\frac{\Delta t}{2})}{\Delta t}$$
$$= \omega_0 + \overline{\Delta\omega(t)}_{\Delta t} \tag{19}$$

$$\overline{\Delta\omega(t)}_{\Delta t} = \overline{\omega(t)}_{\Delta t} - \omega_0 = \frac{\varphi(t+\frac{\Delta t}{2})-\varphi(t-\frac{\Delta t}{2})}{\Delta t} \tag{20}$$

式中　$\overline{\omega(t)}_{\Delta t}$ ——该振荡在 t 时刻 Δt 内之平均角频率；

$\overline{\Delta\omega(t)}_{\Delta t}$ ——该振荡在 t 时刻 Δt 内之平均角频率偏移。

d) 平均频率短期偏移

$$\overline{\delta\omega(t)}_{\overline{\Delta t},\delta t} = \overline{\omega(t+\frac{\delta t}{2})}_{\Delta t} - \overline{\omega(t-\frac{\delta t}{2})}_{\Delta t}$$
$$= \overline{\Delta\omega(t+\frac{\delta t}{2})}_{\Delta t} - \overline{\Delta\omega(t-\frac{\delta t}{2})}_{\Delta t}$$
$$= \frac{[\varphi(t+\frac{\delta t}{2}+\frac{\Delta t}{2})-\varphi(t+\frac{\delta t}{2}-\frac{\Delta t}{2})]-[\varphi(t-\frac{\delta t}{2}+\frac{\Delta t}{2})-\varphi(t-\frac{\delta t}{2}-\frac{\Delta t}{2})]}{\Delta t}$$
$$= \frac{\delta t}{\Delta t}\frac{[\varphi(t+\frac{\Delta t}{2}+\frac{\delta t}{2})-\varphi(t+\frac{\Delta t}{2}-\frac{\delta t}{2})]-[\varphi(t-\frac{\Delta t}{2}+\frac{\delta t}{2})-\varphi(t-\frac{\Delta t}{2}-\frac{\delta t}{2})]}{\delta t}$$
$$= \frac{\delta t}{\Delta t}[\overline{\Delta\omega(t+\frac{\Delta t}{2})}_{\delta t} - \overline{\Delta\omega(t-\frac{\Delta t}{2})}_{\delta t}]$$
$$= \frac{\delta t}{\Delta t}[\overline{\omega(t+\frac{\Delta t}{2})}_{\delta t} - \overline{\omega(t-\frac{\Delta t}{2})}_{\delta t}] = \overline{\delta\omega(t)}_{\overline{\delta t},\Delta t}\frac{\delta t}{\Delta t} \tag{21}$$

式中　$\overline{\delta\omega(t)}_{\overline{\Delta t},\delta t}$ ——该振荡在 t 时刻 Δt 内的平均角频率的 δt 间隔内的短期偏移或简称平衡频率短期偏移。

e) 瞬时频率稳定度

$$S(t) = \frac{\Delta\omega(t)}{\omega_0} \tag{22}$$

式中　$S(t)$ ——该振荡在 t 时刻的瞬时频率稳定度。

f) 平均频率稳定度

$$S(t)_{\overline{\Delta t}} = \frac{\overline{\Delta\omega(t)}_{\Delta t}}{\omega_0} \tag{23}$$

式中 $S(t)_{\overline{\Delta t}}$——该振荡在 t 时刻 Δt 内平均频率稳定度。

g) 平均频率短期稳定度

$$S(t)_{\overline{\Delta t},\delta t} = \frac{\overline{\delta \omega(t)_{\overline{\Delta t},\delta t}}}{\omega_0} \tag{24}$$

式中 $S(t)_{\overline{\Delta t},\delta t}$——该振荡在 t 时刻 Δt 内的平均频率的 δt 间隔内的短期稳定度或简称为平均频率短期稳定度。

以下将以这些严格的定义来简述问题,其中平均频率短期稳定度 $S(t)_{\overline{\Delta t},\delta t}$ 适用于对多普勒测速系统发射机的主振、倍频功放等的研究,其中 Δt 是测频计数器的测量时间,δt 是来回程的电波传播时间,平均频率稳定度 $S(t)_{\overline{\Delta t}}$ 则适用于对该系统中不反映电波传播时间相关特性的元件、设备的研究。

由于 $\varphi(t)$ 是随机变量,因之以上各定义之参数也是随机变量,为此还必须再进行统计求均方根值,而在正态分布律的情况下,最大值的为统计均方根值的 3~5 倍,具体采用数值由限定最大值出现概率确定。

我们所研究的噪声对象,属于各态历经的平衡随机过程,所以下面的分析都是对各态历经的平稳随机过程而言,为了简化分析,避免过多的数学语言,下面运用几个基本概念。

设 $x(t)$ 为各态历经的平稳随机过程,则其相关函数为

$$R(t) = \widetilde{x(t)x(t-\tau)} = \lim \frac{1}{T} \int_{-\frac{T}{2}}^{\frac{T}{2}} x(t) x(t-\tau) \, \mathrm{d}t \tag{25}$$

$$= \int_0^\infty \sigma_x^2(F) \cos \Omega \tau \, \mathrm{d}F$$

$$R(0) = \widetilde{x^2(t)} = \int_0^\infty \sigma_x^2(F) \, \mathrm{d}F \tag{26}$$

式中 τ——相关时间;

$\sigma_x^2(F)$——$x(t)$ 的功率谱密度。

公式(25)和(26)可以用图 8 之等值方框图表示。利用等值运算方框图概念可以将一些复杂的处理用明确的物理概念来理解和推求结果,这虽不够严格,但结果是正确的,我们先来求 $\omega(t)$ 的统计平均值。

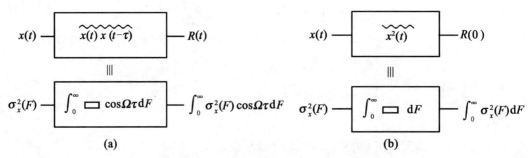

图 8

$$\begin{aligned}
\widetilde{\omega(t)}_{T\to\infty} &= \omega_0 + \widetilde{\Delta\omega(t)}_{T\to\infty} \\
&= \omega_0 + \lim_{T\to\infty} \frac{1}{T} \int_{t-\frac{T}{2}}^{t+\frac{T}{2}} \mathrm{d}\varphi(t) \\
&= \omega_0 + \lim_{T\to\infty} \frac{\varphi(t+\frac{T}{2}) - \varphi(t-\frac{T}{2})}{T} \\
&= \omega_0 + \overline{\Delta\omega(t)}_{T\to\infty} = \overline{\omega(t)}_{T\to\infty}
\end{aligned} \quad (27)$$

由此可见平均时间为∞之平均频率就是瞬时频率之统计平均值。

$$\begin{aligned}
\widetilde{[\omega(t)_{\Delta t}]}_{T\to\infty} &= \omega_0 + \widetilde{[\Delta\omega(t)_{\Delta t}]}_{T\to\infty} \\
&= \omega_0 + \lim_{T\to\infty} \frac{1}{T} \int_{t-\frac{T}{2}}^{t+\frac{T}{2}} \frac{\varphi(t+\frac{\Delta t}{2}) - \varphi(t-\frac{\Delta t}{2})}{\Delta t} \mathrm{d}t \\
&= \omega_0 + \lim_{T\to\infty} \frac{1}{T\Delta t} \left[\int_{t-\frac{T}{2}+\frac{\Delta t}{2}}^{t+\frac{T}{2}+\frac{\Delta t}{2}} \varphi(t)\, \mathrm{d}t - \int_{t-\frac{T}{2}-\frac{\Delta t}{2}}^{t+\frac{T}{2}-\frac{\Delta t}{2}} \varphi(t)\, \mathrm{d}t \right] \\
&= \omega_0 + \lim_{T\to\infty} \frac{1}{T\Delta t} \left[- \int_{t-\frac{T}{2}-\frac{\Delta t}{2}}^{t-\frac{T}{2}+\frac{\Delta t}{2}} \varphi(t)\, \mathrm{d}t + \int_{t+\frac{T}{2}-\frac{\Delta t}{2}}^{t+\frac{T}{2}+\frac{\Delta t}{2}} \varphi(t)\, \mathrm{d}t \right] \\
&= \omega_0 + \lim_{T\to\infty} \frac{1}{T\Delta t} \left[-\varphi(t-\frac{T}{2})\Delta t + \varphi(t+\frac{T}{2})\Delta t \right] \\
&= \omega_0 + \lim_{T\to\infty} \frac{\varphi(t+\frac{T}{2}) - \varphi(t-\frac{T}{2})}{T} \\
&= \omega_0 + \overline{\Delta\omega(t)}_{T\to\infty} = \overline{\omega(t)}_{T\to\infty}
\end{aligned} \quad (28)$$

此结果说明Δt内平均频率的统计平均值就等于平均时间为∞之平均频率。

$$\widetilde{[\delta\overline{\omega(t)}_{\Delta t,\delta t}]}_{T\to\infty} = \widetilde{[\omega(t+\frac{\delta t}{2})_{\Delta t}]}_{T\to\infty} - \widetilde{[\omega(t-\frac{\delta t}{2})_{\Delta t}]}_{T\to\infty} \quad (29)$$
$$= 0$$

这说明在平稳随机过程中，平均频率短期频移之统计平均值为0。

下面再分析上面各参数之统计均方值，分析时设 $\widetilde{\omega(t)}_{T\to\infty} = \overline{\omega(t)}_{T\to\infty} = \omega_0$ 或 $\widetilde{\Delta\omega(t)}_{T\to\infty} = \overline{\Delta\omega(t)}_{T\to\infty} = 0$，这在实际工作中意味着不存在固定的频率偏移额定值分量，或者认为这种固定频率偏移误差归入 ω_0 之内。

$$\begin{aligned}
\widetilde{[\omega(t)^2]}_{T\to\infty} &= \omega_0^2 + \widetilde{[\Delta\omega^2(t)]}_{T\to\infty} = \omega_0^2 + \int_0^\infty \sigma_\Omega^2(F)\, \mathrm{d}F \\
&= \omega_0^2 + \int_0^\infty \Omega^2 \sigma_\varphi^2(F)\, \mathrm{d}F
\end{aligned} \quad (30)$$

式中　$\sigma_\Omega^2(F)$——$\Delta\omega(t)$的功率谱密度；

$\sigma_\varphi^2(F)$——$\varphi(t)$的功率谱密度。

由于 $\Delta\omega(t) = \dfrac{\mathrm{d}}{\mathrm{d}t}\varphi(t)$，所以 $\sigma_\Omega(F) = \Omega\sigma_\varphi(F)$，知道了 $\sigma_\Omega^2(F)$ 或 $\sigma_\varphi^2(F)$，就可求出可瞬时频率稳定度之统计均方根值。

$$S = \sqrt{\widetilde{S(t)^2}} = \frac{\sqrt{\int_0^\infty \sigma_\Omega^2(F)\,\mathrm{d}F}}{\omega_0} = \frac{\sqrt{\int_0^\infty \Omega^2 \sigma_\phi^2(F)\,\mathrm{d}F}}{\omega_0} \tag{31}$$

$$\begin{aligned}
\left[\widetilde{\omega(t)^2_{\Delta t}}\right]_{T\to\infty} &= \omega_0^2 + \left[\Delta\widetilde{\omega(t)^2_{\Delta t}}\right]_{T\to\infty} \\
&= \omega_0^2 + \frac{1}{\Delta t^2}\left[\varphi\left(t+\frac{\Delta t}{2}\right) - \varphi\left(t-\frac{\Delta t}{2}\right)\right]^2_{T\to\infty} \\
&= \omega_0^2 + \frac{2}{\Delta t^2}\left[\widetilde{\varphi(t)^2}_{T\to\infty} - \widetilde{\varphi(t)\varphi(t-\Delta t)}_{T\to\infty}\right] \\
&= \omega_0^2 + \frac{2}{\Delta t^2}\int_0^\infty \sigma_\phi^2(F)(1-\cos\Omega\Delta t)\,\mathrm{d}F \\
&= \omega_0^2 + \frac{4}{\Delta t^2}\int_0^\infty \sigma_\phi^2(F)\sin^2\frac{\Omega\Delta t}{2}\,\mathrm{d}F \\
&= \omega_0^2 + \int_0^\infty \sigma_\Omega^2(F)\left(\frac{\sin\frac{\Omega\Delta t}{2}}{\frac{\Omega\Delta t}{2}}\right)^2\mathrm{d}F
\end{aligned} \right\} \tag{32}$$

式（32）同样可以用图9之等值运算方框图表示。

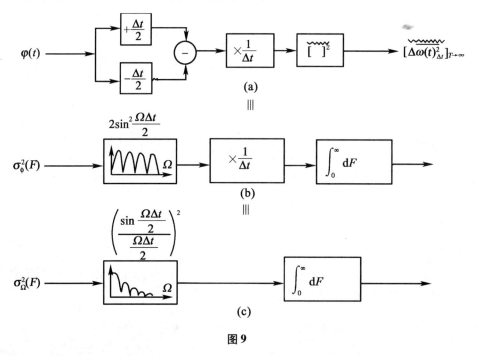

图 9

知道 $\sigma_\phi^2(F)$ 或 $\sigma_\Omega^2(F)$ 与 Δt 可以求出平均频率稳定度的统计均方根值

$$S_{\overline{\Delta t}} = \sqrt{\widetilde{S(t)^2_{\overline{\Delta t}}}} = \frac{2}{\omega_0 \Delta t}\sqrt{\int_0^\infty \sigma_\phi^2(F)\sin^2\frac{\Omega\Delta t}{2}\,\mathrm{d}F}$$

$$= \frac{1}{\omega_0} \sqrt{\int_0^\infty \sigma_\Omega^2(F) \left(\frac{\sin\frac{\Omega\Delta t}{2}}{\frac{\Omega\Delta t}{2}}\right)^2 dF} \tag{33}$$

最后我们来分析平均频率短期偏移之统计均方值

$$\overline{[\delta\omega(t)^2_{\overline{\Delta t},\delta t}]}_{T\to\infty} = \overline{\left[\Delta\omega(t+\frac{\delta t}{2})_{\overline{\Delta t}} - \Delta\omega(t-\frac{\delta t}{2})_{\overline{\Delta t}}\right]^2}_{T\to\infty}$$

$$= \overline{\left[\frac{\varphi(t+\frac{\delta t}{2}+\frac{\Delta t}{2}) - \varphi(t+\frac{\delta t}{2}-\frac{\Delta t}{2})}{\Delta t} - \frac{\varphi(t-\frac{\delta t}{2}+\frac{\Delta t}{2}) - \varphi(t-\frac{\delta t}{2}-\frac{\Delta t}{2})}{\Delta t}\right]^2}_{T\to\infty}$$

这一数学表达式可用图 10(a) 之运算方框图表示。

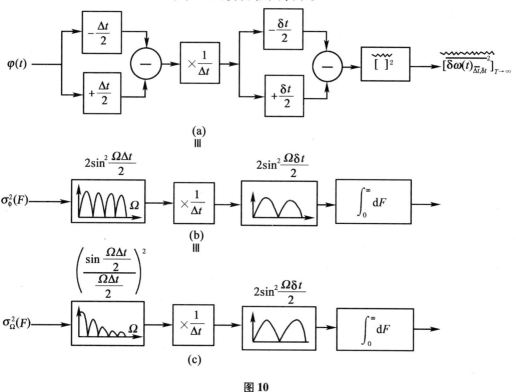

图 10

按图 9(a)、图 9(b)、图 9(c) 3 个方框图的等值不难画出等式对 $\sigma_\varphi^2(F)$ 及 $\sigma_\Omega^2(F)$ 运算之等值运算方框图，并示于图 10(b) 及图 10(c)，因此根据图 10(b) 及图 10(c) 可以写出以下的积分公式

$$\overline{[\delta\omega(t)^2_{\overline{\Delta t},\delta t}]}_{T\to\infty} = \frac{16}{\Delta t^2}\int_0^\infty \sigma_\varphi^2(F)\sin^2\frac{\Omega\Delta t}{2}\sin^2\frac{\Omega\delta t}{2}dF$$

$$= 4\int_0^\infty \sigma_\Omega^2(F)\left(\frac{\sin\frac{\Omega\Delta t}{2}}{\frac{\Omega\Delta t}{2}}\right)^2\sin^2\frac{\Omega\delta t}{2}dF \tag{34}$$

知道 $\sigma_\varphi^2(F)$ 或 $\sigma_\Omega^2(F)$ 以及 Δt 及 δt 后，可以求出平均频率短期稳定度之统计均方

根值。

$$
\begin{aligned}
S_{\overline{\Delta t},\delta t} &= \sqrt{\widetilde{S(t)^2_{\overline{\Delta t},\delta t}}} \\
&= \frac{4}{\omega_0 \Delta t}\sqrt{\int_0^{\infty}\sigma_{\phi}^2(F)\sin^2\frac{\Omega\Delta t}{2}\sin^2\frac{\Omega\delta t}{2}\mathrm{d}F} \\
&= \frac{2}{\omega_0}\sqrt{\int_0^{\infty}\sigma_{\Omega}^2(F)\left(\frac{\sin\frac{\Omega\Delta t}{2}}{\frac{\Omega\Delta t}{2}}\right)^2\sin^2\frac{\Omega\delta t}{2}\mathrm{d}F}
\end{aligned}
\tag{35}
$$

以上是求几种频率稳定度的一般表达式，下两节我们根据白噪声调频和白噪声调相这两种特殊情况进行具体求解。

2.2　调频噪声功率谱密度与频率短期稳定度的关系

设定 $\sigma_{\Omega}^2(F)=\sigma_{\Omega}^2=$ 常数，通带为 $0\sim\Delta F$，总频率噪声功率为 $N_{\Omega}^2=\sigma_{\Omega}^2\Delta F$。

根据式（30），可以求出

$$
\widetilde{[\Delta\omega^2(t)]}_{T\to\infty} = \int_0^{\Delta F}\sigma_{\Omega}^2\mathrm{d}F = \sigma_{\Omega}^2\Delta F \tag{36}
$$

$$
S = \frac{\sigma_{\Omega}\sqrt{\Delta F}}{\omega_0} = \frac{N_{\Omega}}{\omega_0} \tag{37}
$$

根据式（32），可以求出

$$
\begin{aligned}
\widetilde{[\Delta\omega(t)^2_{\overline{\Delta t}}]}_{T\to\infty} &= \int_0^{\Delta F}\sigma_{\Omega}^2\left(\frac{\sin\frac{\Omega\Delta t}{2}}{\frac{\Omega\Delta t}{2}}\right)^2\mathrm{d}F \\
&= \frac{\sigma_{\Omega}^2}{\pi\Delta t}\left[\mathrm{Si}(\Delta\Omega\Delta t) - \frac{\sin^2\frac{\Delta\Omega\Delta t}{2}}{\frac{\Delta\Omega\Delta t}{2}}\right]
\end{aligned}
\tag{38}
$$

$\mathrm{Si}(\Delta\Omega\Delta t)$ 为正弦积分函数，可查表求得。$\mathrm{Si}(\Delta\Omega\Delta t)$ 与 $\Delta\Omega\Delta t$ 关系示于图 11，在 $\Delta\Omega\Delta t\to\infty$ 时，$\mathrm{Si}(\Delta\Omega\Delta t)\to\frac{\pi}{2}$。

在 $\Delta F \gg \frac{1}{\Delta t}$ 时，式（38）可以简化为

$$
\widetilde{[\Delta\omega(t)^2_{\overline{\Delta t}}]}_{T\to\infty} \approx \frac{\sigma_{\Omega}^2}{2\Delta t} \tag{39}
$$

因此可得

$$
S_{\overline{\Delta t}} \approx \frac{\sigma_{\Omega}}{\sqrt{2\Delta t}\,\omega_0} \tag{40}
$$

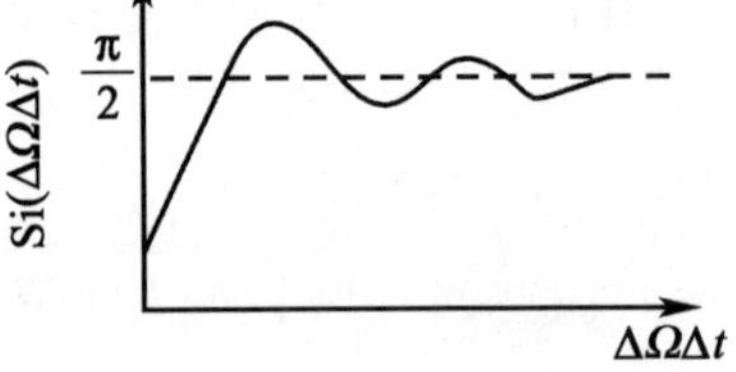

图 11

根据(34)式可以求出

$$\widetilde{[\delta\omega(t)^2_{\Delta t,\delta t}]}_{T\to\infty} = 2\int_0^{\Delta F}\sigma_\Omega^2\frac{\sin\frac{\Omega\Delta t}{2}}{(\frac{\Omega\Delta t}{2})^2}(1-\cos\Omega\delta t)\mathrm{d}F$$

在 $\Delta F\to\infty$ 的条件下（或者 $\Delta F\gg\frac{1}{\Delta t}$，$\Delta F\gg\frac{1}{\delta t}$ 时）

$$\widetilde{[\delta\omega(t)^2_{\Delta t,\delta t}]}_{T\to\infty} \approx \frac{\sigma_\Omega^2\delta t}{\Delta t^2}, \quad \delta t\leqslant\Delta t$$
$$\approx \frac{\sigma_\Omega^2}{\Delta t}, \quad \delta t\geqslant\Delta t \tag{41}$$

这时

$$S_{\overline{\Delta t,\delta t}} = \frac{\sigma_\Omega\sqrt{\delta t}}{\Delta t\omega_0}, \quad \delta t\leqslant\Delta t$$
$$= \frac{\sigma_\Omega}{\sqrt{\Delta t}\,\omega_0}, \quad \delta t\geqslant\Delta t \tag{42}$$

式（37）、式（40）及式（42）都很简单，这给计算振荡器频率稳定度时带来很大的方便。

最后再附带提一个问题，根据式（32）及式（39），在 $\Delta F\gg\frac{1}{\Delta t}$ 条件下

$$\widetilde{[\Delta\omega(t)^2_{\Delta t}]}_{T\to\infty} = \frac{1}{\Delta t^2}\widetilde{[\varphi(t+\frac{\Delta t}{2})-\varphi(t-\frac{\Delta t}{2})]^2}$$

$$= \frac{\sigma_\Omega^2}{2\Delta t}$$

$$\widetilde{\Delta t = \frac{2}{\sigma_\Omega^2}[\varphi(t+\frac{\Delta t}{2})-\varphi(t-\frac{\Delta t}{9})]^2}$$

在 $[\varphi(t+\frac{\Delta t}{2})-\varphi(t-\frac{\Delta t}{2})]^2 = 1$ 时，$\Delta t = T_C$

$$T_C = \frac{2}{\sigma_\Omega^2} \tag{43}$$

T_C 在有些文献[3]上称之为振荡器的相干时间，并有人建议先设法测出 T_C，从而可以求出 σ_Ω^2，但我们认为，这并不是很好的方法。

2.3 调相噪声功率谱密度与频率短期稳定度的关系

设定 $\sigma_\phi^2(F) = \sigma_\phi^2 = $ 常数，通带为 $0\sim\Delta F$，总相位噪声功率为 $N_\phi^2 = \sigma_\phi^2\Delta F$，根据式（30）可知

$$\widetilde{[\Delta\omega^2(t)]}_{T\to\infty} = \sigma_\phi^2\int_0^\infty\Omega^2\mathrm{d}F = \frac{1}{6\pi}\sigma_\phi^2\Delta\Omega^3 = \frac{\Delta\Omega^2}{3}N_\phi^2 \tag{44}$$

$$S = \frac{\Delta\Omega N_\phi}{\sqrt{3}\omega_0} \tag{45}$$

根据式（32）

$$\begin{aligned}
\widetilde{[\Delta\omega(t)^2_{\Delta t}]}_{T\to\infty} &= \frac{2\sigma^2_\phi}{\Delta t^2}\int_0^{\Delta F}(1-\cos\Omega\Delta t)\mathrm{d}F \\
&= \frac{2\sigma^2_\phi}{\Delta t^2}(\Delta F - \frac{1}{2\pi\Delta t}\sin\Delta\Omega\Delta t) \\
&= \frac{2N^2_\phi}{\Delta t^2}(1-\frac{1}{\Delta\Omega\Delta t}\sin\Delta\Omega\Delta t) \\
&\approx \frac{2N^2_\phi}{\Delta t^2}, \quad \Delta F\Delta t \gg 1 \\
&\approx \frac{\Delta\Omega^2}{3}N^2_\phi, \quad \Delta F\Delta t \ll 1
\end{aligned} \quad (46)$$

$$\begin{aligned}
S_{\overline{\Delta t}} &\approx \frac{\sqrt{2}N_\phi}{\Delta t\omega_0}, \quad \Delta F\Delta t \gg 1 \\
&\approx \frac{\Delta\Omega N_\phi}{\sqrt{3}\omega_0}, \quad \Delta F\Delta t \ll 1
\end{aligned} \quad (47)$$

根据式(34)

$$\begin{aligned}
\widetilde{[\delta\omega(t)^2_{\Delta t,\delta t}]}_{T\to\infty} &= \frac{16\sigma^2_\phi}{\Delta t^2}\int_0^{\Delta F}\sin^2\frac{\Omega\Delta t}{2}\sin^2\frac{\Omega\delta t}{2}\mathrm{d}F \\
&= \frac{4\sigma^2_\phi}{\Delta t^2}\int_0^{\Delta F}(1-\cos\Omega\Delta t - \cos\Omega\delta t + \cos\Omega\Delta t\cos\Omega\delta t)\mathrm{d}F \\
&= \frac{4\sigma^2_\phi}{\Delta t^2}[\Delta F - \frac{1}{2\pi\Delta t}\sin\Delta\Omega\Delta t - \frac{1}{2\pi\delta t}\sin\Delta\Omega\delta t + \frac{1}{4\pi(\Delta t-\delta t)} \\
&\quad \sin\Delta\Omega(\Delta t-\delta t) + \frac{1}{4\pi(\Delta t+\delta t)}\sin\Delta\Omega(\Delta t+\delta t)] \\
&= \frac{4N^2_\phi}{\Delta t^2}[1+\frac{\sin\Delta\Omega(\Delta t-\delta t)}{2\Delta t(\Delta t-\delta t)}+\frac{\sin\Delta\Omega(\Delta t+\delta t)}{2\Delta\Omega(\Delta t+\delta t)}-\frac{\sin\Delta\Omega\Delta t}{\Delta\Omega\Delta t}-\frac{\sin\Delta\Omega\Delta t}{\Delta\Omega\delta t}]
\end{aligned}$$
(48)

在 $\Delta t \gg \delta t$ 的条件下，与 ΔF 关系示 $\frac{4N^2_\phi}{\Delta t^2}$ 于图12，以 $\Delta F = \frac{1}{2\delta t}$ 为边界曲线基本可分为两种情况处理，因此

$$\begin{aligned}
\widetilde{[\delta\omega(t)^2_{\Delta t,\delta t}]}_{T\to\infty} &\approx \frac{4N^2_\phi}{\Delta t^2}, \quad \Delta F\delta t \gg 1 \\
&\approx \frac{4N^2_\phi}{\Delta t^2}(1-\frac{\sin\Delta\Omega\Delta t}{\Delta\Omega\Delta t}), \quad \Delta F\delta t \ll 1
\end{aligned} \quad (49)$$

$$\begin{aligned}
S_{\overline{\Delta t,\delta t}} &\approx \frac{2N_\phi}{\Delta t\omega_0}, \quad \Delta F\delta t \gg 1 \\
&\approx \frac{2N_\phi}{\Delta t\omega_0}\sqrt{1-\frac{\sin\Delta\Omega\Delta t}{\Delta\Omega\Delta t}}, \quad \Delta F\delta t \ll 1
\end{aligned} \quad (50)$$

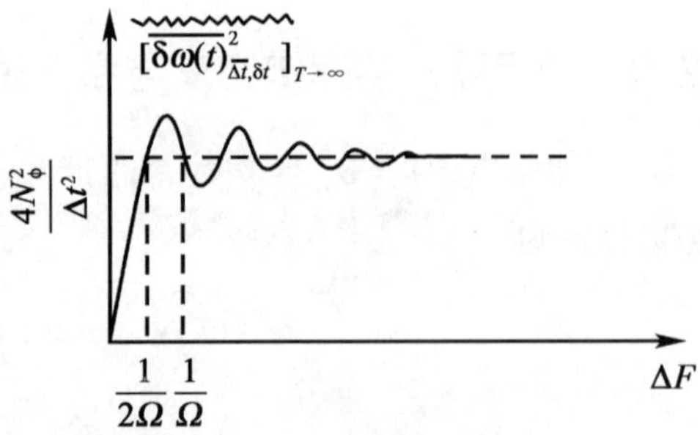

图12

由式(45)、式(47) 及式(50) 看，计算稳定度结果也并不复杂。

3 测量频率短期稳定度的几种方法

测量频率稳定度的方法很多，但是要满足短期稳定度测量要求，要达到很高的测量精度则不是每种方法都可以采用的，下面这4种方法最使我们感到兴趣，这就是：①用鉴频器检出调频噪声，进行频谱分析和计算；②用鉴相器检出调相噪声，进行频谱分析和计算；③直接对振荡边带进行频谱分析和计算；④用计数标准时标法对振荡零点间隔进行取样测量。

下面我们分别来讨论这几种方法。

3.1 用鉴频器检出调频噪声，进行频谱分析和计算

这一方法的中心思想是将 $\Delta\omega(t)$ 线性转换为噪声电压，然后对该电压进行频谱分析求出其功率谱密度，然后按第2部分提出的公式计算出频率稳定度，这一方法最适合于处理白噪声调频性质的振荡。因之用来测振荡器的频率稳定度很合适，其作用方框图示于图13。

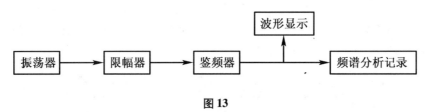

图13

被测振荡器输出经过限幅器，截去噪声的幅度调制（这不是必须的，不少鉴频器对噪声的幅度调制不敏感），然后进行鉴频，设输入到鉴频器的振荡为 $U_0 \sin[\omega_0 t + \varphi(t)]$，在鉴频器中心频率对准于 ω_0，则输出电压正比于 $\Delta\omega(t)$ 或 $\dfrac{d}{dt}\varphi(t)$，设鉴频器的灵敏度在输入振荡振幅为 U_0 下为 k_Ω，则输出电压 $u_\Omega(t)$ 为

$$u_\Omega(t) = k_\Omega \Delta\omega(t) = k_\Omega \frac{d}{dt}\varphi(t) \tag{51}$$

由于 $u_\Omega(t)$ 与 $\Delta\omega(t)$ 是线性关系，应具有白噪声特性，其功率谱密度分布 $\sigma^2_{u_\Omega}(\Omega)$ 应等于 $k^2_\Omega \sigma^2_\Omega(\Omega)$。

频谱分析器好似一个狭带滤波器，半功率点带宽很窄，一般只是几个赫兹，而 $\sigma^2_{u_\Omega}(\Omega)$ 随 Ω 之变化是比较缓慢的，因而在带宽内可视为常值，计算时滤波器通带特性可等值为矩形的，其等值带宽为 δF，因此输出电压（均方根值）为

$$U_{\delta\Omega}(\Omega) = \sigma_{u_\Omega}(\Omega)\sqrt{\delta F} = k_\Omega \sigma_\Omega(\Omega)\sqrt{\delta F}$$

知道 $U_{\delta\Omega}(\Omega)$，k_Ω 及 δF，从而可以求出

$$\sigma^2_\Omega(\Omega) = \frac{U^2_{\delta\Omega}(\Omega)}{k^2_\Omega \delta F} \tag{52}$$

测出 $\sigma_\Omega^2(\Omega)$ 分布不难使其近似为矩形分布,并决定噪声带宽 ΔF,定出 $\sigma_\Omega^2(\Omega)$ 及 ΔF 后,就可以按照式 (37)、式 (40) 及式 (42) 估计出几个不同定义的稳定度数值。

这种分析方法对鉴频器的要求比较高,一方面要求灵敏度高借以提高分辨度,一方面要求稳定性高,比起振荡器来它是一个频率标准设备。解决的办法一种是将待测频率差拍降低,在较低频率上鉴频;另一种办法是用晶体式鉴频器以提高其灵敏度和稳定度,一般在鉴频器灵敏度高的情况下,其通频带都是比较狭的,但必须保证大于振荡器调频噪声通带 ΔF,这样才能保证测定 $\sigma_\Omega^2(\Omega)$ 分布的正确性。

这种方法存在的另一个问题是要求分辨零频分量以上的噪声频谱,而通常音频频谱分析器从 10 Hz 以上开始,补救办法可以是:①将低于 10 Hz 以下分量调制到音频上再进行分析;②用相关分析仪或用笔形记录仪记出 $u_\Omega(t)$,然后用数学方法进行福里哀分析求低频频谱;③由于白噪声调频时,$\sigma_\Omega^2(\Omega)$ 在低频段曲线大体是平的,测出 10 Hz 以上的分量也就允许估计出 10 Hz 以下的分量,因而不必再测。

3.2 用鉴相器检出调相噪声,进行频谱分析和计算

此法与上法之不同之点是设法将 $\varphi(t)$ 线性转换为噪声电压,它特别适合于处理白噪声调相性质的振荡。因之这一方法适合于研究倍频器和谐振放大器,电波通过特殊介质(如火焰)等的频率稳定度问题。此种方法要求将被白噪声附加调相的振荡与没有附加调相的同中心频率的标准振荡进行比较,但也可用 2 路同一水平的各自独立地受白噪声调相的振荡进行比较,一个测倍频器稳定度的方框图示于图 14。

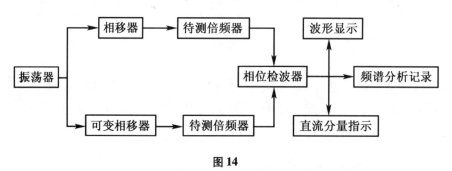

图 14

振荡器输出分两路送入我们研究的电路完全相同的倍频器,倍频器送入相位检波器进行相位比较,相位检波器输出即可进行频谱分析。

振荡器的相位抖动原则上在相位检波器中消除掉,但由于两路倍频器不完全一致,不能完全消除,因此在测试时应采用较高稳定度的振荡器,两路倍频器应力求一致,加可变相移器的目的是为了使相位检波器输入—振荡之相位差保持在 90° 上下抖动,这时相位检波器将对相位抖动灵敏,而对幅度寄生调制不灵敏,在这一条件下,直流分量指示应为 0,关于这一点有必要对相位检波器的作用分析一下。

设相位检波器的输入分别为 $u_1(t)$ 及 $u_2(t)$

$$u_1(t) = U_{01\Omega}[1 + \eta_1(t)] \sin[\omega_0 t + \varphi_1(t) + \varphi_{01}]$$

$$u_2(t) = U_{02\Omega}[1 + \eta_2(t)] \sin[\omega_0 t + \varphi_2(t) + \varphi_{02}]$$

这两个电压分别相加和相减，然后进行包线检波相加和相减时如图 15 所示：

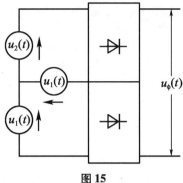

图 15

$$u_1(t) \pm u_2(t) = U_{01}[1+\eta_1(t)]\sin[\omega_0 t+\varphi_1(t)+\varphi_{01}] \pm U_{02}[1+\eta_2(t)]\sin[\omega_0 t+\varphi_2(t)+\varphi_{02}]$$

$$= U_{01}[1+\eta_1(t)]\sin[\omega_0 t+\varphi_1(t)+\varphi_{01}] \pm U_{02}[1+\eta_2(t)]\sin\{\omega_0 t+\varphi_1(t)+\varphi_{01}+[\varphi_2(t)-\varphi_1(t)]+(\varphi_{02}-\varphi_{01})\}$$

$$= \{U_{01}[1+\eta_1(t)] \pm U_{02}[1+\eta_2(t)]\cos[\varphi_2(t)-\varphi_1(t)+\varphi_{02}-\varphi_{01}]\}\sin[\omega_0 t+\varphi_1(t)+\varphi_{01}] \pm U_{02}[1+\eta_2(t)]\sin[\varphi_2(t)-\varphi_1(t)+\varphi_{02}-\varphi_{01}]\cdot\cos[\omega_0 t+\varphi_1(t)+\varphi_{01}]$$

$$= \sqrt{U_{10}^2[1+\eta_1(t)]^2+U_{20}^2[1+\eta_2(t)]^2 \pm 2U_{01}U_{02}[1+\eta_1(t)][1+\eta_2(t)]\cos[\varphi_2(t)-\varphi_1(t)+\varphi_{02}-\varphi_{01}]}\cdot\sin[\omega_0 t+\varphi_1(t)+\varphi_{01}+\xi(t)]$$

式中，$\eta_1(t)$ 及 $\eta_2(t)$ 反映幅度寄生调制，其值远小于 1；$\varphi_1(t)$ 及 $\varphi_2(t)$ 反映相位噪声调制，其值远远小于 $\frac{\pi}{2}$；φ_{01} 及 φ_{02} 是固定相移。

在 $\varphi_{02}-\varphi_{01}=\frac{\pi}{2}$ 时，

$$\cos[\varphi_2(t)-\varphi_1(t)+\varphi_{02}-\varphi_{01}] = -\sin[\varphi_2(t)-\varphi_1(t)] = \varphi_1(t)-\varphi_2(t)$$

$$u_\phi(t) = k'_\phi|u_1(t)+u_2(t)| - k'_\phi|u_1(t)-u_2(t)|$$

$$= \left|k'_\phi\sqrt{U_{10}^2[1+\eta_1(t)]^2+U_{20}^2[1+\eta_2(t)]^2}\cdot\sqrt{1+\frac{2U_{01}U_{02}[1+\eta_1(t)][1+\eta_2(t)]}{U_{10}^2[1+\eta_1(t)]^2+U_{20}^2[1+\eta_2(t)]^2}[\varphi_1(t)-\varphi_2(t)]}\right| -$$

$$\left|k'_\phi\sqrt{U_{10}^2[1+\eta_1(t)]^2+U_{20}^2[1+\eta_2(t)]^2}\cdot\sqrt{1-\frac{2U_{01}U_{02}[1+\eta_1(t)][1+\eta_2(t)]}{U_{10}^2[1+\eta_1(t)]^2+U_{20}^2[1+\eta_2(t)]^2}[\varphi_1(t)-\varphi_2(t)]}\right| \quad (53)$$

$$= \frac{2k'_\phi U_{10}U_{20}[1+\eta_1(t)][1+\eta_2(t)]}{U_{10}^2[1+\eta_1(t)]^2+U_{20}^2[1+\eta_2(t)]^2}[\varphi_1(t)-\varphi_2(t)]$$

$$= \frac{2k'_\phi U_{10}U_{20}}{U_{10}^2 U_{20}^2}[\varphi_1(t)-\varphi_2(t)] = k_\phi[\varphi_1(t)-\varphi_2(t)]$$

由此可见，在 $\varphi_{02} - \varphi_{01} = \dfrac{\pi}{2}$ 时，寄生调幅可以忽略不计，$u_\phi(t)$ 与 $[\varphi_1(t) - \varphi_2(t)]$ 成线性关系，两个独立的随机过程相减时，输出功率谱密度应为 $\varphi_1(t)$ 及 $\varphi_2(t)$ 功率谱密度之和，因此

$$\sigma^2_{u_\phi}(\Omega) = k_\phi^2 [\sigma^2_{\phi 1}(\Omega) + \sigma^2_{\phi 2}(\Omega)]$$

在两路倍频器完全相同时，可以认为

$$\sigma^2_{\phi 1}(\Omega) = \sigma^2_{\phi 2}(\Omega) = \sigma^2_\phi(\Omega)$$

因此

$$\sigma^2_\phi(\Omega) = \frac{1}{2k_\phi^2} \sigma^2_{u_\phi}(\Omega) \tag{54}$$

其中，$\sigma^2_{u_\phi}(\Omega)$ 不难用频谱分析器求得，在求频率稳定度时应该采用式（45）、式（47）及式（50）。

这种分析方法，要求相位检波器有较高灵敏度和稳定度，这在实际工作中并不难实现，但在输入相位检波器频率很高时，平衡式检波器难以做到很对称。另外对频谱分析仪的要求与上节同。

以上两种方法，如果鉴频器及相位检波器的长期稳定度足够好时，还可以用笔式记录仪记录其输出直流分量，从而研究频率和相位的慢漂移。

3.3　直接对振荡边带进行频谱分析法

在第 1 节式（2）及式（3）中曾经分析了正弦振荡噪声边带功率密度分布与调频或调相噪声的关系，因此精密测定边带噪声功率谱密度 $\sigma^2_N(\omega)$ 后，就可能折算出 σ^2_Ω 或 σ^2_ϕ 及其带宽。

测 $\sigma^2_N(\omega)$ 的方法往往是对振荡进行高次倍频以扩大某噪声调频频偏或噪声调相之调相指数，然后设法差拍为音频，并送入频谱分析仪进行分析。

这一方法的困难是 $\sigma^2_N(\omega)$ 在 ω_0 附近变化剧烈，因而对频谱分析仪的测试动态范围及带宽有很严格的要求，在带宽不是很窄和不是矩形特性时，求分析仪输出与输入功率谱密度关系时有很大困难。因此这一方法要求具备性能优越的频谱分析仪或者需要进行很高次的倍频。

3.4　用计数标准时标法对正弦振荡零点间隔进行取样测量

此方法的中心思想是当振荡由第一零点进入第二零点时，相位准确变化 2π 弧度，在此二零点间隔内通过标准时标（设时标间隔为 dt 秒），然后用计数器计出通过时标之数 $n(t)$，从而可以精确测定零点间隔 $n(t)dt$ 秒，将 2π 除以 $dt\,n(t)$ 即得 t 时刻之平均角频率，平均时间正好是 $n(t)dt$ 秒。由此可见，此种方法原则上只能测定平均频率意义上的稳定度。

测平均频率稳定度之方框图与普通计数器间接测频法（即测时法）相同，不用多说，只是测出数据应进行统计处理，以求出中心频率及均方根偏离值。

下面介绍一下测平均频率短期稳定度的方法。

要测平均频率短期稳定度首先应该测出在任一 t 时刻 Δt 内的平均频率的 δt 间间隔内的短期偏移，在我们情况下 $\Delta t \gg \delta t$，按式（21）的定义

$$\overline{\delta\omega(t)}_{\overline{\Delta t,\delta t}} = \frac{\delta t}{\Delta t}\overline{\delta\omega(t)}_{\overline{\delta t,\Delta t}}$$

$$= \frac{\delta t}{\Delta t}\left[\overline{\omega\left(t+\frac{\Delta t}{2}\right)}_{\delta t} - \overline{\omega\left(t-\frac{\Delta t}{2}\right)}_{\delta t}\right]$$

因而问题简化为求 $t+\frac{\Delta t}{2}$ 和 $t-\frac{\Delta t}{2}$ 时刻的 δt 内的平均角频率，为此我们应该设法将待测频率差拍降低为平均周期为 δt 之频率，然后进行测量，而两次测量相隔 Δt 秒，如图 16 所示。

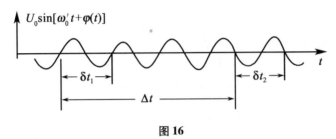

图 16

设第一次测得之周期为 δt_1 秒，相隔 Δt 秒后测得之周期为 δt_2 秒，则

$$\overline{\delta\omega(t)}_{\overline{\Delta t,\delta t}} = \frac{\delta t}{\Delta t}\left[\frac{2\pi}{\delta t_2} - \frac{2\pi}{\delta t_1}\right] \tag{55}$$

$$= \frac{2\pi\,\delta t(\delta t_1 - \delta t_2)}{\Delta t\,\delta t_1\delta t_2} = \frac{2\pi(\delta t_1 - \delta t_2)}{\Delta t\,\delta t}$$

求均方根值

$$\sqrt{\overline{\delta\omega(t)}_{\overline{\Delta t,\delta t}}} = \frac{2\pi}{\Delta t}\frac{\sqrt{\sum_{k=1}^{m}(\delta t_{1k}-\delta t_{2k})^2/m}}{\sum_{k=1}^{m}(\delta t_{1k}+\delta t_{2k})/2m} \tag{56}$$

$$= \frac{2\pi}{\Delta t}\frac{\sqrt{\sum_{k=1}^{m}(n_{1k}-n_{2k})^2/m}}{\sum_{k=1}^{m}(n_{1k}+n_{2k})/2m}$$

式中　　$\delta t_{1k} = n_{1k}\mathrm{d}t$；

　　　　$\delta t_{2k} = n_{2k}\mathrm{d}t$；

　　　　$\mathrm{d}t$——时标代表的时间；

　　　　n——计数器读数；

　　　　m——测量总次数。

为了获得所需的差频，我们必须用两个振荡器的频率差拍，如果另一振荡器不是很标准的话，则测量中会带入新的误差，但我们可以用两个电路性能完全相同的振荡器进行差

拍，这时测出之结果折算到一个振荡器时就除以$\sqrt{2}$倍。另外，为了提高测量精度，可以先将二振荡频率进行 M 次倍频，然后差拍为所需频率。计算稳定度时，应以倍频后之频率 $M\omega_0$ 为准，这时

$$S_{\overline{\Delta t, \delta t}} = \frac{\sqrt{2}\,\pi}{M\omega_0 \Delta t} \cdot \frac{\sqrt{\sum_{k=1}^{m}(n_{1k}-n_{2k})^2/m}}{\sum_{k=1}^{m}(n_{1k}+n_{2k})/2m} \tag{57}$$

测量方框图示于图 17。这一测量方法要求倍频器、混频器引入误差远远小于振荡器相位本身的抖动，对形成脉冲也有一定精度要求，两计数器之标准时标宜采取同一主振源，以避免时标本身的误差。

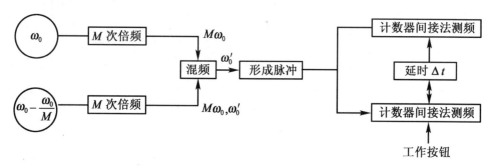

图 17

在以上所述误差可以忽略时，测量分辨度主要由计数器末位误差决定，为了提高分辨度，时标所代表的单位时间宜尽可能的小，如设定被测振荡无噪声抖动，这时 $S_{\overline{\Delta t, \delta t}}$ 应为 0，但存在末位误差时 $S_{\overline{\Delta t, \delta t}}$ 将不为 0，此值即是测量分辨度，设这时 $\sqrt{\sum_{k=1}^{m}(n_{1k}-n_{2k})^2/m}$ =1，则分辨度为

$$D = \frac{\sqrt{2}\,\pi}{M\omega_0 \Delta t}\frac{1}{n\,\text{平均值}} = \frac{1}{\sqrt{2}Mf_0 \Delta t}\frac{\mathrm{d}t}{\delta t} \tag{58}$$

用计数器的方法，除了测振荡器的稳定度外，可用来测量倍频器的短期稳定度，如文献［6］介绍的方法即是一例。但方法比较复杂，效果并不太好。不如用鉴相器检出 $\varphi(t)$ 进行频谱分析方便。

3.5 几种测量方法比较

以上介绍的几种测量方法，都比较简单，在我们条件下，第 1 种、第 2 种和第 4 种这 3 种方法尤为实用，大体说第 1 种、第 2 种方法反映振荡相位或频率抖动特性比较完整，在研究工作中有助于方便地发现影响频率稳定度的干扰特性，设法进行改进，知道 $\sigma_\Omega^2(\omega)$ 或 $\sigma_\varphi^2(\Omega)$ 分布后更有助于系统方案设计中进行误差分辨和性能改进，但这一方法带有某种程度的近似性，但其准确度在实际工作中足够以满足要求，第 4 种方法测试计算比较简单，数据比较精确，作为最后检验稳定度设备比较好，由此可见以上几种方法并

不是互相排斥的，相反地却可以互相配合以促进研制工作迅速进展。

4 测试结果

结合研制工作的需要我们对上述之第 1 种、第 2 种及第 4 种方法开展了实际研究和测试，被测对象是：

a）不加频率锁定回路的晶体式电压控制振荡器，简称振荡器 No. 1；
b）加频率锁定回路的晶体式电压控制振荡器，简称振荡器 No. 2；
c）带有 AVC 的晶体振荡器，简称振荡器 No. 3；
d）两路倍频 100 次的倍频器，简称倍频器 No. 1 与 No. 2。

振荡器输出和倍频器的输入频率为 1 MHz，其电路示于附录中。
共进行了以下几次测量。

4.1 用鉴频器方法测定振荡器 No. 1，振荡器 No. 2 和振荡器 No. 3 之 $\sigma_\Omega^2(\omega)$

所用测试方框图示于图 18，晶体鉴频器采用单晶体式，其方框图示于图 19，其电路图示于附录中，鉴频灵敏度 $k_\Omega = 150$ mV/Hz $= 23.9$ mV/（rad·s^{-1}），其通带为 700 Hz 左右。

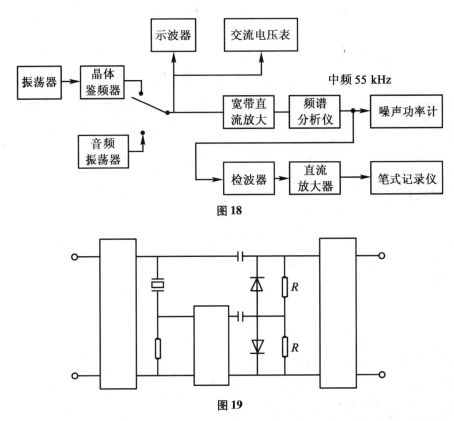

图 18

图 19

频谱分析仪可以连续分析 10 Hz 以上的噪声频谱，其等效通带是 3 Hz，为了消除设备各部分增益的不确定性,采用比较方法,这时在相同输出时,可以从音频振荡器输出电压,判读频谱分析器通带内噪声电压之大小。

测量中观察到振荡器噪声带宽大于鉴频器通带,因此 1 kHz 以上噪声分量不易准确确定,考虑到以上因素,对振荡器 No.1 及振荡器 No.2 的 $\sigma_\Omega(F)$ 估计曲线示于图 20。

对于振荡器 No.1,噪声通带 ΔF 大体为 2 000 Hz,噪声功率谱密度在通带内可认为是平的,且有 $\sigma_\Omega = 2.8 \times 10^{-3}$ rad/($\text{Hz}^{1/2} \cdot$ s),按公式(42),有:

(1) $\Delta t = 50$ ms,$\delta t = 1$ ms 时

$$S_{\overline{\Delta t, \delta t}} = \frac{2.8 \times 10^{-3} \sqrt{10^{-3}}}{50 \times 10^{-3} \times 2\pi \times 10^6} = 2.8 \times 10^{-10}$$

(2) $\Delta t = 50$ ms,$\delta t = 5$ ms 时

$$S_{\overline{\Delta t, \delta t}} = \frac{2.8 \times 10^{-3} \sqrt{5 \times 10^{-3}}}{50 \times 10^{-3} \times 2\pi \times 10^6} = 6.3 \times 10^{-10}$$

对于振荡器 No.2,在低频时 $\sigma_\Omega^2(F)$ 很小,在 $F = 800$ Hz 左右时产生高峰,这是由频率鉴定回路本身特性所决定的,计算其稳定度时,严格说应按公式(35)进行积分,详细结果本文不再引用了,大体上其短期稳定度与振荡器 No.1 相比相差不是太多。

对于振荡器 No.3,未进行详细测量,从示波器上观察,其噪声特性与振荡器 No.1 相似,幅度大体也相等,可见其短期稳定度与振荡器 No.1 的相差不会太多。

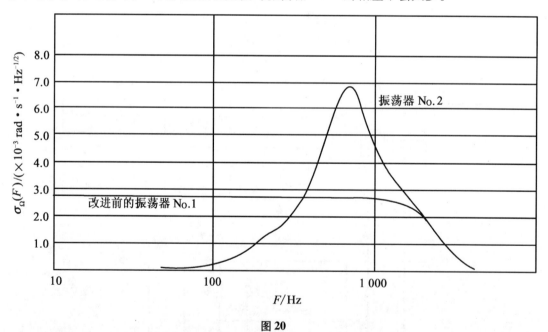

图 20

其后工作中,对振荡器 No.1 及振荡器 No.2 进行了改进,其输出噪声电压(鉴频器输出端)约下降 3 倍,因此其短期稳定度也相应的改善了 3 倍,即大体上为 $S_{\Delta t, \delta t} = 1 \times 10^{-10}$($\delta t = 1$ ms,$\Delta t = 50$ ms 时)。

4.2 用鉴相器方法测定倍频器 No.1 和倍频器 No.2 之 $\sigma_\phi^2(\omega)$

测定方框图示于图 21，相位检波器电路图示于附录之内，其通带为 25 kHz，所以仍为相位检波器频率特性对相位噪声功率谱分布密度无影响，由于相位检波器输出电压与二路振荡相位差拍成余弦关系，所以当调节相移器时，输出直流电压在 0 与正负最大值之间变化，设此最大值为 $u_{\phi\max}$ 伏，则

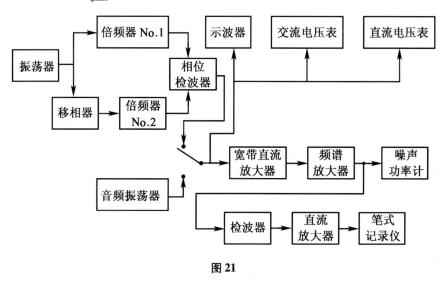

图 21

$$u_\phi = u_{\phi\max} \cos\theta$$

取

$$\frac{\mathrm{d}}{\mathrm{d}\theta} u_\phi \Big|_{\theta=90°} = u_{\phi\max} \sin\theta \Big|_{\theta=90°} = u_{\phi\max}$$

因此在调节到二路相位相差 90°时，相位检波器最灵敏，而且 $k_\phi = u_{\phi\max}$ 已测得之 $u_{\phi\max} = 1$ V，故 $k_\phi = 1$ V/rad。

根据对倍频器 No.1 及倍频器 No.2 之测试结果，估算之 $\sigma_\phi(F)$ —F 曲线示于图 22。

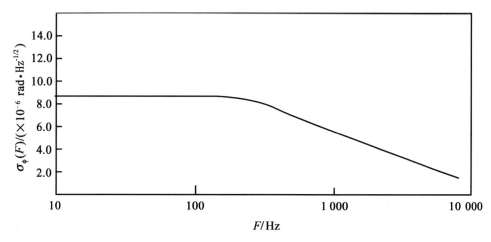

图 22

由测试结果可知，$\sigma_\phi(F)$ 随 F 加大而下降比较缓慢，由于高频段相位噪声分量对频率稳定度的影响也很重要，计算时所取的等值噪声带宽为 15 kHz，即

$$\Delta F = 15 \times 10^3 \text{ Hz}$$

$$\sigma_\phi(F) = \sigma_\phi = 8.7 \times 10^{-6} \text{ rad/Hz}^{1/2}$$

$$N_\phi = \sigma_\phi \sqrt{\Delta F} = 8.7 \times 10^{-6} \times \sqrt{15 \times 10^3} = 1.1 \times 10^{-3} \text{ rad}$$

按公式（50）在

（1）$\Delta t = 50$ ms，$\delta t = 1$ ms，$f_0 = 10^8$ Hz 时

$$\Delta F \delta t = 15 \times 10^3 \times 10^{-3} = 15 \gg 1$$

$$S_{\overline{\Delta t, \delta t}} = \frac{2 N_\phi}{\Delta t \omega_0} = \frac{2 \times 1.1 \times 10^{-3}}{50 \times 10^{-3} \times 2\pi \times 10^8} = 6.8 \times 10^{-11}$$

（2）$\Delta t = 50$ ms，$\delta t = 5$ ms，$f_0 = 10^8$ Hz 时

$$\Delta F \delta t = 15 \times 10^3 \times 5 \times 10^{-3} = 75 \gg 1$$

$$S_{\overline{\Delta t, \delta t}} = \frac{2 N_\phi}{\Delta t \omega_0} = \frac{2 \times 1.1 \times 10^{-3}}{50 \times 10^{-3} \times 2\pi \times 10^8} = 6.8 \times 10^{-11}$$

以上结果是按一路倍频器为理想情况时得出之另一路的短期稳定度，如果倍频器 No.1 及倍频器 No.2 稳定度完全相同，则一路之短期稳定度应小 $\sqrt{2}$ 倍，即

$$S_{\overline{\Delta t, \delta t}} = \frac{6.8 \times 10^{-11}}{\sqrt{2}} = 4.8 \times 10^{-11}$$

在测倍频器频率短期稳定度的同时，还同时观察了倍频器输出振荡相位之缓慢漂移，其方法是对相位检波器输出之直流电压进行放大，然后用笔式记录仪记录。图 23 是在对倍频器 No.1 及倍频器 No.2 加电预热 45 min 之后所记录之结果，记录表示在测试初期由于倍频器加电时期不久，预热过程尚未稳定，产生单方向的数值较大的慢漂移，每漂移 360°就产生 1 个周期的电压变化，在 1～3 h 之后，相位开始停止往一个方向漂移，而是一种无规的来回变化。其变化与电源电压之变化有很大关系，这种慢漂移对频率短期稳定度不会产生多大影响，但在一些测相设备（如无线电连续波定位系统）中则将是一个重要问题，因此改善倍频器相位的慢漂移也是一个值得重视的问题。

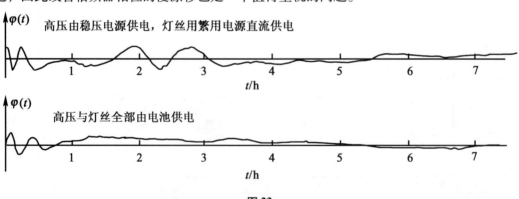

图 23

4.3 用计数器方法测振荡器及倍频器之联合频率短期稳定度

测量方框图示于图 24，其中混频后形成脉冲和延时设备都是用 5002 脉冲发生器来实现，计数设备是利用两部旧的 1 MHz 计数器 2102 稍加改装其控制电路而成。图中只是有关部分电路方框之示意图，每次测量时，只要按下计数器 No.1 之工作按钮，则全部测量工作自动完成，为了获得所需之 δt 数值，应适当调节振荡器以获得合适之低频振荡。为获得 50 ms 之 Δt，延时器应延时 $\left(50 - \dfrac{\delta t}{2}\right)$ ms。为了避免两计数器中标准振荡器频率的不一致性，两计数器共用同一标准振荡器。

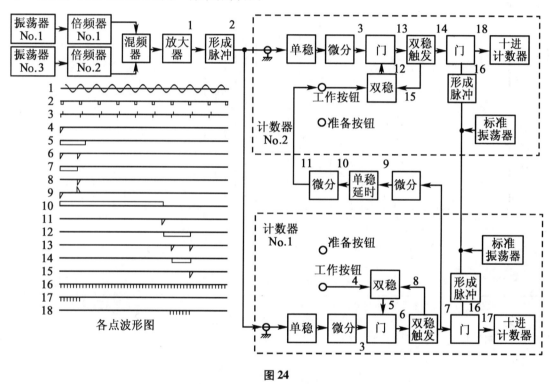

图 24

在对该设备进行校验时，曾用高稳定音频信号代替混频后信号进行测试，结果表明两计数器读数总是相同或相差最后一位数，由此可见该设备之精度完全由计数器末位误差决定。

表 1 列出了两组数据，并且同时列出了均方根值和最大值，由于 $n_{1k} - n_{2k}$ 之出现概率服从正态分布（见图 25），我们取最大值为均方根值之 3 倍，在测量时 δt 分别取为 2.7 ms 和 4 ms，为了便于和以上之结果比较，我们按白噪声调频规律，由式（42）折算出 δt 为 1 ms 时之等值频率短期稳定度，此值和第 2 节、第 3 节得到的数值还是比较吻合的。

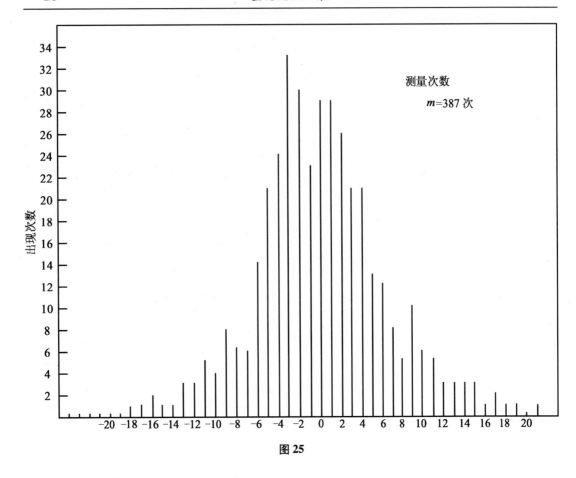

图 25

表 1

序号	测试对象	δt/ms	Δt/ms	测量次数 m	$S_{\overline{\Delta t},\delta t}$		折算之 $S_{\overline{\Delta t},\delta t}$ $\Delta t = 50$ ms $\delta t = 1$ ms	
					均方根值	最大值	均方根值	最大值
1	振荡器 No.1，No.3 倍频器 No.1，No.2	2.7	50	387	3.2×10^{-10}	9.6×10^{-10}	1.95×10^{-10}	5.8×10^{-10}
2	振荡器 No.2，No.3 倍频器 No.1，No.2	4	50	505	2.4×10^{-10}	7.3×10^{-10}	1.2×10^{-10}	3.6×10^{-10}

5 小结

无线电连续波制多普勒测速定位系统的信息完全包含于无线电振荡信号之相位及频率中，因而高分辨度的频率和相位测量技术和元件的频率及相位之高稳定度技术具有极为重要的意义。分析表明，为了保证整个系统的精度还必须正确合理地进行系统设计，这分不同场合对元件提出不同参数要求，此外，具体地说，对元件频率和相位稳定度的要求应在不同场合有不同要求和定义，原来频率短期稳定度对我们来说是一个比较麻烦的问题，但经过一番分析，提出适合我们要求的平均频率短期稳定度定义后，研究方向更加明确了，实现这一指标也不是太困难了。

我们目前所进行的分析工作和试验工作还只是初步和局部的，理论工作，特别是对各元件、部件及过程的具体的稳定度分析工作有着广阔的前景，在试验工作上我们还只局限于对振荡器及倍频器的研究，今后在研究的对象上和频段上还应大大扩展。

在具体研制过程中，我们深深地感到频率短期稳定度技术和长期稳定度技术有很大不同，后者主要注意力集中在元件各集中和分布参数的缓慢漂移，而前者与其他更多因素有关。首先是电源频率 50 Hz 通过供电、空间磁场的干扰、机械振动和接触噪声等这些干扰因素的存在极大地降低了频率的短期稳定度，在克服了以上这些因素后，元件的热噪声和电子管噪声则成为干扰的基本限制。因此，与噪声作斗争，降低其功率谱密度，压窄其频带宽度都是在系统设计和元件设计中应该研究的问题。

为了今后更广泛地开展这一方面的工作，某些仪表的相应建设有着重要意义，例如：高分辨度大动态范围的频谱分析仪，分析低频和超低频用的相关分析仪，小噪声功率测量设备，高分辨度的数字式计数设备及有关的自动的数字式或非数字式的记录设备等。

附录 A 振荡器 No.1——晶体式电压控制振荡器——电路图

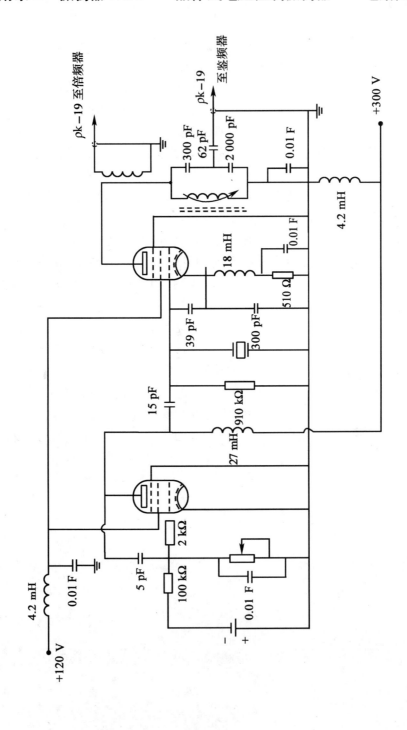

附录 B 振荡器 No.2——带有频率锁定回路的晶体式电压控制振荡器——方框图

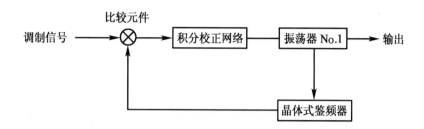

图中调制信号在测试时用一固定直流电压代替，调节该电压时可以调节输出之振荡频率。

积分校正网络是一电子式积分器，反馈回路中还有较正网络以改善频率锁定回路之性能。

附录 C 振荡器 No.3——带有 AVC 控制之晶体振荡器——电路图

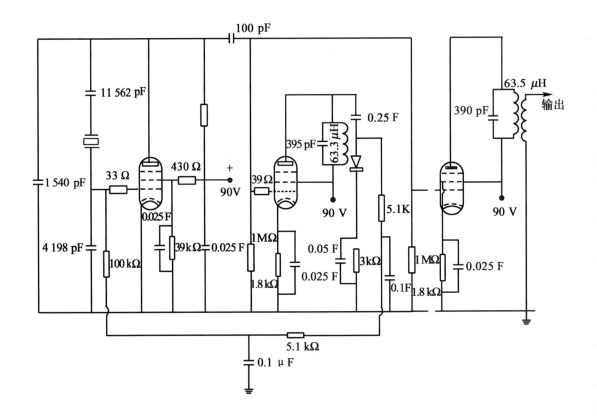

附录 D 倍频器电路图（No. 1 与 No. 2 相同）

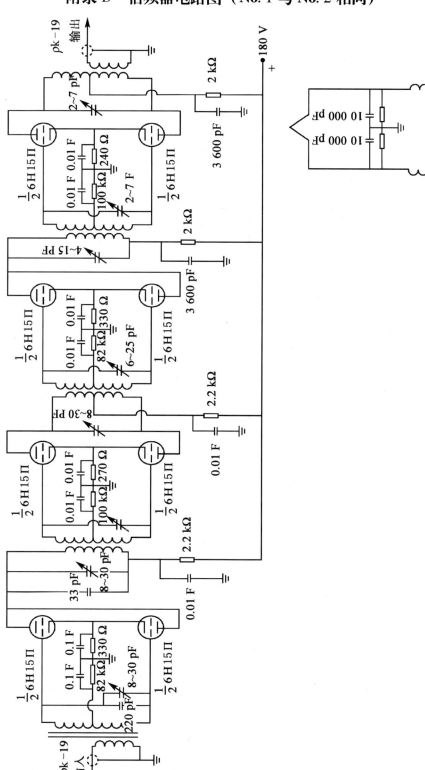

附录 E 晶体式鉴频器电路图

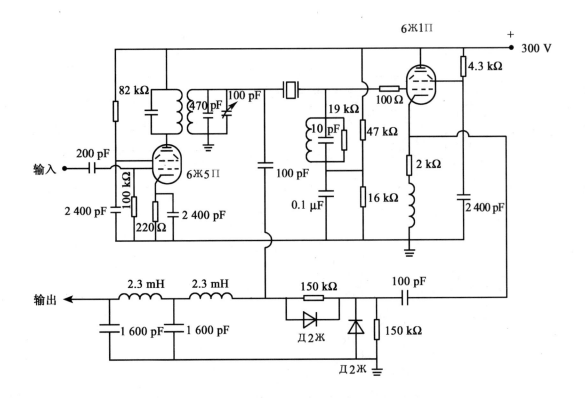

附录 F 相位检波器电路图

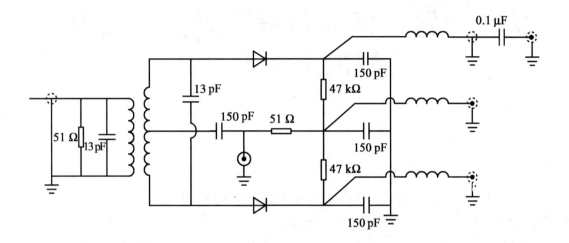

参 考 文 献

[1] Stewart. The Power Spectrum of a Carrier Frequency Modulation by Gaussian Noise. PIRE, 1954, 10: 1541.
[2] Stewart. Frequency Modulation Noise in Oscillators. PIRE, 1956, 3: 372.
[3] Edson. Noise in Oscillators. PIRE, 1960, 8: 1454.
[4] Edoan. Vacuum-tube Oscillators. New York: Jokn Wilby & Sons Inc, 1953: 374 – 380.
[5] Leonard S Cutles. A Frequency Standard of Exceptional Spectral Purity and Long Term Stability. IRE International Convention Record, 1961, Part 9: 183.
[6] Heibent, Tanzman. Short Term Frequency Stability Measurements. IRE International Convention Record, 1961, Part 9: 191 – 206.

单脉冲雷达低仰角跟踪时多路径效应问题的分析与试验[*]

0 引言

作为制导用的单脉冲雷达,为了在发射部件时早期可靠地截获跟踪目标,可考虑采用发射前架上截获方案。这时目标仰角很低,主波束打地,多路径效应影响很严重。其变化规律和一般文献中分析的高仰角跟踪时多路径效应很不相同。为了摸清规律,找出解决问题的方法,我们进行了初步的分析工作、外场试验和模拟试验,初步得出一些结果。下面按基本分析、外场试验、模拟试验以及结论与措施几部分作简略介绍。由于我们工作做得很不够,存在问题还很多,可能还有错误,请大家批评指正。

1 基本分析

图 1 中 A_1 和 M_1 为雷达天线和目标。A_2 和 M_2 为其对称于地面的镜像。目标高度为 y,雷达天线高度为 h,目标距离雷达的水平距离为 x,M_1A_1 为直射波,M_1TA_1 为地面反射波。

由于分析对象是很低仰角(雷达波束以内)的目标,即 $y \ll x$,$h \ll x$,$\angle M_1CB$ 定义为目标仰角 E,可近似地认为 $\angle M_1A_1B = E$,$\angle M_2A_1B = -E$。雷达天线仰角(天线描准轴与 BA_1 的夹角)为 δ,ε_1,ε_2 分别为目标及其镜像偏离天线描准轴的误差角。并有

$$\varepsilon_1 = E - \delta, \quad \varepsilon_2 = -E - \delta \tag{1}$$

设 $\angle CBA_1 = \alpha$,同样可近似地认为 $\angle A_1M_1C = -\alpha$,$\angle A_2M_1C = \alpha$,并设目标方向图(例如信标或应称器天线的方向图)指向下倾 γ 角,这时雷达天线及其镜像偏离目标方向图指向的角度分别为 β_1 和 β_2,并有

$$\beta_1 = E - \gamma - \alpha, \quad \beta_2 = E - \gamma + \alpha \tag{2}$$

反射波与直射波之间的行程差为 r,其值为

$$r = M_1TA_1 - M_1A_1 = M_2TA_1 - M_1A_1 \approx \sqrt{(y+h)^2 + x^2} - \sqrt{(y-h)^2 + x^2}$$
$$\approx \frac{2hy}{x} - \frac{hy}{x^3}(y^2 + h^2) + \cdots \approx 2h\tan E \approx 2hE \tag{3}$$

由程差引起的相位差为 ϕ,其值为

---

[*] 本文 1974 年 9 月发表于 738 会议录。

$$\phi = \frac{2\pi r}{\lambda} + \psi_0 = \frac{4\pi h}{\lambda}\tan E + \psi_0 \approx \frac{4\pi hE}{\lambda} + \psi_0 \quad (4)$$

式中 λ——波长；

ψ_0——地面反射时引入的相移，其值接近于 π。

雷达天线方向图可近似地用下式表示。

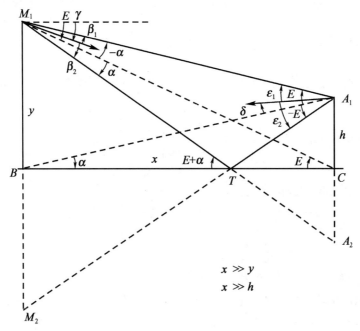

图 1

和方向图：

$$g_r\left(\frac{\varepsilon}{\theta}\right) = \frac{\sin\left(a\dfrac{\varepsilon}{\theta}\right)}{a\dfrac{\varepsilon}{\theta}} \quad (5)$$

差方向图：

$$g_e\left(\frac{\varepsilon}{\theta}\right) = b\left(\frac{\varepsilon}{\theta}\right)\sin\left(c\frac{\varepsilon}{\theta}\right) \quad (6)$$

式中 θ = 波束半功率点宽度；

$a = 2.78$；

$c = 2.36$；

$b\left(\dfrac{\varepsilon}{\theta}\right) = b = 0.707$，当 $-\pi \leq c\dfrac{\varepsilon}{\theta} \leq \pi$ 时；

$b\left(\dfrac{\varepsilon}{\theta}\right) = d$，当 $c\dfrac{\varepsilon}{\theta} > \pi$ 或 $c\dfrac{\varepsilon}{\theta} < -\pi$ 时，d 值决定于副瓣电平，是远小于 1 的数值。

由方向图和误差角可以导出直射波和反射波信号。

直射波：和信号为 $\boldsymbol{E}_{r1} = E_{r1} = g_r\left(\dfrac{\varepsilon_1}{\theta}\right) = g_r\left(\dfrac{E-\delta}{\theta}\right)$

差信号为 $\boldsymbol{E}_{e1} = E_{e1} = g_e\left(\dfrac{\varepsilon_1}{\theta}\right) = g_e\left(\dfrac{E-\delta}{\theta}\right)$

反射波：和信号为 $\boldsymbol{E}_{r2} = E_{r2}\mathrm{e}^{-\mathrm{j}\phi} = kg_r\left(\dfrac{\varepsilon_2}{\theta}\right)\mathrm{e}^{-\mathrm{j}\phi} = kg_r\left(\dfrac{-E-\delta}{\theta}\right)\mathrm{e}^{-\mathrm{j}\phi}$

差信号为 $\boldsymbol{E}_{e2} = E_{e2}\mathrm{e}^{-\mathrm{j}\phi} = kg_e\left(\dfrac{\varepsilon_2}{\theta}\right)\mathrm{e}^{-\mathrm{j}\phi} = kg_e\left(\dfrac{-E-\delta}{\theta}\right)\mathrm{e}^{-\mathrm{j}\phi}$

式中　k——反射波与直射波场强之比值，它决定于地面反射系数 k_0 和目标方向图 $g_M\left(\dfrac{\beta}{\theta_M}\right)$ 的特性，并有 $k = k_0 k_M$，$k_M = \dfrac{g_M\left(\dfrac{\beta_1}{\theta_M}\right)}{g_M\left(\dfrac{\beta_2}{\theta_M}\right)}$；

θ_M——目标方向图波束宽度。

由此可以写出接收机中未归一化的和、差合成信号。

和信号为　　　　　　$\boldsymbol{E}_r = \boldsymbol{E}_{r1} + \boldsymbol{E}_{r2} = E_{r1} + E_{r2}\mathrm{e}^{-\mathrm{j}\phi}$

差信号为　$\boldsymbol{E}_e\mathrm{e}^{-\mathrm{j}\Delta} = (\boldsymbol{E}_{e1} + \boldsymbol{E}_{e2})\mathrm{e}^{-\mathrm{j}\Delta} = (E_{e1} + E_{e2}\mathrm{e}^{-\mathrm{j}\phi})\mathrm{e}^{-\mathrm{j}\Delta} = E_{e1}\mathrm{e}^{-\mathrm{j}\Delta} + E_{e2}\mathrm{e}^{-\mathrm{j}(\phi+\Delta)}$

式中　Δ——接收机和路与差路的相位不平衡。

考虑到单脉冲接收机中自动增益控制的归一化作用和相位检波器作用，可以求出接收机输出的误差电压 u

$$\begin{aligned}
u &= \dfrac{\boldsymbol{E}_r}{|\boldsymbol{E}_r|} \cdot \dfrac{\boldsymbol{E}_e\mathrm{e}^{-\mathrm{j}\Delta}}{|\boldsymbol{E}_r|} = \dfrac{(E_{r1} + E_{r2}\mathrm{e}^{-\mathrm{j}\phi}) \cdot (E_{e1}\mathrm{e}^{-\mathrm{j}\Delta} + E_{e2}\mathrm{e}^{-\mathrm{j}(\phi+\Delta)})}{|\boldsymbol{E}_r|^2} \\
&= \dfrac{(E_{r1}E_{e1} + E_{r2}E_{e2})\cos\Delta + E_{r1}E_{e2}\cos(\phi+\Delta) + E_{r2}E_{e1}\cos(\phi-\Delta)}{|E_{r1} + E_{r2}\cos\phi - \mathrm{j}E_{r2}\sin\phi|^2} \\
&= \dfrac{[E_{r1}E_{e1} + E_{r2}E_{e2} + (E_{r1}E_{e2} + E_{r2}E_{e1})\cos\phi]\cos\Delta + (-E_{r1}E_{e2} + E_{r2}E_{e1})\sin\phi\sin\Delta}{E_{r1}^2 + E_{r2}^2 + 2E_{r1}E_{r2}\cos\phi} \\
&= \dfrac{f(E,\delta,k,\phi)\cos\Delta}{|\boldsymbol{E}_r|^2}
\end{aligned} \tag{7}$$

其中

$$\begin{aligned}
f(E,\delta,k,\phi) = &[E_{r1}E_{e1} + E_{r2}E_{e2} + (E_{r1}E_{e2} + E_{r2}E_{e1})\cos\phi] + \\
&(-E_{r1}E_{e2} + E_{r2}E_{e1})\sin\phi\tan\Delta
\end{aligned} \tag{8}$$

$f(E,\delta,k,\phi)\cos\Delta$ 是未归一化的误差电压，是参数 E，δ，k 和 ϕ 的函数。正常工作时 $\Delta \to 0$，$\cos\Delta \to 1$，在使用中，如 $|\Delta| \geqslant \dfrac{\pi}{2}$，则雷达不能稳定跟踪，因此分析中取 $|\Delta| \ll \dfrac{\pi}{2}$ 或 $\cos\Delta \gg 0$。

误差电压 u 通过伺服系统（其传递函数为 $H(\omega)$）驱动天线，使 δ 发生变化，其作用方框图示于图 2。

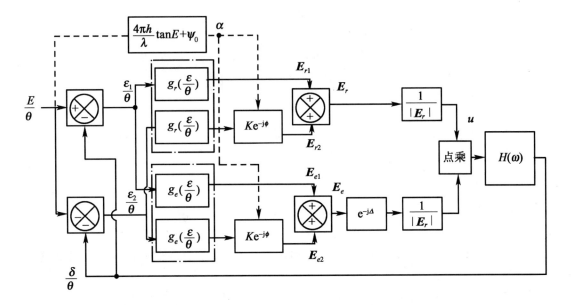

图 2

u 反映了伺服系统的动态误差,它与目标运动特性以及传递函数 $H(\omega)$ 有密切关系,因之分析比较困难,我们将用模拟试验的方法在本文第 3 部分讨论,这里仅就目标仰角 E 在时间上变化很慢,其频谱分量在 $H(\omega)$ 通频带以内的情况进行讨论,这时 $H(\omega)$ 的增益很大,因此跟踪平衡的条件可简化为

$$u = 0$$

和

$$\left.\frac{\mathrm{d}u}{\mathrm{d}\left(\frac{\delta}{\theta}\right)}\right|_{u=0} < 0$$

前一个条件表明:只有误差电压为 0,才能在一阶伺服系统中使 $\frac{\delta}{\theta}$ 达到平衡稳定,根据式(7),这个条件还可以简化为

$$f(E, \delta, k, \phi) = 0 \tag{9}$$

后一个条件则是保证回路工作于负反馈特性所要求的,由式(7)得

$$\left.\frac{\mathrm{d}u}{\mathrm{d}\left(\frac{\delta}{\theta}\right)}\right|_{u=0} = \frac{\partial}{\partial\left(\frac{\delta}{\theta}\right)}\left[\frac{f\cos\Delta}{|E_r|^2}\right]_{f=0}$$

$$= \left[\frac{\cos\Delta}{|E|^2}\frac{\partial f}{\partial\left(\frac{\delta}{\theta}\right)} + f(E, \delta, k, \phi)\frac{\partial}{\partial\left(\frac{\delta}{\theta}\right)}\left(\frac{\cos\Delta}{|E_r|^2}\right)\right]_{f=0}$$

由于 $|E_r|^2$ 和 $\cos\Delta$ 总是正值,并考虑到 $f(E, \delta, k, \phi) = 0$,这一条件可化简为

$$\left.\frac{\partial f}{\partial\left(\frac{\delta}{\theta}\right)}\right|_{f=0} < 0 \tag{10}$$

将式（8）代入式（9）与式（10），并计及

$$\frac{\partial f}{\partial\left(\frac{\delta}{\theta}\right)} = \frac{\partial f}{\partial\left(\frac{\varepsilon}{\theta}\right)} \frac{\partial\left(\frac{\varepsilon}{\theta}\right)}{\partial\left(\frac{\delta}{\theta}\right)} = -\frac{\partial f}{\partial\left(\frac{\varepsilon}{\theta}\right)},$$

可以列出

$$f = E_{r1}E_{e1} + E_{r2}E_{e2} + (E_{r1}E_{e2} + E_{r2}E_{e1})\cos\phi + (-E_{r1}E_{e2} + E_{r2}E_{e1})\sin\phi\tan\Delta = 0 \quad (11)$$

$$\left.\frac{\partial f}{\partial\left(\frac{\delta}{\theta}\right)}\right|_{f=0} = -[E_{r1}E'_{e1} + E_{r2}E'_{e2} + (E_{r1}E'_{e2} + E_{r2}E'_{e1})\cos\phi +$$

$$(-E_{r1}E'_{e2} + E_{r2}E'_{e1})\sin\phi\tan\Delta + E'_{r1}E_{e1} + E'_{r2}E_{e2} +$$

$$(E'_{r1}E_{e2} + E'_{r2}E_{e1})\cos\phi + (-E'_{r1}E_{e2} + E'_{r2}E_{e1})\sin\phi\tan\Delta] < 0 \quad (12)$$

下面就几个特定情况来求解式（11）和式（12），在求解之前先讨论一下公式（6）的适用范围。在图 3 中，在 $\frac{\varepsilon_1}{\theta} = \pm\frac{\pi}{c}$ 两线范围内，目标 M_1 落入差主瓣，这时 $b\left(\frac{\varepsilon_1}{\theta}\right) = b$，在这区域以外目标进入差副瓣，$b\left(\frac{\varepsilon_1}{\theta}\right) = d$。同理，在 $\frac{\varepsilon_2}{\theta} = \pm\frac{\pi}{c}$ 两线范围内，镜像目标 M_2 落入差主瓣，这时 $b\left(\frac{\varepsilon_2}{\theta}\right) = b$。在这区域以外，镜像目标 M_2 进入差副瓣，这时 $b\left(\frac{\varepsilon_2}{\theta}\right) = d$。在方格阴影区 ABC 内，目标与镜像同时进入差主瓣，这时 $b\left(\frac{\varepsilon_1}{\theta}\right) = b\left(\frac{\varepsilon_2}{\theta}\right) = b$。为以后讨论方便起见，这个区域又可分为 8 个区域，序号如图 3 所示。如果需考虑 M_1 与 M_2 同时进入和主瓣。则此区域应缩小为 $A'B'C'$。

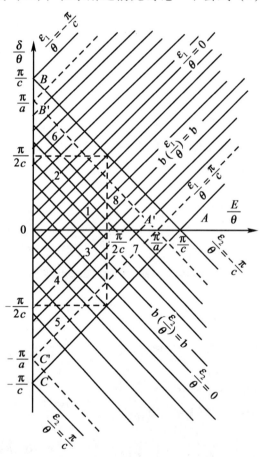

图 3

a) $\frac{E}{\theta} \ll 1$

目标与其镜像的夹角很小，这时我们只讨论 M_1，M_2 都在差主瓣之内，取

$$b\left(\frac{\varepsilon_1}{\theta}\right) = b\left(\frac{\varepsilon_2}{\theta}\right) = b$$

可以近似地认为

$$g_r\left(\frac{\varepsilon_1}{\theta}\right) \approx g_r\left(\frac{\varepsilon_2}{\theta}\right) \approx g_r\left(\frac{-\delta}{\theta}\right)$$

$$E_{r2} \approx kE_{r1}$$

$$g_r{}'\left(\frac{\varepsilon_1}{\theta}\right) \approx g_r{}'\left(\frac{\varepsilon_2}{\theta}\right) \approx g_r{}'\left(\frac{-\delta}{\theta}\right)$$

$$E'_{r2} \approx kE'_{r1}$$

$$g_e{}'\left(\frac{\varepsilon}{\theta}\right) = bc\cos c\frac{\varepsilon}{\theta}$$

将以上条件代入式（11），适当化简可得

$$E_{e1} + kE_{e2} + (E_{e2} + kE_{e1})\cos\phi + (-E_{e2} + kE_{e1})\sin\phi\tan\Delta = 0$$

$$g_e\left(\frac{\varepsilon_1}{\theta}\right) + k^2 g_e\left(\frac{\varepsilon_2}{\theta}\right) + k\left[g_e\left(\frac{\varepsilon_1}{\theta}\right) + g_e\left(\frac{\varepsilon_2}{\theta}\right)\right]\cos\phi + k\left[g_e\left(\frac{\varepsilon_1}{\theta}\right) - g_e\left(\frac{\varepsilon_2}{\theta}\right)\right]\sin\phi\tan\Delta = 0$$

$$\sin c\frac{E-\delta}{\theta} + k^2\sin c\frac{-E-\delta}{\theta} + k\left(\sin c\frac{E-\delta}{\theta} + \sin c\frac{-E-\delta}{\theta}\right)\cos\phi +$$

$$k\left(\sin c\frac{E-\delta}{\theta} - \sin c\frac{-E-\delta}{\theta}\right)\sin\phi\tan\Delta = 0$$

对上式采用三角变换，并适当整理，可得

$$\sin c\frac{E}{\theta}\cos c\frac{\delta}{\theta}(1-k^2+2k\tan\Delta\sin\phi) - \cos c\frac{E}{\theta}\sin c\frac{\delta}{\theta}(1+k^2+2k\cos\phi) = 0$$

所以

$$\tan c\frac{\delta}{\theta} = \frac{1-k^2+2k\tan\Delta\sin\phi}{1+k^2+2k\cos\phi} + \tan c\frac{E}{\theta}$$

或

$$\frac{\delta}{\theta} = \frac{1}{c}\arctan\left(\frac{1-k^2+2k\tan\Delta\sin\phi}{1+k^2+2k\cos\phi}\tan c\frac{E}{\theta}\right) \tag{13}$$

再将以上条件和式（13）代入式（12）进行极性检验，可导出

$$\left.\frac{\partial f}{\partial\left(\frac{\delta}{\theta}\right)}\right|_{f=0} = -E_{r1}[E'_{e1} + kE'_{e2} + (E'_{e2} + kE'_{e1})\cos\phi + (-E'_{e2} + kE'_{e1})\sin\phi\tan\Delta]$$

$$= -g_r\left(\frac{\delta}{\theta}\right)\left[g'_e\left(\frac{\varepsilon_1}{\theta}\right) + k^2 g'_e\left(\frac{\varepsilon_2}{\theta}\right) + k\left[g'_e\left(\frac{\varepsilon_1}{\theta}\right) + g'_e\left(\frac{\varepsilon_2}{\theta}\right)\right]\cos\phi +$$

$$k\left[g'_e\left(\frac{\varepsilon_1}{\theta}\right) - g'_e\left(\frac{\varepsilon_2}{\theta}\right)\right]\sin\phi\tan\Delta$$

$$= -bc\frac{\sin a\left(\frac{\delta}{\theta}\right)}{a\left(\frac{\delta}{\theta}\right)}\left[\cos c\frac{E-\delta}{\theta} + k^2\cos c\frac{-E-\delta}{\theta} + \right.$$

$$k\left(\cos c\frac{E-\delta}{\theta} + \cos c\frac{-E-\delta}{\theta}\right)\cos\phi +$$

$$k\left(\cos c\frac{E-\delta}{\theta} - \cos c\frac{-E-\delta}{\theta}\right)\sin\phi\tan\Delta\right]$$

$$= -bc\frac{\sin a\left(\frac{\delta}{\theta}\right)}{a\left(\frac{\delta}{\theta}\right)}\left[\cos\frac{cE}{\theta}\cos\frac{c\delta}{\theta}(1+k^2+2k\cos\phi)+\right.$$

$$\left.\sin\frac{cE}{\theta}\sin\frac{c\delta}{\theta}(1-k^2+2k\tan\Delta\sin\phi)\right]$$

$$= -bc\frac{\sin a\left(\frac{\delta}{\theta}\right)}{a\left(\frac{\delta}{\theta}\right)}\cos\frac{cE}{\theta}\cos\frac{c\delta}{\theta}(1+k^2+2k\cos\phi)\left[1+\tan^2\frac{c\delta}{\theta}\right]$$

在 $\left|\frac{\delta}{\theta}\right|<\frac{\pi}{2c}$ 的情况下，上式为负值可以满足式（12）的极性要求，由此可见式（13）的结果满足稳定跟踪的要求。下面进一步讨论式（13），式（13）可改写为

$$\frac{\delta}{E}=\frac{1}{c\frac{E}{\theta}}\arctan\left(\frac{1-k^2+2k\tan\Delta\sin\phi}{1+k^2+2k\cos\phi}c\frac{E}{\theta}\right)$$

当 $\frac{1-k^2+2k\tan\Delta\sin\phi}{1+k^2+2k\cos\phi}c\frac{E}{\theta}\ll 1$ 和 $\Delta=0$ 时，上式化简为

$$\frac{\delta}{E}=\frac{1-k^2+2k\tan\Delta\sin\phi}{1+k^2+2k\cos\phi}=\frac{1-k^2}{1+k^2+2k\cos\phi} \tag{14}$$

$\frac{\delta}{E}$ — ϕ 关系示于图4。当 k 或 $\frac{1}{k}$ 远小于1时，$\frac{\delta}{E}$ 随 ϕ 作正弦变化，于 $\phi=0$ 处 $\left|\frac{\delta}{E}\right|$ 有极小点，于 $\phi=\pi$ 处 $\frac{\delta}{E}$ 有极大点；当 k 趋向于1时，于 $\phi=0$ 处 $\left|\frac{\delta}{E}\right|$ 趋向于0，并且曲线变平，于 $\phi=\pi$ 处 $\left|\frac{\delta}{E}\right|$ 趋向于∞，并且曲线变尖。这个结果和用到达电波等相位面波前畸变方法分析双点元目标（参看 David K. Barton,《Radar System Analysis》P85~89）的结果是一致的。但这一结果是受局限的，只有 $\frac{E}{\theta}\ll 1$，$\Delta=0$，$\frac{1-k^2}{1+k^2+2k\cos\phi}\frac{cE}{\theta}\ll 1$ 时才适用。例如 $k\to 1$ 时，$\frac{\delta}{E}$ 实际上不是趋向于∞，而是趋向有限值 $\frac{\pi}{2c\frac{E}{\theta}}$ 或 $\frac{0.665}{\frac{E}{\theta}}$。根据这个结果，可以顺便指出，利用双点元反相有源目标作为单脉冲角跟踪系统的干扰机只能使雷达产生比目标张角大得多的指向偏移，但不超过 0.665θ，并不足以使跟踪丢失。

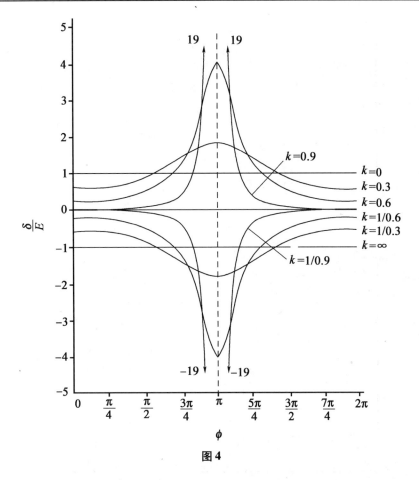

图 4

现在再讨论一下 $\Delta \neq 0$ 的情况。图 5 表示了 $k=0.6$，$\Delta = \pm 45°$ 和 $k=1$，$\Delta = \pm 45°$ 的结果。从中看出，除 $\phi=0$ 和 $\phi=\pi$ 的 $\dfrac{\delta}{E}$ 不变外，其他 ϕ 值时的 $\dfrac{\delta}{E}$ 值发生明显变化。其极大、极小点偏离于 $\phi=0$ 和 π，并且数值增大，甚至 $k<1$ 时 $\dfrac{\delta}{E}$ 可以为负值。

b) $E_{r2} \ll E_{r1}$，$\dfrac{\varepsilon_1}{\theta} \ll 1$

要求满足 $E_{r2} \ll E_{r1}$ 的条件是：① 在 $\dfrac{E}{\theta} \leq \dfrac{\pi}{2c}$ 情况下：雷达跟踪目标 M_1 时，镜像 M_2 也进入主瓣。这时只有 $k \ll 1$ $E_{r2} = kg_r\left(\dfrac{\varepsilon_2}{\theta}\right) \ll 1 = g_r\left(\dfrac{\varepsilon_1}{\theta}\right) = E_{r1}$。② 在 $\dfrac{E}{\theta} > \dfrac{\pi}{2c}$ 情况下：雷达跟踪目标 M_1 时，镜像 M_2 进入副瓣，这时即使 k 较大但 $g_r\left(\dfrac{\varepsilon_2}{\theta}\right) \ll 1$，故仍可满足 $E_{r2} = kg_r\left(\dfrac{\varepsilon_2}{\theta}\right) \ll 1 = g_r\left(\dfrac{\varepsilon_1}{\theta}\right) = E_{r1}$ 的条件。

在以上情况下，讨论式（11）和式（12）时可作如下的简化

$$\dfrac{\varepsilon_1}{\theta} \ll 1，\dfrac{\delta}{\theta} \approx \dfrac{E}{\theta}，\dfrac{\varepsilon_2}{\theta} = \dfrac{-E-\delta}{\theta} \approx -\dfrac{2E}{\theta}，$$

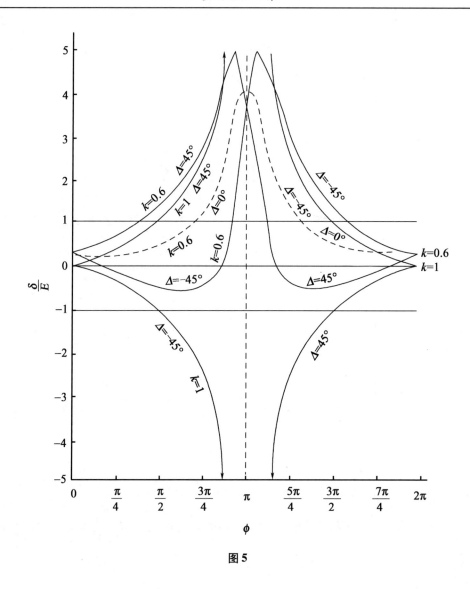

图 5

$$\vec{E}_{r1} + E_{r2}e^{-j\phi} = g_r\left(\frac{\varepsilon_1}{\theta}\right) + kg_r\left(-\frac{2E}{\theta}\right)e^{-j\phi} \approx 1$$

将这些条件代入式（11）并化简可得

$$E_{e1} + E_{e2}(\cos\phi - \sin\phi\tan\Delta) = 0$$

或

$$b\sin c\frac{\varepsilon_1}{\theta} + kb\left(\frac{\varepsilon_2}{\theta}\right)\sin c\frac{\varepsilon_2}{\theta}\ (\cos\phi - \tan\Delta\sin\phi) = 0$$

或

$$\sin c\frac{E-\delta}{\theta} + k'\sin\frac{-E-\delta}{\theta}\ (\cos\phi - \tan\Delta\sin\phi) = 0 \tag{15}$$

其中

$$k' = \frac{kb\left(\frac{\varepsilon_2}{\theta}\right)}{b} \approx \frac{kb\left(-\frac{2E}{\theta}\right)}{b}$$

在 $\frac{E}{\theta} \leqslant \frac{\pi}{2c}$ 时，

$$b\left(-\frac{2E}{\theta}\right) = b, \quad k' = k \ll 1,$$

而在 $\frac{E}{\theta} > \frac{\pi}{2c}$ 时，

$$b\left(-\frac{2E}{\theta}\right) = d, \quad k' = k\frac{d}{b} \ll 1$$

对上式进行三角变换可以得出

$$\sin\frac{cE}{\theta}\cos\frac{c\delta}{\theta}[1 - k'(\cos\phi - \tan\Delta\sin\phi)]$$

$$= \cos\frac{cE}{\theta}\sin\frac{c\delta}{\theta}[1 + k'(\cos\phi - \tan\Delta\sin\phi)]$$

或

$$\tan\frac{c\delta}{\theta} = \frac{1 - k'(\cos\phi - \tan\Delta\sin\phi)}{1 + k'(\cos\phi - \tan\Delta\sin\phi)}\tan\frac{cE}{\theta}$$

$$= \frac{1 - k'\sec\Delta\cos(\phi + \Delta)}{1 + k'\sec\Delta\cos(\phi + \Delta)}\tan\frac{cE}{\theta}$$

所以

$$\frac{\delta}{\theta} = \frac{1}{c}\arctan\left[\frac{1 - k'(\cos\phi - \tan\Delta\sin\phi)}{1 + k'(\cos\phi - \tan\Delta\sin\phi)}\tan\frac{cE}{\theta}\right]$$

$$= \frac{1}{c}\arctan\left[\frac{1 - k'\sec\Delta\cos(\phi + \Delta)}{1 + k'\sec\Delta\cos(\phi + \Delta)}\tan\frac{cE}{\theta}\right]$$

由于 $k' \ll 1$，在 $\tan\Delta$ 不是非常大的情况下，上式也可写成下列形式

$$\frac{\delta}{\theta} = \frac{1}{c}\arctan\left[\frac{1 + 2k'\tan\Delta\sin\phi}{1 + 2k'\cos\phi}\tan\frac{cE}{\theta}\right] \tag{16}$$

这一结果和式（13）形式完全一致，只是由于 $k' \ll 1$，略去了 k'^2 项，但 $\frac{E}{\theta}$ 可适用于任何值。

再将以上简化条件代入式（12）进行极性检验，可以导出

$$\left.\frac{\partial f}{\partial\left(\frac{\delta}{\theta}\right)}\right|_{f=0} = -E_{r1}[E'_{e1} + E'_{e2}(\cos\phi - \tan\Delta\sin\phi)]$$

$$\approx -\left[bc\cos c\frac{\varepsilon_1}{\theta} + kb\left(\frac{\varepsilon_2}{\theta}\right)c\cos c\frac{\varepsilon_2}{\theta}(\cos\phi - \tan\Delta\sin\phi)\right]$$

$$= -bc\left[1 + k'\cos c\frac{2E}{\theta}(\cos\phi - \tan\Delta\sin\phi)\right] \approx -bc < 0$$

可见式(15)是符合稳定跟踪的极性要求的。

对式(15)也可写成

$$c\frac{E - \delta}{\theta} + k'\sin c\frac{-2E}{\theta}(\cos\phi - \tan\Delta\sin\phi) = 0$$

所以
$$\frac{\delta}{\theta} = \frac{E}{\theta} - \frac{k'}{c}\sin c\,\frac{2E}{\theta}(\cos\phi - \tan\Delta\sin\phi)$$

$$= \frac{E}{\theta} - \frac{1}{c}k'\sec\Delta\sin c\,\frac{2E}{\theta}\cos(\phi+\Delta)$$

$$= \frac{E}{\theta} + \frac{k}{bc}\sec\Delta\,g_e\!\left(\frac{\varepsilon_2}{\theta}\right)\cos(\phi+\Delta) \tag{17}$$

对于 $E_{r1} \ll E_{r2}$, $\dfrac{\varepsilon_2}{\theta} \ll 1$ 情况也可以用同样的方法求得

$$\frac{\delta}{\theta} = -\frac{1}{c}\arctan\left[\frac{1-\dfrac{2}{k'}\tan\Delta\sin\phi}{1+\dfrac{2}{k'}\cos\phi}\tan\frac{cE}{\theta}\right] \tag{18}$$

或
$$\frac{\delta}{\theta} = -\frac{E}{\theta} + \frac{1}{ck'}\sec\Delta\sin c\,\frac{2E}{\theta}\cos(\phi-\Delta)$$

$$= -\frac{E}{\theta} + \frac{1}{kbc}\sec\Delta\,g_e\!\left(\frac{\varepsilon_1}{\theta}\right)\cos(\phi-\Delta) \tag{19}$$

其中 $k' = \dfrac{kb}{b\left(\dfrac{2E}{\theta}\right)} \gg 1$

当 $\dfrac{E}{\theta} \leq \dfrac{\pi}{2c}$ 时，$b\!\left(\dfrac{2E}{\theta}\right) = b$，$k' = k$；

当 $\dfrac{E}{\theta} > \dfrac{\pi}{2c}$ 时，$b\!\left(\dfrac{2E}{\theta}\right) = d$，$k' = k\dfrac{b}{d}$。

c) $\dfrac{\delta}{\theta}$ 为极值

式（11）中 f 视为 $\dfrac{\delta}{\theta}$，ϕ 的隐函数，即 $f\!\left(\dfrac{\delta}{\theta}, \phi\right) = 0$，求 $\dfrac{\delta}{\theta}$ 极值的条件是

$$\frac{\mathrm{d}\!\left(\dfrac{\delta}{\theta}\right)}{\mathrm{d}\phi} = -\frac{\dfrac{\partial f}{\partial \phi}}{\dfrac{\partial f}{\partial\!\left(\dfrac{\delta}{\theta}\right)}} = 0$$

其必要条件是 $\dfrac{\partial f}{\partial \phi} = 0$，由此可以导出

$$(E_{r1}E_{e2} + E_{r2}E_{e1})(-\sin\phi) + (-E_{r1}E_{e2} + E_{r2}E_{e1})\cos\phi\tan\Delta = 0$$

所以
$$\tan\phi = \tan\Delta\,\frac{-E_{r1}E_{e2} + E_{r2}E_{e1}}{E_{r1}E_{e2} + E_{r2}E_{e1}} \tag{20}$$

在 $\Delta = 0$ 时，$\tan\phi = 0$，即 $\phi = 0, \pi$。这和图 4 的分析正好是一致的，下面按 $\phi = \theta\pi$，求解式（11）

$$f = E_{r1}E_{e1} + E_{r2}E_{e2} \pm (E_{r1}E_{e2} + E_{r2}E_{e1}) = 0$$

或
$$f = (E_{r1} \pm E_{r2})(E_{e1} \pm E_{e2}) = 0 \tag{21}$$

如果考虑到接收机归一化的误差电压为 $u = \dfrac{f\cos\Delta}{|E_r|^2} = \dfrac{(E_{e1} \pm E_{e2})\cos\Delta}{(E_{r1} \pm E_{r2})}$，这时只有 $E_{e1} \pm E_{e2} = 0$ 可以满足 $u = 0$ 的条件。另外，分析时只讨论 M_1，M_2 都在差主瓣内的情况。这时取 $b\left(\dfrac{\varepsilon_1}{\theta}\right) = b\left(\dfrac{\varepsilon_2}{\theta}\right) = b$，因此可以写出

$$\operatorname{sin} c \frac{E-\delta}{\theta} \pm k \operatorname{sin} c \frac{-E-\delta}{\theta} = 0 \tag{22}$$

稍加变换可得

$$\tan\frac{c\delta}{\theta} = \frac{1 \mp k}{1 \pm k}\tan\frac{cE}{\theta}$$

所以

$$\frac{\delta}{\theta} = \frac{1}{c}\left[\arctan\left(\frac{1\mp k}{1\pm k}\tan\frac{cE}{\theta}\right) \pm n\pi\right] \tag{23}$$

将式（23）和式（13）比较，在 $\phi = 0, \pi$ 条件下，它们也是完全一致的，由式（23）给出的 $\dfrac{\delta}{\theta} - \dfrac{E}{\theta}$ 关系示于图6。将以上条件再代入式（12）进行极性检验，可以导出

$$\begin{aligned}\left.\frac{\partial f}{\partial\left(\dfrac{\delta}{\theta}\right)}\right|_{f=0} &= -[E_{r1}E_{e1}' + E_{r2}E_{e2}' \pm (E_{r1}E_{e2}' + E_{r2}E_{e1}') + E_{r1}'E_{e1} + E_{r2}'E_{e2} \pm (E_{r1}'E_{e2} + E_{r2}'E_{e1})]\\ &= -[(E_{r1} \pm E_{r2})(E_{e1}' \pm E_{e2}') + (E_{r1}' \pm E_{r2}')(E_{e1} + E_{e2})]\\ &= -(E_{r1} \pm E_{r2})(E_{e1}' \pm E_{e2}') = -E_r E_e' \end{aligned} \tag{24}$$

其中

$$E_r = E_{r1} \pm E_{r2} = \frac{\sin a\dfrac{\varepsilon_1}{\theta}}{a\dfrac{\varepsilon_1}{\theta}} \pm k\frac{\sin a\dfrac{\varepsilon_2}{\theta}}{a\dfrac{\varepsilon_2}{\theta}}$$

由式（22）可知

$$k = \mp\frac{\sin c\dfrac{\varepsilon_1}{\theta}}{\sin c\dfrac{\varepsilon_2}{\theta}}$$

代入上式，

$$E_r = E_{r1} \pm E_{r2} = \frac{c}{a}\frac{\sin c\dfrac{\varepsilon_1}{\theta}}{c\dfrac{\varepsilon_1}{\theta}}\left(\frac{\sin a\dfrac{\varepsilon_1}{\theta}}{\sin c\dfrac{\varepsilon_1}{\theta}} - \frac{\sin a\dfrac{\varepsilon_2}{\theta}\dfrac{\varepsilon_1}{\theta}}{\sin c\dfrac{\varepsilon_2}{\theta}\dfrac{\varepsilon_2}{\theta}}\right)$$

式（24）中

$$\begin{aligned}E_e' = E_{e2}' \pm E_{e2}' &= bc\left(\cos c\frac{E-\delta}{\theta} \pm k\cos c\frac{-E-\delta}{\theta}\right)\\ &= bc\left[\cos\frac{cE}{\theta}\cos\frac{c\delta}{\theta}(1 \pm k) + \sin\frac{cE}{\theta}\sin\frac{c\delta}{\theta}(1 \mp k)\right]\\ &= bc\cos\frac{cE}{\theta}\cos\frac{c\delta}{\theta}\left[(1 \pm k) + \tan\frac{cE}{\theta}\tan\frac{c\delta}{\theta}(1 \mp k)\right]\end{aligned}$$

将式（23）代入，并化简得

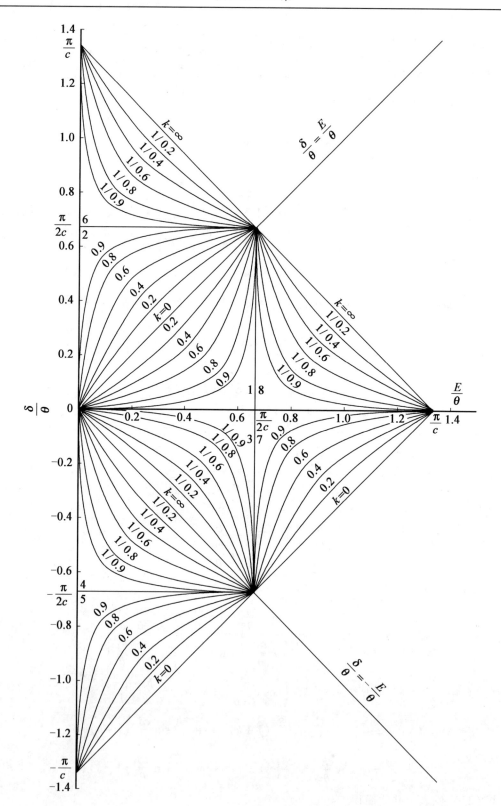

图 6

$$E'_e = E'_{e1} \pm E'_{e2} = bc\ (1\pm k)\ \cos\frac{cE}{\theta}\cos\frac{c\delta}{\theta}\left(1+\tan^2\frac{c\delta}{\theta}\right)$$

对 $\left.\dfrac{\partial f}{\partial\left(\dfrac{E}{\theta}\right)}\right|_{f=0}$ 极性检验可按图 3 所示的 8 个区域分别进行，检验结果示于表 1，结果表明第 7、第 8 区为非稳定跟踪区，这时式（23）并不适用。

表 1

区域	1	2	3	4	5	6	7	8
ϕ	0	π	0	π	π	π	0	0
k	≤ 1	≤ 1	>1	>1	≤ 1	>1	≤ 1	>1
$1\pm k$	+	+	+	−	+	−	+	+
$c\dfrac{E}{\theta}$	$0\to\dfrac{\pi}{2}$	$0\to\dfrac{\pi}{2}$	$0\to\dfrac{\pi}{2}$	$0\to\dfrac{\pi}{2}$	$0\to\dfrac{\pi}{2}$	$0\to\dfrac{\pi}{2}$	$\dfrac{\pi}{2}\to\pi$	$\dfrac{\pi}{2}\to\pi$
$c\dfrac{\delta}{\theta}$	$0\to\dfrac{\pi}{2}$	$0\to\dfrac{\pi}{2}$	$0\to-\dfrac{\pi}{2}$	$0\to-\dfrac{\pi}{2}$	$-\dfrac{\pi}{2}\to-\pi$	$\dfrac{\pi}{2}\to\pi$	$0\to-\dfrac{\pi}{2}$	$0\to\dfrac{\pi}{2}$
$\cos\dfrac{cE}{\theta}$	+	+	+	+	+	+	−	−
$\cos\dfrac{c\delta}{\theta}$	+	+	+	+	−	−	+	+
$c\dfrac{\varepsilon_1}{\theta}$	$0\to\dfrac{\pi}{2}$	$0\to-\dfrac{\pi}{2}$	$0\text{—}\pi$	$0\text{—}\pi$	$\dfrac{\pi}{2}\to\pi$	$0\to-\pi$	$\dfrac{\pi}{2}\to\pi$	$0\text{—}\pi$
$c\dfrac{\varepsilon_2}{\theta}$	$0\to-\pi$	$0\to-\pi$	$0\to-\dfrac{\pi}{2}$	$0\to\dfrac{\pi}{2}$	$0\text{—}\pi$	$-\dfrac{\pi}{2}\to-\pi$	$0\to-\pi$	$-\dfrac{\pi}{2}\to-\pi$
$E_{r1}\pm E_{r2}$	+	+	+	−	−	+	+①	+②
$E'_{e1}\pm E'_{r2}$	+	+	+	−	+	+	−	−
$\dfrac{\partial f}{\partial\left(\dfrac{\theta}{\delta}\right)}$	−	−	−	−	−	−	+①	+②
E_{e1}	+	−	+	+	+	−	+	+
$E_{r1}\mp E_{r2}$	+	+	−	+	+③	+④	−	+
f	+	−	+	+	+③	−④	−	+

注：① M_1 进入和副瓣后，当 $k\ll 1$ 或 $\dfrac{E}{\theta}\to\dfrac{\pi}{c}$ 时，极性将变反，属副瓣跟踪强信号区；

② M_2 进入和副瓣后，当 $k\gg 1$ 或 $\dfrac{E}{\theta}\to\dfrac{\pi}{c}$ 时，极性将变反，属副瓣跟踪强信号区；

③ M_1 进入和副瓣后，当 $k\ll 1$ 或 $\dfrac{E}{\theta}\to 0$ 时，极性将变反，属副瓣跟踪强信号区；

④ M_2 进入和副瓣后，当 $k\gg 1$ 或 $\dfrac{E}{\theta}\to 0$ 时，极性将变反，属副瓣跟踪强信号区。

以上对3种特定情况求解了式（11），式（12），对$\dfrac{\delta}{\theta}$的变化已有了一个基本了解，下面为了进一步摸清在$\dfrac{E}{\theta} \leqslant \dfrac{\pi}{2c}$情况下，$\dfrac{\delta}{\theta}$如何在极值之间随$\phi$变化的规律，我们利用$\dfrac{\delta}{\theta}$在各特定数值情况下$f$的符号来判定$\dfrac{\delta}{\theta}$的走向。

① $\dfrac{\delta}{\theta}$处于极值位置

这时，$E_{e1} \pm E_{e2} = 0$条件成立，在$\Delta = 0$，ϕ为任意值时的f为

$$\begin{aligned}
f &= E_{r1}E_{e2} + E_{r2}E_{e2} + (E_{r1}E_{e2} + E_{r2}E_{e1})\cos\phi \\
&= E_{r1}E_{e1} \mp E_{r2}E_{e1} + (\mp E_{r1}E_{e1} + E_{r2}E_{e1})\cos\phi \\
&= E_{e1}(E_{r1} \mp E_{r2})(1 \mp \cos\phi)
\end{aligned} \tag{25}$$

式中 $E_{e1} = b\sin c\dfrac{\varepsilon_1}{\theta}$

$$E_{r1} \mp E_{r2} = \dfrac{c}{a} \dfrac{\sin c\dfrac{\varepsilon_1}{\theta}}{c\dfrac{\varepsilon_1}{\theta}} \left(\dfrac{\sin a\dfrac{\varepsilon_1}{\theta}}{\sin c\dfrac{\varepsilon_1}{\theta}} + \dfrac{\sin a\dfrac{\varepsilon_2}{\theta}}{\sin c\dfrac{\varepsilon_2}{\theta}} \dfrac{\varepsilon_1}{\varepsilon_2} \right)$$

$1 \pm \cos\phi$在$\cos\phi \neq \pm 1$（即$\phi \neq 0, \pi$）时为正值。

对f的符号按图6所示的1~6区域进行判断。结果也示于表1，按表1的结果可作如下简述：

当ϕ偏离0和π时，$\dfrac{\delta}{\theta}$在1区时向上运动，在2区时往下运动，由此可见，在$k \leqslant 1$时，目标在1，2区内按图6标出的极限范围随ϕ变化往复运动。同理，$\dfrac{\delta}{\theta}$在3区时往下运动、在4区时向上运动。这说明在$k \geqslant 1$时，目标在3，4区内按图6标出的极限范围随ϕ往复运动，这些规律和$\dfrac{E}{\theta} \ll 1$，$\Delta = 0$情况的分析完全一致。

$\dfrac{E}{\theta}$一般并不进入5，6区，一旦落入5，6区后，当ϕ偏离π时，$\dfrac{E}{\theta}$一般都是往回运动（即5区时向上，6区时往下）。但M_1，M_2一旦进入和副瓣在k，$\dfrac{1}{k} \ll 1$和$\dfrac{E}{\theta} \to 0$条件下，则可能往外摆动，雷达这时进入副瓣跟踪强信号状态。

② $\dfrac{\delta}{\theta} = 0$位置

这时，$\dfrac{\varepsilon_1}{\theta} = \dfrac{E}{\theta}$，$\dfrac{\varepsilon_2}{\theta} = -\dfrac{E}{\theta}$，$E_{r2} = kg_r\left(\dfrac{\varepsilon_2}{\theta}\right) = kg_r\left(\dfrac{\varepsilon_1}{\theta}\right) = kE_{r1}$，$E_{e2} = kg_e\left(\dfrac{\varepsilon_2}{\theta}\right) = kg_e\left(-\dfrac{\varepsilon_1}{\theta}\right) = -kE_{e1}$，

代入式（8）得

$$f = E_{r1} E_{e1} (1 - k^2 + 2k \tan \Delta \sin \phi) \tag{26}$$

$f = 0$ 的条件是 $1 - k^2 + 2k \tan \Delta \sin \phi = 0$

即
$$\sin \phi = -\frac{1-k^2}{2k \tan \Delta} \tag{27}$$

由于 $\sin \phi$ 只能在 ± 1 之内存在，因之在一定 Δ 值下，不是所有 k 值能满足 $\sin \phi$ 存在条件。条件不满足时，f 不可能为 0。根据式（26），并考虑到，在 $\frac{E}{\theta} \leq \frac{\pi}{2c}$ 时，$E_{r1} E_{e1}$ 为正值，可以画出图 7。当 $\frac{1+\sin|\Delta|}{\cos|\Delta|} > k > \frac{1-\sin|\Delta|}{\cos|\Delta|}$ 时，f 随 ϕ 变化可正、可负。$\frac{\delta}{\theta}$ 在相应 ϕ 值过 0（如图 5 所示）。当 $k > \frac{1+\sin|\Delta|}{\cos|\Delta|}$ 时，$f < 0$，$\frac{\delta}{\theta}$ 往下运动变为负值；当 $k < \frac{1-\sin|\Delta|}{\cos|\Delta|}$ 时，$f > 0$，$\frac{\delta}{\theta}$ 向上运动变为正值。在 $\Delta = 0$ 时，条件变为：当 $k > 1$ 时，$f < 0$，$\frac{\delta}{\theta}$ 往下运动进入 3，4 区；当 $k < 1$ 时，$f > 0$，$\frac{\delta}{\theta}$ 向上运动进入 1，2 区。由此可见，$\frac{\delta}{\theta}$ 从 0 出发，不会进入 5，6 区。

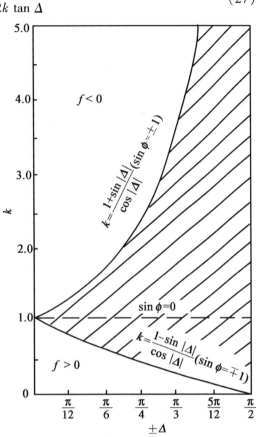

图 7

③ $\frac{\varepsilon_1}{\theta} = 0$ 位置

这时，$\frac{\delta}{\theta} = \frac{E}{\theta}$，$\frac{\varepsilon_2}{\theta} = -\frac{2E}{\theta}$，$E_{r1} = 1$，$E_{e1} = 0$，代入式（8）得

$$f = E_{e2} [E_{r2} + \cos \phi - \tan \Delta \sin \phi]$$
$$= E_{e2} \left[E_{r2} + \frac{1}{\cos \Delta} \cos(\phi + \Delta) \right] \tag{28}$$

$f = 0$ 的条件是

$$E_{r2} + \frac{1}{\cos \Delta} \cos(\phi + \Delta) = 0$$

这时

$$\phi = \arccos(-\cos \Delta E_{r2}) - \Delta = \arccos \left(-k \cos \Delta \frac{\sin \frac{2aE}{\theta}}{\frac{2aE}{\theta}} \right) - \Delta \tag{29}$$

在 $\Delta = 0$ 时
$$\phi = \arccos\left(-k\frac{\sin\frac{2aE}{\theta}}{\frac{2aE}{\theta}}\right)$$

$$f = E_{e2}(E_{r2} + \cos\phi) = -b\sin c\frac{2E}{\theta}\left(k\frac{\sin\frac{2aE}{\theta}}{\frac{2aE}{\theta}} + \cos\phi\right)$$

如图 8 所示。当 $k < \dfrac{1}{\left|\dfrac{\sin\frac{2aE}{\theta}}{\frac{2aE}{\theta}}\right|}$ 时，f 随 ϕ 变化可正、可负，即 $\phi < \arccos\left(-k\dfrac{\sin\frac{2aE}{\theta}}{\frac{2aE}{\theta}}\right)$ 和 $\phi > 2\pi - \arccos\left(-k\dfrac{\sin\frac{2aE}{\theta}}{\frac{2aE}{\theta}}\right)$ 时，$f<0$，$\dfrac{\delta}{\theta}$ 往下运动；$\phi > \arccos\left(-k\dfrac{\sin\frac{2aE}{\theta}}{\frac{2aE}{\theta}}\right)$ 和 $\phi < 2\pi - \arccos\left(-k\dfrac{\sin\frac{2aE}{\theta}}{\frac{2aE}{\theta}}\right)$ 时，$f>0$，$\dfrac{\delta}{\theta}$ 向上运动。

当 $k > \dfrac{1}{\left|\dfrac{\sin\frac{2aE}{\theta}}{\frac{2aE}{\theta}}\right|}$ 时，又分两种情况。

$\dfrac{E}{\theta} < 0.565\left(=\dfrac{\pi}{2a}\right)$ 时，$f<0$，$\dfrac{\delta}{\theta}$ 在任何 ϕ 值情况下总是往下运动；$0.565 < \dfrac{E}{\theta} < 0.665\left(=\dfrac{2\pi}{2c}\right)$ 时，$f>0$，$\dfrac{\delta}{\theta}$ 在任何 ϕ 值总是向上运动。

由此可见，当 $\dfrac{\delta}{\theta}$ 从等于 $\dfrac{E}{\theta}$ 数值出发时，在 $k>1$ 条件下，$\dfrac{\delta}{\theta}$ 可在适当 ϕ 值时向上运动从而提供进入 6 区的可能性。另一方面，在 $\dfrac{E}{\theta} < \dfrac{2\pi}{2E}$ 时，任何 k 值总可在适当 ϕ 值时往下运动，且在 $k>1$ 时

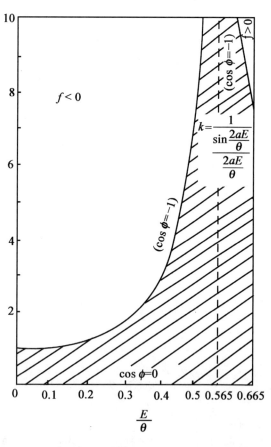

图 8

穿过 $\frac{\delta}{\theta}=0$ 进入 3，4 区域。但在 $\frac{\pi}{2a}<\frac{E}{\theta}<\frac{\pi}{2c}$ 时，过大的 k 值使 $\frac{\delta}{\theta}$ 只能向上摆动，结果形成由副瓣跟踪强信号的镜像目标。

对于 $\frac{\varepsilon_2}{\theta}=0$ 位置可用相似的方法分析，这时只要将 k 换为 $1/k$，就可以得出与上述规律相对称的结果，不必再重复了。

④ $\frac{\delta}{\theta}=\pm\frac{\pi}{2c}$ 位置

这时，$\frac{\varepsilon_1}{\theta}=\frac{E}{\theta}\mp\frac{\pi}{2c}$，$\frac{\varepsilon_2}{\theta}=-\frac{E}{\theta}\mp\frac{\pi}{2c}=-\left(\frac{E}{\theta}\pm\frac{\pi}{2c}\right)$，$g_e\left(\frac{\varepsilon_1}{\theta}\right)=g_e\left(\frac{\varepsilon_2}{\theta}\right)=\mp b\cdot$ $\sin\left(\frac{\pi}{2}-\frac{cE}{\theta}\right)=\mp b\cos\frac{cE}{\theta}$，$E_{e2}=kE_{e1}$，代入式（8）得

$$f=E_{e1}[E_{r1}+kE_{r2}+(kE_{r1}+E_{r2})\cos\phi+(-kE_{r1}+E_{r2})\tan\Delta\sin\phi]$$
$$=E_{e1}\left\{E_{r1}\left[1+\frac{k}{\cos\Delta}\cos(\phi+\Delta)\right]+E_{r2}\left[k+\frac{1}{\cos\Delta}\cos(\phi-\Delta)\right]\right\} \quad (30)$$

在 $\Delta=0$ 时

$$f=E_{r1}E_{e1}[(k^2x+1)+k(x+1)\cos\phi]$$
$$=E_{r1}E_{e1}k(x+1)\left[\frac{k^2x+1}{k(x+1)}+\cos\phi\right] \quad (31)$$

其中

$$x=\frac{E_{r2}}{kE_{r1}}=\frac{g_r\left(\frac{\varepsilon_2}{\theta}\right)}{g_r\frac{\varepsilon_1}{\theta}}=\frac{\dfrac{\sin a\left(\frac{E}{\theta}\pm\frac{\pi}{2c}\right)}{\frac{E}{\theta}\pm\frac{\pi}{2c}}}{\dfrac{\sin a\left(\frac{E}{\theta}\mp\frac{\pi}{2c}\right)}{\frac{E}{\theta}\mp\frac{\pi}{2c}}}$$

$f=0$ 的条件是 $\quad\dfrac{k^2x+1}{k(x+1)}+\cos\phi=0$

即 $\quad\phi=\arccos\left[-\dfrac{k^2x+1}{k(x+1)}\right]$

下面我们结合图 9 来分析 f 的符号，在（31）式中，当 $\frac{E}{\theta}<\frac{\pi}{2c}$ 时

$$E_{e1}=\mp b\cos\frac{cE}{\theta}\qquad b\cos\frac{cE}{\theta}\text{为正值}$$

$E_{r1}(x+1)$ 也为正值（如图 9（a））

首先讨论 $\frac{\delta}{\theta}=+\frac{\pi}{2c}$ 位置时的情况：

$1<k<\dfrac{1}{|x|}$ 时，f 随 ϕ 变化可正、可负。

即 $\phi < \arccos\left[-\dfrac{k^2 x + 1}{k(x+1)}\right]$ 和 $\phi > 2\pi - \arccos\left[-\dfrac{k^2 x + 1}{k(x+1)}\right]$ 时，$f < 0$，$\dfrac{\delta}{\theta}$ 往下运动；

$\phi > \arccos\left[-\dfrac{k^2 x + 1}{k(x+1)}\right]$ 和 $\phi < 2\pi - \arccos\left[-\dfrac{k^2 x + 1}{k(x+1)}\right]$ 时，$f > 0$，$\dfrac{\delta}{\theta}$ 向上运动。这时 $\dfrac{\delta}{\theta}$ 可进入 6 区。

当 $k < 1$，$f < 0$，$\dfrac{\delta}{\theta}$ 在任意 ϕ 值时，总往下运动进入 1，2 区。

当 $k > \dfrac{1}{|x|}$ 时，在 $\dfrac{E}{\theta} < 0.465$ $\left(= \dfrac{\pi}{a} - \dfrac{\pi}{2c} \right)$ 条件下 $f < 0$，$\dfrac{\delta}{\theta}$ 在任意 ϕ 值总是往下运动，不可能进入 6 区。

在 $0.665 > \dfrac{E}{\theta} > 0.465$ 条件下，$f > 0$，$\dfrac{\delta}{\theta}$ 在任意 ϕ 值总是向上运动，雷达进入副瓣跟踪。

在 $\dfrac{\delta}{\theta} = -\dfrac{\pi}{2c}$ 位置时，x 为上述 x 的倒数。这时只要将 k 换为 $\dfrac{1}{k}$，即可得出与 $\dfrac{\delta}{\theta} = \dfrac{\pi}{2c}$ 相对称的规律。无须再重复。

综合以上各特定 $\dfrac{\delta}{\theta}$ 位置时 f 符号的分析，对于某固定 $\dfrac{E}{\theta}$ 值和 k 值条件下，在 ϕ 变化时 $\dfrac{\delta}{\theta}$ 运动的规律可作如下描述：

a) 在 $\Delta = 0$ 的条件下，在 $\dfrac{E}{\theta} \leq \dfrac{\pi}{2c}$ 时，如果 $k \leq 1$，$\dfrac{\delta}{\theta}$ 随 ϕ 的变化在 1，2 区内围绕 M_1 作上下摆动，其摆动范围由式（23）确定。如果 $k \geq 1$，$\dfrac{\delta}{\theta}$ 随 ϕ 的变化在 3，4 区内围绕 M_2 作上下摆动，其摆动范围也由式（23）确定。

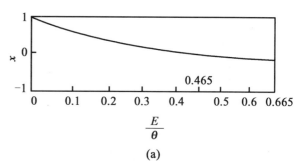

(a)

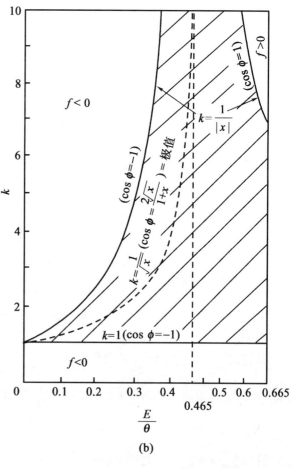

(b)

图 9

当 $\frac{E}{\theta}$ 增大，摆动幅度逐渐减少。$\frac{E}{\theta} > \frac{\pi}{2c}$ 后，如果 $k \leq 1$，雷达继续跟踪 M_1。而 M_2 进入副瓣。多路径效应削弱，其摆动值由式（16）、式（17）决定。如果 $k \geq 1$，雷达进入跟踪 M_2，而 M_1 进入副瓣，这时可认为雷达丢失目标。这时其摆动值由式（18）、式（19）确定。

b) 在单脉冲雷达接收机和差两路相位不平衡严重，$|\Delta|$ 较大时，即使 $k \leq 1$，$\frac{\delta}{\theta}$ 随 ϕ 的变化不仅摆动于 1，2 区，还可以在同周期内摆动到 3，4 区。$|\Delta|$ 愈大，摆动幅度超过式（23）确定的范围愈多。但一般并不超过 $\pm \frac{\pi}{2c}$。在 $k \geq 1$，其变化规律则上、下相反而对称。

c) 但 $\Delta = 0$ 时，$\frac{\delta}{\theta}$ 一般不会进入 5，6 区。但在 $\frac{E}{\theta} \leq \frac{\pi}{2c}$ 时（例如取 $\frac{E}{\theta} = 0.3$），在 $k > 1$ 的条件下，如果 $\frac{\delta}{\theta}$ 由于某些原因（例如 k 起伏或天线伺服系统的惯性）进入 1 区。只要 k 值不过大（例如 $k = 1.2 < \frac{1}{\left|\frac{\sin\frac{2aE}{\theta}}{\frac{2aE}{\theta}}\right|} = 1.67$）在相应 ϕ 值内（$\arccos\left(-k\frac{\sin\frac{2aE}{\theta}}{\frac{2aE}{\theta}}\right) = 134° \leq$ $\phi \leq 2\pi - \arccos\left(k\frac{\sin\frac{2aE}{\theta}}{\frac{2aE}{\theta}}\right) = 226°$），可以向上进入 2 区并可随之进入 6 区（这时要求 $k = 1.2 < \frac{1}{|x|} = 5$，相应的 ϕ 值是 $\arccos\left[-\frac{k^2 x + 1}{k(x+1)}\right] = 154° \leq \phi \leq 2\pi - \arccos\left[-\frac{k^2 x + 1}{k(x+1)}\right] = 206°$），在 6 区内当 ϕ 为 180° 时 $\frac{\delta}{\theta}$ 到达极值 $\left(\frac{\delta}{\theta} = \frac{1}{c}\left(\arctan\frac{1+k}{1-k}\tan\frac{cE}{\theta} + \pi\right) = 0.71\right)$，其后 $\frac{\delta}{\theta}$ 转而往下运动。在相应 ϕ 值内（$\phi \geq 226°$ 或 $\phi \leq 154°$）回到 2 区，并随之进入 1 区（$\phi \geq 226°$ 或 $\phi \leq 134°$），并继续往下进入 3 区，在 $\phi = 0°$ 时 $\frac{\delta}{\theta}$ 到达极值 $\left(\frac{\delta}{\theta} = \frac{1}{c}\left(\arctan\frac{1-k}{1+k}\tan\frac{cE}{\theta}\right) = -0.045\right)$。

如果 k 值过大（如 $k > 1.67$），则已处于 1 区的 $\frac{\delta}{\theta}$ 值不可能进入 2 区，而是直接返回到 3，4 区。

对于 $k < 1$，$\frac{\delta}{\theta}$ 已进入 3 区的情况，将 k 换为 $\frac{1}{k}$，可以得出上、下相对称的变化规律。

d) 在 $\frac{E}{\theta} > \frac{\pi}{2c}$ 后，雷达不会在 7，8 区摆动。

e) 在 $k \gg 1$，或 $\frac{E}{\theta} \to 0$ 和 $\frac{\pi}{c}$ 时，如 $\frac{\delta}{\theta}$ 落入 6，8 区的 A′B′C′ 区以外，这时镜像 M_2 进入

和副瓣。但由于 $k \gg 1$，其和信号仍强于目标 M_1 的和信号时，雷达进入以副瓣跟踪镜像目标的区域。同理在 $k \ll 1$，或 $\dfrac{E}{\theta} \to 0$ 和 $\dfrac{\pi}{c}$ 时，如 $\dfrac{\delta}{\theta}$ 落入 5，7 区的 A′B′C′ 区以外，这时目标 M_1 进入和副瓣。但由于 $k \ll 1$，其和信号仍强于镜像 M_2 的和信号时，雷达进入以副瓣跟踪目标的区域，通常，这种现象是不可能发生的。

2 外场试验

按照辩证唯物主义的观点，认识来源于实践，认识的正确与否需要由实践来检验，我们在分析整个低仰角跟踪多路径效应问题的过程中进行了大量的外场试验，用单脉冲雷达实际跟踪低仰角运动目标，试验数据对我们认识和深化这一问题起了很大的作用，这里介绍其中一部分记录。

试验所用雷达为一部空用单脉冲雷达，其波长为 $\lambda = 0.032$ m，其波束宽度为 $\theta = 8°$，由于波束比较宽，频段比较高，因此观察低仰角跟踪多路径效应比较明显，试验时目标采用信标工作方式，这样有利于排除地物干扰，突出多路径效应，信标的信号源是 k-19 反射速调管，工作于脉冲工作状态，同步脉冲由雷达经电缆传送，信标的天线系 31 NM 的标准喇叭，其波速宽度为 16.6° 左右，为水平极化波。

试验分别在试验大厅内（水磨石地，地面反射系数 k_0 在 1～0.95 之间，其值随 $E+a$ 的增大而减小，$\psi_0 = 180°$）和户外（起伏不平的泥地，估计 k_0 较小，而且有较大的起伏变化）进行。目标是垂直上下运动，在试验厅内系由天车拖动，速度固定，按所用笔式记录仪 5 mm/s 走纸速度档的时间标准平均统计，$\dot{Y} = 0.153$ m/s；在户外由人工通过铁塔滑轮牵引，走速不太稳定。

跟踪目标时，雷达天线仰角 δ 数据示于笔式记录仪纵坐标，中心线一般代表天线水平指向，也即是 $\delta = a$ 位置（参看图 10）；横轴为时间轴，一般采用 5 mm/s 走速，下面数据如无特殊注明，均为此走纸速度。

试验中为了突出多路径效应，采用目标天线喇叭往下倾斜 γ 角的办法以加大 k 值，这时 $k = k_0 k_M$，$k_M = \dfrac{g_M\left(\dfrac{\beta_1}{\theta_M}\right)}{g_M\left(\dfrac{\beta_2}{\theta_M}\right)}$ （参看图 11），$\beta_1 = (E-\gamma) - \alpha$，$\beta_2 = (E-\gamma) + \alpha$，目标喇叭方向图没有测试，可粗略地取 $g_M\left(\dfrac{\beta}{\theta_M}\right) = \dfrac{\sin\left(a\dfrac{\beta}{\theta_M}\right)}{a\dfrac{\beta}{\theta_M}}$，其中 $a = 2.78$，$\theta_M = 16.6°$，$\alpha = \arctan\dfrac{h}{x}$。

图 10 给出了 $k_M - \dfrac{E-\gamma}{\theta_M}$ 关系的计算值，计算时，h 取 1.16 m，x 取 25 m，$\alpha = \arctan\dfrac{h}{x} = 2.66°$，$\dfrac{\alpha}{\theta_M} = 0.16$。从曲线中可以看出随着 $\dfrac{E}{\theta_M}$ 的加大，k_M 下降，增大 γ 值则可以提高 k_M 值。这个曲线只是分析时作为观察变化趋势的参考，不作为计算依据。下面分别给出几组

测试记录曲线，并附以说明。图 11、图 12、图 13 几组数据是在试验大厅进行试验所得的。

$x = 25 \text{ m} \quad h = 1.16 \text{ m} \quad \dot{Y} = 0.153 \text{ m/s} \quad \dot{E} = \dfrac{\dot{Y}}{x} \dfrac{180}{\pi} = 0.35 \text{ (°)/s}$

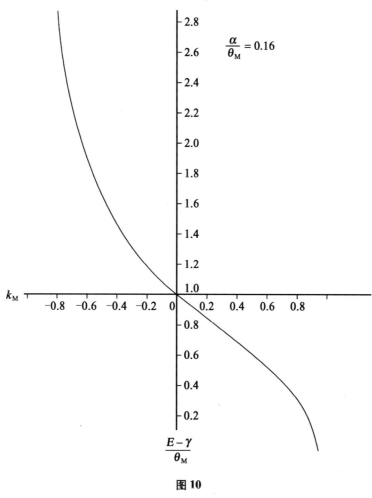

图 10

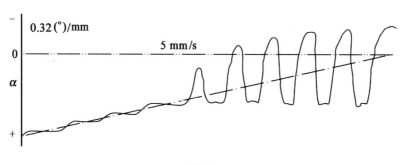

图 11

ϕ 变化 2π 时，多路径效应摆动为 1 周期，这时目标仰角变化 ΔE 为

$$\Delta E = \frac{\lambda}{2h} = \frac{0.032}{2 \times 1.16} = 0.0138 \text{ rad} = 0.786°$$

多路径效应摆动周期 T 应为

$$T = \frac{\Delta E}{\dot{E}} = \frac{0.786}{0.35} = 2.25 \text{ s}$$

$$\alpha = \arctan \frac{h}{x} = \arctan \frac{1.16}{25} = \arctan 0.0464 = 2.66°$$

图 11 中目标由上往下运动，目标天线下倾一定角度，点画线代表 $\delta = E$。22 s 内 E 变化 23.8 mm，故纵坐标单位为 $\frac{0.35 \times 22}{23.8} = 0.32$ (°)/mm。δ 的 0 点位于 $-\frac{2.66}{0.32} = -8.3$ mm（双点画线）。试验表明当 E 大于 $15.3 \times 0.32 = 4.9° = 0.61\theta$ 时，δ 摆动幅度小；当 E 小于 0.61θ 后，摆动幅度急剧增大，但仍围绕目标运动，上摆至 0.61θ，下摆可达 $-7.7 \times 0.32 = -2.46° = 0.31\theta$，$E$ 越小负值幅度越大。5 个摆动周期走纸 56 mm，$T = \frac{56}{5 \times 5} = 2.24$ s，很接近理论值。

试验曲线接近于 $E \to 0$ 时，$k \to 1$，而 E 增大 k 逐渐减小的分析。其摆动轮廓和图 6 的极值范围很相似，下摆到负值可能是由于 Δ 偏离于 0 值而引起的。

图 12 中目标由下向上运动，目标天线下倾 10°左右，很低仰角时，$k > 1$，然后随目标上升，k 值逐渐减小，并小于 1。30 s 内 E 变化 14.5 mm，故纵坐标单位为 $\frac{0.35 \times 30}{14.5} = 0.724$ (°)/mm。δ 的 0 点位于 $-\frac{2.66}{0.724} = -3.67$ mm。

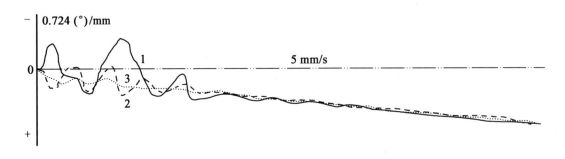

图 12

曲线 1 的 δ 摆动幅度当仰角 E 小于 $8.6 \times 0.724 = 6.23° = 0.78\theta$ 时明显增大，而且是交替围绕目标与镜像作周期摆动，2 周期的总摆动幅度达 $18 \times 0.724 = 13° = 1.63\theta$，平均摆动周期 2.2 s。

交替围绕目标与镜像作周期摆动的现象可解释为，由于 k 值在 1 附近时雷达天线伺服系统的惯性所引起的。

曲线 2 是在目标与雷达间距雷达 10 m 处在水磨石地面上铺设 2 m 长度并具一定宽度的吸收橡皮后的测试结果。试验表明，通过地面铺设电波吸收材料对近距离目标可以削弱多路径效应影响，使其摆动幅度降低，并消除了围绕镜像目标摆动的现象。

曲线 3 是在距雷达 10 m 处改设倾斜铝板的测试结果。试验表明，在地面铺设铝板阻挡反射波，对近距离目标和较高频段的雷达，可以有效地消除多路径效应影响，δ 摆动幅度大为减小。

图 13 中目标下倾约 25°，整个试验段，$k > 1$，但由于工作于目标天线的副瓣，k 是有起伏的，也可能有 $k < 1$ 的情况。30 s 内 E 变化 14 mm，故纵坐标单位为 $\dfrac{0.35 \times 30}{14} = 0.75(°)/\mathrm{mm}$。$\delta$ 的 0 点位于 $-\dfrac{2.66}{0.75} = -3.55$ mm。

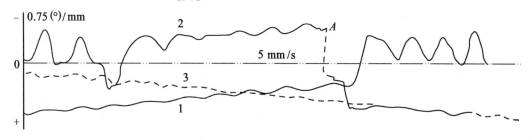

图 13

曲线 1 为目标由上往下运动，当 E 降至 $E = 6.5 \times 0.75 = 4.88° = 0.61\theta$ 时，δ 急剧往下转向围绕镜像作大幅度周期摆动，摆动周期为 2.2 s，摆动幅度约为 $8 \times 0.75 = 6° = 0.75\theta$。

曲线 2 为目标由下向上运动，δ 基本围绕镜像作周期摆动（只有 1 周期围绕目标摆动），当目标上升至 $E = 75 \times 0.75 = 5.63° = 0.7\theta$ 时，摆动幅度减小，δ 沿镜像往下运动，丢失了目标跟踪，在 A 点人工重新使雷达截获目标，其后 δ 回到跟踪目标位置。

曲线 3 仍为目标由下向上运动，但在距雷达 10 m 处的地面上设倾斜铝板后的试验结果，这时完全克服了目标丢失现象，摆动幅度也比较小。

图 14、图 15 两组数据也是在试验大厅进行试验所得的。

$x = 25$ m　　　$h = 2.53$ m　　　$\alpha = \arctan \dfrac{k}{\lambda} = \arctan \dfrac{2.53}{2.5} = 5.8°$

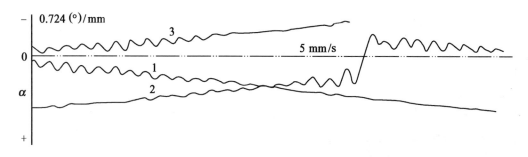

图 14

ϕ 变化 2π 时目标仰角变化为 $\Delta E = \dfrac{\lambda}{2h} = \dfrac{0.032}{2 \times 253} = 0.00633 \text{ rad} = 0.362°$。图 13 时目标仍为天车拖动 $\dot{Y} = 0.153 \text{ m/s}$ $\dot{E} = \dfrac{\dot{Y}}{x}\dfrac{180}{\pi} = 0.35(°)/\text{s}$，这时多路径摆动周期 $T = \dfrac{\Delta E}{\dot{E}} = \dfrac{0.362}{0.35} = 1.03 \text{ s}$。图 15 时目标由人工拖动，速度较慢。

图 14 中，30 s 内 E 变化 14.5 mm，故纵坐标单位为 $\dfrac{0.35 \times 30}{14.5} = 0.724(°)/\text{mm}$，$\delta$ 的 0 点位于 $-\dfrac{5.8}{0.724} = -8 \text{ mm}$。

曲线 1 为目标由下向上运动，目标天线水平，这时在整个试验仰角内 $k<1$，根据记录，摆动 5 个周期为 5.2 s，$T = \dfrac{5.2}{5} = 1.04 \text{ s}$，和计算值很接近，$E$ 小于 $7 \times 0.724 = 5.07°= 0.635\theta$ 内摆动比较明显。

摆动幅度一般不超过 $3 \times 0.724 = 2.17° = 0.272\theta$，摆动幅度较小除了由于 k 稍小外，主要是由于多路径效应摆动频率（接近于 1 Hz/s）提高，天线伺服系统有限通带对摆动起了平滑滤波作用所致。

曲线 2 为目标由上往下运动，目标天线下倾 15° 左右，试验仰角内 k 值大于 1，当 E 降至 $7 \times 0.724 = 5.07° = 0.635\theta$ 时，δ 滑向镜像并围绕镜像摆动，这说明天线伺服系统有限通带虽对摆动幅度有平滑滤波作用，但跟踪目标还是跟踪镜像主要是由 k 值决定。

曲线 3 目标天线仍下倾 15° 左右，目标由下向上运动，但 δ 却跟踪镜像往下运动，造成丢失目标。

图 15 中条件与上同，只是目标运动由人工牵引，速度降低至原来的 1/2～1/4，故纵坐标单位及 δ 的 0 点与上相同，摆动周期拉长 2～4 倍。

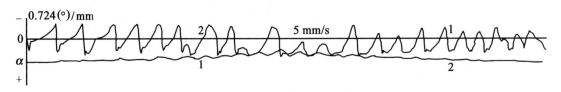

图 15

曲线 1 为目标由上往下运动，曲线 2 为目标由下向上运动，目标天线都是水平，这时 $k<1$，这两条曲线中当目标在 $E = 8 \times 0.724 = 5.78° = 0.725\theta$ 以下时，δ 摆动突然增大，摆动上限可达 5.78° 或 0.725θ，摆动下限可达 $-9.5 \times 0.724 = -6.88° = -0.86\theta$，轨迹比较近似于 k 虽小于 1，但接近 1，且 Δ 值较大时的分析，这时 δ 下限可进入负值，这种现象在图 14 曲线 1 中没有发生，这是由于目标速度较高时，多路径效应摆动频率比较高，摆动幅度被天线伺服系统有限通带平滑滤波了。

图 16～图 19 中几组数据是在户外进行试验所得的，雷达架于汽车上，雷达基座未调平，因此记录仪中心线不真正代表水平仰角，即与 $\delta = a$ 角可能有差别。$h = 2.53$ m，目标速度手控，不太均匀一致，但记录数据起止点目标的仰角是经经纬仪测定的，可用以求出

纵坐标单位和修正 $\delta = 0$ 位置。

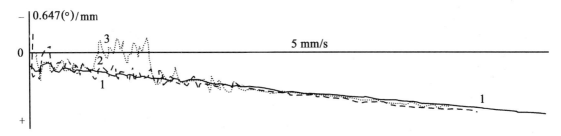

图 16

图 16 中 $x = 25$ m，$\alpha = 5.8°$，目标由下向上运动。记录时，目标由 $-3° + a$ 上升至 $8° + a$，共变化 $11°$，记录上变化 17 mm，故纵坐标单位为 $\frac{11}{17} = 0.647 (°)/\text{mm}$。$\delta$ 的 0 点位置为 $-\frac{5.8}{0.647} = -9$ mm，如按起始记录点修正则应为 $-3.5 - \frac{-3 + a}{0.647} = -7.8$ mm。

曲线 1 目标天线水平，k_M 小于 1，由于 k_0 较小而且起伏，故 k 较小。

曲线 2 目标天线下倾 $20°$，k_M 大于 1，由于 k_0 较小，k 实际上可能小于 1。

曲线 3 目标天线下倾 $30°$，这时目标天线工作于副瓣，k_M 变化可能较大。

以上整个数据表明摆动幅度减小，随机性起伏和周期性摆动混杂在一起，丢失目标情况比在水磨石地面时大为改善，由于 δ 起伏较快，摆动幅度减小应考虑到伺服系统的平滑滤波作用。

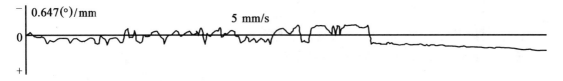

图 17

图 17 与图 16 曲线 3 条件一样，只是目标运动速度放慢，δ 起伏比较明显，来回于目标与镜像之间摆动，在丢失目标跟踪镜像之后，当 E 上升到 $14 \times 0.647 = 9.06° = 1.13 \theta$ 后，却又自动回到跟踪目标位置。

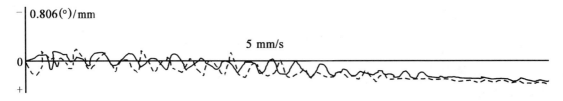

图 18

图 18 中 $x = 115$ m，$\alpha = \arctan \frac{h}{x} = \arctan \frac{2.53}{115} = \arctan 0.022 = 1.26°$，目标由

$-48' + a$ 由下向上运动至 $5°39'$，在记录上变化 8 mm，故纵坐标单位为 $\dfrac{5°39' + 48'}{8} =$ 0.806(°)/mm。δ 的 0 点位于 $-\dfrac{1.26}{0.806} = -1.6$ mm，如按照记录起始点修正，则为 $3 - \dfrac{-48 + 1.26°}{0.806} = 2.5$ mm。

曲线 1 为目标天线水平，曲线 2 为目标天线下倾约 $20°$，曲线 3 仍为目标天线下倾约 $20°$，但离雷达 30 m 处地面设倾斜 $45°$ 的铝板。这几次试验都未发生丢失目标现象，摆动在 $E = 6.5 \times 0.806 = 5.24° = 0.655\theta$ 以下幅度比较大，倾斜铝板的设置改善了摆动幅度，有一定作用，但不如近距离目标时显著。

图 19

图 19 中 $x = 410$ m，$\alpha = \arctan\dfrac{h}{x} = \arctan\dfrac{2.53}{410} = \arctan 0.00618 = 0.354°$，目标由上往下运动，目标天线水平，记录中同时给出了俯仰和方位的跟踪曲线，在目标仰角很低时，δ 的变化与图 4 很相似，另外方位的曲线表明，方位也存在一定幅度的摆动，这可能由于下述原因造成：①俯仰支路的串扰；②地面不平，镜像不在目标的铅垂面以内，多路径直接造成方位的摆动；③附近地物的影响。

从以上数据的分析中，可以得出如下看法：

a) 试验结果和分析结果在基本规律上是符合的。

b) $\dfrac{E}{\theta} \leqslant 0.665$ 左右，由于目标与镜像同时落入差主瓣，$\dfrac{\delta}{\theta}$ 摆动很大，可达 ± 0.665 左右，即上摆可超目标，下摆可超过镜像，但一般并不使雷达丢失跟踪。

c) $\dfrac{E}{\theta} > 0.665$ 左右以后，$\dfrac{\delta}{\theta}$ 摆动显著减小，一般情况，$k < 1$ 时雷达跟踪目标，$k > 1$ 时，雷达跟踪镜像，使天线指向地下，实际是丢失了目标，这是从发射架上跟踪起飞目标时应该避免的现象。

d) 在地面反射点设置吸收材料或金属的屏蔽，在很近区目标有明显效果，但对远区目标如何利用这种方法尚应进一步试验研究。

e) 天线伺服回路有限带宽对 $\dfrac{\delta}{\theta}$ 摆动幅度有平滑作用，但不能解决目标丢失问题。

f) 由于缺少对 k 值的测定，试验对 $\dfrac{\delta}{\theta}$ 摆动幅度与 k 值的关系尚缺乏定量结果。

3 模拟试验

为了补充外场试验中 k 值与 $\dfrac{\delta}{\theta}$ 摆动幅度关系缺乏定量研究的不足，补充基本数学分析中在一般 $\dfrac{E}{\theta}$（<0.665 时）情况下 $\dfrac{\delta}{\theta}$ 与 ϕ 关系的分析，以及 Δ 不为 0 和天线伺服系统惯性的影响，我们在外场试验之后，又进行了模拟试验，以配合前两部分的分析。模拟试验的方框图示于图 20，天线接收机的方框图是根据式（7）和图 2 给出的，$H(\omega)$ 部分是天线伺服系统的传递函数，其中忽略了死区和齿隙，原来天线接收机的增益为 10.5（对 E—δ 而言），现改为 $\dfrac{10.5\theta}{k_M}$，$k_M = \dfrac{\mathrm{d}}{\mathrm{d}\left(\dfrac{\varepsilon}{\theta}\right)}\left[\dfrac{g_e\left(\dfrac{\varepsilon}{\theta}\right)}{g_r\left(\dfrac{\varepsilon}{\theta}\right)}\right]_{\frac{\varepsilon}{\theta}=0} = bc = 1.67$ 是天线接收机的规一化斜率。

目标仰角采用 $\dot{E} = 0.1(°)/s,\ 0.5(°)/s,\ 1.0(°)/s$ 3 种等角速度运动，实际编排时，为了提高非线部件模拟天线方向图的精度，时间比例尺扩大 10 倍，即 $M_t = 1:10$，输入、输出信号 $\dfrac{E}{\theta}$，$\dfrac{\delta}{\theta}$ 扩大 50 倍，即 $M_{\frac{E}{\theta}} = M_{\frac{\delta}{\theta}} = 1:50$ V，即

$$t = M_t t_M = \dfrac{1}{10} t_M$$

$$\dfrac{E}{\theta} = M_{\frac{E}{\theta}} U_{\frac{E}{\theta}} = \dfrac{1}{50} U_{\frac{E}{\theta}}$$

$$\dfrac{\delta}{\theta} = M_{\frac{\delta}{\theta}} U_{\frac{\delta}{\theta}} = \dfrac{1}{50} U_{\frac{\delta}{\theta}}$$

式中　t_M——机上时间；

$U_{\frac{E}{\theta}}$，$U_{\frac{\delta}{\theta}}$——机上输入、输出电压。

图 20 的天线接收机部分采用大量非线性部件，由 2 台 FM-8 电子模拟计算机编排实现，伺服系统部分由 1 台 MIIT-9 电子模拟计算机编排实现。

$\dfrac{E}{\theta}$ 的模拟采用固定电压积分

$$U_{\frac{E}{\theta}} = 50\,\dfrac{E}{\theta} = 50\,\dfrac{\hat{E}}{\theta} t = 50\,\dfrac{\hat{E}}{\theta} M_t t_M = 5\,\dfrac{\hat{E}}{\theta} t_M = 0.625 \hat{E} t_M$$

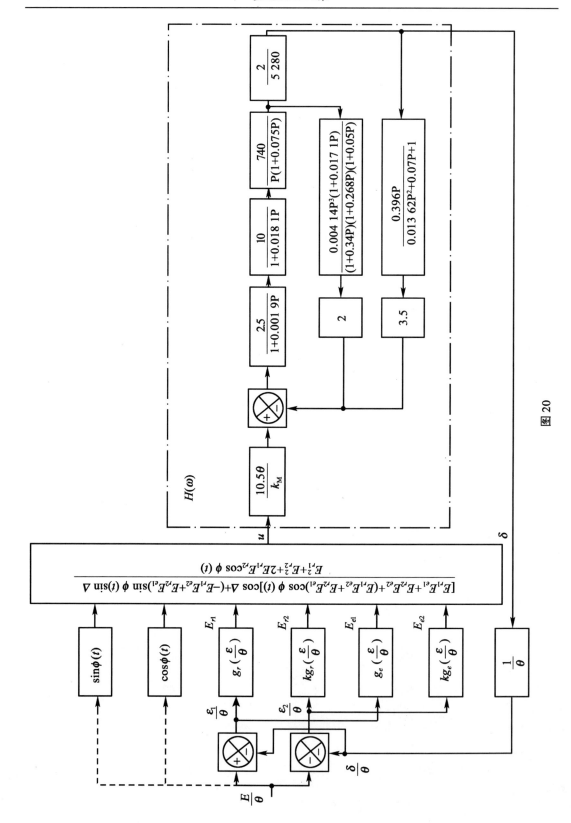

图 20

$\sin\phi(t)$ 与 $\cos\phi(t)$ 由图 21 所示的编排图实现，其幅度扩大 100 倍。

$$\phi(t) = \frac{4\pi h}{\lambda}E + \psi_0 = 2\pi\left(\frac{2h\hat{E}}{\lambda}\right)t + \psi_0$$
$$= 2\pi Ft + \psi_0 = 2\pi FM_t t_M + \psi_0$$
$$= 2\pi F_M t_M + \psi_0$$

式中 $h = 2.32$ m。

$$F_M = FM_t = \frac{2h\hat{E}}{\lambda}M_t$$
$$= \frac{2\times 2.32}{0.032\times 10}\frac{\hat{E}}{57.3}$$
$$= 0.253\hat{E}\ \text{s}^{-1}$$
$$\omega_M = 2\pi F_M = 1.59\hat{E}\ \text{s}^{-1}$$
$$\omega_M^2 = (2\pi F_M)^2 = 253(\hat{E})^2\ \text{s}^{-2}$$

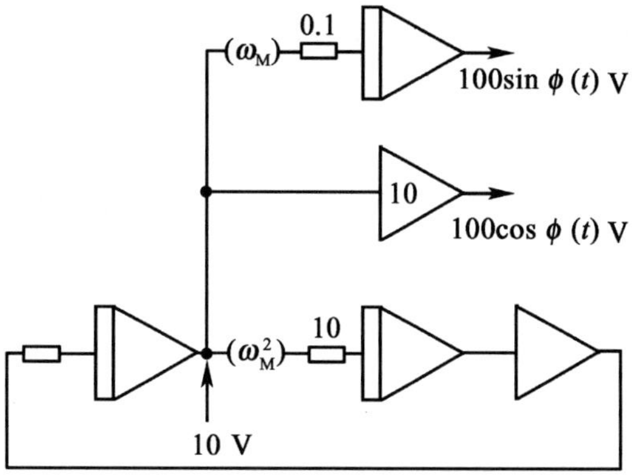

图 21

天线和差方向图由 4 个非线部件组成，只模拟主瓣，副瓣时取 0 值，E_{r1}，E_{r2} 与 E_{e1}，E_{e2} 的相互乘积以及 E_{r1}，E_{r2} 采用 5 个乘法部件，E_{r1}，E_{r2} 与 $\cos\phi(t)$ 相乘，$(E_{r1}E_{e2} + E_{r2}E_{e1})$ 与 $\cos\phi(t)$ 相乘以及 $(-E_{r1}E_{e2} + E_{r2}E_{e1})$ 与 $\sin\phi(t)$ 相乘也是分别用 3 个乘法部件完成，E_{r1}^2 及 E_{r2}^2 则由非线部件模拟平方曲线来实现，除法的实现由于精度很低，采取先用非线部件模拟双曲线以求倒数然后用乘法器求积的办法，k，$\sin\Delta$，$\cos\Delta$ 作为常数，由选择电位器分压比来实现，致于伺服系统传递函数都是线性函数，这里不再专门叙述。

下面给出的几组试验曲线是由笔式记录仪记录的，记录速度为 0.5 mm/s。

图 22：

$$\hat{E} = 0.1\ (°)/\text{s}$$
$$U_{\frac{E}{\theta}} = 0.625\times 0.1\ t_M = 0.0625\ t_M\ \text{V/s}$$
$$F_M = 0.253\hat{E} = 0.0253\ \text{s}^{-1},\ F = 0.253\ \text{s}^{-1}$$
$$\omega_M = 1.59\hat{E} = 0.159\ \text{s}^{-1}$$
$$\omega_M^2 = 253(\hat{E})^2 = 0.0253\ \text{s}^{-2}$$

记录纵坐标单位　2 V/mm $(U_{\frac{\delta}{\theta}}) = 0.04$ mm$^{-1}\left(\frac{\delta}{\theta}\right)$；

记录横坐标单位　2 s/mm $(t_M) = 0.2$ s/mm (t)。

摆动频率比较低，天线伺服系统的惯性作用影响较小，$\Delta = 0$ 时，$\frac{\delta}{\theta}$ 的摆动包络应大体与图 6 符合，实际记录曲线表明这两者的确是相近的，但 $k = 0.3$，0.6 时，实测值缩小；$k = 0.8$，时，实测值偏大，而且发生有时围绕镜像摆动，和 $k\rightarrow 1$ 的情况比较相近；随着 $\frac{E}{\theta}$ 加大记录到 $270\times 0.2 = 54$ 时，即 $\frac{E}{\theta}$ 到达 $\frac{0.1\times 54}{8} = 0.675$ 以后，$\frac{\delta}{\theta}$ 的大幅度摆动在所有记录曲线（不同 k 值与 Δ 值）中都告消失，这和分析计算结果是一致的，记录还表明在 $\Delta = 45°$，$k = 1$ 时，$\frac{\delta}{\theta}$ 在 1 个摆动周期内可以大幅度正负摆动，证明了以前的分析结论是正确的。

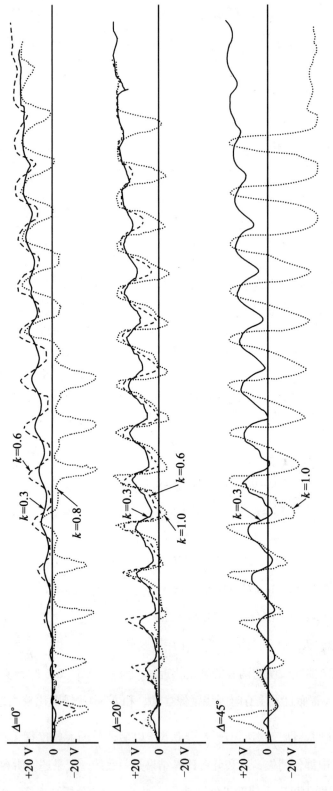

图 22

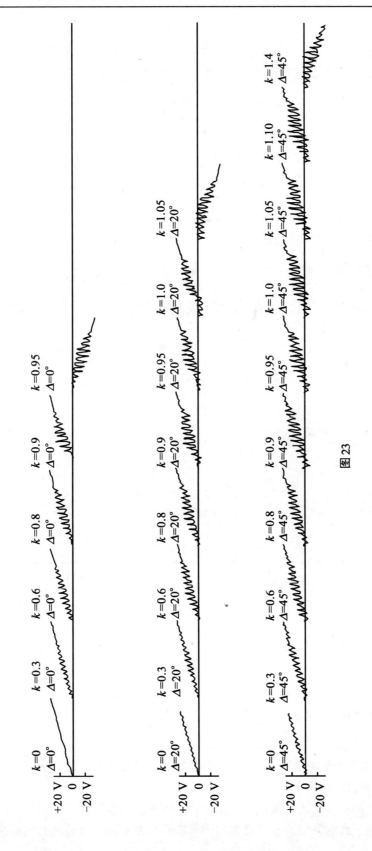

图 23

图 23：

$$\hat{E} = 0.5(°)/s$$
$$U_{\frac{E}{\theta}} = 0.625 \times 0.5\ t_M = 0.313\ t_M\ V/s$$
$$F_M = 0.253\hat{E} = 0.127\ s^{-1},\quad F = 1.27\ s^{-1}$$
$$\omega_M = 1.59\hat{E} = 0.795\ s^{-1}$$
$$\omega_M^2 = 253\ (\hat{E})^2 = 0.633\ s^{-2}$$

记录纵坐标单位　2 V/mm $(U_{\frac{\delta}{\theta}}) = 0.04\ mm^{-1}\left(\dfrac{\delta}{\theta}\right)$；

记录横坐标单位　2 s/mm $(t_M) = 0.2\ s/mm\ (t)$。

由于摆动频率稍有提高，伺服系统有限通带对摆动幅度已产生一平滑滤波作用，记录表明 $\dfrac{\delta}{\theta}$ 摆动幅度比图 21 的小一些，所有曲线表明，当 $\dfrac{E}{\theta}$ 到达 $\dfrac{0.5 \times 50}{8} = 0.625$ 以后，$\dfrac{\delta}{\theta}$ 的大幅度摆动全部消失了，另外记录还表明，当 $k \to 1$ 或大于 1 时，$\dfrac{\delta}{\theta}$ 最后跟向镜像。

图 24：

$$\hat{E} = 1(°)/s$$
$$U_{\frac{E}{\theta}} = 0.625 \times 1\ t_M = 0.625\ t_M\ V/s$$
$$F_M = 0.253\hat{E} = 0.253\ s^{-1},\quad F = 2.53\ s^{-1}$$
$$\omega_M = 1.59\hat{E} = 1.59\ s^{-1}$$
$$\omega_M^2 = 253\ (\hat{E})^2 = 2.53\ s^{-2}$$

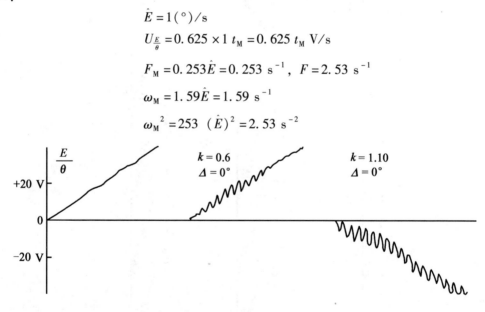

图 24

记录纵坐标单位　2 V/mm $(U_{\frac{\delta}{\theta}}) = 0.04\ mm^{-1}\left(\dfrac{\delta}{\theta}\right)$；

记录横坐标单位　2 s/mm $(t_M) = 0.2\ s/mm\ (t)$。

记录表明，由于摆动频率比较高，伺服系统的平滑滤波作用比较显著，但平滑作用不改善 $k > 1$ 时丢失目标的情况。

从以上几组模拟试验的结果看，基本分析的规律进一步得到了证明，这些结果和外场试验结果也都是一致的，但由于和差方向图模拟的精度不高，试验时间前后拖得较长，影响了模拟试验结果的精确度。

4 结论与措施建议

a) 跟踪低仰角目标时多路径效应的影响是普遍知道的事实，但详尽而正确分析的材料则很少，而这个问题又是制导雷达中在截获跟踪目标起飞段时必须搞清楚的一个基本问题，本文通过介绍基本数学分析，外场实物试验和室内模拟机试验比较详细地讨论了这个问题，基本上搞清了它的变化规律，得出了相应的关系式和必要的结论，取得了理论和实践的较好符合，为制定制导雷达体制和方案提供了必要的认识基础，但这些认识和以后的结论措施的正确与否还有待雷达方案实施的实践进一步检验和深化。

b) 单脉冲雷达跟踪低仰角目标时多路径效应影响的最基本规律是：在 $\frac{E}{\theta} < 0.665$ 时，随着 ϕ 的变化，$\frac{\delta}{\theta}$ 围绕目标或镜像作大幅度的摆动，其范围正常情况可达 ± 0.665，一旦 $\frac{E}{\theta} > 0.655$ 之后大幅度摆动即告消失，如果目标由低而高上升，$\frac{E}{\theta}$ 上升到 0.655 以后，$\frac{\delta}{\theta}$ 随 $\frac{E}{\theta}$（目标）跟踪还是随 $-\frac{E}{\theta}$（镜像）跟踪，主要决定于 k 值，特别是 $\frac{E}{\theta}$ 稍小于 0.655 这一段时期的 k 值，而 k 值又是由地面反射系数和目标信标或应答机天线方向图（在一定的目标运动姿态下）所决定的。

① 如果 $\theta = 2°$，在 $\frac{E}{\theta} = 0.655$ 时，$E = 1.33°$

当 E 由 0 上升到 $1.33°$ 时 ϕ 变化的周期数 N 为

$$N = \frac{2h}{\lambda} E = \frac{2 \times 25}{0.05} \times \frac{1.33}{57.3} = 232$$

其中，设 $h = 2.5$ m，$\lambda = 0.05$ m。

目标飞行可近似为等加速运动，在所研究目标仰角范围内，目标仰角也可近似为等角加速度运动，设 $\ddot{E} = 0.175$ rad/s$^2 = 10(°)/s^2$（例如取 $X = 1\,000$ m，$\ddot{Y} = \ddot{S}$，$\sin r = 175$ m/s^2，这里 $\ddot{S}$ 为目标飞行加速度，r 为发射倾角）

$$E = \frac{1}{2} \ddot{E} t^2$$

E 到达 $1.33°$ 所需的时间为

$$t = \left(\frac{2E}{\ddot{E}}\right)^{\frac{1}{2}} = \left(\frac{2.133}{10}\right)^{\frac{1}{2}} = 0.517 \text{ s}$$

在这段时间内多路径摆动频率为

$$F = \frac{2h}{\lambda} \dot{E} = \frac{2 \times 25}{0.05} \times 0.175\, t = 17.5\, t$$

F 随时间迅速增长，$t = 0.517$ s 时，F 为 9.05 Hz/s，已超过雷达天线伺服系统带宽很多。即使 $t = 0.3$ s 时，F 亦已达 5.25 Hz/s，超过伺服带宽，这时 $E = 0.45°$，$N = 0.785$，

也即是 $\frac{\delta}{\theta}$ 只能响应约 1 周的大幅度摆动。以上数据说明从架上跟踪起飞目标多路径效应影响雷达可靠跟踪的区间是很小的。

② 如果雷达与目标发射架都设在山头上,图 25 为简化的情况说明,这时可以形成 2 个反射点(T,T'),构成 2 条反射波路径。

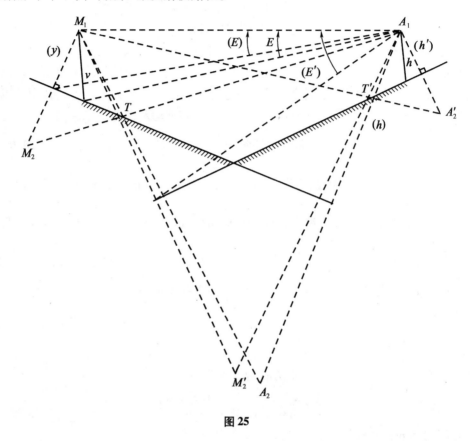

图 25

就 T 反射点情况来分析多路径影响,发射架阵地斜波的存在,等效目标仰角(E)比 E 稍有降低,雷达天线等效架设高度(k)则比 k 明显增大,前者要求有较大的 E 值才能满足 $\frac{(E)}{\theta} = 0.665$,延长大幅度摆动的过程,这是不利的,但是后者使摆动频率提高,有利于平滑摆动幅度。

就 T' 反射点情况来分析,雷达阵地前斜波的存在,等效目标仰角(E')比 E 显著增大,雷达天线等效架设高度(k')比 k 稍有降低,这种情况 $\frac{(E')}{\theta}$ 总是超过 0.665,因之不存在低仰角跟踪时 $\frac{\delta}{\theta}$ 大幅度摆动的效应。

③ 为了保证 $\frac{E}{\theta} > 0.665$ 后,$\frac{\delta}{\theta}$ 跟踪目标,应使 $\frac{E}{\theta}$ 稍小于 0.665 这一区间的 k 值小于 1,降低 k 值的方法可从两方面入手。

第一，降低地面反射系数，即雷达天线采用垂直极化波比水平极化波较为有利，例如在 $E = 1.33°$，$\alpha = \arctan \dfrac{k}{x} = \arctan \dfrac{25}{1\,000} = 0.14°$，即反射波与地面夹角为 $E + \alpha = 1.47° = 1.5°$ 时，在反射面为光滑平面，$\lambda = 0.05 \text{ m}$ 条件下，垂直极化波的反射系数为 0.64（海水）、0.84（湿土）和 0.88（干土），而水平极化波的反射系数则为 0.994（海水）、0.985（湿土）和 0.97（干土）（参考 M·Π·多路哈诺夫，《无线电波传播》）。如果工作于图 25 所示的山头上，对有害的 T 反射点来说，由于等效的 $E + \alpha$ 角变大，地面反射系数还有可能进一步降低。

针对 $\dfrac{E}{\theta}$ 稍小于 0.665 时的地面反射点处设置吸收材料或金属栅网或者降低地面平坦程度，用以削弱反射回波，但是在目标为低仰角和距离较远时，构成主要反射面的第一夫累涅尔区比较大，实现这些措施会有一定困难。

第二，控制目标天线方向图，降低 k_M 比值，由于

$$k_M = \frac{g_M\left(\dfrac{E - r - \alpha}{\theta_M}\right)}{g_M\left(\dfrac{E - r + \alpha}{\theta_M}\right)}$$

其中 α 值比较小（例如 0.14°），而目标方向图波束宽度 θ_M 又总是很大，$\dfrac{\alpha}{\theta_M} \ll 1$，因 $k_M = 1$；但如果工作于如图 25 所示的山头上，对于有害的 T 反射点而言，等效 α 角很大，这时控制天线方向图就非常有意义，值得在设计目标天线方向图时加以注意。

c）单脉冲雷达工作调整时，应力求 $\Delta = 0°$，这不仅是保证电轴精度所必要的，也是低仰角跟踪时避免 $\dfrac{\delta}{\theta}$ 进入负值所必要的。

d）据第一部分的分析，$k > 1$ 而不是 $k \gg 1$ 时，如某种原因使 $\dfrac{\delta}{\theta}$ 落入 1，2 区可继续沿 1，2，6，2，1，3 区摆动回到负值区的特性，可利用雷达天线座仰角极限位置天线往下限动，向上自抬的保护装置，将限动位置调整在 $0 < \dfrac{\delta}{\theta} \leq 0.665$ 范围内的某个适当位置上，强迫 $\dfrac{\delta}{\theta}$ 停留在 1，2 区内或以上，做到不管 k 是否小于 1，总使 $\dfrac{\delta}{\theta}$ 在正值之内，从而保证在 $\dfrac{E}{\theta} \geq 0.655$ 时沿着 $\dfrac{E}{\theta}$ 跟踪而上，达到防止丢失目标的可能性。

e）通过以上分析和措施，单脉冲雷达通过跟踪低仰角目标区而不丢失目标是可能的，因此，从发射架上跟踪起飞目标的方案是可行的，为了保证低仰角跟踪的可靠性，还可以采取一些辅助措施以防止丢失目标。

① $\dfrac{E}{\theta} \leq 0.665$ 段可采用程序引导与自动跟踪复合体制或全程序引导体制，并在 $\dfrac{E}{\theta} > 0.665$ 后转入全自动跟踪，由于目标起飞后 0.517 s 之内，实际弹道偏离标准弹道的散布还比较小，完全可以满足引导精度要求。

②采用光学引导器引导的辅助工作状态和设置工业电视对跟踪目标的监视,工作于主控台的操纵员通过设于主控台的工业电视监视器监视雷达跟踪目标飞行情况,必要时(例如发现丢失目标)可转入光学引导器引导状态,当然如果电视跟踪技术成熟,也可采用电视跟踪,从而可以省去光学引导器,必要时也不排除采用红外辅助跟踪的可能。

f) 本报告分析单脉冲雷达跟踪低仰角目标多路径效应问题的方法,实质是从单脉冲雷达跟踪的实际体制出发,研究跟踪任意夹角的双点元目标的问题,这个分析方法、结论和试验结果可通用于一切与跟踪双点元目标有关的问题,例如,对于利用双点元目标方法作为干扰单脉冲雷达角跟踪支路的手段的有效性可以作出比较符合实际的估价,又例如,对于一些空用单脉冲雷达,在天线波束很宽的情况下,采用低仰角的角反射器作为标定和校准和差路相移的方法时所遇到的多路径效应问题也可以采用这个方法进行探讨研究,式(29)实际上给出了消除标定误差的相位条件,这些问题已超出我们所研究的任务,因此我们未作进一步的讨论。

FFT 在 PD 雷达中截获与跟踪高速和高加速目标的应用[*]

摘　要　本文分析了脉冲多普勒精密跟踪雷达中 FFT 数字信号处理设备的速度、加速度模糊函数，给出了 32 点的模糊图模型，并应用数论的方法导出了高加速度条件下旁瓣分布的计算公式，提出了预先进行数字式加速度配相的 FFT 速度与加速度处理方法。这种处理设备可以取代现行使用的数字、模拟混合时间压缩器。

0　引言

目标具有较高加速度时，速度跟踪回路如何截获目标是一个比较困难的问题。为保证测速回路可靠地截获，在利用距离微分平滑信息对回路进行速度和加速度粗指定的基础之上，还必须进一步进行速度和加速度精指定修正，以使速度粗指定附近的某根谱线落入窄带滤波器内，并保持足够的时间，从而完成截获。为此，许多雷达[1,2,3]都采用了时间压缩器系统。这种系统实质上是一个目标速度与加速度的检测系统，其处理过程是模拟量的。

本文的目的在于探讨高加速目标情况下 FFT 数字滤波器组的频谱输出特性；用数值计算的方法求出 FFT 的速度、加速度模糊图，并用解析的方法找出模糊图的变化规律来，在此基础上提出预先进行加速度匹配的 FFT 信号处理方案。它可以用全数字化的设备来取代时间压缩器，以完成目标速度、加速度的处理功能，从而改善了设备的可靠性、精度和总处理时间。

1　复时间函数的 DFT

相干脉冲串回波的中频波形可表示为

$$u(t) = A(t)\sin\left[\omega_0 t + \varphi_d(t)\right] \tag{1}$$

$$\varphi_d(t) = \int \omega_d(t)\,dt = 2\pi \int f_d(t)\,dt \tag{2}$$

式中　$A(t)$——回波包络，系重复频率为 F_r（周期为 T，$T = \dfrac{1}{F_r}$），回波脉冲宽度为 τ 的视频脉冲列（其幅度被限幅）；

---

[*] 本文发表于《电子学报》，1981 年第 6 期。

$\varphi_d(t)$ ——多普勒频移。

经正交鉴相、幅度归一化和数字化以后，可得

$$I_k = \cos \varphi_d(t_k) = \cos \varphi_d(kT) = \cos \varphi_d(k) ①$$
$$Q_k = \sin \varphi_d(t_k) = \sin \varphi_d(kT) = \sin \varphi_d(k)$$

式中，$k = \cdots -1, 0, 1, \cdots$。当用复时间函数表示时，可写成

$$g(k) = I_k + jQ_k = \cos \varphi_d(k) + j\sin \varphi_d(k) = \exp j\varphi_d(k) \tag{3}$$

式（3）的离散 Fourier 变换对为

$$g(k) = \frac{1}{N} \sum_{n=0}^{N-1} G(n) W^{-nk}, k = 0, 1, \cdots, N-1 \tag{4}$$

$$G(n) = \sum_{k=0}^{N-1} g(k) W^{nk}, n = 0, 1, \cdots, N-1 \tag{5}$$

$$W = \exp(-j2\pi/N) \tag{6}$$

式中 $G(n)$ ——离散谱；

T ——采样周期；

N ——变换点数。

其中，$G(n)$ 又可视为一线性数字滤波器在时间 $(N-1)T$ 上的输出，其归一化传递函数

$$H(n) = \left| \frac{\sin[\pi f_d/(F_r/N)]}{\sin\left[\frac{\pi}{N}\left(\frac{f_d}{F_r/N} - n\right)\right]} \right| \tag{7}$$

2 速度、加速度模糊函数

假定在距离上回波被同步采样，则不存在距离失配问题。定义：当目标的速度和加速度对第 n 个滤波器失配时，则模糊函数值即为该滤波器的归一化输出。为简化表达式，设 $n = 0$，这时滤波器对 $f_d = 0$ 匹配，因而目标的速度和加速度本身就是该滤波器的失配量，这不失分析问题的普遍性。

当目标存在等加速度时，$f_d(t)$ 的变化示于图 1，并有

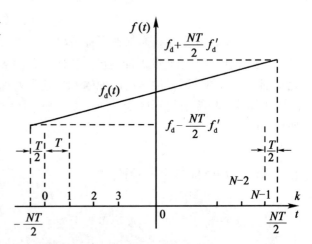

图 1 等加速时 $f_d(t)$ 的变化

$$f_d(t) = f_d + f_d't, \quad \varphi_d(t) = 2\pi[f_d t + (f_d' t^2/2)] + \varphi_0 \tag{8}$$

用 $t = [k - (N-1)/2]T$, $k = 0, 1, \cdots, N-1$ 代入式（8）并整理得

---

① $\varphi_d(k)$ 是 $\varphi_d(kT)$ 的省略表示。

$$\varphi_d(k) = \frac{2\pi}{N}\left[k\alpha - \frac{(N-1-k)k}{N}\beta\right] + \varphi_0' \tag{9}$$

式（9）中，$2\pi k\alpha/N$ 代表平均频率 f_d 在 kT 时的相位变化，其中，$\alpha = f_d/(F_r/N)$，为频率的归一化数值，表示 f_d 在 NT 时间内的总周期数，F_r/N 代表频率分辨单位；第 2 项表示 f_d' 在 kT 时的相移，其中 $\beta = f_d'/(2F_r^2/N^2)$，为频率变化率的归一化值，它表明由 0 到 NT 长度内线性调频波的时间带宽积之半（即 $f_d'NT \cdot NT/2$），其中 $2F_r^2/N^2$ 系频率变化率的分辨单位。第 3 项 φ_0' 为整理后的初始相位。

将式（9）代入式（3）、式（5），可求得目标存在速度与加速度情况下的回波信号离散谱

$$G_{\alpha,\beta}(n) = \sum_{k=0}^{N-1} W^{-(\alpha-n)k+\beta(N-1-k)k/N} \tag{10}$$

上式略去初相 φ_0'，当 $\alpha = \beta = n = 0$ 时，$G_{0,0}(0) = N$。由此，可写出速度、加速度模糊函数

$$\chi(\alpha,\beta) = \left|\frac{G_{\alpha,\beta}(0)}{G_{0,0}(0)}\right| = \frac{1}{N}\left|\sum_{k=0}^{N-1} W^{-\alpha k + \beta(N-1-k)k/N}\right| \tag{11}$$

由附录 I 可知，由于 $\chi(\alpha,\beta)$ 函数的对称性，故只要在 $0 \leq \alpha \leq N/2$ 和 $0 \leq \beta \leq N^2/4$ 范围内讨论，就可获得全部 $\chi(\alpha,\beta)$ 的分布图形，如图 2、图 3 所示。图 4 给出了速度、加速度模糊图的立体模型。这些图中取 $N = 32$。

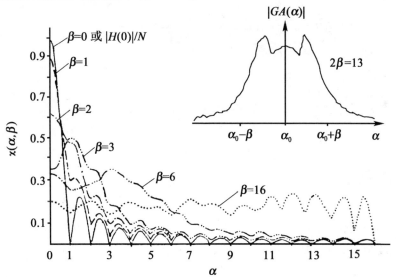

图 2 当 $\beta = 0, 1, 2, 3, 6$ 和 16 时的 $\chi(\alpha,\beta) - \alpha$ 曲线

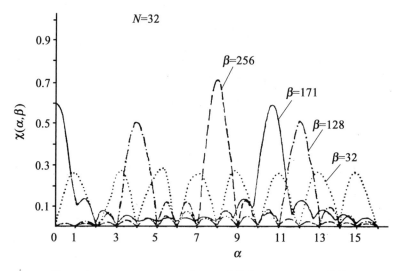

图3 当 $\beta=32,128,171$ 和 256 时的 $\chi(\alpha,\beta)$—α 曲线

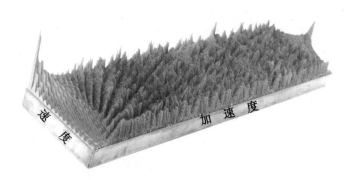

图4 速度、加速度立体模糊图模型

3 模糊图解析

对有限长的离散时间函数 $g(k)$ 求其离散谱 $G(n)$ 时,可分解为以下几个步骤[6]:

a) 对连续函数 $g(t)$ 乘以采样函数 $\Delta_0(t)$ 和截断函数 $a(t)$,则可得
$$g(k) = g(t)\Delta_0(t)a(t);$$

b) 求 $g(k)$ 的连续频谱
$$G\Delta_0 A(f) = GA(f)\Delta_0(f) = G\Delta_0(f)A(f) \tag{12}$$

式中,$\Delta_0(f),A(f),GA(f)$ 和 $G\Delta_0(f)$ 分别为 $\Delta_0(t),a(t),g(t)a(t)$ 和 $g(t)\Delta_0(t)$ 的频谱;

c) 对 $G\Delta_0 A(f)$ 乘以频谱抽样函数 $\Delta_1(f)$,则有
$$G\Delta_0 A(f)\Delta_1(f) = \sum_{n=-\infty}^{\infty} G\Delta_0 A\left(\frac{n}{NT}\right)\delta\left(f-\frac{n}{NT}\right)$$

从而可得离散谱 $G(n) = G\Delta_0 A(n/NT)$。

为了求 $\chi(\alpha,\beta)$，根据式（11），应先求出 $G_{\alpha,\beta}(0)$，而 $G_{\alpha,\beta}(0)$ 值即为 $G\Delta_0 A(0)$。为了简化分析，按式（10），可将 $-\alpha$ 与 n 对调，得 $G_{-n,\beta}(-\alpha)$，并将 $n=0$；这相当于 $f_d = 0$，而其中 α 应是连续参数，因此

$$G_{\alpha,\beta}(0) = G_{0,\beta}(-\alpha) = G\Delta_0 A(-\alpha)\big|_{\alpha_0=0} \tag{13}$$

式中，$\alpha = f/(F_r/N)$，$\alpha_0 = f_d/(F_r/N)$；这和以前用 α 表示 $f_d/(F_r/N)$ 意义稍有不同，请予注意。

下面求解析解：

小时间带宽积情况 其条件是 $2\beta < N$，这等效于 $f'_d NT < F_r$。由于 β 值小，$g(t)a(t)$ 的频谱带宽较窄，因之以 F_r 采样时，不会产生主频谱的混叠效应，因此，采用先求 $g(t)a(t)$ 频谱的方法较为方便。$g(t)a(t)$ 是一个线性调频脉冲时间函数，其频率变化仍如图1所示，其脉冲幅度最大值为1，脉冲宽度为 NT，则它的频谱

$$GA(f) = \int_{-NT/2}^{NT/2} \exp[j2\pi(f_d t + f'_d t^2/2 - ft)]dt$$

求解此积分值可得[7]

$$|GA(\alpha)| = \frac{NT}{2\sqrt{\beta}}\{[C(x_1)+C(x_2)]^2 + [S(x_1)+S(x_2)]^2\}^{1/2} \tag{14}$$

式中，$C(x)$ 和 $S(x)$ 为 Fresnel 积分，$x_1 = \sqrt{\beta}(\beta+\alpha-\alpha_0)/\beta$，$x_2 = \sqrt{\beta}(\beta-\alpha+\alpha_0)/\beta$。

文献[7]还给出了 $GA(f)$ 的波形，为与 $\beta = 6$ 的波形相比较，特于图2引入其 $2\beta = 13$ 的波形（α 的通带宽度为 2β，其中心值为 α_0）。

根据式（12）及 $\Delta_0(f)$，可以求得

$$G\Delta_0 A(f) = \frac{1}{T}\sum_{i=-\infty}^{\infty} GA(f-iF_r)\exp[j\pi i(N-1)]$$

根据式（13），并将 f 改用 α 表示，得

$$|G_{\alpha,\beta}(0)| = \frac{1}{T}\Big|\sum_{i=-\infty}^{\infty} GA(iN-\alpha)\exp[j\pi i(N-1)]\Big|_{\alpha_0=0}$$

由于 $GA(\alpha)$ 归一化表示的通带约为 2β，为避免主频谱相互混叠，分析只在 $\beta \leq N/2$ 下进行，故由式（11）可以得出

$$\chi(\alpha,\beta) \approx \frac{1}{NT}\sum_{i=-\infty}^{\infty}|GA(iN-\alpha)|_{\alpha_0=0} \tag{15}$$

当 β 由 $N/2$ 向 N 增大时，主频谱逐步混叠，这时 $\chi(\alpha,\beta)$ 呈波动特性，逐步由 α 高端（即 $\alpha = N/2$ 处）向低端蔓延。

大时间带宽积情况 由于在大时间带宽积（$2\beta > N$）的条件下，模糊图呈明显的波动特性，甚至产生高的旁瓣，因此摸清旁瓣的峰值幅度和分布规律具有重要的意义。为此，先设法求出 $G\Delta_0(f)$ 离散谱线，然后按式（12）进行 $G\Delta_0(f)A(f)$ 运算比较方便。由式（8）、式（9）可以求出

$$G\Delta_0(f) = \int_{-\infty}^{\infty} g(t)\Delta_0(t)\exp[-j2\pi ft]dt$$

$$= \sum_{k=-\infty}^{\infty}\exp j2\pi\{(f_d-f)kT+[k^2T^2-(N-1)kT^2]f'_d/2+f'_d\}G\Delta_0(-f)\big|_{f_d=0}$$

$$G_{\Delta_0}(-f)\Big|_{f_d=0} = \sum_{k=-\infty}^{\infty} \exp j2\pi\left[\left(f - \frac{N-1}{2}f'_d T\right)kT + \frac{1}{2}f'_d k^2 T^2\right] \tag{16}$$

根据附录Ⅱ对式(16)的进一步推导可以得出：当 $\beta = pN^2/q$，$(p,q)=1$ 时，并设 $q = 2^l q_1$ (q_1 为奇数)则有

$$\left|G_{\Delta_0}(-\alpha)\right|_{\alpha_0=0} = \begin{cases} \dfrac{1}{\sqrt{q}\,T} \sum\limits_{i=-\infty}^{\infty} \sum\limits_{u=0}^{q-1} \delta\left[\alpha - \left(i + \dfrac{u}{q}\right)N\right], & \text{若 } l=0,\ q=q_1 \\ \dfrac{1}{\sqrt{q/2}\,T} \sum\limits_{i=-\infty}^{\infty} \sum\limits_{u=1,3,5,\cdots}^{q-1} \delta\left[\alpha - \left(i + \dfrac{u}{q}\right)N\right], & \text{若 } l=1,\ N \text{ 为奇数} \\ & \text{或 } l>1,\ N \text{ 为偶数} \\ \dfrac{1}{\sqrt{q/2}\,T} \sum\limits_{i=-\infty}^{\infty} \sum\limits_{u=0,2,4,\cdots}^{q-2} \delta\left[\alpha - \left(i + \dfrac{u}{q}\right)N\right], & \text{若 } l=1,\ N \text{ 为偶数} \\ & \text{或 } l>1,\ N \text{ 为奇数} \end{cases} \tag{17}$$

式中，α 为归一化了的 f 值。另外已知截断函数 $a(t)$ 的 Fourier 变换为

$$A(\alpha) = NT \frac{\sin 2\pi\alpha}{2\pi\alpha} \tag{18}$$

由式(13)或式(12)有

$$G_{\alpha,\beta}(0) = \int_{-\infty}^{\infty} A(-\tau)\left[G_{\Delta_0}(-a+\tau)\Big|_{\alpha_0=0}\right]d(-\tau)$$

考虑到

$$\int_{-\infty}^{\infty} A(-\tau)\delta\left[\alpha - \left(i + \frac{u}{q}\right)N - \tau\right]d(-\tau) = A\left[\alpha - \left(i + \frac{u}{q}\right)N\right]$$

$$= NT \frac{\sin 2\pi\left[\alpha - \left(i + \dfrac{u}{q}\right)N\right]}{2\pi\left[\alpha - \left(i + \dfrac{u}{q}\right)N\right]}$$

由此，据式(11)，可以写出 $A\{\alpha - [i+(u/q)]N\}$ 主频谱相互不重叠下的模糊函数近似公式

$$\chi(\alpha,\beta) \approx \begin{cases} \dfrac{1}{\sqrt{q}} \sum\limits_{i=-\infty}^{\infty} \sum\limits_{u=0}^{q-1} \left|\dfrac{1}{NT}A\left[\alpha - \left(i + \dfrac{u}{q}\right)N\right]\right|, & \text{若 } l=0,\ q=q_1 \\ \dfrac{1}{\sqrt{q/2}} \sum\limits_{i=-\infty}^{\infty} \sum\limits_{u=1,3,5,\cdots}^{q-1} \left|\dfrac{1}{NT}A\left[\alpha - \left(i + \dfrac{u}{q}\right)N\right]\right|, & \text{若 } l=1,\ N \text{ 为奇数} \\ & \text{或 } l>1,\ N \text{ 为偶数} \\ \dfrac{1}{\sqrt{q/2}} \sum\limits_{i=-\infty}^{\infty} \sum\limits_{u=0,2,4,\cdots}^{q-1} \left|\dfrac{1}{NT}A\left[\alpha - \left(i + \dfrac{u}{q}\right)N\right]\right|, & \text{若 } l=1,\ N \text{ 为偶数} \\ & \text{或 } l>1,\ N \text{ 为奇数} \end{cases} \tag{19}$$

表1给出了 $N=32$ 时按式(17)求出的各 β 值的 $\chi(\alpha,\beta)$ 峰值幅度和位置 α 值，它们和数字计算机算出的模糊图曲线模型完全一致。

表1　$N=32$ 时 $\chi(\alpha, \beta)$ 的峰值分布

l	q	峰值	$\alpha = uN/q$	$\beta = pN^2/q$, $(p, q) = 1$
=0 u 取整数	1	1.000	0,	1 024（即0）,
	3	0.577	0, 10.67, 21.33,	341.33, 682.67,
	5	0.447	0, 6.40, 12.80, 19.20, 25.60,	204.80, 409.60, 614.40, 819.20,
	7	0.378	0, 4.57, 9.14, 13.71, 18.29, 22.86, 27.43,	146.29, 292.57, 438.86, 585.14, 731.43, 877.71,
	9	0.333	0, 3.56, 7.11, 10.67, 14.22, 17.78, 21.33, 24.89, 28.44,	113.78, 227.56, 455.11, 568.89, 796.44, 910.22,
	11	0.302	0, 2.91, 5.82, 8.73, 11.64, 14.55, 17.45, 20.36, 23.27, 26.18, 29.09,	93.09, 186.18, 279.27, 272.36, 465.45, 558.55, 651.64, 744.73, 837.82, 930.91,
	13	0.277	0, 2.46, 4.92, 7.39, 9.85, 12.31, 14.77, 17.23, 19.69, 22.15, 24.62, 27.08, 29.54,	78.77, 157.54, 236.31, 315.08, 393.85, 472.62, 551.38, 630.15, 708.92, 787.69, 866.46, 945.23,
	15	0.258	0, 2.13, 4.26, 6.40, 8.53, 10.67, 12.80, 14.93, 17.07, 19.20, 21.33, 23.47, 25.60, 27.73, 29.87,	68.27, 136.53, 273.07, 477.87, 546.13, 750.93, 887.47, 955.73,
=1 u 取偶数	2	1.000	0,	512,
	6	0.577	0, 10.67, 21.33,	170.67, 853.33,
	10	0.447	0, 6.40, 12.80, 19.20, 25.60,	102.40, 307.20, 716.80, 921.60,
	14	0.378	0, 4.57, 9.14, 13.71, 18.29, 22.86, 27.43,	73.14, 219.43, 365.71, 658.29, 804.57, 950.86,
	18	0.333	0, 3.56, 7.11, 10.67, 14.22, 17.78, 21.33, 24.89, 28.44,	56.89, 284.44, 398.22, 625.78, 739.56, 967.11,
	22	0.302	0, 2.91, 5.82, 8.73, 11.64, 14.55, 17.45, 20.36, 23.27, 26.18, 29.09,	46.55, 139.64, 232.73, 325.82, 418.91, 605.09, 698.18, 791.27, 884.36, 977.45,
	26	0.277	0, 2.46, 4.92, 7.39, 9.85, 12.31, 14.77, 17.23, 19.69, 22.15, 24.62, 27.08, 29.54,	39.38, 118.15, 196.92, 275.69, 354.46, 433.23, 590.77, 669.54, 748.31, 827.08, 905.85, 984.62,
	30	0.258	0, 2.13, 4.26, 6.40, 8.53, 10.67, 12.80, 14.93, 17.07, 19.20, 21.33, 23.47, 25.60, 27.73, 29.87,	34.13, 238.93, 375.47, 443.73, 580.27, 648.53, 785.07, 989.87,
>1 u 取奇数	4	0.707	8, 24,	256, 768,
	8	0.500	4, 12.20, 28,	128, 384, 640, 896
	12	0.408	2, 67.8, 13.33, 18.67, 24, 29.33,	85.33, 426.67, 597.33, 938.67,
	16	0.354	2, 6, 10, 14, 18, 22, 26, 30,	64, 192, 320, 448, 576, 704, 832, 960,
	20	0.316	1.60, 4.80, 8, 11.20, 14.40, 17.60, 20.80, 24, 27.20, 30.40,	51.20, 153.60, 358.40, 460.80, 563.20, 665.60, 870.40, 972.80,
	24	0.289	1.33, 4, 6.67, 9.33, 12, 14.67, 17.33, 20, 22.67, 25.33, 28, 30.67,	42.67, 213.33, 298.67, 469.33, 554.67, 725.33, 810.67, 981.33,
	28	0.267	1.14, 3.43, 5.71, 8, 10.29, 12.57, 14.86, 17.14, 19.43, 21.71, 24, 26.29, 28.57, 30.86,	36.57, 109.71, 182.86, 329.14, 402.29, 475, 43, 548.57, 621.71, 694.86, 841.14, 914.29, 987.43,
	32	0.250	1, 3, 5, 7, 9, 11, 13, 15, 17, 19, 21, 23, 25, 27, 29, 31,	32, 96, 160, 224, 288, 352, 416, 480, 544, 608, 672, 736, 800, 864, 928, 992

4 应用

式(10)表明,变换是对采样的复信号先进行相位匹配,然后求和,因此总有一个接近于 α 的 n 整数值,使 $|\alpha-n|\leqslant 1/2$,这时该第 n 个滤波器与信号基本达到匹配。归一化的输出幅度(在 $\beta=0$ 时)将大于 0.636 8 (-3.92 dB)。因此不难由此 n 值估计出目标的 α 近似值。这种数字式的配相方式不难推广到具有加速度时的情形,这时将式(10)推广为

$$G(m,n) = \sum_{k=0}^{N-1} \exp j 2\pi \left[(\alpha-n)\frac{k}{N} - (\beta-m)\frac{(N-1-k)k}{N^2} \right]$$

$$= \sum_{k=0}^{N-1} g(k) W^{nk} M^{m(N-1-k)k} \tag{20}$$

式中 $W = \exp(-j2\pi/N)$, $M = \exp(j2\pi/N^2)$。

当 m 取某整数值,总可使 $|\beta-m|\leqslant 1/2$。如果这时速度也匹配,即 $|\alpha-n|\leqslant 1/2$,则 (n,m) 滤波器的归一化输出将不会比 0.636 8 小许多;当 m 只取偶数、$|\beta-m|\leqslant 1$(仍取 $|\alpha-n|\leqslant 1/2$)时,(n,m) 滤波器的归一化输出将大于 0.634 0 (-3.96 dB)。W^{nk},$M^{m(N-1-k)k}$ 称为速度和加速度配相因子;它们的引入不仅可使滤波器百叶窗达到和目标速度相匹配,而且可以借以求出目标的近似加速度。

由于假定目标是等加速运动,又由于 f_d 值是 $k=(N-1)/2$ 时刻值,为了得出 $k=N$ 时刻的 f_d 值,还应进行加速度外推,外推补偿值为 $(N+1)Tf_d'/2 = m(N+1)F_r/N^2$。但也可以直接求 $t=NT$ 时刻的速度,这时有

$$f_d(t) = f_d + f_d'(t-NT),$$

$$\varphi_d(t) = 2\pi[f_d t + (t^2-2NTt)f_d'/2] + \varphi_0$$

当 $t=kT$,$\varphi_d(k) = 2\pi\{\alpha k/N - [\beta(2N-k)k/N^2]\} + \varphi_0$。因此式(20)变为

$$G(n,m) = \sum_{k=0}^{N-1} g(k) W^{nk} M^{m(2N-k)k} \tag{21}$$

求 $G(n,m)$ 的具体方法,可以先对信号 $g(k)$ 乘以 $M^{m(2N-k)k}$,以求出 $g_m'(k) = g(k) M^{m(2N-k)k}$,然后再将 $g_m'(k)$ 进行 FFT 处理以求 $G(n,m)$。求 $g_{m+1}'(k)$ 与求 $G(n,m)$ 的 FFT 处理可同时并举。

现就 N 和 m 取值问题初步讨论如下:N 的取值决定于测速分辨度,速度分辨度为 $\delta f_d = F_r/N$,或 $\delta R' = \lambda F_r/2N$,其中 $\delta R'$ 为速度分辨率,λ 为波长。为便于处理 N 取 2 的方次,$N=32$ 已足够。当 $F_r = 320$ Hz,$\lambda = 0.05$ m,则 $\delta R' = 0.25$ m/s,而加速度的分辨单位在 m 取整数的情况下为 $\delta f_d' = 2F_r^2/N^2$,$\delta R'' = \lambda F_r^2/N^2$,其中,$\delta R''$ 为加速度分辨率。在上述参数下,$\delta R'' = 5$ m/s²。m 的最大值受速度、加速度模糊图旁瓣的限制,因此本文求出了它的分布规律和峰值位置,以便于确定 m 能达到的范围和门限值。

当取旁瓣小于 -6 dB,并考虑到加速度可能为正或负,因之 $|m|$ 取值宜小于 $N^2/12$。当 $N=32$ 时,$|m|$ 不得大于 85,即 $R''_{\max}$ 在 $\pm \lambda F_r^2/12 = \pm 425$ m/s² 之内。因此当目标加速

度大于此值时，利用脉冲测距信息平滑出加速度值作为精加速度指定就是必要的了。

5 结束语

本文分析了目标的速度、加速度模糊图并给出了 32 点采样的模糊图模型，它无遗漏地给出了每个旁瓣的峰值幅度和分布位置，从而为今后的进一步分析和工程设计提供了依据。文中还提出了对速度配相的同时进行加速度配相的全数字方法，这将促进信号处理的数字化工作。

附录 I

现讨论 $\chi(\alpha,\beta)$ 函数的对称性，其中 α，β 不一定是整数。限于篇幅，证明从略。

性质 1：$\chi(\alpha,\beta)$ 具有多值性，即

$$\chi(\alpha,\beta)=\chi[\alpha(\bmod N),\beta(\bmod N^2)] \tag{I-1}$$

性质 2：$\chi(\alpha,\beta)$ 对原点对称，即

$$\chi(\alpha,\beta)=\chi(-\alpha,-\beta) \tag{I-2}$$

性质 3：$\chi(\alpha,\beta)$ 对 $\alpha=0$ 轴和 $\alpha=N/2$ 轴对称，即

$$\chi(\alpha,\beta)=\chi(-\alpha,\beta),\chi[(N/2)-\alpha,\beta]=\chi[(N/2)+\alpha,\beta] \tag{I-3}$$

性质 4：$\chi(\alpha,\beta)$ 对 $\beta=0$ 轴和 $\beta=N^2/2$ 轴对称，即

$$\chi(\alpha,\beta)=\chi(\alpha,-\beta),\chi[\alpha,(N^2/2)-\beta]=\chi[d,(N^2/2)+\beta] \tag{I-4}$$

性质 5：当 N 为奇数时，$\chi(\alpha,\beta)$ 对点 $(\alpha=N/4,\beta=N^2/4)$ 对称；当 N 为偶数时，$\chi(\alpha,\beta)$ 对 $\beta=N^2/4$ 轴对称，即分别为

$$\chi[(N/4)-\alpha,(N^2/4)-\beta]=\chi[N/4+\alpha,(N^2/4)+\beta],N\text{ 为奇数} \tag{I-5A}$$

$$\chi[\alpha,(N^2/4)+\beta]=\chi[\alpha,(N^2/4)-\beta],N\text{ 为偶数} \tag{I-5B}$$

根据上述性质，在研究 $\chi(\alpha,\beta)$ 函数时，可在 $0\leq\alpha\leq N/2$，$0\leq\beta\leq N^2/4$ 之内进行。

附录 II

在大时间带宽积的情况下，推导 $G\Delta_0(-f)|_{f_d=0}$ 产生离散频谱的关系式。已知

$$G\Delta_0(-f)|_{f_d=0}=\sum_{k=-\infty}^{\infty}\exp j2\pi\left[\left(f-\frac{N-1}{2}f_d'T\right)kT+\frac{1}{2}f_d'k^2T^2\right] \tag{16}$$

令 $k=rq+x$，其中 q 为任意正整数，$x=0,1,\cdots,q-1$；$r=0,\pm1,\pm2,\cdots,\pm\infty$，代入上式得

$$G\Delta_0(-f)|_{f_d=0}=\sum_{x=0}^{q-1}\exp j2\pi\left[\left(f-\frac{N-1}{2}f_d'T\right)Tx+\frac{1}{2}f_d'T^2x^2\right]\times$$

$$\sum_{r=-\infty}^{\infty}\exp j2\pi\left\{frqT+[-(N-1)+rq+2x]\frac{f_d'}{2}qT^2r\right\}$$

为使上式后项，求和形成离散频谱，其充要条件是 $[-(N-1)+rq+2x]f'_d qT^2 r/2$ 在 r 和 x 取值范围内为整数。因此应有 $f'_d = 2pF_r^2/q$，这等效于 $\beta = pN^2/q$，其中 p，q 为互素的整数，即 $(p,q)=1$，这时上式变为

$$G\Delta_0(-f)\bigg|_{f_d=0} = \frac{1}{qT}\sum_{z=-\infty}^{\infty}\delta\left(f-\frac{zF_r}{q}\right)\sum_{x=0}^{q-1}\exp j\frac{2\pi}{q}\{[z-p(N-1)]x+px^2\}$$

若设 $z=iq+u$；$u=0,1,\cdots,q-1$；$i=0,\pm1,\pm2,\cdots,\pm\infty$。代入上式可得

$$G\Delta_0(-f)\bigg|_{f_d=0} = \frac{1}{qT}\sum_{i=-\infty}^{\infty}\sum_{u=0}^{q-1}\delta\left[f-\left(i+\frac{u}{q}\right)F_r\right]\times$$

$$\sum_{x=1}^{q-1}\exp j\frac{2\pi}{q}\{[u-p(N-1)]x+px^2\} \quad (\text{II}-1)$$

为求解式（II-1）中最后的求和式，令 $s[q,f(x)]=\sum_{x=0}^{q-1}\exp j\frac{2\pi}{q}f(x)$，而 $f(x)=px^2+[u-p(N-1)]x$，其中 $[p,u-p(N-1),q]=1$。q 可能为任意非零的整数，再令 $q=q_1q_2$，q_1 为奇数，$q_2=2^l$，l 为非负整数。据文献 [10] 中 197 页定理 2：若 $(q_1,q_2)=1$，则

$$S[q_1q_2,f(x)] = S[q_1,f(q_2x)/q_2]S[q_2,f(q_1x)/q_1] \quad (\text{II}-2)$$

其中 $\left|S[q_1,f(q_2x)/q_2]\right| = \left|\sum_{x=0}^{q_1-1}\exp j\frac{2\pi}{q_1}\{p(2^l x)^2+[u-p(N-1)]2^l x\}/2^l\right|$

$$= \left|\sum_{x=0}^{q_1-1}\exp j\frac{2\pi p 2^l}{q_1}\left[x+\frac{u-p(N-1)+cq_1}{q2^{l+1}}\right]^2\right| \quad (\text{II}-3)$$

式中，c 应为整数，$[u-p(N-1)+cq_1]/p2^{l+1}$ 有整数解的条件为 $(q_1,p2^{l+1})/[u-p(N-1)]$①，（即 $(q_1,p2^{l+1})$ 可整除 $[u-p(N-1)]$）。由于 q_1 为奇数，$(p,q)=1$，也即 $(p,q_1)=1$，故 $(q_1,p2^{l+1})=1$，而 $u-p(N-1)$ 为整数，上述条件完全满足，故 $[u-p(N-1)+cq_1]/p2^{l+1}$ 可在适当选择 c 的情况下为整数，因此当 x 经过任一完全剩余系，$\mathrm{mod}\,q_1$ 时，$x+[u-p(N-1)+cq_1]/p2^{l+1}$ 也经过任一完全剩余系，$\mathrm{mod}\,q_1$，则式（II-3）的结果为

$$\left|S[q_1,f(q_2x)/q_2]\right| = \sqrt{q_1}\text{②} \quad (\text{II}-4)$$

对于式（II-2）中第 2 项有

$$\left|S[q_2,f(q_1x)/q_1]\right| = \left|\sum_{x=0}^{\Xi}\exp j\frac{2\pi pq_1}{2^l}\left[x+\frac{u-p(N-1)+c2^l}{2pq_1}\right]^2\right| \quad (\text{II}-5)$$

式中，$\Xi=2^l-1$，c 为整数，$[u-p(N-1)+c2^l]/2pq_1$ 能有整数解的条件是 $(2^l,2pq_1)/[u-p(N-1)]$，由于 $(p,q)=1$，故 $(p,2^l)=1$，q_1 为奇数，故在 l 为正整数时 $(2^l,2pq_1)=2$。这时应区分两种情况：

a）当 $u-p(N-1)$ 为偶数时（即指 N 为偶数，u 应为奇数；而 N 为奇数时，则 u 应为偶数），$[u-p(N-1)+c2^l]/2pq_1$ 在适当选择 c 值的情况下为整数，因此，当 x 经过任一完全剩余系，$\mathrm{mod}\,2^l$，$x+[u-p(N-1)+c2^l]/2pq_1$ 也经过任一完全剩余系，$\mathrm{mod}\,2^l$，则式

---

① 文献 [10] 中，p.11 "一次不定方程之解" 定理 1。
② 文献 [10] 中，p.178 "Gauss 和" 及 p.182~183 定理 6。

(Ⅱ-5) 的结果可表示为[10]①

$$\left| S[q_2,f(q_1x)/q_1] \right| = \begin{cases} 0, & l=1 \\ 2^{(l+1)/2}, & l>1 \end{cases} \quad (Ⅱ-6)$$

b) 当 $u-p(N-1)$ 为奇数时(即指 N 为偶数时，u 应为偶数；而 N 为奇数时，u 应为奇数)，则式(Ⅱ-6)不再成立，这时按下式求值

① 当 $l=1$ 时

$$\left| S[q_2,f(q_1,x)/q_1] \right| = \left| \sum_{x=0}^{1} \exp j\frac{2\pi}{2}\{pq_1x^2 + [u-p(N-1)]x\} \right| = 2$$

② 当 $l>1$ 时

$$\left| S[q_2,f(q_1,x)/q_1] \right| = \left| \sum_{x=0}^{\Xi} \exp j\frac{2\pi}{2^l}\{pq_1x^2 + [u-p(N-1)x]\} \right|$$

$$= \left| \sum_{x=0}^{\Xi'} \{1 + \exp j\pi[u-p(N-1)]\} \exp j\frac{2\pi}{2^l}\{pq_1x^2 + [u-p(N-1)]x\} \right| = 0$$

式中，$\Xi = 2^{l-1}$，$\Xi' = 2^{l-1}-1$。因此，当 $u-p(N-1)$ 为奇数时，有

$$\left| S[q_2,f(q_1x)/q_1] \right| = \begin{cases} 2^{(l+1)/2}=2, & l=1 \\ 0, & l>1 \end{cases} \quad (Ⅱ-7)$$

将式(Ⅱ-2)~式(Ⅱ-7)的结果代入式(Ⅱ-1)中，当 $\beta=pN^2/q$，$(p,q)=1$ 时，设 $q=2^l q_1$，q_1 为奇数，则有

$$\left| G\Delta_0(-\alpha) \right|_{\alpha_0=0} = \begin{cases} \dfrac{1}{\sqrt{q}\,T} \sum\limits_{i=-\infty}^{\infty} \sum\limits_{u=0}^{q-1} \delta\left[\alpha - \left(i+\dfrac{u}{q}\right)N\right], & \text{若 } l=0, q=q_1 \\ \dfrac{1}{\sqrt{q/2}\,T} \sum\limits_{i=-\infty}^{\infty} \sum\limits_{u=1,3,5,\cdots}^{q-1} \delta\left[\alpha - \left(i+\dfrac{u}{q}\right)N\right], & \text{若 } l=1, N \text{ 为奇数} \\ & \text{或 } l>1, N \text{ 为偶数} \\ \dfrac{1}{\sqrt{q/2}\,T} \sum\limits_{i=-\infty}^{\infty} \sum\limits_{u=0,2,4,\cdots}^{q-2} \delta\left[\alpha - \left(i+\dfrac{u}{q}\right)N\right], & \text{若 } l=1, N \text{ 为偶数} \\ & \text{或 } l>1, N \text{ 为奇数} \end{cases}$$

$$(Ⅱ-8)$$

式中，f 已归一化为 α，F_r 应归一化为 N。

参 考 文 献

[1] AD-266396, 31 December 1960.
[2] JFO'Brien, R F Pavley. Canaveral Council of Technical Societies, Space Congress, 5th, Cocoa Beach, March 11-14, Proceeding Vol. 3: 22-1~19, 1968.
[3] MR Paglee. RCA Microwave Technology: 16-20, 1969.
[4] J T Nessmith. IEEE Trans., Vol. AES-12, No. 6, November: 756-776, 1976.
[5] G M Sparks, G H Stevens. The Record of the IEEE International Radar Conference:

---

① 文献[10]中，p.183 定理 7。

402–407, 1975.
[6] E O Brigham. The Fast Fourier Transform. Prentice-Hall Inc., 1974.
[7] Charles E Cook, Marvin Bernfeld. Radar Signals-An Introduction to Theory and Application. Academic Press. Chap. 6, 1967.
[8] E Jahnke, F Emde. Tables of Functions, Dover, New York, 1948.
[9] A Van Wijngaarden, W L Scheen. Tables of Fresnel Integrals, Computation Dept., Math. Center, Amsterdam, Rept. R 49, 1949.
[10] 华罗庚. 数论导引. 北京：科学出版社，1975.
[11] GOTH Kibbler. IEEE Trans., Vol. AES–3, No. 5: 808–818, September, 1967.

APPLICATION OF FFT TECHNIQUE IN RESOLVING ACQUISITION AND TRACKING PROBLEMS OF TARGETS WITH HIGH VELOCITY AND HIGH ACCELERATION IN THE PULSED-DOPPLER RADARS

Abstract This paper is concerned with the velocity-acceleration ambiguity diagrams of FFT digital signal processor in pulsed-doppler precise tracking radars. A 32-points model of the velocity-acceleration ambiguity diagram by numerical calculation is given and an analytical solution for distribution of all side lobes is described by "Theory of Numbers". A method for measuring target velocity and acceleration by complementary calculation to match acceleration phase shifts in FFT technique is recommended. The devices made by this method will successfully replace analog-digital time compressor for targets acquisition and measurements.

大型微波测控设备北京地区校飞试验*

1 试验目的

本设备跟踪测轨部分（其中角支路主要设备为正样，其余为初样）于出场前在北京地区进行了动态校飞试验，其试验目的为：

a）在动态情况下检查跟踪设备操作作用性能（包括主控台操作控制，上下频率捕获锁定。伺服台的手控、扫描与捕获）；

b）设备角跟踪精度摸底，并为精度标校方法积累经验；

c）进行测距动态试验，并为测角光学记录提供视差修正用的距离值。

本次试验是在初样设备进行信道试验、正样天伺馈和冷参高频接收机以及中频接收机等初样设备进行角支路联试基础上进行的，当时曾成功地进行了对标校塔和气球的跟踪试验。

2 校飞试验准备阶段

校飞试验准备阶段自 1981 年 6 月初正样常参和接收机抵京安装后开始，6 月底全部校飞参试设备齐套，7 月底第一次试验飞行之后准备阶段结束。本阶段主要工作内容如下。

2.1 常参静态参数测试

噪声温度：和路 171 K　方位 135 K　俯仰 173 K；

增益（至前中）：和路 51.2 dB　方位 51 dB　俯仰 51.2 dB；

饱和电平：−56 dBm；

前中输出干扰电平：<10 μV（中频通带以处）；

隔离度：$\sum -\Delta E$ 54 dB，

$\sum -\Delta A$ 50 dB（天线零深 ≥45 dB）；

相位误差：<3（°）/h（均方值）；

增益稳定性：<1 dB/d。

---

* 本文为设备校飞试验报告，文中涉及时间均为 1981 年。

2.2 中频接收机参数测试

锁相环灵敏度：38.7 dBHz；

频率引导灵敏度：在 46 dBHz 时，引导范围为 $f_d = +103 \sim -73$ kHz；

AGC 控制精度：在输入信号变化 64 dB 时，输出变化 1.4 dB；

幅度一致性：在 $\frac{\Delta}{\Sigma} = -16$ dB，输入信号变化 64 dB 时，ΔA 变化 2.5 dB，ΔE 变化 0.97 dB；

相位一致性：在输入信号变化 64 dB 时，ΔA 变化 2.4°，ΔE 变化 1.9° 在 $f_d = \pm 250$ kHz 变化时，ΔA 变化 2.7°，ΔE 变化 2.0°；

隔离度：$\Sigma - \Delta E$ 为 68.5 dB，$\Sigma - \Delta A$ 为 67 dB；

相检器零点漂移：≤10 mV。

2.3 天线接收机 S 曲线测试

用 X–Y 记录仪记录 $\Delta A - U_{\Delta A}$，U_{AGC} 及 $\Delta E - U_{\Delta E}$，U_{AGC} 关系曲线，角度扫描为 ±6 mil，误差斜率为 1 V/mil，试验分强、中、弱 3 种信号进行。另外在强信号时还进行了方位大范围扫描时的 $\Delta A - U_{\Delta A}$，U_{AGC} 曲线记录，图 1～图 3 为其典型曲线，除线性不够太好外，性能稳定正常，试验中曾发现方位回扫时中频汇流环接触簧片弹跳引起曲线畸变，返修汇流环后解决。

2.4 角跟踪回路跟踪性能测试

测试前手控数字式伺服回路已测试，其基本参数为：

宽带：伺服带宽为 2 Hz，$k_V = 600$　$k_a = 16$

中带：伺服带宽为 0.8 Hz　$k_V = 1\,000$　$k_a = 2.6$

窄带：伺服带宽为 0.26 Hz　$k_V = 270$　$k_a = 0.3$

对角自动跟踪回路进行了频率特性测试，典型曲线如图 4～图 7 暂态特性曲线。如图 8，测试中还记录了在 3.4 Hz 激励时引起次反射面 10.2 Hz 振荡。测试中用 x–y 记录仪记录了在 4 个不同象限较大失调角逼近目标的轨迹，见图 9，另外角跟踪静止目标时存在游动现象，方位振荡频率 0.3 Hz，$\Delta A_{P-P} = 0.046$ mil，$\sigma_A = 0.012$ mil。俯仰振荡频率 0.2 Hz，$\Delta E_{P-P} = 0.1$ mil，$\sigma_E = 0.03$ mil，目标运动时游动消失。

2.5 轴系初步标定

由于精光轴有关设备齐套晚，试验时间紧，轴系误差反复测试次数太少，对长时间不同环境下的漂移测试更是不够。

a）方位轴不垂直度在 2″～3″之内（0.009～0.014 mil），高点在 280°～290°方向范围内随太阳幅射有所变化。由于误差较小，数据处理时不再对此项误差进行修正。

b）方位俯仰轴不正交度总误差为 2.4″，其中左右轴承之差 2.27″，俯仰轴头下倾为 24″左右，其左右轴头下倾不对称偏差为 0.13″（此项沿用以前数据）。

c) 方位码盘的标校塔方向转 180°时，误差为 ±2.5″。

d) 当电轴与俯仰轴不垂直度（夜间测试）及光电轴零点标校采用倒镜法测试，其读数见表1。

表1

	电轴方位/（°）	电轴俯仰/（°）	光轴方位/（°）	光轴俯仰/（°）
正镜	314.704 742 4	5.175 933 838	314.707 489	5.175 933 838
倒镜	134.701 995 9	174.732 055 7	134.697 189 3	174.723 815 9

根据以上数据计算在 E 平面内，电轴左偏为

$(314.704\ 742\ 4 - 134.701\ 995\ 9 - 180)/2\cos E = 0.001\ 373\ 25\cos E = 0.001\ 367\ 650\ 408°$ 或 $0.022\ 79$ mil，由此可修正出正交于俯仰轴的电轴，此理论正交电轴指向标校塔的读数可计算出为 $314.704\ 742\ 4° - 0.001\ 373\ 25° = 314.703\ 369\ 2°$。

同理，按算出在 E 平面内，光轴左偏 $0.005\ 128\ 850\ 866°$ 或 $0.085\ 48$ mil，由此亦可求出正交于俯仰轴的理论光轴，此理论光轴指向标校塔的读数为 $314.702\ 339\ 2°$。此值与理论正交电轴指向差值折算到 E 平面内为 $0.001\ 025° = 0.017\ 1$ mil，此值暂可认为是光标对电标的左偏视差，因为光标在电标左方 1.8 m，而光轴在电轴左方 1.714 m，电标与天线的斜距为 $5\ 035.067\ 728$ m，其视差为 $\arctan\left(\dfrac{1.8-1.714}{5\ 035.067\ 728}\right) = 0.000\ 978\ 627\ 85° = 0.016\ 3$ mil 与上值吻合，大地测量电标方位为 $313.145\ 277\ 8°$ 和本次正镜电轴方位读数一致，因之方位码盘读数应加修正量 ΔA_1，$\Delta A_1 = 313.145\ 277\ 8 - 314.704\ 742\ 4 = -1.559\ 464\ 6°$，在校飞战前战后标定时，如跟踪电标的方位读数不同于本次正镜读数，则还应进一步修正电轴漂移量。本次测试，当电轴对准电标时（正镜）光轴左偏光标量为 ΔA_{01}，$\Delta A_{01} = (314.707\ 489 - 314.704\ 742\ 4)\cos 5.175 = 0.002\ 735\ 40° = 0.045\ 59$ mil。此值在判读目标的光学误差时应进行修正，但校飞时当战前战后标定读数不同于此值时，应以当时的光轴偏移光标量为准进行修正，此外对跟踪目标还应进行光电轴视差修正 ΔA_{02}，其值为

$\Delta A_{02} = -954.9\arctan\dfrac{1.714}{R} - 0.017\ 1$ mil，其中 R 为斜距，单位 m；$\arctan\dfrac{1.714}{R}$ 单位为 rad。根据倒镜法测试数据计算，电目标仰角读数为 $[180 - (174.732\ 055\ 7 - 5.175\ 933\ 838)]/2 = 5.221\ 939\ 05°$，俯仰码盘读数应加上零点修正值 ΔE_1，$\Delta E_1 = 5.221\ 939\ 05 - 5.175\ 933\ 838 = 0.046\ 005\ 2°$。此外由于大气折射，电标跟踪仰角的读数应加上修正值 ΔE_2，其数值为

$\Delta E_2 = -(b\tan E\, N_S + a\tan E)\dfrac{R\cos E}{10.68 + R\sin E}\dfrac{3\ 000}{\pi}\times 10^{-6}$ mil，其中 $b\tan E$ 及 $a\tan E$ 可以查有关曲线，R 单位为 km，对于本标校目标，当 N 取 313，$b\tan E = 0.97$，$a\tan E = 0.015\times 10^3$ 时，$\Delta E_2 = -(0.97\times 313 - 0.015\times 10^3)\times\dfrac{5.035\cos 5.2}{10.68 + 5.035\sin 5.2}\times\dfrac{3\ 000}{\pi}\times 10^{-6} = -0.124\ 09$ mil。

当每次校飞标校时，如果跟踪电标读数不同于此次正镜读数，则还应进行电轴漂移修

正。

同理按光轴倒镜法数据计算，光目标仰角为 5.226 058 95°。此值比电目标高 0.004 119 9° = 0.068 665 mil，此差值暂认为是由光电波折射误差不同和天线下垂引起，光折射误差约为电波折射误差的 0.75 倍，其差值为 0.124 09 × (1 − 0.75) = 0.031 023 mil，因此天线下垂量为 0.068 665 + 0.031 023 = 0.099 688 mil。据了解天线次反射面下垂距离 Δ 约为 0.42 mm，抛物面焦距 F 为 3 000 mm，放大倍数 M 约为 5，最大下垂引起的电轴上跷误差为 $\dfrac{\Delta(M-1)}{MF} K = \dfrac{0.42 \times 4 \times 0.81}{3\,000 \times 5} = 0.000\,090\,7$ rad $= 0.087$ mil，其中 K 取 0.81，此数值与上述测量值还比较相近。以上假设没有考虑倒镜过程中光轴及其他轴系的畸变，电波传播折射误差值在山地雾夜也不一定正确，而且校准测试次数太少，因此分析结果不一定正确，还待今后进一步分析，但这次校飞数据暂按此方法处理。对于光学数据跟踪误差的修正，电波传播误差正值为 ΔE_3

$$\Delta E_3 = \left[(b\tan E \cdot N_S + a\tan E) \dfrac{R\cos E}{10.68 + R\sin E} 9.549 \times 10^{-4} - 0.124\,09 \right] 0.25 \text{ mil}。$$ 对于天线下垂的修正值为 ΔE_4，$\Delta E_4 = 0.099\,688 \left(1 - \dfrac{\cos E}{\cos 5.2}\right)$ mil。

关于轴系标定工作，原计划还进行方位、俯仰码盘安装精度检验，轴系在不同方向日光照射、温度、湿度变化，不同风负载，不同工作频率，信号强度下的漫漂移进行较长时间检测，并利用变频式气球跟踪检测不同仰角、方位角的光、电轴偏移，暂因允许准备的时间太短，以及一些测试手段未能及时齐备，故未进行。

与校飞应答机地面联试（略）

2.6　距离零点标校

用模拟源自身测距：$\bar{R}_0 = 4\,324.725$ m，$S_x = 1.496$ m；

校飞应答机置于标校塔测距：$R = 10\,307.600$ m，$S_x = 0.961$ m　（标校塔距天线 5 034.955 m）；

$R_{0\text{正}} = 10\,307.6 - 5\,034.955 = 5\,272.645$ m；

标校应答机置于标校塔测距：$R = 10\,295.785$ m，$S_x = 3.645$ m；

$R_{0\text{模}} = 10\,295.785 - 5\,034.955 = 5\,260.830$ m；

变频器置于高频箱测距：$R_{0\text{变}} = 4\,539$ m，$S_x = 1.915$ m。

校飞中距离校零方法有可能采用 3 种方法，计算中未计电波传播误差。

①将跟踪数据直接修正 O 值，即 $\hat{R}_1 = R - R_{0\text{正}}$

由于飞行试验期间，不再标校 $R_{0\text{正}}$，因之 $\hat{R}_1$ 应包括长时期的地面设备漂移误差 δR 及校飞应答机漂移 $\delta R_{\text{正}}$。

②引入标校应答机的战前战后标定值，即

$\hat{R}_2 = R - R_{0\text{正}} + R_{0\text{模}} - R'_{0\text{模}}$，$R'_{0\text{模}}$ 为战前战后的标校值，这时地面设备的长期漂移被消去，但却增加了标校应答机的漂移，校飞应答机的长期漂移误差一样存在。

③引入变频器的战前战后标定值,即 $\hat{R}_3 = R - R_{0正} + R_{0变} - R'_{0变}$,$R'_{0变}$ 为变频器的战前战后标校值,这时地面设备的长期漂移被消去,而替换了变频器的漂移,校飞应答机的长期漂移也仍然存在。

以上 3 种方法说明,校飞应答机的漂移误差是不能消除的,只能缩短标校时刻与执行试验任务的间隔来减小漂移,或者设法测出此漂移进行修正。第 2 种方法必须要保证标校应答机比地面设备的漂移小,才有价值,因之标校应答机的稳定性应有较高要求,并通过标校塔的环境条件改善(如温度、湿度、电源电压及信号强度等)来保证精度,目前我们作标校用的模拟应答机漂移远比校飞应答机为大,第 3 种方法由于变压器构造简单,可望有较好的精度,测试数据也说明了这一点。

2.7 校飞应答机装机

装机工作涉及漏场屏蔽、机械安装,电源(用机上 27 V 直流电源,经开关二次电源转换为所需电压)行放没有接入电缆接线如图 1 所示,图示衰减器为截止衰减器。

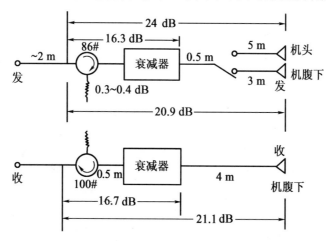

图 1 机上应答机电缆联接图

其优点是直接读数,调节方便,调整时信号连续,其缺点是起始衰减大,达 16 dB 以上,故校飞时有时去掉衰减器,或改接入同轴型插入衰减器,机腹下方采用圆极化蝶形方向天线,发左收右,$G_{max} = 2 \sim 4$ dB,$\pm 90°$ 内 $\geq -4 \sim -2$ dB,还备用了机头前向天线,$G_{max} = 6 \sim 9$ dB,天线转换采用波导开关,为避免天线转换引起信号中断跟踪丢失,机头天线尽量避免使用。

2.8 数据录取与处理

2.8.1 基本方法

角跟踪回路存在许多误差,如图 2 所示。伺服的开环传递函数为 $G(f)$,其闭环传递函数为 $H(f) = \dfrac{G(f)}{1 + G(f)}$

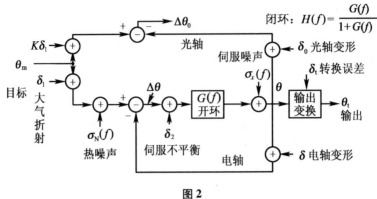

图 2

由此还可得

$$G(f) = \frac{H(f)}{1-H(f)}$$

$$1+G(f) = \frac{1}{1-H(f)}$$

当 $f=0$ 时，通常 $G(f)=\infty$，$H(f)=1$。如图3。

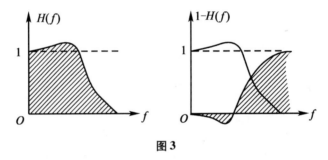

图 3

在考虑噪声和各种轴系误差时

$$\theta = \{[\theta_m + \delta_1 + \sigma_N(f)] - (\theta+\delta) + \delta_2\}G(f) + \sigma_x(f)$$

由此可得

$$\begin{aligned}
\theta &= [\theta_m + \delta_1 + \sigma_N(f) - \delta + \delta_2]\frac{G(f)}{1+G(f)} + \sigma_x(f)\frac{1}{1+G(f)} \\
&= [\theta_m + \delta_1 + \sigma_N(f) - \delta + \delta_2]H(f) + \sigma_x(f)[1-H(f)] \\
&= [\theta_m + \sigma_N(f)]H(f) + \sigma_x(f)[1-H(f)] + \delta_1 - \delta + \delta_2
\end{aligned} \quad (1)$$

$$\begin{aligned}
\Delta\theta &= [\theta_m + \delta_1 + \sigma_N(f)] - [\theta+\delta] \\
&= \theta_m + \delta_1 + \sigma_N(f) - [\theta_m + \sigma_N(f)]H(f) - \sigma_x(f)[1-H(f)] - \delta_1 - \delta_2 \\
&= [\theta_m + \sigma_N(f)][1-H(f)] - \sigma_x(f)[1-H(f)] - \delta_2 \\
&= [\theta_m + \sigma_N(f) - \sigma_x(f)][1-H(f)] - \delta_2
\end{aligned} \quad (2)$$

$$\begin{aligned}
\Delta\theta_0 &= (\theta_m + K\delta_1) - (\theta+\delta_0) \\
&= \theta_m + K\delta_1 - [\theta_m + \sigma_N(f)]H(f) - \sigma_x(f)[1-H(f)] - \delta_1 + \delta - \delta_2 - \delta_0 \\
&= [\theta_m - \sigma_x(f)][1-H(f)] - \sigma_N(f)H(f) - (1-K)\delta_1 + \delta - \delta_2 - \delta_0
\end{aligned} \quad (3)$$

$\Delta\theta$ 中分4项误差，$\theta_m[1-H(f)]$ 为对目标跟踪的动态滞后，后2项 $[\sigma_N(f) - \sigma_x(f)][1-$

$H(f)$ 为接收机噪声及伺服噪声在通带以外的高频抖动,并不反映跟踪误差。可以平滑去除,第 4 项为伺服不平衡误差。$\Delta\theta_0$ 分 7 项误差,$\theta_m[1-H(f)]$ 为动态滞后,$-\sigma_x[1-H(f)]$ 为伺服噪声在通带外的高频分量,可以平滑掉,$-\sigma_N(f)H(f)$ 热噪声引起的低频抖动,$-(1-K)\delta_1$ 为光电折射误差的差值,一般 K 取 0.75,$1-K$ 取 0.25,$\delta-\delta_2-\delta_0$ 为电轴与光轴的漂移或畸变误差的差值,其中还包括伺服不平衡误差。如果能严格控制光轴漂移或畸变 δ_0,并修正 $-(1-K)\delta_1$,则 $\Delta\theta_0$ 可以较好地反映跟踪误差,另外输出数据 θ_t 不同于 θ,例如对方位角来说,θ 为天线横向角,θ_t 则为方位角,θ_t 中还包括轴系转换误差在内,由于北京地区无高精度设备测定 θ_m,因之无从直接检验 θ_t 相对于 θ_m 的误差。

本次校飞主要录取光学数据 $\Delta\theta_0$,接收机误差 $\Delta\theta$,以及输出数据 θ_t,然后用高阶多项式函数按最小二乘方逼近,从而求出平滑曲线和起伏方差。对 θ_t 还可求中心平滑的一阶、二阶差分,从而算出理论动态滞后。

由此可以比较这些平滑曲线,并求其平均值和方差,也可用 DFT 进行频谱分析。

光学数据 $\Delta\theta_0$ 录取采用 1 000 mm 折返望远镜,并加配了十字标线,每小格代表 0.074 74 mil,图像采用两种方式,一种为电视录像,由于电视图像缺少时标,不得不临时外加时间数字显示,然后重新摄像进行磁带记录,因之分辨度下降很多;另一种采用 TBX-404 拍照,它本可有较高清晰度,但由于调焦不易精细,且不能实时监视成像质量,效果也不理想。

接收机误差电压 $\Delta\theta$ 的录取,采样 A/D 转换,量化间隔为 40 mV,相当于 0.04 mil,误差较大,由于接收机本身输出干扰分量较多,信息中也多高频分量,未加匹配滤波就进行较低频率采样,从而将高频分量折叠为低频分量,以致不能进行数字平滑消除。

为统一各分系统的数字采样、打印、拍照及在 12 线笔录仪进行绝对时和录取数据时标的记录。这次校飞专门研制附加的时间选通组合,但可靠性不太好。

为了监视和记录各模拟量和工作状态以及时间,采用了 2 台 12 线笔录仪,进行全程记录,有利于分析飞行跟踪全过程,便于发现问题,核对数据时标。

校飞试验的准备阶段,以 7 月 30 日的试飞正式结果,这次试飞目的是熟悉航线。通过试飞跟踪检验一下校飞准备工作情况,发现问题、总结经验,为正式校飞打好基础。

3 校飞试验阶段

正式校飞阶段自 8 月初开始,8 月 27 日结束,共飞行 7 架次。

3.1 飞行试验情况

详见飞行试验日志《飞行航线图和数据记录段登记表》简要内容如表 2 所示。

表 2

架次	日期	项目内容	航道参数	数据录取段数	已处理段数	跟踪情况
2	8月8日 上午	试捕获功能,固有精度	$h = 1\,000$ km, $R = 4$ km 圆航道 6 圈,直线航道 20 km	10	7 "光" 5	光引捕获,全程跟踪良好,发现天线次反射面颤振(10 Hz)
3	8月10日 上午	设备下同仰角固有精度	$h = 1 \to 3$ km, $R = 8$ km 圆航道 3 圈 $h = 3 \to 1$ km, $R = 2.5$ km 圆航道 6 圈	13	8 "光" 6	起飞自动扫描捕获,全程跟踪良好
4	8月14日 下午	低 $\dfrac{S}{\phi}$ 跟踪精度与捕获	$h = 2$ km, $R = 8$ km 圆航道 1 圈 $h = 1$ km, $R = 4$ km 圆航道 10 圈,直线往南 30 km	6	0	起飞自动扫描捕获,开始 717 故障未录取数据,弱信号时机上漏场严重,造成了 3 次丢失目标,重新捕获
5	8月17日 上午	大动态范围跟踪,考验目标捕获功能	$h = 4$ km, 捷径 2 km 直线航道 2 圈 $h = 4 \to 1$ km, $R = 4$ km 圆航道 4 圈	11	6 "光" 5	起飞自动扫描捕获目标,航路捷径跟踪正常,捕获试验 3 次扫描捕获,2 次光引捕获,接收机失锁丢失目标 2 次,光引捕获
6	8月22日 上午	大动态范围跟踪,捕获试验,用相机录取光学数据	$h = 1$ km, 捷径 1 km 直线航道 $h = 3.6$ km, 50 km 直线航道	18	10 "光" 3	起飞自动扫描捕获。频综因稳压电源跳闸丢失目标 1 次。50 km 处衰减信号丢失目标 1 次。30 km 处因换胶卷停止跟踪,扫描捕获目标。过航捷点跟踪正常,有 1 次误判丢失停止跟踪 1 次
7	8月26日 上午	向领导汇报飞行,检验设备固有精度,捕获功能,跟踪国际Ⅳ号 F4 卫星	$h = 1 \to 3.6$ km, $R = 4$ km 圆航道 4 圈 $h = 3.6$ km, 30 km 直线航道	26	0	起飞水平扫描捕获。30 km 处小圆航道 2 次垂直扫描捕获,2 次光学引导捕获,跟国际Ⅳ号 F4 星
8	8月27日 下午	低 $\dfrac{S}{\phi}$ 跟踪精度,上下频捕,FM 测距功能,消除副反射器颤振试验。用相机录取数据	$h = 0.6$ km, $R = 1.5$ km 圆航道 $h = 3.6$ km 直线航道	15	8 "光" 3	起飞扫描捕获目标,低跟踪正常,30 km 和 50 km 处扫描捕获目标各 2 次,FM 测距正常加 10 Hz 滤波器消除次反射面颤振成功
		总计		99	39 "光" 22	

注:"光"指光学数据。

综合以上结果,设备捕获跟踪性能良好,可靠性高,录取和处理了大量试验数据,达到预期目的,可以结束飞行。飞行试验结束后,还补做了 24 h 跟踪标校塔电目标试验,设备工作正常,由于天气阴有云,白天电轴不发生漂移,但夜间产生了漂移。

3.2 数据处理情况

3.2.1 战前战后光、电标校零

见表3。

数据表明,电轴俯仰变化较大,上午为负号,下午为正号,变化原因有待进一步探讨。而光轴方位变化稍大,亦有上午为正号,下午为负号的趋势,变化原因也有待进一步探讨。

3.2.2 飞行试验数据跟踪精度处理结果

见表4、表5。

以上数据,未注明时一律为宽带,测距 PM 体制,高、中信噪比。E、R 分别为目标仰角及斜距。σ_A,σ_E,σ_R 为码盘及测距机输出数字数据对高阶平滑曲线的散布方差值。$\sigma_{\Delta A}$,$\sigma_{\Delta E_0}$ 为光学数据的起伏方差,$\overline{\Delta A_0}$ $\overline{\Delta E_0}$ 为光学数据的平均值。采样率为 1 Hz 时,由于录取段时间太长,对 A,E,R 逼近函数的阶数不够,故 σ_A,σ_E,σ_R 不予统计。远区光学数据,由于能见度限制,电视录像或照相图像的清晰度不够,无判读数据。关于航路捷径点的数据此处也未统计入内,另作介绍。另外,所有光学判读数据一律以战后标作为判读 0 点基准。由于跟踪动态滞后不是太大,数据未进行修正。光、电折射差值及天线下垂影响未逐点修正,只是对每段的系统误差平均值整个修正,由于缺乏气象数据,取 $N = 313$,修正准确度不高。

下面分别按不同情况给出统计处理结果。统计数据见表6、表7。

从表6统计看,由 A,E,R 平滑求出的起伏方差,远区比中区好,信噪比降低在窄带跟踪时并未加大角起伏误差。相反近区角起伏误差大大增加,这与目标运动不平稳,角速度、角加速度大有关,仰角抬高也使 σ_A 扩大跟踪误差 $\sec E$ 倍,而距离的起伏误差则随信噪比降低而逐步变坏(测距跟踪带宽不变)。按此方法处理的角随机误差远比指标要求的 0.12 mil 为小。

表3

数据/mil 架次	项目 时间	战前0点 光标 ΔA_0	战前0点 光标 ΔE_0	战前0点 电标 A	战前0点 电标 E	战后0点 光标 ΔA_0	战后0点 光标 ΔE_0	战后0点 电标 A	战后0点 电标 E	0点变化 光标差 ΔA_0	0点变化 光标差 ΔE_0	0点变化 电轴 ΔA	0点变化 电轴 ΔE	0点变化 光轴自身 $\Delta A_0 + \Delta A$	0点变化 光轴自身 $\Delta E_0 + \Delta E$
2	上午	0.036	−0.288	0.524 505 0	0.866 19	0.187	0	0.524 501 1	0.863 00	0.151	0.288	−0.039	−0.319	0.112	−0.031
3	上午	0.070	0.112	0.524 503 3	0.863 46	0.094	0	0.524 504 6	0.863 23	0.024	−0.112	0.013	−0.023	0.037	−0.135
4	下午	0.056	−0.174	0.524 503 9	0.864 14	0.150	−0.347	0.524 498 2	0.867 06	0.094	−0.173	−0.057	0.292	0.037	0.119
5	上午	0	−0.112	0.524 502 2	0.863 69	0.228	−0.072	0.524 502 0	0.863 42	0.228	0.040	−0.002	−0.027	0.226	0.013
6	上午	0.057	−0.213	0.524 503 3	0.866 17	0.204	−0.136	0.524 497 5	0.864 83	0.147	0.077	−0.058	−0.134	0.089	−0.057
7	上午	−0.001	−0.061	0.524 501 6	0.863 09	0.206	0.030	0.524 498 1	0.863 66	0.207	0.091	−0.035	−0.031	0.172	0.078
8	下午	0.253	0.016	0.524 493 3	0.862 33	0.114	−0.061	0.524 498 3	0.863 17	−0.139	−0.077	0.050	0.084	−0.089	0.007

注：0点变化指战后值−战前值，电轴变化即电标差，光轴自身变化为光标差修正电轴变化，电波与光波传播折射率变化的误差未予修正。

表 4

架次	记录段	采样率	$E/(°)$	R/km	σ_A/mil	σ_E/mil	σ_R/m	$\sigma_{\Delta A_0}$/mil	$\overline{\Delta A_0}$/mil	$\sigma_{\Delta E_0}$/mil	$\overline{\Delta E_0}$/mil
2	四(1)	1	8.8~14.6	6.5~4.3				0.081	-0.040	0.062	-0.039
2	六(2)	5	13.9~13.0	4.2~4.8	0.032	0.032	1.012	0.067	0.211	0.030	-0.075
2	八(4)	1	13.8~12.5	4.6~4.1				0.109	0.076	0.062	-0.052
2	九(5)	5	14.0~13.8	4.3~5.7	0.047	0.037	0.827				
2	十四(10)	1	2.8~4.2	10~20.3				0.057	0.001	0.042	-0.102
3	二(1)	1	8.3~7.6	7.2~7.9				0.061	0.051	0.019	0.034
3	三(2)	5	15.1~15.6	7.9~7.7	0.035	0.024	0.987	0.032	0.009	0.041	-0.015
3	六(5)	5	20~23.4	8.9~7.8	0.037	0.015	0.904	0.035	0.027	0.014	-0.006
3	八(7)	5	46.5~50.5	4.3~4.0	0.066	0.026	0.868	0.061	-0.036	0.032	-0.020
3	十一(10)	5	32.5~34.4	3.6~3.8	0.033	0.017	0.815	0.047	0.027	0.010	0.059
3	十三(12)	5	18.4~16.0	3.2~3.6	0.051	0.026	0.879	0.053	0.091	0.025	-0.011
3	十四(13)	5	18.2~20.6	3.1~2.8	0.038	0.026	0.845	0.083	0.158	0.020	0.077
5	五(3)	5	13.7~11.9	17.3~20.1	0.025	0.016	1.141				
5	六(4)	5	8.8~9.1	27.2~26.4	0.042	0.016	1.315	0.042	0.120	0.029	-0.217
5	七(5)	5	12.6~13.3	19.1~18.1	0.022	0.018	0.990	0.053	0.135	0.023	-0.164
5	九(6)	5	20.7~25.9	11.8~9.5	0.038	0.032	1.125	0.037	-0.098	0.033	0.043
5	十二(9)	5	46.5~42.3	5.6~5.7	0.172	0.025	1.384	0.059	0.232	0.033	-0.041
6	四(8)	5	7.9~9.5	7.4~6.3	0.023	0.016	1.116	0.060	0.066	0.090	0.066
6	十(9)	5	28.4~31.1	7.7~7.1	0.021	0.029	0.839				
8	四(1)	5	19.0~19.4	2.0~1.9	0.085	0.049	0.828	0.103	0.349	0.052	-0.114
8	十八(13)	5	19.9~19.0	3.0~3.2	0.090	0.036	2.556(FM)	0.122	0.143	0.089	-0.084
8	十九(14)	5	22.7~20.9	2.7~2.9	0.137	0.056	2.658(FM)	0.141	-0.005	0.062	0.064

表 5

架次	记录段	采样率	$E/(°)$	R/km	σ_A	σ_E	σ_R	U_{AGC}/V	$\dfrac{S}{\phi}$/dBHz	伺服带宽
6	十四(13)	5	4.8~4.6	43.2~44.9	0.023	0.015		0.7~0.8	49 左右	窄
6	十五(14)	5	4.6~4.2	44.9~49.4	0.023	0.013	2.383	0.8	47	窄
6	十六(15)	5	7.9~8.6	26.8~24.7	0.030	0.026	2.912	0.8~0.9		宽
6	十七(16)	5	9.3~10	22.7~20.4	0.020	0.015	1.469	0.9~1.0		窄
6	十九(18)	5	4.3~2.1	10.7~8.8	0.076	0.019	1.154	0.8~1.4		窄
8	七(2)	5	7.5~7.2	29.1~30	0.012	0.009	1.606	0.7~1.1	50~55	窄
8	九(4)	5	7.2~7.3	29.2~28.7	0.031	0.012	1.701	0.8~0.9	44~61	窄
8	十一(6)	5	8.6~8.4	24.8~25.5	0.018	0.015	1.798	0.7~1	44~61	窄
8	十三(8)	5	4.1~4.07	50.4~50.6	0.016	0.015	1.509	0.8~0.9	44~61	窄
8	十六(11)	5	4.7	20.8~19.5	0.018	0.035	4.898(FM)	0.9~1.1	44~61	窄

表 6

类型	参数	数据项目	σ_A/mil	σ_E/mil	$\sigma_R(\mathrm{PM})$/m	$\sigma_R(\mathrm{FM})$/m	架次—记录段号
中、远区目标，宽带		段数 n	10	10	10		2—六(2),九(5);3—三(2),六(5);5—五(3),六(4),七(5),九(6);6—四(3),十(9)
		均方根 σ	0.033	0.025	1.036		
远区，低信噪比，窄带		段数 n	10	10	9	1	6—十四(13),十五(14),十六(15),十七(16),十九(18);8—七(2),九(4),十一(6),十三(8),十六(11)
		均方根 σ	0.032	0.019	1.958	4.898	
近区，高仰角目标		段数 n	8	8	6	2	3—八(7),十一(10),十三(12),十四(13);5—十二(9);8—四(1),十八(13),十九(14)
		均方根 σ	0.096	0.035	0.915	2.607	
全部综合统计		段数 n	28	28	25	3	以上全部
		均方根 σ	0.058	0.026	1.418	3.540	

表 7

类型	参数	数据项目	$\sigma_{\Delta A_0}$/mil	$\overline{\Delta A_0}$/mil	$\sigma_{\Delta E_0}$/mil	$\overline{\sigma E_0}$/mil	架次—记录段号
中远区目标（水平距离 6 km 以远）	n		5	5	5	5	3—三(2),六(5);5—六(4),七(5),九(6)
	σ_x		0.040		0.029		
	$\bar{x}$			0.039		-0.072	
	S_x			0.094		0.112	
近区目标（水平距离 6 km 以内）	n		10	10	10	10	2—六(2);3—八(7),十一(10),十三(12),十四(13);5—十二(9);6—四(3);8—四(1),十八(13),十九(14)
	σ_x		0.085		0.052		
	$\bar{x}$			0.124		-0.003	
	S_x			0.119		0.067	

续表

类型 \ 参数 \ 数据 \ 项目		$\sigma_{\Delta A_0}$/mil	$\overline{\Delta A_0}$/mil	$\sigma_{\Delta E_0}$/mil	$\overline{\sigma E_0}$/mil	架次—记录段号
1 Hz 采样	n	4	4	4	4	2—四(1),八(4)十四(10);3—二(1)
	σ_x	0.080		0.050		
	$\overline{x}$		0.022		−0.040	
	S_x		0.052		0.056	
全部综合统计	n	19	19	19	19	以上全部
	σ_x	0.075		0.046		
	$\overline{x}$		0.080		−0.029	
	S_x		0.109		0.081	

注:以上参数按下列公式计算

$$\overline{x} = \frac{\sum_n x}{n}, \quad \sigma_x = \sqrt{\frac{\sum_n x^2}{n}}, \quad S_x = \sqrt{\frac{\sum_n x^2 - n(\overline{x})^2}{n-1}}$$

由表 7 数据分析,$\sigma_{\Delta A_0}$,$\sigma_{\Delta E_0}$ 与 σ_A,σ_E 有类似的变化规律,但误差较大,这可能与光学判差大有关系。由于飞机上天线位置缺少标志,因之从不同的角位置判读不易读准,目标在近区时,天线位置的判读误差会引起较大的角误差;而较远区目标,由于图像清晰度下降也将引起较大判读误差。

$\overline{\Delta A_0}$,$\overline{\Delta E_0}$ 存在平均偏移,并且散布较大,方位光轴总是在目标运动的前方,这显然与动态滞后无关。根据战前战后标的变化分析,光轴有较大漂移,不全是跟踪误差引起,这是望远镜十字标线的热变形和光轴装在俯仰轴头一侧,轴头的下垂(达 20 s 以上)在不同仰角可能会有影响,俯仰扼架的热变形也值得分析。俯仰光轴稍偏于目标上方,散布也较大,这里光、电轴的漂移畸变都有可能。另外光电轴的折射修正不精确,天线下垂规律掌握不够也会有影响。

总的说来,光学数据的起伏误差及系统偏差也比指标要求的起伏误差 0.12 mil、系统误差 0.2 mil 为小。

3.2.3 跟踪接收机角误差数据问题

试比较表 8 中的 2 段数据。

表 8

架次—记录段	σ_A/mil	σ_E/mil	$\sigma_{\Delta A_0}$/mil	$\overline{\Delta A_0}$/mil	$\sigma_{\Delta E_0}$/mil	$\overline{\Delta E_0}$/mil	$\sigma_{\Delta A}$/mil	$\overline{\Delta A}$/mil	$\sigma_{\Delta E}$/mil	$\overline{\Delta E}$/mil
3—六(5)	0.037	0.015	0.035	0.027	0.014	−0.006	0.112	−0.036	0.063	−0.034
8—四(1)	0.085	0.049	0.103	0.035	0.052	−0.0114	0.035	−0.052	0.054	−0.004

由于天线次反射面存在约 10.2 Hz 的摆动,在 3—六(5)笔录仪记录段可见 ΔA 存在 10.2 Hz 正弦摆动,V_{P-P} 达 0.26 V(即 0.26 mil)左右,而其他低频分量噪声峰-峰值只 0.06 V(即 0.06 mil);ΔE 存在 10 Hz 正弦摆动,V_{P-P} 为 0.06 V 左右,其他低频噪声峰-峰值也约 0.06 V,经 5 Hz 采样之后,数字数据转为 0.2 Hz 分量,因此 $\sigma_{\Delta A}$ 远比 σ_A,$\sigma_{\Delta A_0}$ 为

大，达 0.112 mil。当对 ΔA 求相关函数，并经 DFT 求其谱密度，可见 0.2 Hz 分量占很主要成分，而对于 ΔA_0 及 $A-\hat{A}$（即对 A 平滑出 $\hat{A}$ 之后的残差）并不特别突出这一干扰分量。它被伺服闭环传递函数 $H(f)$ 过滤了。对于 ΔE，由于 10.2 Hz 扰动分量不大，$\sigma_{\Delta E}$ 本不应该比 $\sigma_{\Delta E_0}$、σ_E 大许多，（信噪比比较高，热噪声分量不大），但由于角误差输出数字化时量化间隔较粗（量化单位为 41 mV，即 0.041 mil），所以 ΔE 输出许多点为零，但计算程序中不正确地在逐点统计起伏方差时将全零数据作为无效数据删去，因此使 $\sigma_{\Delta E}$ 错误地增大为 0.063 mil，因此本次处理的 ΔA、ΔE 数据不反映实际情况。

与此相反，在 8—四(1) 记录段中，由于在近区跟踪，σ_A、σ_E、$\sigma_{\Delta A_0}$、$\sigma_{\Delta E_0}$ 显著增大，但由于在伺服回路校正网络之后接入 10.2 Hz 陷波器，消除了天线次反射面的颤振，$\sigma_{\Delta A}$ 显著减小，甚至远小于 σ_A、$\sigma_{\Delta A_0}$，其原因是 ΔA_0，$A-\hat{A}$ 中存在有一个 0.2 Hz 的主要分量，根据式(1)、式(2)及式(3)分析，此分量应系 $\sigma_n(f)$ 在通频带内的有色干扰分量，在 θ 及 $\Delta\theta_0$ 中由于 $H(f)$ 趋近于 1 而全部输出，而在 $\Delta\theta$ 中 $\sigma_n(f)$ 分量经 $1-H(f)$ 因子滤去，所以 ΔA 中无此分量，从而 σ_A 得以减小。此外 σ_A、σ_E 也因程序计算中舍去全零，数据问题略有增大。由此可见 σ_A、σ_E 也不反映跟踪误差，但 $\overline{\Delta A}$、$\overline{\Delta E}$ 作动态滞后 $\theta_m[1-H(f)]$ 和伺服不平衡 δ_2 误差仍然有效。如不计判读误差，可由 $\overline{\Delta\theta_0}-\overline{\Delta\theta}$ 分离光电轴不一致误差 $\delta-\delta_0$。在 8—四(1) 中 $\overline{\Delta A_0}-\overline{\Delta A}=0.087$ mil，$\overline{\Delta E_0}-\overline{\Delta E}=-0.110$ mil。

3.2.4 航路捷径点跟踪数据

在航路捷径点对目标跟踪的角速度、角加速度都比较大，因此动态滞后占相当重要的成分，而且是迅速变化的数值，对航路捷径点 A、E、R 平滑求方差时方法误差也比较大，对 ΔA_0、ΔA、ΔE_0、ΔE 求其本身均值与方差显然也不合理，因为对动态滞后应进行修正，下面就 6 架次之五(4) 与十二(11) 段进行分析，表 9、表 10 分别给出其计算参数，其中 $\Delta\hat{A}_0$、$\sigma_{\Delta A'_0}$、$\Delta\hat{E}_0$、$\sigma_{\Delta E'_0}$、$\Delta\hat{A}_0$、$\sigma_{\Delta A}$ 及 $\Delta\hat{E}$、$\sigma_{\Delta E}$ 分别是对 ΔA_0、ΔE_0、ΔA 及 ΔE 用最小二乘拟合法求出的平滑曲线和方差，其中 $\Delta\hat{E}_0$ 未经光电折射误差修正和天线下垂修正，$\Delta\hat{E}_{0修}$ 则经过上述二项修正，DD 系利用 A、E 作二阶和三阶。

中心滑动平滑求出 $\dot{\hat{A}}$、$\dot{\hat{E}}$ 和 $\ddot{\hat{A}}$、$\ddot{\hat{E}}$ 后作出的动态滞后曲线，具有

$$DD_A = \left(\frac{\dot{\hat{A}}}{K_{\omega A}} + \frac{\ddot{\hat{A}}}{K_{\alpha A}}\right)\cos E$$

$$DD_E = \left(\frac{\dot{\hat{E}}}{K_{\omega E}} + \frac{\ddot{\hat{E}}}{K_{\alpha E}}\right)$$

式中　E——仰角；

　　　$K_{\omega A}=K_{\omega E}=600$；

　　　$K_{\alpha A}=K_{\alpha E}=16$。

光学数据 $\overline{\Delta A_0}$、$\overline{\Delta E_0}$ 可以经过接收机误差修正，也可经过理论动态滞后修正。数据表明修正有一定效果，但修正的精度不是太高，修正残差还较大，修正后数据的平均值即是光学数据给出的跟踪系统误差，修正后数据的起伏方差再与原光学数据最小二乘拟合的起伏误差平方相加开方，可以得出总的起伏误差，数据表明航路捷径点的起伏误差要比正常区域跟踪误差大，这是符合规律的。

表9

架次	记录段	航道参数 西航捷点 $H=1$ km, $R_0=2.5$ km						起止时间 9 h2 m18.4 s ~ 9 h3 m7.4 s							点数	采样率	调制	伺服带宽
		S/ϕ/dBHz	U_{ACC}/V	$A/(°)$	$E/(°)$	σ_A/mil	σ_E/mil	R/km	σ_R/m	$\dot{A}_{\max}/(°)\cdot s^{-1}$	$\ddot{A}_{\max}/(°)\cdot s^{-2}$	$\dot{E}_{\max}/(°)\cdot s^{-1}$	$\ddot{E}_{\max}/(°)\cdot s^{-2}$	$\sigma_{\Delta A_0}$/mil	$\sigma_{\Delta E_0}$/mil	246	5 Hz	PM	宽
6	五(4)	2.2~4.1	0.296 9	341.6~242.8	25.5~49.3	0.136	0.078	2.34~1.34	0.935	−3.648	−0.136	0.872	−0.105	0.122	0.119				

雷达测量特征参数 (above row)

起伏误差:

	$\Delta \hat{A}_0$/mil	$\Delta \hat{E}_0$/mil	$\Delta \hat{A}$/mil	$\Delta \hat{E}$/mil			$\sigma_{\Delta \hat{A}_0}=\sqrt{\sigma_{\Delta A_0}^2+S_{(\Delta \hat{A}_0-DD_A)}^2}$	$\sigma_{\Delta \hat{E}_0}=\sqrt{\sigma_{\Delta E_0}^2+S_{(\Delta \hat{E}_0-DD_E)}^2}$
	0.011	0.014	−0.120	−0.129			0.128	0.123

平滑量:

	$\Delta \hat{A}_0-\Delta \hat{A}$	$\Delta \hat{E}_0-\Delta \hat{E}$	$\Delta \hat{A}_0-DD_A$	$\Delta \hat{E}_0-DD_E$	$\Delta \hat{A}-DD_A$	$\Delta \hat{E}-DD_E$
$\bar{x}$	0.134	0.135	0.082	0.025	−0.044	−0.116
S_x	0.027	0.032	0.046	0.015	0.045	0.018

(and $\bar{x}=0.086\,1$, $S_x=0.054$ for $\Delta \hat{A}_0$; $\bar{x}=0.077$, $S_x=0.076$ for $\Delta \hat{E}_0$; $\bar{x}=0.071$ for $\sigma_{\Delta E}$)

表10

架次	记录段	航道参数 西航捷点 $H=3.6$ km, $R_0=2.5$ km						起止时间 10 h12 m18.4 s ~ 10 h13 m21.8 s							点数	采样率	调制	伺服带宽
		S/ϕ/dBHz	U_{ACC}/V	$A/(°)$	$E/(°)$	σ_A/mil	σ_E/mil	R/km	σ_R/m	$\dot{A}_{\max}/(°)\cdot s^{-1}$	$\ddot{A}_{\max}/(°)\cdot s^{-2}$	$\dot{E}_{\max}/(°)\cdot s^{-1}$	$\ddot{E}_{\max}/(°)\cdot s^{-2}$	$\sigma_{\Delta A_0}$/mil	$\sigma_{\Delta E_0}$/mil	318 (308)	5 Hz	PM	宽
6	十二(11)	1.9~2.7	0.000 07	337.8~199.6 61.99~57.38	76	0.072	0.049	4.11~4.36	0.922	−4.098	−0.188	0.734	−0.064	0.050	0.075				

起伏误差:

	$\Delta \hat{A}_0$/mil	$\Delta \hat{E}_0$/mil	$\Delta \hat{A}$/mil	$\Delta \hat{E}$/mil			$\sigma_{\Delta \hat{A}_0}=\sqrt{\sigma_{\Delta A_0}^2+S_{(\Delta \hat{A}_0-DD_A)}^2}$	$\sigma_{\Delta \hat{E}_0}=\sqrt{\sigma_{\Delta E_0}^2+S_{(\Delta \hat{E}_0-DD_E)}^2}$
	0.057	−0.056	−0.048	0.042			0.084	0.071

平滑量:

	$\Delta \hat{A}_0-\Delta \hat{A}$	$\Delta \hat{E}_0-\Delta \hat{E}$	$\Delta \hat{A}_0-DD_A$	$\Delta \hat{E}_0-DD_E$	$\Delta \hat{A}-DD_A$	$\Delta \hat{E}-DD_E$
$\bar{x}$	0.059	0.029	0.073	0.005	−0.014	−0.025
S_x	0.016	0.045	0.038	0.050	0.024	0.013

(and $\bar{x}=0.074$, $S_x=0.059$ for $\Delta \hat{A}_0$; $\bar{x}=0.078$ for $\Delta \hat{E}_0$)

3.3 跟踪国际Ⅳ卫星数据处理结果

由于本天线圆极化旋向和国际Ⅳ卫星普通星旋向相反，在不改变天线极化旋向的情况下，将本振频率改换为 3 890.052 MHz，在校飞试验过程中穿插进行了对国际Ⅳ的跟踪试验，结果如表11所示。

表 11

国际Ⅳ号	跟踪时间	U_{AGC}/V	$\frac{S}{\phi}$/dBHz	A/(°)	σ_A/mil	E/(°)	σ_E/mil
太平洋备份星 F4	1981-8-21 9:00	1.026~0.999	56	108.236	0.029 5	12.073	0.031 9
太平洋工作星 F8	1981-8-21 9:53	0.594~0.567	41.5	112.008	0.170 4	15.796	0.349 2
印度洋备份星 F3	1981-8-21 10:47	0.621	39.8	246.675	0.335 6	17.342	0.587 4
太平洋工作星 F8	1981-8-21 11:03	$U_{MGC}=0.27$	41.5	112.011	0.110 3	15.778	0.298 7
印度洋工作星 F6	—	—	信号太弱	242.800	不能跟踪	19.119	不能跟踪

以上跟踪全为窄带工作，F3 的 $\frac{S}{\phi}$ 为 39.8 dBHz 仍可跟踪，F6 太弱，只能发现，不能跟踪。

4 几点意见

a) 试验证明本设备的目标捕获跟踪能力比较好，并且还有一定潜力，这对今后远地点以及主动段捕获目标是很有利的。

这次通过14位码盘的光学引导，经数据处理器引导目标是成功的，证明数字外引导系统是可行的，只是大失调角准最佳逼近程序参数带要调整一下，以免逼近时间过长。

由于扫描角速率可达 1.38(°)/s，20 s 时间即可扫描 8.8°范围，远远超过远地点捕获要求，但两维扫描方式只有 0°、45°、90°、135° 4 种还不够理想，似应扫描倾角可调，以便扫描平面尽量与误差管道正交。

对于主动段捕获，除数字外引导和专用同波段引导设备引导外，如欲由本设备自行扫描捕获目标（二级关机点处管道误差散布约 20 km，本设备 800 km，仰角速度 0.12(°)/s 左右，需波束扫描覆盖范围 1.5°左右）则扫描周期应压缩至 3 s 左右，这时如采用正样伺服控制台设计的由数据处理器记忆发现目标角度方式，再适当提高扫描速度，还是有可能的。这可作为挖掘设备潜力，增加设备捕获手段的一种措施加以考虑。

利用先验的接收信号强度知识，预置 U_{AGC} 捕获门限，以此来防止副瓣截获，在这次校飞试验中是成功的。但由于星上天线方向图的不确定性，精确估计目标信号强度是有困难的。因此捕获后进一步用专用同波段引导设备的 U_{AGC} 电压相互比较，进一步鉴别主副瓣还是很有意义的工作。

b）这次校飞试验证明，各参试设备的可靠性大为提高，7 次正式飞行试验没有发生因配套参试设备故障造成试验失败或中断飞行现象。有 1 架次因频率分析器故障发生 2 次接收机锁相环失锁丢失目标现象，但都及时重新捕获了目标，事后频率分析器故障经检修排除。

另外，由于伺服系统有记忆跟踪能力，当信号过弱、不稳定等因素引起接收机短暂相位回路失锁时，不会影响角度保持跟踪。

由于设备角加速度跟踪能力较好，串联准网络前线性范围比较宽，对目标经过航捷点的跟踪性能较好，不易丢失目标，额定信噪比时宽中窄带都能平稳地对目标跟踪，对国际Ⅳ号跟踪，可以在 $\frac{S}{\phi} = 39.8$ dBHz 保持对目标跟踪。

c）这次校飞录取了大量数据，由于时间关系，只处理了其中一部分，数据表明，角度和距离的跟踪起伏误差优于设计指标要求。由于系统误差是长期反复标校才能逐步解决的问题，且这次校飞时间太紧，不容许安排较长时间对各种漂移误差进行分析测试，对标校工作进行得不够细致深入，所以对校飞中产生的一些系统误差源一时还难于分离。虽然总误差在规定指标之内，但这还不是设备输出数据的总误差。

总的说来，这次校飞对设备精度摸了底，标校方法上积累了一些经验，也发现了不少问题，为设备进基地安装调试打了一个良好的基础，并且进一步认定，对于大型的跟踪设备，对各种环境条件下引起的机械变形、电气漂移，一定要安排长期的动、静态标校计划以掌握其变化规律，对于不同仰角的绝对坐标的精度标定，看来要采取天文标定方法。

地面反射对空间等信号面的影响[*]

0 引言

这是一篇关于地面反射对空间等信号面影响的科学试验,本试验是在童铠同志领导下,由综合测试组及有关单位完成的。

在宇航遥测遥控系统里,往往利用等信号面对目标进行角度跟踪与控制,由于被测目标接收从地面反射到接收天线的反射波,这样天线接收的信号有直射波与反射波,反射干扰信号会影响等信号面零位,造成等信号畸变导致角测定误差。对比幅系统,其振幅取决于偏离天线轴线值(等信号面偏离值)。

我们为测定地面反射对本系统等信号面影响的大小及其规律,进行了地面反射对空间等信号面影响的科学试验。

1 空间等信号面的获得

测试设备由发射系统、天馈系统、接收系统和测试记录设备等组成。

天馈系统、发射系统放置在地面,天馈系统如图1所示。

接收系统、测试记录设备等安装在运动物体上,当运动物体横穿等信号面或沿等信号面运动时,信号接收天线与时标信号接收天线能分别同时接收被测信号与时标信号,并实时记录。

当运动物体位于等信号面时(见图2),对于比幅系统其幅值 $|E^+| = |E^-|$。

其场强矢量 E 绝对值

$$|E| = |E_1^+| = |E_2^+| = |E_1^-| = |E_2^-|$$

此时,地面两天线至运动物体接收天线的斜距值

$$R = R_1 = R_2$$

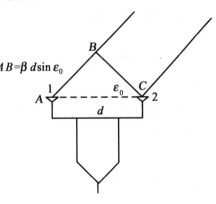

图 1 天馈系统示意图

---

[*] 本文为1982年遥测专业委员会遥测技术学术交流会资料,作者:童铠、常永生。

程差

$AB = \beta\, dR = \beta\, d\sin\varepsilon_0 = 0$

当运动物体接收天线偏离等信号面时

$|E^+| \neq |E^-|, R_1 \neq R_2, \beta d\sin\varepsilon' \neq 0$

测试定位设备，有光学经纬仪，光学经纬仪放置在两天线中点，对运动物体实时进行跟踪测试。这样则可获得运动物体瞬时对应两天线中点的角度值。

当运动物体垂直横穿等信号面运动时，空间等信号面的偏离值，可由下式获得

$$\varepsilon_0 = \arctan\frac{(Z_{t_i} - Z_{t_{i-1}})(t_\varepsilon - t_0)}{\sqrt{X^2 + Y^2 + Z^2}(t_i - t_{i-1})}$$

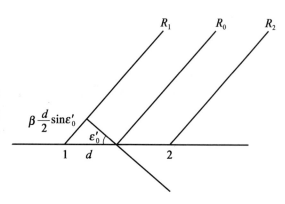

图 2　等信号面示意图

式中　ε_0——等信号面偏离基准面角度；

$\sqrt{X^2 + Y^2 + Z^2} = R$，为两天线中点至运动物体的斜距，由光学经纬仪获得 X, Y, Z 值；

$\dfrac{Z_{t_i} - Z_{t_{i-1}}}{t_i - t_{i-1}} = V$，为运动物体横穿等信号面速度；

t_ε——运动物体横穿等信号面瞬间时间值由运动物体上安装的记录设备获得；

t_0——运动物体天线横穿基准面瞬间时间值，由光学经纬仪获得。

若修正航路偏差，则可获得等信号面空间分布，实践证明，由于地面反射的影响，空间等信号面发生畸变，畸变与地形有关，在工程上我们取影响面大的区域，称之为反射区，测量反射区程差，取若干均值等效点，研究其规律。

2　地面反射的影响造成等信号面畸变

在空间等信号面分布测试过程中，发现等信号面畸变现象，在数据处理的基础上，发现其有一定的规律。

下面是对本试验系统的分析探讨。

接收天线、接收天线 1 直射波场强矢量 $\boldsymbol{E}_1^+$ 为

$$\boldsymbol{E}_1^+ = E_1^+ \mathrm{e}^{-\mathrm{j}(\beta R_1 - \varphi_P + \Delta\varphi)}$$

式中　R_1——天线 1 直射波路径，$R_1 = R_0 \pm \beta\dfrac{d}{2}\sin\varepsilon_0' = R_0 \pm \beta\dfrac{d}{2}\sin\varepsilon_0\cos\Delta_0$

ε_0'——目标偏离基准面角度值；

Δ_0——仰角；

d——两天线相距值；

$\beta = \dfrac{2\pi}{\lambda}$；

$\Delta\varphi$——设备随机误差，天线 1 超前天线 2 $\Delta\varphi$；

φ_P——配相值天线 2 超前天线 1 φ_P。

接收天线、接收天线 1 反射波场强矢量 $\boldsymbol{E}_{1r}^+$ 为

$$\boldsymbol{E}_{1r}^+ = E_1^+ \mathrm{e}^{-\mathrm{j}(\beta R_{1r} - \varphi_P + \Delta\varphi + \theta)}$$

式中　R_{1r}——天线 1 反射波路径，$R_{1r} = R_{0r} \pm \beta \dfrac{d}{2} \sin \varepsilon_{0r}$；

　　　R_{0r}——两天线反射波路径；

　　　θ——反射幅面。

接收天线、接收天线 2 直射波场强矢量 $\boldsymbol{E}_2^+$ 为

$$\boldsymbol{E}_2^+ = E_2^+ \mathrm{e}^{-\mathrm{j}\beta R_2}$$

式中　$R_2 = R_0 + \beta \dfrac{d}{2} \sin \varepsilon_0'$。

接收天线、接收天线 2 反射波场强矢量 $\boldsymbol{E}_{2r}^+$

$$\boldsymbol{E}_{2r}^+ = E_{2r}^+ \mathrm{e}^{-\mathrm{j}(\beta R_{2r} + \theta)}$$

式中　$R_{2r} = R_{0r} + \beta \dfrac{d}{2} \sin \varepsilon_{0r}$

合成场强矢量 $\boldsymbol{E}^+$ 为

$$\boldsymbol{E}^+ = E_1^+ \mathrm{e}^{-\mathrm{j}(\beta R_1 - \varphi_P + \Delta\varphi)} E_2^+ \mathrm{e}^{-\mathrm{j}\beta R_2} E_{1r}^+ \mathrm{e}^{-\mathrm{j}(\beta R_{1r} - \varphi_P + \Delta\varphi + \theta)} E_{2r}^+ \mathrm{e}^{-\mathrm{j}(\beta R_{2r} + \theta)}$$

若设备理想，功率的交换差等于零

则　$|E_1^+| = |E_2^+| = E^+$

　　$|E_{1r}^+| = |E_{2r}^+| = E_r^+$

在这里分别综合叠加直射波与反射波，其合成场强矢量 $\boldsymbol{E}^+$ 为

$$\boldsymbol{E}^+ = E^+ \mathrm{e}^{-\mathrm{j}(\beta\frac{R_1}{2} + \beta\frac{R_2}{2} - \frac{\varphi_P}{2} + \beta\frac{R_2}{2})} \left[\mathrm{e}^{-\mathrm{j}(\beta\frac{R_1}{2} - \beta\frac{R_2}{2} + \frac{\Delta\varphi}{2} - \frac{\varphi_P}{2})} + \mathrm{e}^{+\mathrm{j}(\beta\frac{R_1}{2} - \beta\frac{R_2}{2} - \frac{\varphi_P}{2})} \right]$$

$$E_r^+ \mathrm{e}^{-\mathrm{j}(\beta\frac{R_{1r}}{2} + \beta\frac{R_{2r}}{2} - \frac{\varphi_P}{2} + \theta)} \left[\mathrm{e}^{-\mathrm{j}(\beta\frac{R_{1r}}{2} - \beta\frac{R_{2r}}{2} - \frac{\varphi_P}{2} + \frac{\Delta\varphi}{2})} + \mathrm{e}^{+\mathrm{j}(\beta\frac{R_{1r}}{2} - \beta\frac{R_{2r}}{2} - \frac{\varphi_P}{2} + \frac{\Delta\varphi}{2})} \right]$$

$$= E^+ 2\cos\left[\frac{1}{2}(\beta R_1 - \beta R_2 + \Delta\varphi - \varphi_P)\right] \mathrm{e}^{-\mathrm{j}\frac{1}{2}(\beta R_1 + \beta R_2 + \Delta\varphi - \varphi_P)} +$$

$$E_r^+ 2\cos\left[\frac{1}{2}(\beta R_{1r} - \beta R_{2r} - \varphi_P + \Delta\varphi)\right] \mathrm{e}^{-\mathrm{j}\frac{1}{2}(\beta R_{1r} + \beta R_{2r} - \varphi_P)}$$

$$= 2E^+ \cos\left[\frac{1}{2}(\beta R_1 - \beta R_2 + \Delta\varphi - \varphi_P)\right] \mathrm{e}^{-\mathrm{j}\frac{1}{2}(\beta R_1 + \beta R_2 + \Delta\varphi - \varphi_P)} \cdot$$

$$\left\{ 1 + \frac{E_r^+}{E^+} \frac{\cos\frac{1}{2}[\beta(R_{1r} - R_{2r}) - \varphi_P + \Delta\varphi]}{\cos\frac{1}{2}[\beta(R_1 - R_2) - \varphi_P + \Delta\varphi]} \mathrm{e}^{-\mathrm{j}\frac{1}{2}[\beta(R_{1r} + R_{2r}) - \beta(R_1 + R_2) + 2\theta]} \right\}$$

因天线方向性，直射波场强 $\gg$ 反射波场强，即 $E^+ \gg E_r^+$

式中　$\dfrac{1}{2}[\beta(R_{1r} + R_{2r})] = \beta R_{0r}$

　　　$\dfrac{1}{2}\beta(R_1 + R_2) = \beta R$

$$\frac{1}{2}(R_1 - R_2) = \frac{1}{2}\beta d \sin \varepsilon_0'$$

将以上值代入上式取模

$$|E^+| = 2E^+ \cos\frac{1}{2}(\beta d \sin\varepsilon_0' - \varphi_P + \Delta\varphi) \cdot$$

$$\sqrt{1 + \left\{\frac{E_r^+ \cos\left\{\frac{1}{2}[\beta(R_{1r} - R_{2r}) - \varphi_P + \Delta\varphi]\right\}}{E^+ \cos\left[\frac{1}{2}(\beta d \sin\varepsilon_0' - \varphi_P + \Delta\varphi)\right]}\right\}^2 + 2\frac{E_r \cos\left\{\frac{1}{2}[\beta(R_{1r} - R_{2r}) - \varphi_P + \Delta\varphi]\right\}}{E \cos\left[\frac{1}{2}(\beta d \sin\varepsilon_0' - \varphi_P + \Delta\varphi)\right]}\cos(\beta R_r - \beta R + \pi) + \pi}$$

由于 $E^+ \gg E_r^+$，其幅值

$$|E^+| \approx 2E\cos\left[\frac{1}{2}(\beta d \sin\varepsilon_0' - \varphi_P + \Delta\varphi)\right] +$$

$$2E_r\cos\left\{\frac{1}{2}[\beta(R_{1r} - R_{2r}) - \varphi_P + \Delta\varphi]\right\}\cos(\beta R_r - \beta R + \pi)$$

同理

$$E_1^- = E_1^- e^{-j(\beta R_1 + \varphi_P + \Delta\varphi)}$$

$$E_{1r}^- = E_{1r}^- e^{-j(\beta R_{1r} + \varphi_P + \Delta\varphi + \pi)}$$

$$E_2^- = E_2^- e^{-j\beta R_2}$$

$$E_{2r}^- = E_{2r} e^{-j(\beta R_{2r} + \pi)}$$

合成场强矢量

$$E^- = E_1^- e^{-j(\beta R_1 + \varphi_P + \Delta\varphi)} + E_{1r}^- e^{-j(\beta R_{1r} + \varphi_P + \Delta\varphi + \pi)} + E_2^- e^{-j\beta R_2} + E_{2r}^- e^{-j(\beta R_{2r} + \pi)}$$

$$= 2E^- \cos\left[\frac{1}{2}(\beta R_1 - \beta R_2 + \varphi_P + \Delta\varphi)\right] e^{-j\frac{1}{2}(\beta R_1 + \beta R_2 + \varphi_P + \Delta\varphi)} +$$

$$2E_r^- \cos\left\{\frac{1}{2}[\beta(R_{1r} - R_{2r}) + \varphi_P + \Delta\varphi]\right\} e^{-j\frac{1}{2}[\beta(R_{1r} + \beta R_{2r} + \varphi_P + \Delta\varphi)2\pi]}$$

$$= 2E^- \cos\left[\frac{1}{2}(\beta d \sin \varepsilon_0 \cos\Delta_0 + \varphi_P + \Delta\varphi)\right] e^{-j\frac{1}{2}(\beta R_1 + \beta R_2 + \varphi_P + \Delta\varphi)} \cdot$$

$$\left\{1 + \frac{E_r^-}{E^-}\frac{\cos\left\{\frac{1}{2}[\beta(R_{1r} - R_{2r}) + \varphi_P + \Delta\varphi]\right\}}{\cos\left[\frac{1}{2}(\beta d \sin \varepsilon_0 \cos\Delta_0 + \varphi_P + \Delta\varphi)\right]} e^{-j[\beta(R_{1r} + R_{2r})/2 - \beta R + \pi]}\right\}$$

取模

$$|E^-| = 2E^- \cos\left[\frac{1}{2}(\beta d \sin \varepsilon_0 \cos\Delta_0 + \varphi_P + \Delta\varphi)\right] \cdot + 2E_r^- \cos\left\{\frac{1}{2}[\beta(R_{1r} - R_{2r}) + \varphi_P + \Delta\varphi]\right\}$$

$$\cos\left[\frac{1}{2}\beta(R_{1r} + R_{2r}) - \beta R + \pi\right]$$

在空间等信号面上任意点

$$|E^+| = |E^-|$$

$$2E\cos\left[\frac{1}{2}(\beta d \sin \varepsilon_0 \cos\Delta_0 - \varphi_P + \Delta\varphi)\right] + 2E_r\cos\left\{\frac{1}{2}[\beta(R_{1r} - R_{2r}) - \varphi_P + \Delta\varphi]\right\}\cos(\beta R_r - \beta R + \pi)$$

$$= 2E\cos\left[\frac{1}{2}(\beta d\sin\varepsilon_0\cos\Delta_0 + \varphi_P + \Delta\varphi)\right] +$$

$$2E_r\cos\left\{\frac{1}{2}[\beta(R_{1r} - R_{2r}) + \varphi_P + \Delta\varphi]\right\}\cos\left[\frac{1}{2}\beta(R_{1r} + R_{2r}) - \beta R + \pi\right]$$

$$2E\cos\left[\frac{1}{2}(\beta d\sin\varepsilon_0\cos\Delta_0 - \varphi_P + \Delta\varphi)\right] - 2E\cos\left[\frac{1}{2}(\beta d\sin\varepsilon_0\cos\Delta_0 + \varphi_P + \Delta\varphi)\right]$$

$$= 2E_r\cos\left\{\frac{1}{2}[\beta(R_{1r} - R_{2r}) + \varphi_P + \Delta\varphi]\right\}\cos\left[\frac{1}{2}\beta(R_{1r} + R_{2r}) - \beta R + \pi\right] -$$

$$2E_r\cos\left\{\frac{1}{2}[\beta(R_{1r} - R_{2r}) - \varphi_P + \Delta\varphi]\right\}\cos\left[\frac{1}{2}\beta(R_{1r} + R_{2r}) - \beta R - \pi\right]$$

$$2E_r\sin\left[\frac{1}{2}(\beta d\sin\varepsilon_0\cos\Delta_0 + \Delta\varphi)\right]\sin\frac{\varphi_P}{2}$$

$$= -2E_r 2\sin\left\{\frac{1}{2}[\beta(R_{1r} - R_{2r}) + \Delta\varphi]\right\}\sin\frac{\varphi_P}{2}\cos\left[\frac{1}{2}\beta(R_{1r} + R_{2r}) - \beta R + \pi\right]$$

$$2E\sin\left[\frac{1}{2}(\beta d\sin\varepsilon_0 + \Delta\varphi)\right]$$

$$= -2E_r\sin\left\{\frac{1}{2}[\beta(R_{1r} - R_{2r}) + \Delta\varphi]\right\}\cos\left[\frac{1}{2}\beta(R_{1r} + R_{2r}) - \beta R + \pi\right]$$

由上式可获得空间等信号面公式

$$\varepsilon' = \arcsin\left\{\frac{1}{\beta d}\left\{-\Delta\varphi - 2\arcsin\frac{|E_r|}{|E|}\sin\left\{\frac{1}{2}[\beta(R_{1r} - R_{2r}) + \Delta\varphi]\right\}\cos\left[\frac{1}{2}\beta(R_{1r} + R_{2r}) - \beta R + \pi\right]\right\}\right\}$$

验证：

a) 设备理想，无随机相位差 $\Delta\varphi = 0$

理想均匀地面 $R_{1r} = R_{2r}$，代入等信号面公式，$\varepsilon_0' \to 0$，不引起等信号面偏移。

b) 设备不理想，有随机相位差 $\Delta\varphi \neq 0$

不理想均匀地面 $R_{1r} \neq R_{2r}$，$\varepsilon_0' \neq 0$，引起等信号面偏移。

c) 设备理想，无随机相位差 $\Delta\varphi = 0$

不均匀地面 $R_{1r} \neq R_{2r}$，$\varepsilon_0' \neq 0$，地面反射的影响引起等信号面偏移。

d) 设备不理想，有随机相位差 $\Delta\varphi \neq 0$

理想均匀地面 $R_{1r} = R_{2r}$，引起等信号面偏移。

3 结论

a) 空间等信号面分布与系统相差有关，此项误差属于试验设备引起的角误差，固定相移差值造成系统角误差，其误差可修正，校准随机相移造成随机角误差，为减少随机相移引起的角误差，$\Delta\varphi$ 值愈小引起空间等信号面的角误差愈小。

b) 空间等信号面分布与反射场有关，与反射波、直射波的比值有关，若 $\frac{E_r}{E}$ 较大，即 $E > E_r$，则影响较大；$\frac{E_r}{E}$ 越小即 $E \gg E_r$，则影响越小。为减少地面反射干扰的影响，应选择均匀地面反射场，降低副瓣电平，增大 $\dfrac{E_r}{E}$ 的比值，减少地面反射干扰的影响。

c）空间等信号面的分布，在地面干扰存在的情况下，两天线反射波相差 $\sin\left\{\dfrac{1}{2}[\beta(R_{1r}-R_{2r})+\Delta\varphi]\right\}$ 引起有规律的调幅慢变化，其变化速度取决于 $\beta(R_{1r}-R_{2r})$ 项的变化速度。由于是两天线反射波相位差值，因此是慢变化，同时两天线反射波和值与直射波差值 $\cos(\beta R_r-\beta R+\pi)$ 引起调频快变化（以上结论与实际测试结果相符）。

综上所述，地面反射干扰信号影响空间等信号分布，造成等信号面畸变，导致角度测控误差。

由轨道根数求测站观察目标的位置及其有关偏导数计算[*]

1 由轨道根数求测站测量元素

图 1-1 示出轨道坐标系 $Oxyz$，O 为地心，x-y 为赤道平面，z 垂直于赤道平面，指向北极，x 指向空间某一固定的假想点，通常为 1950 年 1 月 0 日的平春分点，当发射时刻未定时，也可用发射时刻的格林尼治子午圈与赤道面的交点，轨道平面 x_ω-y_ω 通过地心，与赤道平面的交线通过升高点（卫星由南向北穿过赤道平面之点）与降交点（卫星由北向南穿过赤道平面之点）。P 为地心指向近地点的单位矢量，在轨道平面为将 P 逆时针转 $90°$，即为单位 Q 矢量，r 为地心 O 至卫星 S 的矢量。图 1-2 示出测站坐标系 $O_E\xi\eta\zeta$。O_E 为测站原点，与地心的距离为 ζ_E，S 为测站对 x 轴的时角，（东为正），ϕ' 为地心纬度（北为正）ϕ 为地理纬度，O_E 至卫星的矢量为 P，它可以 ξ，η，ζ 表示，也可以 A，E，ρ 极坐标表示。

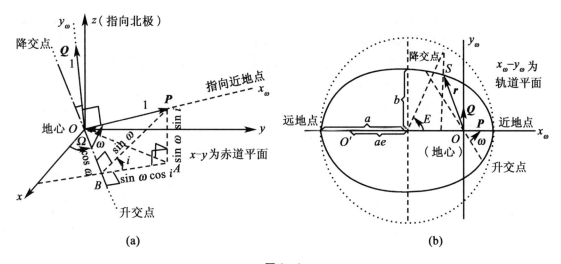

图 1-1

---

[*] 本文为技术交流资料，写于 1985 年。

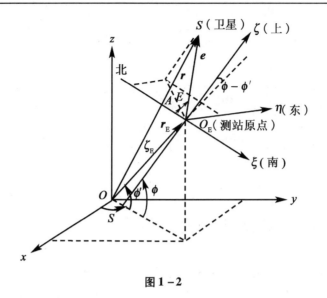

图 1-2

1.1 卫星的轨道根数

卫星的 6 个轨道根数为:

a——椭圆半长轴,采用轨道单位时,以地球赤道半径 R_E 为长度单位,R_E = 6 378.140 km,有时也可用 km 为单位;

e——椭圆偏心率;

t_0——卫星过近地点时刻,t_0 值系自 T_{S0} 起算的时间差值,因此称该组轨道根数为 T_{S0} 时刻的轨道根数,采用轨道单位时,以 T_M = 806.811 633 888 s 为时间单位,有时也可用 s 为单位;

i——轨道倾角,为轨道平面与赤道平面的交角,单位为 rad;

Ω——升交点赤经,即与 x 轴的夹角,单位为 rad;

ω——近地点幅角,即近地点与升交点之夹角,单位为 rad。

6 个轨道根数可用矩阵表示,令

$$\boldsymbol{a} = \begin{bmatrix} a \\ i \end{bmatrix}, \qquad a = \begin{bmatrix} a \\ e \\ t_0 \end{bmatrix}, \qquad i = \begin{bmatrix} i \\ \Omega \\ \omega \end{bmatrix} \qquad (1-1)$$

1.2 求卫星在轨道平面 x_ω-y_ω 内的坐标

(1) 平均运动角速度 n

$$n = \sqrt{\frac{\mu}{a^3}} \qquad (1-2)$$

采用轨道单位时为 rad/T_M,有时也可用通用单位 rad/s。其中,采用轨道单位时,μ = 1 R_E^3/T_M^2,采用通用单位时,则 μ = 3.986 005 × 10^5 km^3/s^2

(2) 平近点角 M

平近点角即卫星由近地点飞到 S 的时间内，以 n 求出的角度，单位为 rad。

$$M = n(t - t_{S0}) + M_0 \quad (1-3)$$

式中 M_0——t_{S0} 时刻的 M 值，当 $t - t_{S0} = t_0$ 时，为近地点时刻，这时 $M = 0$，因此，$0 = nt_0 + M_0$ 或 $M_0 = -nt_0$。人们在实际工作中常取 M_0 代替 t_0 作为轨道根数，这时式（1-1）中的 $\boldsymbol{a} = \begin{bmatrix} a \\ e \\ M_0 \end{bmatrix}$。

（3）偏近点角 E

参见图 1-1，按开普勒方程

$$E = M + e \sin E \quad (1-4)$$

由 M 求 E 时可用下式迭代

$$E^{(n)} = E^{(n-1)} + \frac{M - E^{(n-1)} + e \sin E^{(n-1)}}{1 - e \cos E^{(n-1)}} \quad (1-5)$$

令初值 $E^{(0)} = M$，迭代到 $|E^{(n)} - E^{(n-1)}| < 10^{-13}$

$$x_\omega = a(\cos E - e) \quad (1-6)$$

$$y_\omega = a\sqrt{1 - e^2} \sin E \quad (1-7)$$

$$\dot{M} = n \quad (1-8)$$

$$\dot{E} = \frac{n}{1 - e \cos E} \quad (1-9)$$

$$\dot{x}_\omega = -a \sin E \cdot \dot{E} \quad (1-10)$$

$$\dot{y}_\omega = a\sqrt{1 - e^2} \cos E \cdot \dot{E} \quad (1-11)$$

1.3 求卫星在轨道坐标系的坐标

由图 1-1 可以推出

$$\boldsymbol{P} = \begin{bmatrix} P_x \\ P_y \\ P_z \end{bmatrix} = \begin{bmatrix} \cos \Omega \cos \omega - \cos i \sin \Omega \sin \omega \\ \sin \Omega \cos \omega + \cos i \cos \Omega \sin \omega \\ \sin i \sin \omega \end{bmatrix} \quad (1-12)$$

将 $\omega + 90°$ 代替 ω 可得

$$\boldsymbol{Q} = \begin{bmatrix} Q_x \\ Q_y \\ Q_z \end{bmatrix} = \begin{bmatrix} -\cos \Omega \sin \omega - \cos i \sin \Omega \cos \omega \\ -\sin \Omega \sin \omega + \cos i \cos \Omega \cos \omega \\ \sin i \cos \omega \end{bmatrix} \quad (1-13)$$

由于诸摄动影响，Ω，ω，i 都有缓慢变化，但可近似地认为 $\dot{\boldsymbol{P}} = \dot{\boldsymbol{Q}} = 0$，令

$$\boldsymbol{r} = \begin{bmatrix} \boldsymbol{r} \\ \dot{\boldsymbol{r}} \end{bmatrix}, \quad \boldsymbol{r} = \begin{bmatrix} x \\ y \\ z \end{bmatrix}, \quad \dot{\boldsymbol{r}} = \begin{bmatrix} \dot{x} \\ \dot{y} \\ \dot{z} \end{bmatrix} \quad (1-14)$$

则有

$$r = \begin{bmatrix} Px_\omega + Qy_\omega \\ P\dot{x}_\omega + Q\dot{y}_\omega \end{bmatrix} = \begin{bmatrix} P & Q & 0 & 0 \\ 0 & 0 & P & Q \end{bmatrix} \begin{bmatrix} x_\omega \\ y_\omega \\ \dot{x}_\omega \\ \dot{y}_\omega \end{bmatrix} = \begin{bmatrix} x_{\omega 1} & y_{\omega 1} \\ \dot{x}_{\omega 1} & \dot{y}_{\omega 1} \end{bmatrix} \begin{bmatrix} P \\ Q \end{bmatrix} \quad (1-15)$$

式中 $I = \begin{bmatrix} 1 & 0 & 0 \\ 0 & 1 & 0 \\ 0 & 0 & 1 \end{bmatrix}$。

r 有时也可用极坐标表示，这时它的三个分量为

$$r = \begin{bmatrix} r \\ \varphi_s \\ \delta_s \end{bmatrix} \quad (1-16)$$

式中 $r = a(1 - e\cos E)$，为卫星地心距；

$\varphi_S = \arcsin(z/r)$，为星下点纬度；

$\delta_S = \arctan(y/x)$，为星下点经度，x 为正取主值，x 为负取 $\pi +$ 主值。

$$\boldsymbol{\xi} = \begin{bmatrix} \xi \\ \dot{\xi} \end{bmatrix}, \quad \xi = \begin{bmatrix} \xi \\ \eta \\ \zeta \end{bmatrix}, \quad \dot{\xi} = \begin{bmatrix} \dot{\xi} \\ \dot{\eta} \\ \dot{\zeta} \end{bmatrix}$$

由图 1-2 可得

$$\xi = R(r - r_E) = Rr - \xi_E \quad (1-17)$$

式中 $r_E = \xi_E \begin{bmatrix} \cos\phi'\cos S \\ \cos\phi'\sin S \\ \sin\phi' \end{bmatrix} = \begin{bmatrix} x_E \\ y_E \\ z_E \end{bmatrix}$

$$R = \begin{bmatrix} \sin\phi\cos S & \sin\phi\sin S & -\cos\phi \\ -\sin S & \cos S & 0 \\ \cos\phi\cos S & \cos\phi\sin S & \sin\phi \end{bmatrix} \quad (1-18)$$

$$\xi_E = Rr_E = \zeta_E \begin{bmatrix} \sin(\phi - \phi') \\ 0 \\ \cos(\phi - \phi') \end{bmatrix}$$

$$\dot{\xi} = \dot{R}r + R\dot{r} = \begin{bmatrix} \dot{R} & R \end{bmatrix} \begin{bmatrix} r \\ \dot{r} \end{bmatrix} \quad (1-19)$$

式中

$$\dot{R} = \dot{S} \begin{bmatrix} -\sin\phi\sin S & \sin\phi\cos S & 0 \\ -\cos S & -\sin S & 0 \\ -\cos\phi\sin S & \cos\phi\cos S & 0 \end{bmatrix} \quad (1-20)$$

1.4 将测站直角坐标转换为极坐标

令

$$\boldsymbol{A} = \begin{bmatrix} \boldsymbol{A} \\ \dot{\boldsymbol{A}} \end{bmatrix}, \quad \boldsymbol{A} = \begin{bmatrix} P \\ E \\ A \end{bmatrix}, \quad \dot{\boldsymbol{A}} = \begin{bmatrix} \dot{P} \\ \dot{E} \\ \dot{A} \end{bmatrix} \qquad (1-21)$$

由图 1-2 可以导出

$$\boldsymbol{A} = \begin{bmatrix} P \\ E \\ A \end{bmatrix} = \boldsymbol{A}\boldsymbol{\xi} = \begin{bmatrix} (\xi^2 + \eta^2 + \zeta^2)^{1/2} \\ \arctan(\zeta / \sqrt{\xi^2 + \eta^2}) \\ \arctan(\eta / -\xi) \end{bmatrix} \qquad (1-22)$$

其中 A 的取值：当分母为正取主值，当分母为负取 $\pi +$ 主值。

求 A 的导数，得

$$\dot{\boldsymbol{A}} = O\dot{\boldsymbol{\xi}} \qquad (1-23)$$

式中

$$O = \frac{\partial \boldsymbol{A}(\boldsymbol{\xi})}{\partial \boldsymbol{\xi}} = \begin{bmatrix} \xi/\rho & \eta/\rho & \zeta/\rho \\ -\xi\zeta/\rho^2\sqrt{\xi^2+\eta^2} & -\eta\zeta/\rho^2\sqrt{\xi^2+\eta^2} & \sqrt{\xi^2+\eta^2}/\rho^2 \\ \eta/(\xi^2+\eta^2) & -\xi/(\xi^2+\eta^2) & 0 \end{bmatrix} \qquad (1-24)$$

1.5 参数计算要点

在以上参数计算时，有几点需要注意：

（1）关于测站坐标

通常给出其大地高度 h，地理纬度 ϕ 和经度 λ，由于地球系扁椭球体，其扁率 $f_E = 1/298.257$，其中第一偏心率为 e_E，并有 $1 - f_E = \sqrt{1 - e_E^2}$。这时，$e_E^2 = 6.694\,384\,999 \times 10^{-3}$，测站地心距离 ζ_E 及地心纬度 ϕ' 可由下式求出

$$\zeta_E \cos \phi' = \left(\frac{R_E}{\sqrt{1 - e_E^2 \sin^2 \phi}} + h \right) \cos \phi \qquad (1-25)$$

$$\zeta_E \sin \phi' = \left(\frac{R_E(1 - e_E^2)}{\sqrt{1 - e_E^2 \sin^2 \phi}} + h \right) \sin \phi \qquad (1-26)$$

由此可以进一步求出

$$\phi' = \arctan \frac{\dfrac{R_E(1 - e_E^2)}{\sqrt{1 - e_E^2 \sin^2 \phi}} + h}{\dfrac{R_E}{\sqrt{1 - e_E^2 \sin^2 \phi}} + h} \tan \phi \qquad (1-27)$$

$$\zeta_E = \left(\frac{R_E}{\sqrt{1 - e_E^2 \sin^2 \phi}} + h \right) \frac{\cos \phi}{\cos \phi'} \quad \text{或} \quad \zeta_E = \sqrt{\zeta_E^2 \sin^2 \phi' + \zeta_E^2 \cos^2 \phi'} \qquad (1-28)$$

（2）轨道坐标系 $Oxyz$ 中 x 轴指向问题

通常取 x 轴指向 1950 年 1 月 0 日的平春分点，当发射时刻未定时，为分析方便起见，

有时取入轨点时刻作为历元，计时由此刻开始，并以此时刻的格林尼治圈交赤道的点作为 x 轴的指向，为区别计，前者标以 $x_{50,0}$，后者标以 x_G，为 x 不进行标注时，则认为是 $x_{50,0}$。

测站相对 x 轴的时角 S，即是 t 时刻相对于（50，0）春分点的地方恒星时，并有

$$S = S_t + \lambda = S_{tS0} + \dot{S}(t - t_{S0}) + \lambda \tag{1-29}$$

式中　$\dot{S}$——恒星时变率（包括春分点平移变率在内），其值接近于地球自转速率。取 $\dot{S} = 7.292\,115\,146\,7 \times 10^{-5}\,\text{rad/s} = 15.041\,067\,18(°)/\text{h}$（地球自转率为 $15.041\,07(°)/\text{h}$）

λ——测站大地经度，东经为正，西经为负。

S_t 和 S_{tS0}——t 和 t_{S0} 时刻相对于（50，0）春分点的世界恒星时。

(3) S_{tS0} 的计算方法

一种简单方便的方法是利用天文历查出某日世界时 0 时（T_{A0}）的世界平恒星时 S_{tA0}。例如，1984 年 1 月 0 日世界时 0 时的世界恒星时为 6.590 578 833，然后推算出 t_{S0} 的平恒星时 S_{S0}，再减去由（50，0）到 t_{S0} 的春分点平移（$m\tau$）。为此先求出 1984 年 1 月 0 日到 T_{S0} 当日的总天数 D，并将 T_{S0} 化为当日的小时数，这时有

$$\begin{aligned} S_{S0} &= [6.590\,578\,833 + T_{S0} - 8 + (24D + T_{S0} - 8)\mu]\frac{2\pi}{24}(\text{rad}) \\ &= 6.590\,578\,833 + (T_{S0} - 8)(1 + \mu) + 24D\mu \end{aligned} \tag{1-30}$$

$$M \approx \dot{S} \times 3\,600 \times 24/2\pi - 1 = 0.002\,737\,812$$

式中　$\mu = 0.002\,737\,909\,265$，称为平太阳时到恒星时的换算因子。

由此可以求得

$$S_{tS0} = S_{S0} - (m\tau) \tag{1-31}$$

关于（$m\tau$）求法在下节讨论，以上求法在 T_{A0} 与 T_{S0} 间隔太长时不够精确，较为精确的求法如下：

1）求该 t_{S0} 年月日（YMD）相对于 1900 年 1 月 0 日世界时 12 时的积日，例如从天文历的儒略日表查出 1900 年 1 月 0 日世界时 12 时的儒略日为 2 415 020，1984 年 1 月 0 日世界时 12 时的儒略日则为 2 445 700，1984 年 1 月 0 日到 T_{S0} 当天的总天数为 D 日，则总积日为

$$\sum D = 2\,445\,700 + D - 2\,415\,020 = 30\,315 + D$$

2）令 $\sum D + (T_{S0} - 8)/24$ 分为整数部分 D^* 及小数部分 d^*，并求出 D^* 的儒略世纪数 $T_U = (D^* - 0.5)/36\,525$

3）求相对于 D^* 天世界时 0 时的平恒星时

$$S = 1.779\,935\,894 + 628.331\,951\,1\,T_U + 0.000\,006\,755\,878\,664\,T_U^2(\text{rad}) \tag{1-32}$$

4）
$$S_{S0} = S + 2\pi(1 + \mu)d^* \tag{1-33}$$

5）
$$S_{tS0} = S_{S0} - (m\tau) \tag{1-34}$$

(4) 春分点平移（$m\tau$）的计算

$$(m\tau) = (4\,609.896\,T_H + 1.395\,T_H^2 + 0.037\,1\,T_H^3)\pi/(3\,600 \times 180)\,(\text{rad})$$

式中 T_H——1950.0 到 T_{S0} 的总时间间隔，以回归世纪为单位

$$T_H = [2\,445\,700 + D - 2\,433\,282.423\,36 + (T_{S0} - 8 - 12)/24]/36\,524.22 \quad (1-35)$$

1.6 求星上天线方向图角 β

设卫星的姿态单位指向矢量在地心坐标系的表达式

$$\boldsymbol{r}_S = \begin{bmatrix} x_S \\ y_S \\ z_S \end{bmatrix} = \begin{bmatrix} \cos\delta\cos\alpha \\ \cos\delta\sin\alpha \\ \sin\delta \end{bmatrix} \quad (1-36)$$

式中 α——卫星姿态赤经（以 x 轴为基准）；
δ——卫星姿态赤纬。

星上天线方向图角 β 是 $\boldsymbol{r}_S$ 与 $(\boldsymbol{r} - \boldsymbol{r}_E)$ 的夹角（见图1-3），因此 $-\boldsymbol{r}_S^T(\boldsymbol{r} - \boldsymbol{r}_E) = \rho\cos\beta$

$$\cos\beta = \frac{1}{\rho} \cdot \boldsymbol{r}_S^T \cdot (\boldsymbol{r}_E - \boldsymbol{r})$$

$$\beta = \arccos\left\{\frac{1}{\rho} \cdot \boldsymbol{r}_S^T \cdot (\boldsymbol{r}_E - \boldsymbol{r})\right\} \quad (1-37)$$

当计算机无反余弦函数时，可以改用反正切函数，这时

$$\left.\begin{aligned}\beta &= \arctan\left(\sqrt{\frac{1}{\cos^2\beta} - 1}\right) & \text{当 } \boldsymbol{r}_S^T(\boldsymbol{r}_E - \boldsymbol{r}) > 0 \\ &= \pi - \arctan\left(\sqrt{\frac{1}{\cos^2\beta} - 1}\right) & \text{当 } \boldsymbol{r}_S^T(\boldsymbol{r}_E - \boldsymbol{r}) < 0 \\ &= \frac{\pi}{2} & \text{当 } \boldsymbol{r}_S^T(\boldsymbol{r}_E - \boldsymbol{r}) = 0\end{aligned}\right\} \quad (1-38)$$

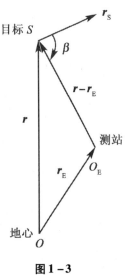

图 1-3

2 求雷达测量参数对卫星在轨道坐标系参数及对站址的偏导数

2.1 求 $\boldsymbol{A}$ 对 $\boldsymbol{r}$ 及 $\boldsymbol{\lambda}$ 的偏导数

（1）求 A 对 r 及 λ 的偏导数

$$\Delta\boldsymbol{A} = \begin{bmatrix} \Delta\rho \\ \Delta E \\ \Delta A \end{bmatrix} = \frac{\partial\boldsymbol{A}(\boldsymbol{\xi})}{\partial\boldsymbol{\xi}}\Delta\boldsymbol{\xi} = \boldsymbol{O}\Delta\boldsymbol{\xi} \quad (2-1)$$

式中 $\boldsymbol{O}$ 见式（1-24）；

$\Delta\boldsymbol{\xi} = \begin{bmatrix} \Delta\xi \\ \Delta\eta \\ \Delta\zeta \end{bmatrix}$ 由式（1-17）可以写出

$$\Delta\boldsymbol{\xi} = \frac{\partial\boldsymbol{\xi}}{\partial\boldsymbol{r}}\Delta\boldsymbol{r} + \frac{\partial\boldsymbol{\xi}}{\partial\boldsymbol{\lambda}}\Delta\boldsymbol{\lambda} \quad (2-2)$$

式中 $\Delta \boldsymbol{r} = \begin{bmatrix} \Delta x \\ \Delta y \\ \Delta z \end{bmatrix}$

式（1-17）中的 r_E 可以改用极坐标表示，$\boldsymbol{\lambda} = \begin{bmatrix} \zeta_E \\ \phi \\ S \end{bmatrix}$，$\Delta \boldsymbol{\lambda} = \begin{bmatrix} \Delta \zeta_E \\ \Delta \phi \\ \Delta S \end{bmatrix}$

由式（1-28）可以近似地认为 $\Delta \zeta_E = \Delta h'$

由式（1-29）可以认为 $\Delta S = \Delta \lambda$ $\therefore \Delta \boldsymbol{\lambda} = \begin{bmatrix} \Delta h \\ \Delta \phi \\ \Delta \lambda \end{bmatrix}$

这时
$$\frac{\partial \boldsymbol{\xi}}{\partial \boldsymbol{r}} = \frac{\partial}{\partial \boldsymbol{r}}(\boldsymbol{Rr}) = \boldsymbol{R} = [\boldsymbol{R}_1 \ \boldsymbol{R}_2 \ \boldsymbol{R}_3] \tag{2-3}$$

$$\boldsymbol{R}_1 = \begin{bmatrix} \sin\phi & \cos S \\ & -\sin S \\ \cos\phi & \cos S \end{bmatrix} \quad \boldsymbol{R}_2 = \begin{bmatrix} \sin\phi & \sin S \\ & \cos S \\ \cos\phi & \sin S \end{bmatrix} \quad \boldsymbol{R}_3 = \begin{bmatrix} -\cos\phi \\ 0 \\ \sin\phi \end{bmatrix}$$

$$\frac{\partial \boldsymbol{\xi}}{\partial \boldsymbol{\lambda}} = \frac{\partial}{\partial \boldsymbol{\lambda}}(\boldsymbol{Rr}) - \frac{\partial \boldsymbol{\xi}_E}{\partial \boldsymbol{\lambda}}$$

$$= \frac{\partial}{\partial \boldsymbol{\lambda}}(x\boldsymbol{R}_1 + y\boldsymbol{R}_2 + z\boldsymbol{R}_3) - \frac{\partial}{\partial \boldsymbol{\lambda}} \begin{bmatrix} \zeta_E \sin(\phi - \phi') \\ 0 \\ \zeta_E \cos(\phi - \phi') \end{bmatrix}$$

$$= x \frac{\partial \boldsymbol{R}_1}{\partial \boldsymbol{\lambda}} + y \frac{\partial \boldsymbol{R}_2}{\partial \boldsymbol{\lambda}_2} + z \frac{\partial \boldsymbol{R}_3}{\partial \boldsymbol{\lambda}} - \begin{bmatrix} \sin(\phi - \phi') & 0 & 0 \\ 0 & 0 & 0 \\ \cos(\phi - \phi') & 0 & 0 \end{bmatrix}$$

$$\frac{\partial \boldsymbol{R}_1}{\partial \boldsymbol{\lambda}} = \begin{bmatrix} 0 & \cos\phi \cos S & -\sin\phi \sin S \\ 0 & 0 & -\cos S \\ 0 & -\sin\phi \cos S & -\cos\phi \sin S \end{bmatrix}$$

$$\frac{\partial \boldsymbol{R}_2}{\partial \boldsymbol{\lambda}} = \begin{bmatrix} 0 & \cos\phi \sin S & \sin\phi \cos S \\ 0 & 0 & -\sin S \\ 0 & -\sin\phi \sin S & \cos\phi \cos S \end{bmatrix}$$

$$\frac{\partial \boldsymbol{R}_3}{\partial \boldsymbol{\lambda}} = \begin{bmatrix} 0 & +\sin\phi & 0 \\ 0 & 0 & 0 \\ 0 & \cos\phi & 0 \end{bmatrix}$$

因此

$$\frac{\partial \boldsymbol{\xi}}{\partial \boldsymbol{\lambda}} = \begin{bmatrix} -\sin(\phi-\phi') & x\cos\phi\cos S + y\cos\phi\sin S + 2\sin\phi & -x\sin\phi\sin S + y\sin\phi\cos S \\ 0 & 0 & -x\cos S - y\sin S \\ -\cos(\phi-\phi') & -x\sin\phi\cos S - y\sin\phi\sin S + z\cos\phi & -x\cos\phi\cdot\sin S + y\cos\phi\cos S \end{bmatrix} = \boldsymbol{G}$$

$$\tag{2-4}$$

综上所述

$$\Delta A = \frac{\partial A\xi}{\partial \xi}\left(\frac{\partial \xi}{\partial r}\Delta r + \frac{\partial \xi}{\partial \lambda}\Delta \lambda\right) = \frac{\partial A}{\partial \xi}\frac{\partial \xi}{\partial r}\Delta r + \frac{\partial A}{\partial \xi}\frac{\partial \xi}{\partial \lambda}\Delta \lambda$$

$$= \frac{\partial A}{\partial r}\Delta r + \frac{\partial A}{\partial \lambda}\Delta \lambda \tag{2-5}$$

因此
$$\frac{\partial A}{\partial r} = \frac{\partial A}{\partial \xi}\cdot\frac{\partial \xi}{\partial r} = OR \tag{2-6}$$

$$\frac{\partial A}{\partial \lambda} = \frac{\partial A}{\partial \xi}\cdot\frac{\partial \xi}{\partial \lambda} = OG \tag{2-7}$$

(2) 求 $\dot{A}$ 对 r 及 λ 的偏导数

由
$$\dot{A} = O\dot{\xi} = \frac{\partial A}{\partial \xi}\dot{\xi} \tag{1-23}$$

可得
$$\Delta \dot{A} = \frac{\partial \dot{A}}{\partial \xi}\Delta \xi + \frac{\partial \dot{A}}{\partial \dot{\xi}}\Delta \dot{\xi}$$

其中
$$\frac{\partial \dot{A}}{\partial \dot{\xi}} = \frac{\partial A}{\partial \xi} = O = [O_1\ O_2\ O_3] \tag{2-8}$$

$$O_1 = \begin{bmatrix} \xi/\rho \\ -\xi\zeta/\rho^2\sqrt{\xi^2+\eta^2} \\ \eta/(\xi^2+\eta^2) \end{bmatrix} \quad \text{其中 } \rho = \sqrt{\xi^2+\eta^2+\zeta^2}$$

$$O_2 = \begin{bmatrix} \eta/\rho \\ -\eta\zeta/\rho^2\sqrt{\xi^2+\eta^2} \\ -\xi/(\xi^2+\eta^2) \end{bmatrix}$$

$$O_3 = \begin{bmatrix} \zeta/\rho \\ \sqrt{\xi^2+\eta^2}/\rho^2 \\ 0 \end{bmatrix}$$

又其中
$$\frac{\partial \dot{A}}{\partial \xi} = \frac{\partial}{\partial \xi}(O\dot{\xi})$$

$$= \frac{\partial}{\partial \xi}(\dot{\xi}O_1 + \dot{\eta}O_2 + \dot{\zeta}O_3)$$

$$= \left(\dot{\xi}\frac{\partial O_1}{\partial \xi} + \dot{\eta}\frac{\partial O_2}{\partial \xi} + \dot{\zeta}\frac{\partial O_3}{\partial \xi}\right)$$

时

$$\frac{\partial O_1}{\partial \xi} = \begin{bmatrix} (\eta^2+\zeta^2)/\rho^3 & -\xi\eta/\rho^3 & -\xi\zeta/\rho^3 \\ \dfrac{\zeta(2\xi^4+\xi^2\eta^2-\eta^4-\zeta^2\eta^2)}{\rho^4(\xi^2+\eta^2)^{3/2}} & \dfrac{2\xi\eta\zeta}{\rho^4(\xi^2+\eta^2)^{1/2}} + \dfrac{\xi\eta\zeta}{\rho^2(\xi^2+\eta^2)^{3/2}} & \dfrac{-\xi(\xi^2+\eta^2-\zeta^2)}{\rho^4(\xi^2+\eta^2)^{1/2}} \\ -\dfrac{2\xi\eta}{(\xi^2+\eta^2)^2} & \dfrac{\xi^2-\eta^2}{(\xi^2+\eta^2)^2} & 0 \end{bmatrix}$$

$$\frac{\partial \boldsymbol{O}_2}{\partial \xi} = \begin{bmatrix} -\xi\eta/\rho^3 & (\xi^2+\zeta^2)/\rho^3 & -\eta\zeta/\rho^3 \\ \frac{2\xi\eta\zeta}{\rho^4(\xi^2+\eta^2)^{1/2}} + \frac{\xi\eta\zeta}{\rho^2(\xi^2+\eta^2)^{3/2}} & \frac{\zeta(2\eta^4+\xi^2\eta^2-\xi^4-\zeta^2\xi^2)}{\rho^4(\xi^2+\eta^2)^{3/2}} & \frac{-\eta(\xi^2+\eta^2-\zeta^2)}{\rho^4(\xi^2+\eta^2)^{1/2}} \\ \frac{\xi^2-\eta^2}{(\xi^2+\eta^2)^2} & \frac{2\xi\eta}{(\xi^2+\eta^2)^2} & 0 \end{bmatrix}$$

$$\frac{\partial \boldsymbol{O}_3}{\partial \xi} = \begin{bmatrix} -\xi\zeta/\rho^3 & -\eta\zeta/\rho^3 & (\xi^2+\eta^2)/\rho^3 \\ \frac{\xi(\zeta^2+\xi^2-\eta^2)}{\rho^4(\xi^2+\eta^2)^{1/2}} & \frac{\eta(\zeta^2-\xi^2-\eta^2)}{\rho^4(\xi^2+\eta^2)^{1/2}} & \frac{-2\zeta(\xi^2+\eta^2)^{1/2}}{\rho^4} \\ 0 & 0 & 0 \end{bmatrix}$$

$$\frac{\partial \dot{\boldsymbol{A}}}{\partial \xi} = \left(\dot{\xi}\frac{\partial \boldsymbol{O}_1}{\partial \xi} + \dot{\eta}\frac{\partial \boldsymbol{O}_2}{\partial \xi} + \dot{\zeta}\frac{\partial \boldsymbol{O}_3}{\partial \xi}\right)$$

$$= \begin{bmatrix} \frac{1}{\rho^3}[\dot{\xi}(\eta^2+\zeta^2)-\dot{\eta}\zeta\eta-\dot{\zeta}\xi\xi] & \frac{1}{\rho^3}[-\dot{\xi}\xi\eta+\dot{\eta}(\xi^2+\zeta^2)-\dot{\zeta}\eta\zeta] & \frac{1}{\rho^3}[-\dot{\xi}\xi\zeta-\dot{\eta}\eta\zeta+\dot{\zeta}(\xi^2+\eta^2)] \\ \left[\frac{\dot{\xi}\zeta(2\xi^4+\xi^2\eta^2-\eta^4-\zeta^2\eta^2)}{\rho^4(\xi^2+\eta^2)^{3/2}} + \frac{2\dot{\eta}\xi\eta\zeta}{\rho^4(\xi^2+\eta^2)^{1/2}} + \right. & \left[\frac{2\dot{\xi}\xi\eta\zeta}{\rho^4(\xi^2+\eta^2)^{1/2}} + \frac{\dot{\xi}\xi\eta\zeta}{\rho^2(\xi^2+\eta^2)^{3/2}} + \right. & \left[\frac{-(\xi^2+\eta^2-\zeta^2)(\dot{\xi}\xi+\dot{\eta}\eta)}{\rho^4(\xi^2+\eta^2)^{1/2}} - \right. \\ \left.\frac{\dot{\eta}\xi\eta\zeta}{\rho^2(\xi^2+\eta^2)^{3/2}} + \frac{\dot{\zeta}\xi(\zeta^2-\xi^2-\eta^2)}{\rho^4(\xi^2+\eta^2)^{1/2}}\right] & \left.\frac{\dot{\eta}\zeta(2\eta^4+\xi^2\eta^2-\xi^4-\zeta^2\xi^2)}{\rho^4(\xi^2+\eta^2)^{3/2}} + \frac{\dot{\zeta}\eta(\zeta^2-\xi^2-\eta^2)}{\rho^4(\xi^2+\eta^2)^{1/2}}\right] & \left.\frac{2\dot{\zeta}\zeta(\xi^2+\eta^2)^{1/2}}{\rho^4}\right] \\ \frac{-2\dot{\xi}\xi\eta+\dot{\eta}(\xi^2-\eta^2)}{(\xi^2+\eta^2)^2} & \frac{\dot{\xi}(\xi^2-\eta^2)+2\dot{\eta}\xi\eta}{(\xi^2+\eta^2)^2} & 0 \end{bmatrix}$$

$$(2-9)$$

此外，按 $\dot{\boldsymbol{\xi}} = \dot{\boldsymbol{R}}\boldsymbol{r} + \boldsymbol{R}\dot{\boldsymbol{r}}$ （1-19）

可写出 $\Delta\dot{\boldsymbol{\xi}} = \begin{bmatrix} \Delta\dot{\xi} \\ \Delta\dot{\eta} \\ \Delta\dot{\zeta} \end{bmatrix} = \frac{\partial \dot{\boldsymbol{\xi}}}{\partial \dot{\boldsymbol{r}}}\Delta\dot{\boldsymbol{r}} + \frac{\partial \dot{\boldsymbol{\xi}}}{\partial \boldsymbol{r}}\Delta\boldsymbol{r} + \frac{\partial \dot{\boldsymbol{\xi}}}{\partial \boldsymbol{\lambda}}\Delta\boldsymbol{\lambda}$

$$= \boldsymbol{R}\Delta\dot{\boldsymbol{r}} + \dot{\boldsymbol{R}}\Delta\boldsymbol{r} + \left[\frac{\partial}{\partial \boldsymbol{\lambda}}(\dot{\boldsymbol{R}}\boldsymbol{r}) + \frac{\partial}{\partial \boldsymbol{\lambda}}(\boldsymbol{R}\dot{\boldsymbol{r}})\right]\Delta\boldsymbol{\lambda}$$

式中

$$\frac{\partial \dot{\boldsymbol{\xi}}}{\partial \dot{\boldsymbol{r}}} = \boldsymbol{R} = \frac{\partial \boldsymbol{\xi}}{\partial \boldsymbol{r}} \qquad (2-10)$$

$$\frac{\partial \dot{\boldsymbol{\xi}}}{\partial \boldsymbol{r}} = \dot{\boldsymbol{R}} = [\dot{\boldsymbol{R}}_1 \ \dot{\boldsymbol{R}}_2 \ \dot{\boldsymbol{R}}_3] \qquad (2-11)$$

式中

$$\dot{\boldsymbol{R}}_1 = \dot{S}\begin{bmatrix} -\sin\phi\sin S \\ -\cos S \\ -\cos\phi\sin S \end{bmatrix}, \quad \dot{\boldsymbol{R}}_2 = \dot{S}\begin{bmatrix} \sin\phi\cos S \\ -\sin S \\ \cos\phi\cos S \end{bmatrix}, \quad \dot{\boldsymbol{R}}_3 = \begin{bmatrix} 0 \\ 0 \\ 0 \end{bmatrix}$$

$$= \frac{\partial}{\partial \boldsymbol{\lambda}}(\dot{\boldsymbol{R}}\boldsymbol{r}) + \frac{\partial}{\partial \boldsymbol{\lambda}}(\boldsymbol{R}\dot{\boldsymbol{r}})$$

又 $\frac{\partial \dot{\boldsymbol{\xi}}}{\partial \boldsymbol{\lambda}} = x\frac{\partial \dot{\boldsymbol{R}}_1}{\partial \boldsymbol{\lambda}} + y\frac{\partial \dot{\boldsymbol{R}}_2}{\partial \boldsymbol{\lambda}} + z\frac{\partial \dot{\boldsymbol{R}}_3}{\partial \boldsymbol{\lambda}} + \dot{x}\frac{\partial \boldsymbol{R}_1}{\partial \boldsymbol{\lambda}} + \dot{y}\frac{\partial \boldsymbol{R}_3}{\partial \boldsymbol{\lambda}} + \dot{z}\frac{\partial \boldsymbol{R}_3}{\partial \boldsymbol{\lambda}}$

式中
$$\frac{\partial \dot{R}_1}{\partial \lambda} = \dot{S} \begin{bmatrix} 0 & -\cos\phi\sin S & -\sin\phi\sin S \\ 0 & 0 & \sin S \\ 0 & \sin\phi\sin S & -\cos\phi\cos S \end{bmatrix}$$

$$\frac{\partial \dot{R}_2}{\partial \lambda} = \dot{S} \begin{bmatrix} 0 & \cos\phi\cos S & -\sin\phi\sin S \\ 0 & 0 & -\cos S \\ 0 & -\sin\phi\cos S & -\cos\phi\sin S \end{bmatrix}$$

$$\frac{\partial \dot{R}_3}{\partial \lambda} = 0$$

$$\frac{\partial \dot{\xi}}{\partial \lambda} = \begin{bmatrix} 0 & \begin{array}{l} \dot{x}\cos\phi\cos S - \dot{S}x\cos\phi\sin S + \\ \dot{y}\cos\phi\sin S + \dot{S}y\cos\phi\cos S + \\ + \dot{z}\sin\phi \end{array} & \begin{array}{l} -\dot{x}\sin\phi\sin S - \dot{S}x\sin\phi\cos S + \\ \dot{y}\sin\phi\cos S - \dot{S}y\sin\phi\sin S \end{array} \\ 0 & 0 & \begin{array}{l} -\dot{x}\cos S + \dot{S}x\sin S - \\ \dot{y}\sin S - \dot{S}y\cos S \end{array} \\ 0 & \begin{array}{l} -\dot{x}\sin\phi\cos S + \dot{S}x\sin\phi\sin S - \\ \dot{y}\sin\phi\sin S - \dot{S}y\sin\phi\cos S + \\ \dot{z}\cos\phi \end{array} & \begin{array}{l} -\dot{x}\cos\phi\sin S - \dot{S}x\cos\phi\cos S + \\ \dot{y}\cos\phi\cos S - \dot{S}y\cos\phi\sin S \end{array} \end{bmatrix}$$

$$(2-12)$$

综上所述

$$\Delta \dot{A} = \frac{\partial \dot{A}}{\partial \xi}\Delta \xi + \frac{\partial \dot{A}}{\partial \dot{\xi}}\Delta \dot{\xi} = \frac{\partial \dot{A}}{\partial \xi}\left(\frac{\partial \xi}{\partial r}\Delta r + \frac{\partial \xi}{\partial \lambda}\Delta \lambda\right) + \frac{\partial \dot{A}}{\partial \dot{\xi}}\left(\frac{\partial \dot{\xi}}{\partial r}\Delta r + \frac{\partial \dot{\xi}}{\partial \dot{r}}\Delta \dot{r} + \frac{\partial \dot{\xi}}{\partial \lambda}\Delta \lambda\right)$$

$$= \left(\frac{\partial \dot{A}}{\partial \xi}\frac{\partial \xi}{\partial r} + \frac{\partial \dot{A}}{\partial \dot{\xi}}\frac{\partial \dot{\xi}}{\partial r}\right)\Delta r + \frac{\partial \dot{A}}{\partial \dot{\xi}}\frac{\partial \dot{\xi}}{\partial \dot{r}}\Delta \dot{r} + \left(\frac{\partial \dot{A}}{\partial \xi}\frac{\partial \xi}{\partial \lambda} + \frac{\partial \dot{A}}{\partial \dot{\xi}}\frac{\partial \dot{\xi}}{\partial \lambda}\right)\Delta \lambda$$

$$= \frac{\partial \dot{A}}{\partial r}\Delta r + \frac{\partial \dot{A}}{\partial \dot{r}}\Delta \dot{r} + \frac{\partial \dot{A}}{\partial \lambda}\Delta \lambda \qquad (2-13)$$

其中

$$\frac{\partial \dot{A}}{\partial r} = \frac{\partial \dot{A}}{\partial \xi}\frac{\partial \xi}{\partial r} + \frac{\partial \dot{A}}{\partial \dot{\xi}}\frac{\partial \dot{\xi}}{\partial r} = JR + O\dot{R} \qquad (2-14)$$

$$\frac{\partial \dot{A}}{\partial \dot{r}} = \frac{\partial \dot{A}}{\partial \dot{\xi}}\frac{\partial \dot{\xi}}{\partial \dot{r}} = OR \qquad (2-15)$$

$$\frac{\partial \dot{A}}{\partial \lambda} = \frac{\partial \dot{A}}{\partial \xi}\frac{\partial \xi}{\partial \lambda} + \frac{\partial \dot{A}}{\partial \dot{\xi}}\frac{\partial \dot{\xi}}{\partial \lambda} = JG + OF \qquad (2-16)$$

综合式（2-5）及（2-13），可以最终写出

$$\Delta \boldsymbol{A} = \begin{bmatrix} \Delta A \\ \Delta \dot{A} \end{bmatrix} = \begin{bmatrix} \dfrac{\partial A}{\partial r} & 0 \\ \dfrac{\partial \dot{A}}{\partial r} & \dfrac{\partial \dot{A}}{\partial \dot{r}} \end{bmatrix} \begin{bmatrix} \Delta r \\ \Delta \dot{r} \end{bmatrix} + \begin{bmatrix} \dfrac{\partial A}{\partial \lambda} \\ \dfrac{\partial \dot{A}}{\partial \lambda} \end{bmatrix} \Delta \lambda = \frac{\partial \boldsymbol{A}}{\partial r}\Delta r + \frac{\partial \boldsymbol{A}}{\partial \lambda}\Delta \lambda \qquad (2-17)$$

其中
$$\frac{\partial \boldsymbol{A}}{\partial \boldsymbol{r}} = \begin{bmatrix} \dfrac{\partial \boldsymbol{A}}{\partial \boldsymbol{r}} & 0 \\ \dfrac{\partial \dot{\boldsymbol{A}}}{\partial \boldsymbol{r}} & \dfrac{\partial \dot{\boldsymbol{A}}}{\partial \dot{\boldsymbol{r}}} \end{bmatrix} \qquad (2-18)$$

$$\frac{\partial \boldsymbol{A}}{\partial \boldsymbol{\lambda}} = \begin{bmatrix} \dfrac{\partial \boldsymbol{A}}{\partial \boldsymbol{\lambda}} \\ \dfrac{\partial \dot{\boldsymbol{A}}}{\partial \boldsymbol{\lambda}} \end{bmatrix} \qquad (2-19)$$

3 求卫星在轨道坐标系参数对轨道根数的偏导数

3.1 求 r 对 a 的偏导数

由式（1-15）可以写出

$$\Delta \boldsymbol{r} = [\boldsymbol{PQ}] \begin{bmatrix} \Delta x_\omega \\ \Delta y_\omega \end{bmatrix} + [x_\omega y_\omega] \begin{bmatrix} \Delta \boldsymbol{P} \\ \Delta \boldsymbol{Q} \end{bmatrix} \qquad (3-1)$$

其中
$$\Delta \boldsymbol{x}_\omega = \begin{bmatrix} \Delta x_\omega \\ \Delta y_\omega \end{bmatrix} = \begin{bmatrix} \dfrac{x_\omega}{a} & -a & -a \sin E \\ \dfrac{y_\omega}{a} & \dfrac{-y_\omega e}{1-e^2} & a\sqrt{1-e^2}\cos E \end{bmatrix} \begin{bmatrix} \Delta a \\ \Delta e \\ \Delta E \end{bmatrix}$$

而
$$\begin{bmatrix} \Delta a \\ \Delta e \\ \Delta E \end{bmatrix} = \begin{bmatrix} 1 & 0 & 0 \\ 0 & 1 & 0 \\ \dfrac{-3\dot{E}}{2a}(t-t_{S0}) & \dfrac{\sin E}{1-e\cos E} & \dfrac{1}{1-e\cos E} \end{bmatrix} \begin{bmatrix} \Delta a \\ \Delta e \\ \Delta M_0 \end{bmatrix}$$

因此

$$\Delta \boldsymbol{x}_\omega = \begin{bmatrix} \dfrac{x_\omega}{a} & -a & -a \sin E \\ \dfrac{y_\omega}{a} & \dfrac{-y_\omega e}{1-e^2} & a\sqrt{1-e^2}\cos E \end{bmatrix} \begin{bmatrix} 1 & 0 & 0 \\ 0 & 1 & 0 \\ \dfrac{-3\dot{E}}{2a}(t-t_{S0}) & \dfrac{\sin E}{1-t\cos E} & \dfrac{1}{1-e\cos E} \end{bmatrix} \begin{bmatrix} \Delta a \\ \Delta e \\ \Delta M_0 \end{bmatrix}$$

$$= \begin{bmatrix} \dfrac{x_\omega}{a} - \dfrac{3\dot{x}_\omega}{2a}(t-t_{S0}) & -a\left(1+\dfrac{\sin^2 E}{1-e\cos E}\right) & \dot{x}_\omega/n \\ \dfrac{y_\omega}{a} - \dfrac{3\dot{y}_\omega}{2a}(t-t_{S0}) & -y_\omega\left(\dfrac{e}{1-e^2}-\dfrac{\cos E}{1-e\cos E}\right) & \dot{y}_\omega/n \end{bmatrix} \begin{bmatrix} \Delta a \\ \Delta e \\ \Delta M_0 \end{bmatrix}$$

$$= \frac{\partial \boldsymbol{x}_\omega}{\partial \boldsymbol{a}} \Delta a \qquad (3-2)$$

其中
$$\frac{\partial \boldsymbol{x}_{\omega}}{\partial \boldsymbol{a}} = \begin{bmatrix} \frac{\partial x_{\omega}}{\partial \boldsymbol{a}} \\ \frac{\partial y_{\omega}}{\partial \boldsymbol{a}} \end{bmatrix} = \begin{bmatrix} \frac{x_{\omega}}{a} - \frac{3\dot{x}_{\omega}}{2a}(t-t_{S0}) & -a\left(1 + \frac{\sin^2 E}{1-e\cos E}\right) & \frac{\dot{x}_{\omega}}{n} \\ \frac{y_{\omega}}{a} - \frac{3\dot{y}_{\omega}}{2a}(t-t_{S0}) & -y_{\omega}\left(\frac{e}{1-e^2} - \frac{\cos E}{1-e\cos E}\right) & \frac{\dot{y}_{\omega}}{n} \end{bmatrix} \quad (3-3)$$

$$\Delta \boldsymbol{a} = \begin{bmatrix} \Delta a \\ \Delta e \\ \Delta M_0 \end{bmatrix} \quad (3-4)$$

而

$$\Delta \boldsymbol{P} = \begin{bmatrix} \Delta P_x \\ \Delta P_y \\ \Delta P_z \end{bmatrix}$$

$$= \begin{bmatrix} \sin i \sin \Omega \sin \omega & -\sin \Omega \cos \omega - \cos i \cos \Omega \sin \omega & -\cos \Omega \sin \omega - \cos i \sin \Omega \cos \omega \\ -\sin i \cos \Omega \sin \omega & \cos \Omega \cos \omega - \cos i \sin \Omega \sin \omega & -\sin \Omega \sin \omega + \cos i \cos \Omega \cos \omega \\ \cos i \sin \omega & 0 & \sin i \cos \omega \end{bmatrix} \cdot$$

$$\begin{bmatrix} \Delta i \\ \Delta \Omega \\ \Delta \omega \end{bmatrix} = \frac{\partial \boldsymbol{P}}{\partial \boldsymbol{i}} \Delta \boldsymbol{i} \quad (3-5)$$

而

$$\boldsymbol{Q} = \begin{bmatrix} \Delta Q_x \\ \Delta Q_y \\ \Delta Q_z \end{bmatrix}$$

$$= \begin{bmatrix} \sin i \sin \Omega \cos \omega & \sin \Omega \sin \omega - \cos i \cos \Omega \cos \omega & -\cos \Omega \cos \omega + \cos i \sin \Omega \sin \omega \\ -\sin i \cos \Omega \cos \omega & -\cos \Omega \sin \omega - \cos i \sin \Omega \cos \omega & -\sin \Omega \cos \omega - \cos i \Omega \sin \omega \\ \cos i \cos \omega & 0 & -\sin i \sin \omega \end{bmatrix} \begin{bmatrix} \Delta i \\ \Delta \Omega \\ \Delta \omega \end{bmatrix}$$

$$= \frac{\partial \boldsymbol{Q}}{\partial \boldsymbol{i}} \Delta \boldsymbol{i} \quad (3-6)$$

$$\frac{\partial \boldsymbol{P}}{\partial \boldsymbol{i}} = \begin{bmatrix} \sin i \sin \Omega \sin \omega & -\sin \Omega \cos \omega - \cos i \cos \Omega \sin \omega & -\cos \Omega \sin \omega - \cos i \sin \Omega \cos \omega \\ -\sin i \cos \Omega \sin \omega & \cos \Omega \cos \omega - \cos i \sin \Omega \sin \omega & -\sin \Omega \sin \omega + \cos i \cos \Omega \cos \omega \\ \cos i \sin \omega & 0 & \sin i \cos \omega \end{bmatrix}$$
$$(3-7)$$

$$\frac{\partial \boldsymbol{Q}}{\partial \boldsymbol{i}} = \begin{bmatrix} \sin i \sin \Omega \cos \omega & \sin \Omega \sin \omega - \cos i \cos \Omega \cos \omega & -\cos \Omega \cos \omega + \cos i \sin \Omega \sin \omega \\ -\sin i \cos \Omega \cos \omega & -\cos \Omega \sin \omega - \cos i \sin \Omega \cos \omega & -\sin \Omega \cos \omega - \cos i \sin \Omega \sin \omega \\ \cos i \cos \omega & 0 & -\sin i \sin \omega \end{bmatrix}$$
$$(3-8)$$

$$\Delta \boldsymbol{i} = \begin{bmatrix} \Delta i \\ \Delta \Omega \\ \Delta \omega \end{bmatrix} \quad (3-9)$$

综合以上结果

$$\Delta r = [PQ] \begin{bmatrix} \dfrac{\partial x_\omega}{\partial a} \\ \dfrac{\partial y_\omega}{\partial a} \end{bmatrix} \Delta a + [x_\omega y_\omega] \begin{bmatrix} \dfrac{\partial P}{\partial i} \\ \dfrac{\partial Q}{\partial i} \end{bmatrix} \Delta i = \left[P\dfrac{\partial x_\omega}{\partial a} + Q\dfrac{\partial y_\omega}{\partial a} \quad x_\omega \dfrac{\partial P}{\partial i} + y_\omega \dfrac{\partial Q}{\partial i} \right] \begin{bmatrix} \Delta a \\ \Delta i \end{bmatrix}$$

$$= \left[\dfrac{\partial r}{\partial a} \quad \dfrac{\partial r}{\partial i} \right] \begin{bmatrix} \Delta a \\ \Delta i \end{bmatrix} = \dfrac{\partial r}{\partial a} \Delta a \tag{3-10}$$

式中

$$\dfrac{\partial r}{\partial a} = P\dfrac{\partial x_\omega}{\partial a} + Q\dfrac{\partial y_\omega}{\partial a} \tag{3-11}$$

$$\dfrac{\partial r}{\partial i} = x_\omega \dfrac{\partial P}{\partial i} + y_\omega \dfrac{\partial Q}{\partial i} \tag{3-12}$$

$$\dfrac{\partial r}{\partial a} = \left[\dfrac{\partial r}{\partial a} \quad \dfrac{\partial r}{\partial i} \right] \tag{3-13}$$

$$\Delta a = \begin{bmatrix} \Delta a \\ \Delta i \end{bmatrix} \tag{3-14}$$

3.2 求 $\dot{r}$ 对 a 的偏导数

由式（15）可以写出

$$\Delta \dot{r} = \begin{bmatrix} \Delta \dot{x} \\ \Delta \dot{y} \\ \Delta \dot{z} \end{bmatrix} = [PQ] \begin{bmatrix} \Delta \dot{x}_\omega \\ \Delta \dot{y}_\omega \end{bmatrix} + [\dot{x}_\omega \dot{y}_\omega] \begin{bmatrix} \Delta P \\ \Delta Q \end{bmatrix} \tag{3-15}$$

其中

$$\Delta \dot{x}_\omega = \begin{bmatrix} \Delta \dot{x}_\omega \\ \Delta \dot{y}_\omega \end{bmatrix} = \begin{bmatrix} \dfrac{\dot{x}_\omega}{a} & 0 & \dot{x}_\omega \cot E & \dfrac{\dot{x}_\omega}{\dot{E}} \\ \dfrac{\dot{y}_\omega}{a} & -\dfrac{\dot{y}_\omega e}{1-e^2} & -\dot{y}_\omega \tan E & \dfrac{\dot{y}_\omega}{\dot{E}} \end{bmatrix} \begin{bmatrix} \Delta a \\ \Delta e \\ \Delta E \\ \Delta \dot{E} \end{bmatrix}$$

而

$$\begin{bmatrix} \Delta a \\ \Delta e \\ \Delta E \\ \Delta \dot{E} \end{bmatrix} = \begin{bmatrix} 1 & 0 & 0 \\ 0 & 1 & 0 \\ 0 & 0 & 1 \\ \dfrac{-3\dot{E}}{2a} & \dfrac{\dot{E}\cos E}{1-e\cos E} & -\dfrac{e\dot{E}\sin E}{1-e\cos E} \end{bmatrix} \begin{bmatrix} \Delta a \\ \Delta e \\ \Delta E \end{bmatrix}$$

又

$$\begin{bmatrix} \Delta a \\ \Delta e \\ \Delta E \end{bmatrix} = \begin{bmatrix} 1 & 0 & 0 \\ 0 & 1 & 0 \\ \dfrac{-3\dot{E}}{2a}(t-t_{S0}) & \dfrac{\sin E}{1-e\cos E} & \dfrac{1}{1-e\cos E} \end{bmatrix} \begin{bmatrix} \Delta a \\ \Delta e \\ \Delta M_0 \end{bmatrix}$$

因此

$$\Delta \dot{x}_\omega = \begin{bmatrix} \dfrac{\dot{x}_\omega}{a} & 0 & \dot{x}_\omega \cot E & \dfrac{\dot{x}_\omega}{\dot{E}} \\ \dfrac{\dot{y}_\omega}{a} & -\dfrac{\dot{y}_\omega e}{1-e^2} & -\dot{y}_\omega \tan E & \dfrac{\dot{y}_\omega}{\dot{E}} \end{bmatrix} \begin{bmatrix} 1 & 0 & 0 \\ 0 & 1 & 0 \\ 0 & 0 & 1 \\ \dfrac{-3\dot{E}}{2a} & \dfrac{\dot{E}\cos E}{1-e\cos E} & -\dfrac{e\dot{E}\sin E}{1-e\cos E} \end{bmatrix} \cdot$$

$$\begin{bmatrix} 1 & 0 & 0 \\ 0 & 1 & 0 \\ \dfrac{-3\dot{E}(t-t_{S0})}{2a} & \dfrac{\sin E}{1-e\cos E} & \dfrac{1}{1-e\cos E} \end{bmatrix} \begin{bmatrix} \Delta a \\ \Delta e \\ \Delta M_0 \end{bmatrix}$$

$$= \begin{bmatrix} \dfrac{\dot{E}}{2}\left[\sin E + \dfrac{3(\cos E - e)\cdot n(t-t_{S0})}{(1-e\cos E)^2}\right] & \dot{x}_\omega \dfrac{2\cos E - e\cos^2 E - e}{(1-e\cos E)^2} & -\dfrac{x_\omega \dot{E}^3}{n^2} \\ \dfrac{1}{2}\sqrt{1-e^2}\dot{E}\left[-\cos E + \dfrac{3\sin E\cdot n(t-t_{S0})}{(1-e\cos E)^2}\right] & -\dfrac{aE(\sin^2 E - \cos^2 E + e\cos E + e\cos^3 E - e^2)}{\sqrt{1-e^2}(1-e\cos E)^2} & -\dfrac{y_\omega \dot{E}^3}{n^2} \end{bmatrix} \cdot$$

$$\begin{bmatrix} \Delta a \\ \Delta e \\ \Delta M_0 \end{bmatrix} = \dfrac{\partial \dot{x}_\omega}{\partial \boldsymbol{a}}\Delta \boldsymbol{a} \qquad (3-16)$$

$$\dfrac{\partial \dot{x}_\omega}{\partial \boldsymbol{a}} = \begin{bmatrix} \dfrac{\partial \dot{x}_\omega}{\partial \boldsymbol{a}} \\ \dfrac{\partial \dot{y}_\omega}{\partial \boldsymbol{a}} \end{bmatrix}$$

$$= \begin{bmatrix} \dfrac{\dot{E}}{2}\left[\sin E + \dfrac{3n(t-t_{S0})(\cos E - e)}{(1-e\cos E)^2}\right] & \dot{x}_\omega \dfrac{2\cos E - e\cos^2 E - e}{(1-e\cos E)^2} & -\dfrac{x_\omega \dot{E}^3}{n^2} \\ \dfrac{1}{2}\sqrt{1-e^2}\dot{E}\left[-\cos E + \dfrac{3n(t-t_{S0})\sin E}{(1-e\cos E)^2}\right] & -\dfrac{aE(\sin^2 E - \cos^2 E + e\cos E + e\cos^3 E - e^2)}{\sqrt{1-e^2}(1-e\cos E)^2} & \dfrac{y_\omega \dot{E}^3}{n^2} \end{bmatrix}$$

$$(3-17)$$

由式（3-15）

$$\Delta \dot{\boldsymbol{r}} = [\boldsymbol{PQ}]\begin{bmatrix} \dfrac{\partial \dot{x}_\omega}{\partial \boldsymbol{a}} \\ \dfrac{\partial \dot{y}_\omega}{\partial \boldsymbol{a}} \end{bmatrix}\Delta \boldsymbol{a} + [\dot{x}_\omega \dot{y}_\omega]\begin{bmatrix} \dfrac{\partial \boldsymbol{P}}{\partial i} \\ \dfrac{\partial \boldsymbol{Q}}{\partial i} \end{bmatrix}\Delta i = \left[\boldsymbol{P}\dfrac{\partial \dot{x}_\omega}{\partial \boldsymbol{a}} + \boldsymbol{Q}\dfrac{\partial \dot{x}_\omega}{\partial \boldsymbol{a}} \quad \dot{x}_\omega\dfrac{\partial \boldsymbol{P}}{\partial i} + \dot{y}_\omega\dfrac{\partial \boldsymbol{Q}}{\partial i}\right]\begin{bmatrix} \Delta \boldsymbol{a} \\ \Delta i \end{bmatrix}$$

$$= \begin{bmatrix} \dfrac{\partial \dot{\boldsymbol{r}}}{\partial \boldsymbol{a}} & \dfrac{\partial \dot{\boldsymbol{r}}}{\partial i} \end{bmatrix}\begin{bmatrix} \Delta \boldsymbol{a} \\ \Delta i \end{bmatrix} = \dfrac{\partial \dot{\boldsymbol{r}}}{\partial \boldsymbol{a}}\Delta \boldsymbol{a} \qquad (3-18)$$

其中

$$\dfrac{\partial \dot{\boldsymbol{r}}}{\partial \boldsymbol{a}} = \boldsymbol{P}\dfrac{\partial \dot{x}_\omega}{\partial \boldsymbol{a}} + \boldsymbol{Q}\dfrac{\partial \dot{r}_\omega}{\partial \boldsymbol{a}} \qquad (3-19)$$

$$\dfrac{\partial \dot{\boldsymbol{r}}}{\partial i} = \dot{x}_\omega \dfrac{\partial \boldsymbol{P}}{\partial i} + \dot{y}_\omega \dfrac{\partial \boldsymbol{Q}}{\partial i} \qquad (3-20)$$

$$\frac{\partial \dot{r}}{\partial a} = \left[\frac{\partial \dot{r}}{\partial a} \quad \frac{\partial \dot{r}}{\partial i} \right] \tag{3-21}$$

3.3 求 A 对 a 的偏导数

由式（3-10）及（3-18）可以合并写出

$$\Delta r = \begin{bmatrix} \Delta r \\ \Delta \dot{r} \end{bmatrix} = \begin{bmatrix} P \dfrac{\partial x_\omega}{\partial a} + Q \dfrac{\partial y_\omega}{\partial a} & x_\omega \dfrac{\partial P}{\partial i} + y_\omega \dfrac{\partial Q}{\partial i} \\ P \dfrac{\partial \dot{x}_\omega}{\partial a} + Q \dfrac{\partial \dot{y}_\omega}{\partial a} & \dot{x}_\omega \dfrac{\partial P}{\partial i} + \dot{y}_\omega \dfrac{\partial Q}{\partial i} \end{bmatrix} \begin{bmatrix} \Delta a \\ \Delta i \end{bmatrix}$$

$$= \begin{bmatrix} \dfrac{\partial r}{\partial a} & \dfrac{\partial r}{\partial i} \\ \dfrac{\partial \dot{r}}{\partial a} & \dfrac{\partial \dot{r}}{\partial i} \end{bmatrix} \begin{bmatrix} \Delta a \\ \Delta i \end{bmatrix} \tag{3-22}$$

根据（2-17）及（3-22）式可以综合为

$$\Delta A = \begin{bmatrix} \Delta A \\ \Delta \dot{A} \end{bmatrix} = \begin{bmatrix} \dfrac{\partial A}{\partial r} & 0 \\ \dfrac{\partial \dot{A}}{\partial r} & \dfrac{\partial \dot{A}}{\partial \dot{r}} \end{bmatrix} \begin{bmatrix} \dfrac{\partial r}{\partial a} & \dfrac{\partial r}{\partial i} \\ \dfrac{\partial \dot{r}}{\partial a} & \dfrac{\partial \dot{r}}{\partial i} \end{bmatrix} \begin{bmatrix} \Delta a \\ \Delta i \end{bmatrix} + \begin{bmatrix} \dfrac{\partial A}{\partial \lambda} \\ \dfrac{\partial \dot{A}}{\partial \lambda} \end{bmatrix} \Delta \lambda$$

$$= \begin{bmatrix} \dfrac{\partial A}{\partial a} & \dfrac{\partial A}{\partial i} \\ \dfrac{\partial \dot{A}}{\partial a} & \dfrac{\partial \dot{A}}{\partial i} \end{bmatrix} \begin{bmatrix} \Delta a \\ \Delta i \end{bmatrix} + \begin{bmatrix} \dfrac{\partial A}{\partial \lambda} \\ \dfrac{\partial \dot{A}}{\partial \lambda} \end{bmatrix} \Delta \lambda \tag{3-23}$$

$$\frac{\partial A}{\partial a} = \frac{\partial A}{\partial r} \frac{\partial r}{\partial a} \tag{3-24}$$

$$\frac{\partial A}{\partial i} = \frac{\partial A}{\partial r} \frac{\partial r}{\partial i} \tag{3-25}$$

$$\frac{\partial \dot{A}}{\partial a} = \frac{\partial \dot{A}}{\partial r} \frac{\partial r}{\partial a} + \frac{\partial \dot{A}}{\partial \dot{r}} \frac{\partial \dot{r}}{\partial a} \tag{3-26}$$

$$\frac{\partial \dot{A}}{\partial i} = \frac{\partial \dot{A}}{\partial r} \frac{\partial r}{\partial i} + \frac{\partial \dot{A}}{\partial \dot{r}} \frac{\partial \dot{r}}{\partial i} \tag{3-27}$$

式（3-23）可以进一步表示为

$$\Delta A = \frac{\partial A}{\partial a} \Delta a + \frac{\partial A}{\partial \lambda} \Delta \lambda \tag{3-28}$$

其中

$$\frac{\partial A}{\partial a} = \frac{\partial A}{\partial r} \cdot \frac{\partial r}{\partial a} = \begin{bmatrix} \dfrac{\partial A}{\partial a} & \dfrac{\partial A}{\partial i} \\ \dfrac{\partial \dot{A}}{\partial a} & \dfrac{\partial \dot{A}}{\partial i} \end{bmatrix} \tag{3-29}$$

4 由地球形状引起的卫星轨道摄动计算

本文整理了由 t_{s0} 时刻的平根数推算 t 时刻的平根数及瞬时根数公式,也可以进行相反的计算,以供提高轨道予报精度用。

设已给定 t_{s0} 时刻的轨道平根数:$\bar{a}_0$ (R_E),$\bar{e}_0$,$\bar{i}_0$ (rad)
$\bar{\Omega}_0$ (rad),$\bar{\omega}_0$ (rad),$\bar{M}_0$ (rad)

4.1 由 t_{S0} 推至 t 时的平根数初值

(1) $\bar{a}_1 = \bar{a}_0$,$\bar{e}_1 = \bar{e}_0$,$\bar{i}_1 = \bar{i}_0$

$\bar{n} = \sqrt{\dfrac{1}{\bar{a}_1^3}}$ rad/s

$A_2 = -\dfrac{3}{2} C_2 = -\dfrac{3}{2} \cdot (-) \, 1\,082.628 \times 10^{-6} = 0.001\,623\,942$

$A_3 = 2.538 \times 10^{-6}$

$A_4 = \dfrac{35}{8} \times 1.593 \times 10^{-6} = 6.969\,375 \times 10^{-6}$

$A_8 = \sqrt{1 - \bar{e}_1^2}$

$A_9 = \dfrac{A_2}{P^2} \bar{n}$

$P = \bar{a}_1 \cdot (1 - \bar{e}_1^2)$

$T_M = 806.811\,633\,888$ s

(2) $\Delta \bar{\Omega}_1 = -\left(\dfrac{A_2}{P^2}\bar{n}\right) \cos \bar{i}_1 \cdot (t - t_{S0}) / T_M$

$\Delta \bar{\omega}_1 = \left(\dfrac{A_2}{P^2}\bar{n}\right) \left(2 - \dfrac{5}{2}\sin^2 \bar{i}_1\right) (t - t_{S0}) / T_M$

$\Delta \bar{M}_1 = \left[\bar{n} + \left(\dfrac{A_2 \bar{n}}{P^2}\right)\left(1 - \dfrac{3}{2}\sin^2 \bar{i}_1\right) \sqrt{1 - \bar{e}_1^2}\right] (t - t_{S0}) / T_M$

(3) t 时的平根数初值为

$\bar{a}_1 = \bar{a}_0$
$\bar{e}_1 = \bar{e}_0$
$\bar{i}_1 = \bar{i}_0$
$\bar{\Omega}_1 = \bar{\Omega}_0 + \Delta \bar{\Omega}_1$
$\bar{\omega}_1 = \bar{\omega}_0 + \Delta \bar{\omega}_1$
$\bar{M}_1 = \bar{M}_0 + \Delta \bar{M}_1$

4.2 求一阶长周期项的增量

$$\Delta e_1 = \frac{\bar{e}_1 \sin^2 \bar{i}_1}{4 - 5\sin^2 \bar{i}_1} \left[\frac{A_2}{P\bar{a}_1}\left(\frac{7}{12} - \frac{5}{8}\sin^2 \bar{i}\right) - \frac{A_4}{PA_2 \bar{a}_1}\left(\frac{9}{14} - \frac{3}{4}\sin^2 \bar{i}_1\right) \right] \cdot$$

$$[\cos 2\bar{\omega}_0 (\cos 2\Delta\omega_1 - 1) - \sin 2\bar{\omega}_0 \sin 2\Delta\omega_1] + \frac{3}{4}\frac{A_3}{A_2 a}\sin \bar{i}_1 \cdot$$

$$[\sin \bar{\omega}_0 (\cos \Delta\omega_1 - 1) + \cos \bar{\omega}_0 \sin \Delta\omega_1]$$

$$\Delta i_1 = -\frac{\bar{e}_1^2 \sin 2\bar{i}_1}{(4 - 5\sin^2 \bar{i}_1)}\left[\frac{A_2}{P^2}\left(\frac{7}{24} - \frac{5}{16}\sin^2 \bar{i}_1\right) - \frac{A_4}{P^2 A_2}\left(\frac{9}{28} - \frac{3}{8}\sin^2 \bar{i}_1\right) \right] \cdot$$

$$[\cos 2\bar{\omega}_0 (\cos 2\Delta\omega_1 - 1) - \sin 2\bar{\omega}_0 \sin 2\Delta\omega_1] - \frac{3}{4}\frac{A_3}{A_2 P}\bar{e}_1 \cos \bar{i}_1 \cdot$$

$$[\sin \bar{\omega}_0 (\cos \Delta\omega_1 - 1) + \cos \bar{\omega}_0 \sin \Delta\omega_1]$$

$$\Delta \Omega_1 = -\frac{\bar{e}_1^2 \cos \bar{i}_1}{(4 - 5\sin^2 \bar{i}_1)^2}\left[\frac{A_2}{P^2}\left(\frac{7}{3} - 5\sin^2 \bar{i}_1 + \frac{25}{8}\sin^4 \bar{i}_1\right) - \frac{A_4}{A_2 P^2}\left(\frac{18}{7} - 6\sin^2 \bar{i}_1 + \frac{15}{4}\sin^4 \bar{i}_1\right) \right] \cdot$$

$$[\sin 2\bar{\omega}_0 (2\Delta\omega_1 - 1) + \cos 2\bar{\omega}_0 \cdot \sin 2\Delta\omega_1] +$$

$$\frac{3}{4}\frac{A_3}{A_2 P}\frac{\cos \bar{i}_1}{\sin \bar{i}_1}\bar{e}_1 [\cos \bar{\omega}_0 (\cos \Delta\omega_1 - 1) - \sin \bar{\omega}_0 \sin \Delta\omega_1]$$

$$\Delta \omega_1 = -\frac{1}{(4 - 5\sin^2 \bar{i}_1)^2}\left\{ \frac{A_2}{P^2}\left[\sin^2 \bar{i}_1 \left(\frac{25}{3} - \frac{245}{12}\sin^2 \bar{i}_1 + \frac{25}{2}\sin^4 \bar{i}_1\right) - \bar{e}_1^2\left(\frac{7}{3} - \right.\right.\right.$$

$$\left.\frac{51}{6}\sin^2 \bar{i}_1 + \frac{65}{6}\sin^4 \bar{i}_1 - \frac{75}{16}\sin^6 \bar{i}_1\right) \Big] - \frac{A_4}{A_2 P^2}\Big[\sin^2 i_1 \left(\frac{18}{7} - \right.$$

$$\left.\frac{87}{14}\sin^2 \bar{i}_1 + \frac{15}{4}\sin^4 \bar{i}_1\right) - \bar{e}_1^2\left(\frac{18}{7} - \frac{69}{7}\sin^2 \bar{i}_1 + \frac{90}{7}\sin^4 \bar{i}_1 - \right.$$

$$\left.\left.\frac{45}{8}\sin^6 \bar{i}_1\right) \Big] \right\} [\sin 2\bar{\omega}_0 (2\Delta\omega_1 - 1) + \cos 2\bar{\omega}_0 \cdot \sin 2\Delta\omega_1] +$$

$$\frac{3}{4}\frac{A_3}{A_2 P}\left[\frac{(1 + \bar{e}_1^2)\sin^2 i_1 - \bar{e}_1^2}{\bar{e}_1 \sin i_1}\right]$$

$$\Delta M_1 = \frac{\sqrt{1 - \bar{e}_1^2}\sin^2 \bar{i}_1}{4 - 5\sin^2 \bar{i}_1}\left\{ \frac{A^2}{P^2}\left[\frac{25}{12} - \frac{5}{2}\sin^2 \bar{i}_1 - \bar{e}_1^2\left(\frac{7}{12} - \frac{8}{5}\sin^2 \bar{i}_1\right) \right] - \right.$$

$$\left.\frac{A_4}{A_2 P \bar{a}_1}\left(\frac{9}{4} - \frac{3}{4}\sin^2 \bar{i}_1\right) \right\} [\sin 2\bar{\omega}_0 (2\Delta\omega_1 - 1) + \cos 2\bar{\omega}_0 \sin 2\Delta\omega_1] -$$

$$\frac{3}{4}\frac{A_3}{A_2 \bar{a}_1}\frac{\sqrt{1 - \bar{e}_1^2}\sin \bar{i}_1}{\bar{e}_1}[\cos \bar{\omega}_0 (\cos \Delta\omega_1 - 1) - \sin \bar{\omega}_0 \sin \Delta\omega_1]$$

4.3 求二阶长期项

$$\Delta \Omega_2 = -\frac{A_2}{P^2}\bar{n}\cos \bar{i}_1 \left\{ \frac{A_2}{P^2}\left[\left(\frac{3}{2} + \sqrt{1 - \bar{e}_1^2} + \frac{\bar{e}_1^2}{6}\right) - \sin^2 \bar{i}_1 \left(\frac{5}{3} + \frac{3}{2}\sqrt{1 - \bar{e}_1^2} - \frac{5}{24}\bar{e}_1^2\right) \right] + \right.$$

$$\left.\frac{A_4}{A_2 P^2}\left[\left(\frac{6}{7} + \frac{9}{7}\bar{e}_1^2\right) - \sin^2 \bar{i}_1 \left(\frac{3}{2} + \frac{9}{4}\bar{e}_1^2\right) \right] \right\}(t - t_{s0})/T_M$$

$$\Delta\omega_2 = \frac{A_2}{P^2}\bar{n}\left\{\frac{A_2}{P^2}\left[(4+2\sqrt{1-\bar{e}_1^2}+\frac{7}{12}\bar{e}_1^2)-\sin^2\bar{i}_1(\frac{103}{12}+\frac{11}{12}\sqrt{1-\bar{e}_1^2}+\frac{9}{24}\bar{e}_1^2)+\right.\right.$$

$$\sin^4\bar{i}_1(\frac{215}{48}+\frac{15}{4}\sqrt{1-\bar{e}_1^2}-\frac{15}{32}\bar{e}_1^2)\Big]+\frac{A_4}{A_2P^2}\left[(\frac{12}{7}+\frac{27}{14}\bar{e}_1^2)-\sin^2\bar{i}_1(\frac{93}{14}+\frac{27}{4}-\bar{e}_1^2)+\right.$$

$$\left.\left.\sin^4\bar{i}_1(\frac{21}{4}+\frac{81}{16}\bar{e}_1^2)\right]\right\}(t-t_{s0})/T_M$$

$$\Delta M_2 = \frac{A_2}{P^2}\bar{n}\left\{\frac{A_2}{P^2}\sqrt{1-\bar{e}_1^2}\left[(\frac{5}{6}+\frac{2}{3}\sqrt{1-\bar{e}_1^2}+\frac{5}{12}\bar{e}_1^2)-\sin^2\bar{i}_1(\frac{25}{12}+2\sqrt{1-\bar{e}_1^2}+\right.\right.$$

$$\frac{5}{12}\bar{e}_1^2)+\sin^4\bar{i}_1(\frac{65}{48}+\frac{3}{2}\sqrt{1-\bar{e}_1^2}-\frac{25}{96}\bar{e}_1^2)\Big]+\frac{A_4}{P^2A_2}\bar{e}_1^2\sqrt{1-\bar{e}_1^2}\cdot$$

$$\left.(\frac{9}{14}-\frac{45}{14}\sin^2\bar{i}_1+\frac{45}{16}\sin^4\bar{i}_1)\right\}(t-t_{s0})/T_M$$

4.4 求 t 时的精平根数

$\bar{a} = \bar{a}_0$
$\bar{e} = \bar{e}_0 + \Delta e_1$
$\bar{i} = \bar{i}_0 + \Delta i_1$
$\bar{\Omega} = \bar{\Omega}_1 + \Delta\Omega_1 + \Delta\Omega_2$
$\bar{\omega} = \bar{\omega}_1 + \Delta\omega_1 + \Delta\omega_2$
$\bar{M} = \bar{M}_1 + \Delta M_1 + \Delta M_2$

4.5 由 $\bar{M}$ 求 E

$$E^{(n)} = E^{(n-1)} + \frac{\bar{M}-E^{(n-1)}+\bar{e}\sin E^{(n-1)}}{1-\bar{e}\cos E^{(n-1)}}$$

$E^{(0)} = \bar{M}$ 代入迭代计 $|E^{(n)}-E^{(n-1)}|<10^{-13}$ 求得 $\bar{E}$

$A_7 = \dfrac{r}{a} = 1-\bar{e}\cos E$

$A_6 = (\dfrac{a}{r})^3$

$f = \arctan^{-1}\dfrac{\sqrt{1-\bar{e}^2}-\sin E}{\cos E-\bar{e}}$

4.6 求一阶短周期项

$$\Delta a_s = \frac{A_2}{\bar{a}}\left\{(\frac{2}{3}-\sin^2\bar{i})\Big[(\frac{\bar{a}}{r})^3-(1-\bar{e}^2)^{-3/2}\Big]+(\frac{\bar{a}}{r})^3\sin^2\bar{i}\cos 2(f+\bar{\omega})\right\}$$

$$\Delta e_s = \frac{1-\bar{e}^2}{\bar{e}}\cdot\frac{A_2}{\bar{a}^2}\left\{(\frac{1}{3}-\frac{1}{2}\sin^2\bar{i})\Big[(\frac{\bar{a}}{r})^3-(1-\bar{e}^2)^{-3/2}\Big]+\frac{1}{2}(\frac{\bar{a}}{r})^3\sin^2\bar{i}\cdot\right.$$

$$\left.\cos 2(f+\bar{\omega})-\frac{\sin^2\bar{i}}{2(1-\bar{e}^2)^2}\Big[\cos 2(f+\bar{\omega})+\bar{e}\cos(f+2\bar{\omega})+\frac{\bar{e}}{3}\cos(3f+2\bar{\omega})\Big]\right\}$$

$$\Delta i_S = \frac{1}{4}\frac{A_2}{P^2}\sin 2\bar{i}\left[\cos 2(f+\bar{\omega}) + \bar{e}\cos(f+2\bar{\omega}) + \frac{\bar{e}}{3}\cos(3f+2\bar{\omega})\right]$$

$$\Delta \Omega_S = -\frac{A_2}{P^2}\cos \bar{i}\left[(f-E+2\bar{e}\sin E) - \frac{1}{2}\sin 2(f+\bar{\omega}) - \frac{\bar{e}}{2}\sin(f+2\bar{\omega})\right.$$
$$\left. - \frac{\bar{e}}{6}\sin(3f+2\bar{\omega})\right]$$

$$\Delta \omega_S = \frac{A_2}{P^2}(2-\frac{5}{2}\sin^2\bar{i})(f-E+2\bar{e}\sin E) + (1-\frac{3}{2}\sin^2\bar{i})\cdot$$
$$\left[(\frac{1}{\bar{e}}-\frac{\bar{e}}{4})\cdot \sin f + \frac{1}{2}\sin 2f + \frac{\bar{e}}{12}\sin 3f\right] - \left[\frac{1}{4\bar{e}}\sin^2\bar{i} + (\frac{1}{2}-\frac{15}{6}\sin^2\bar{i})\bar{e}\right]\cdot$$
$$\sin(f+2\bar{\omega}) - (\frac{1}{2}-\frac{5}{4}\sin^2\bar{i})$$

4.7 求 t 时刻瞬时根数

$a = \bar{a} + \Delta a_S = a_0 + \Delta a_S$
$e = \bar{e} + \Delta e_S$
$i = \bar{i} + \Delta i_S$
$\Omega = \bar{\Omega} + \Delta \Omega_S$
$\omega = \bar{\omega} + \Delta \omega_S$
$M = \bar{M} + \Delta M_S$

由此可见随着 t 的不断变化，瞬时轨道根数也是在不断变化的。

参 考 文 献

[1] 刘林，赵德滋. 人造地球卫星轨道理论.
[2] 八九七五〇部队. 轨道计算标准子块使用说明，1982.
[3] 天文年历，1984.

CHINA'S SYSTEM OF TTC FOR LAUNCHING GEOSTATIONARY COMMUNICATIONS SATELLITE*

Abstract A flight program for launching STW − 1, China's first experimental geostationary communications satellite, and the network of TTC to support this launch are introduced. A detailed description of the microwave unified tracking, telemetry and control system is given. This paper indicates the features of China's system of TTC: multipurpose of MUTTCS, single station orbit determination and every-other-turn control, excellent performance in target acquisition and the PM/PM signal modulation mode with FM/PM back-up.

0 INTRODUCTION

China's first experimental geostationary communications satellite STW − 1 was launched on April 8th, 1984. It was successfully placed at 125° east longitude above the equator, After completion of the in-orbit test on May 15th, the satellite entered a trial stage of domestic communications.

The satellite was launched from the Xichang launch site located at southwest China, The carrier rocket used was CZ − 3 with the hydrogen-oxygen rocket engine as its third stage. The satellite entered into the transfer orbit over the Pacific Ocean in the direction of east by south. As soon as the satellite rose above the horizon on its second turn, it was acquired by our domestic TTC station.

The orbit and the spin velocity of the satellite were determined by the tracking ship staying nearby the injection point of the transfer orbit as soon as the satellite was separated from the third stage. When the satellite was visible by the domestic TTC stations on the second turn of the transfer orbit, the orbit and attitude were accurately detemined and the satellite was then set to ignition attitude required by ground control. On the fourth turn, before the apogee, the satellite was visible again, its spin velocity and attitude were monitored and controlled more accurately and the apogee engine was then ignited by ground command exactly at 142.38°E and 0.52°S, which is required by the ground computation. Then the satellite entered into the quasi-synchronous orbit. The orbital

---

* Joint AAS/Japanese Rocket Society (JRS) Symposium. December 15 − 19, 1985. Sheraton Waikiki, Honolulu, Hawaii.

elements measured in 15 minutes after burnout were as follows: $a = 41\ 963$ km, $e = 0.002\ 767$, $i = 0.681$.

After the orbit determination, the satellite was immediately set to an attitude normal to the orbit. It was then orbit controlled at the apsides of the quasi-synchronous orbit to approach the geostationary orbit successively. This operation took abouk a week, and the satellite was positioned successfully at the proper position——125°E. The orbital elements measured after positioning are: $a = 42\ 162.822$ km, $e = 0.000\ 20$, $i = 0.715$.

The despin device was then started by ground command and the satellite began to work with the directional antenna pointing towards the earth. The Chinese-developed TTC network played a significant role in the whole process of successful launching. Dr. Ren Xinmin, President of Chinese Society of Astronautics and the chief planner directed the whole program of the geostationary communications satellite system. The successful launching of the experimental satellite indicates the design was successful and the whole system had been proved with excellent performance and of good reliability.

1 CHINA'S NETWORK OF TTC

To support the launching process of the geostationary satellite, China has organized her own network of TTC, which includes the Xichang command and control center for launching, Xi'an center of satellite TTC, a number of land-based TTC stations and the tracking ships. They are interconnected by a data transmission and communication network. The synchronization of time between stations is guaranteed by long wave and short wave service systems. Time and frequency keeping is achieved by means of atomic or quartz clocks.

There are two kinds of TTC stations. The first kind is designated for the flight phase of the carrier rocket. They are the land-based stations and tracking ships distributed on the two sides along the ground projection of the trajectory of the carrier and the initial section of the satellite orbit. They successively traced the first, second and third stages of the carrier rocket until the cutoff of the engine of the third stage.

The ships on the Pacific Ocean also tracked the separation of the satellite from the rocket, and monitored the initial part of the transfer orbit so that its parameters and the state of the satellite spin could be determined as early as possible. The equipments used in the network are optical trackers with laser ranging, pulsed Doppler radars, continuous wave interferometers and 3RR system of continuous wave range and range rate measurements. In addition, equipmints for telemetry receiving and for safety command are also included.

The second kind of station is designated for tracking the satellite. In the carrier phase there are some stations which monitor satellite's operating state.

The initial segment of the transfer orbit after the separation was monitored by the ship as already mentioned. After the satellite entered the transfer orbit, from the second trun on, domestic TTC stations acquired and tracked the satellite at the apogees of every-other-turn to provide accurate satellite orbit data and the telemetering data including the satellite spin velocity, the attitude data measured by the solar angle sensor and the infrared horizon scanner, the on-board despun antenna pointing information, satellite parameters in all operaitng modes and the returning information verifying correctness of the control command. The ground control unit controls the satellite spin velocity and attitude either synchronously or asynchronously. It starts the ignition of the apogee engine to make the satellite enter the quasi-synchronous orbit, controls the satellite drift to maintain the stationary orbit, controls despinning of the directional antenna and switching between the directional and omnidirectional antennas. It also controls operating state of the equipment in the satelilte, for example, switching of the heater, handling of the energy source and the operating state of the communication transponder.

The main satellite TTC equipments are two similar Chinese-made multifunctional C-band microwave unified tracking, telemetry and control systems (MUTTCS). The design of these equipments was directed by Dr. Chen Fangyun, the general designer and deputy director of division of technology and sciences, the Chinese Academy of Sciences. These stations can carry out orbit measurement, telemetry, command and data transmission. MUTTCS uses an antenna of 10 m diameter (Fig. 1) and a continuous wave transmitter with power of 4 ~ 6 kW. Fig. 2 shows the composition of the MUTTCS system. Fig. 3 shows the master operational console of the system. To improve reliability, most of the assemblies are duplex for back-up application.

Fig. 1   External View of the Antenna of MUTTCS

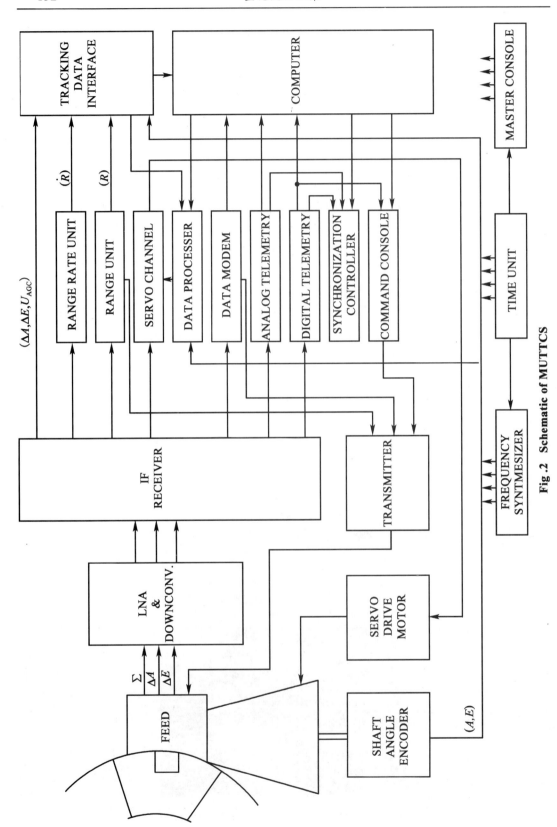

Fig .2 Schematic of MUTTCS

In conjunction with MUTTCS there is a microwave guiding system working on the same frequency band (Fig. 4). With an antenna of 2.8 m diameter (beam half-power width is 1.9°), it aids the MUTTCS in acquiring the target. It can also receive satellite telemetry data. In addition, there are some truck-mounted and ship-mounted telemetry units with smaller antennas for complementary monitoring of the satellite states during the carrier phase.

Fig. 3 Master Operational Console of MUTTCS

Fig. 4 External View of the Antenna of the Microwave Guiding System

2 FEATURES OF CHINA'S SYSTEM OF TTC

2.1 Multipurpose MUTTCS

Four functions can be carried out:

①Accurate orbit determination (range, range rate, azimuth and elevation measuring),

②Telemetry (both analog telemetry to receive the attitude pulses and coded telemetry to receive the digital attitude information and the engineering parameters of the satellite),

③Command (sending out general commands and commands synchronizing with the satellite spin) and

④Data transmission.

To Modulate the unified carrier with several kinds of information, detailed analysis and calculation of the frequency spectrum after the modulation were carried out and on-ground transmitting test between the station and the satellite transponder was conducted to make sure that there was no interference between information channels and the power distribution was correct. The system parameters required were not only to meet the needs of operation in the transfer orbit phase, but also to be suitable for the carrier phase or other lower-altitude satellites. So performance requirements for large dynamic range were taken into account. Some other parameters are: maximum tracking angular velocity: 8°/s, servo bandwidth: 2 Hz, structural resonance frequency of the antenna pedestal: 8 Hz.

2.2 The Orbit Determination and the Control on Every-other-turn and by One Station Only During the Transfer Orbit Phase

All the actions were carried out by our own MUTTCS quite successfully without any help of the international TTC stations and without deploying any of our equipments abroad. For position determination by single station, it is necessary to improve the accuracy of angular measurements. The equipment proved to be accurate enough to meet the above-mentioned requirements. In practice the angular fluctuation error of the monopulse angle tracking system is less than 10 angular seconds. The systematic angular error after calibration is from 11 to 28 angular seconds. The combined tone (240 kHz) and pseudocode (clock frequency is 30 kHz) ranging system has a fluctuation error of about 1 m and systematic error of less than 5 m. Carrier Doppler frequency is used for range rate measurement. The fluctuation error is less than 0.8 cm/s under a sampling frequency of once per second. The accuracy of orbit determination for the transfer orbit was as follows

$$\sigma_a \ll 8 \text{ km}, \quad \sigma_e \ll 10^{-4}, \quad \sigma_i \ll 0.02°, \quad \sigma_w \ll 0.05°.$$

The accuracy of tracking orbit determination for the synchronous orbit measured in 18 hours was as follows

$$\sigma_a \leqslant 0.1 \text{ km}, \quad \sigma_e \leqslant 0.7 \times 10^{-5}, \quad \sigma_{\Omega+\omega+M} \leqslant 0.007°.$$

Moreover, the limited time assigned for satellite attitude control required higher accuracy in measurement and better reliability. The synchronized controller for attitude control generates synchronous control pulses with phase resolution of 0.02°. The controller also has the capability of the automatic correction of the executive phase error caused by the satellite spin velocity variation. Phase-locked loop can optionally select the reference pulses produced by different sensors and received either by coded telemetry or by analog telemetry. As for the wide range attitude adjustment, the computer is required to set parameters only once and all the synchronous control pulses are generated continuously to complete the attitude maneuver within a definite time. For example, after the apogee engine burnout the satellite entered the synchronous orbit, a 118.5° maneuver was required to set the satellite in its normal attitude. The difference between the actual attitude and the desired attitude is 1.4°, that is 1% of the overall amount of maneuver. No more fine attitude adjustment was further required.

2.3 Excellent Performance in Target Acquisition, Especially on the Second Turn of the Transfer Orbit

According to the relationship between the geographical position and the transfer orbit, tracking and control were taken on every other turn of the orbit, when the satellite entered the transfer orbit, the tracking ship predicted the transfer orbit roughly. The satellite was acquired and tracked again when the satellite entered into its second turn more than 10 hours later. It was estimated that the predicted target position error at this time might be large, and the satellite with predetermined attitude might be difficult to communicate with the ground since the direction of wave propagation might be outside the satellite antenna directivity pattern. It was predicted that 2 hours after the edge of geometrical visible time the transmission could come to the nominal operating state. To acquire the target successfully, a lot of work has been done.

a) The accuracy of predicting the transfer orbit was improved.

①The 30-second data mcasurded on the carrier rocket after the third stage cutoff with the pulsed Dopper radar mounted on the ship was used for determination of the orbit of the satellite. The Doppler information was proved to have a great contribution for improving the predicted accuracy.

②Another way of calculating the satellite orbit: using "computer words" of the inertial guidance system of the carrier rocket from the telemetry data at the cutoff point. This method can provide even higher accuracy when the inertial guidance system of the carrier roket operates normally at the cutoff point.

③The third way of orbit determination: using pointing and satellite beacon Doppler information from the telemetry equipment on the ship. This method gives less information but provides longer measurement arc. The carrier frequency in the beacon state can be compared and calibrated with the pulsed Doppler radar before separation of the satellite from the rocket.

The predicted semimajor axis error of the elliptic transfer orbit of the first experimental geostationary communications satellite by composite data of these 3 ways was 135 km, which was better than expected.

b) Analysis of the distribution ellipse of target designation error in A ~ E coordinate of the TTC station resulting from the prediction error of orbital elements was performed. The size and the shape of the ellipse were determined by the orbit. When the time difference between the orbit determination and the target prediction was more than 10 h, analysis indicated that the size and the shape of the ellipse were determined mainly by the prediction error of the semimajor axis. In general, the direction of target designation error does not coincide with the direction of the target motion due to the earth rotation velocity. In this mission, the angular deviation of the real target from the predicted position in the A ~ E plane was 3.5°. Deviation inclination was 137.88°, and the predicted inclination was 137.523°. The inclination in the direction of the target motion was 132.4°.

c) Special design for the acquisition scanning of the antenna according to the predicted characteristics of the distribution ellipse of the target designation error was made, so as to increase the probability of the target acquisition.

d) A frequency analsis unit (general frequency coverage: ±250 kHz) consisting of 70 parallel crystal filters is used in order that MUTTCS can acquire the satellite beacon frequency in low signal-to-noise power spectral density ratio (S/N. below 46 dBHz) and in wider frequency band (±82 kHz). This unit can guide the phase-locked loop of the receiver to lock the target in 0.2 s. It allows the 10 m antenna to have scanning velocity of 1.38°/s. Furthermore, a guider with wider beam working in the same band as MUTTCS requires even lower signal-to-noise power spectral density ratio of the target acquisition (S/N. below 31 dBHz). The frequency analysis unit consists of 63 parallel filters, whose bandwidth is 100 Hz, and a step-by-step frequency scan should be added to meet the proper frequency coverage. The guider can acquire the target in 2 s and allows antenna scanning velocity of 0.6~0.8(°)/s. The time of target acquisition by the domestic TTC station on the second turn of the transfer orbit was 2 h 12 m 24 s in advance of the time planned, and the control program started on this turn 1 h 15 m 39 s earlier than planned.

2.4 The PM/PM Signal Modulation Mode of Up and Down Link of MUTTCS with FM/PM Back-up

In the PM/PM mode, the phase-locked loop is used in the satellite, so the return path Doppler shift can be measured. When the combined tone-code system is used for ranging, the range accruacy is 5 m, and up link transmitted power can be very small. In this case up link transmitted power can be very small. In this case up link carrier frequency needs to be scanned for lock-on of the satellite's phase-locked loop, then it is switched to the calibration frequency. This was a rather difficult problem, so-called bidirectional frequency acquisition between the satellite and the earth station. When MUTTCS is in back-up modulation mode, measuring of the range rate is stopped, the tone is omitted in ranging, and the ranging error increases to 30 m. Actually, PM/PM system was always used throughout the mission because the bidirectional frequency acquisition of the equipmint was well performed and excellent performance of the equipmint was guaranteed.

These are the unique features of China's system of TTC for the geostationary satellite. The system has worked successfully for launching and positioning of the first experimental geostationary communications satellite, and also for the station keeping work in the past 18 months. In future it will be used for launching other geostationary satellites, including communication broadcasting and meteorological satellites. China is now exploring all possibilities of international co-operation such as building-up the TTC station adaptable to the international general frequency band.

A DIGITAL VELOCITY AND ACCELERATION DESIGNATION SYSTEM[*]

Abstract A novel all-digital velocity and acceleration designation system is presented in this paper which introduces the theoretical fundamental of design, the configuration and the experimental results of it.

0 INTRODUCTION

In pulse doppler precise tracking radar, it is necessary to make acceleration and abiguity velocity designation for the fine-line tracking loop to acquire a target with high velocity and acceleration. For this purpose, we designed this designation system by means of FFTWAP (FFT with acceleration phasing) method.

1 THEORETICAL FUNDAMENTAL OF THE DESIGNATION SYSTEM[1]

Assume the coherent return signal from a target with constant acceleration to be

$$U(t) = A(t)\sin[\omega_0 t + \varphi_d(t)] \tag{1}$$

where $A(t)$ —— envelop of the return signal;

ω_0 ——carrier frequency;

$\varphi_d(t)$ ——phase shift caused by Doppler frequency.

After mixing, normalization in respect to amplitude, orthogonal phase detection, sampling and digitizing, the return signal becomes a complex time series which is expressed as

$$g(k) = \cos\varphi_d(k) + j\sin\varphi_d(k) = \exp[j\varphi_d(k)] \tag{2}$$

where $\varphi_d(k) = \dfrac{2}{N}(\alpha k - \dfrac{N-1-k}{N} k \beta)$

$\alpha = f_d/(F_r/N)$ —— normalized average ambiguity Doppler frequency during N observations.

---

[*] CIE 1986 International Conference an Radar. Tong Kai, Beijng Institute of Tracking, Telementry and control. Li Jiliang, Beijing Institute of Radio Measurement.

$\beta = \dot{f}_d/(2F_r^2/N^2)$ —— normalized acceleration of the target during N observations.

F_r —— pulse repetition.

N —— number of observations.

N-point DFT of $g(k)$ is

$$G_{\alpha,\beta}(n) = \sum_{k=0}^{N-1} W^{[-k(\alpha-n)+\frac{N-1-k}{N}k\beta]} \tag{3}$$

where $G(n)$ —— discrete complex spectrum;

$W = \exp(-j\,2\pi/N)$.

Form (3), an ambiguity function of return signal can be defined as

$$\chi(\alpha,\beta) = \left|\frac{G_{\alpha,\beta}(0)}{G_{0,0}(0)}\right| = \frac{1}{N}\left|\sum_{k=0}^{N-1} W^{(-\alpha k + \frac{N-1-k}{N}k\beta)}\right| \tag{4}$$

As an example, a 32-point velocity-acceleration ambiguity diagram is given by numerical calculation according to (4) (See Fig. 1).

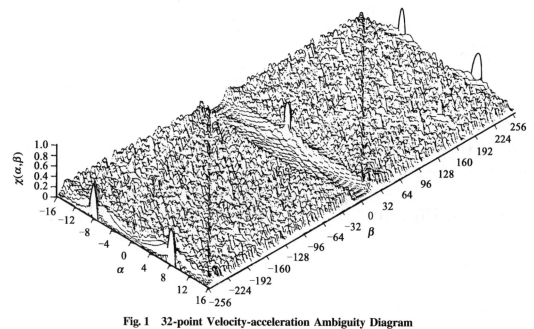

Fig. 1 32-point Velocity-acceleration Ambiguity Diagram

The approximate analytical solution of (4) based on theory of number is given as follows, provided $\beta = pN^2/q$, $(p,q) = 1$, $q = 2^l q_1$, q_1 = odd number, l = non-negative integer.

For $2\beta > N$

When $l = 0, q = q_1$

$$\chi(\alpha,\beta) = (1/\sqrt{q})\sum_{i=-\infty}^{\infty}\sum_{u=0}^{q-1}\left|\frac{1}{NT}A[\alpha-(i+\frac{u}{q})N]\right| \tag{5}$$

when $l = 1, N$ = odd number or $l > 1, N$ = even number

$$\chi(\alpha,\beta) = (1/\sqrt{q/2})\sum_{i=-\infty}^{\infty}\sum_{u=1,3,\cdots}^{q-1}\left|\frac{1}{NT}A[\alpha-(i+\frac{u}{p})N]\right| \tag{6}$$

when $l = 1, N =$ even number, or $l > 1, N =$ odd number

$$\chi(\alpha,\beta) \approx (1/\sqrt{q/2}) \sum_{i=-\infty}^{\infty} \sum_{u=0,2,\cdots}^{q-2} \left| \frac{1}{NT} A[\alpha - (i + \frac{u}{p})N] \right| \quad (7)$$

where $A(\alpha) = NT(\sin 2\pi\alpha/2\pi\alpha)$ ——the Fourier transform of the time window function.

For $2\beta < N$

$$\chi(\alpha,\beta) = \frac{1}{NT} \sum_{i=-\infty}^{\infty} |GA(iN - \alpha)| \quad (8)$$

where $GA(\alpha) = NT \int_{-1/2}^{1/2} \exp\left\{ J2\pi \left[-\alpha(\frac{t}{NT}) + \beta(\frac{t}{NT})^2 \right] \right\} d(\frac{t}{NT})$ ——the Fourier transform of the windowed FM function.

Calculations show that when $|\beta| \leqslant N^2/6$, χ exhibits only one maximum peak 1 located at the point $(\alpha = 0, \beta = 0)$. When $|\beta| = 1$, $\chi = 0.9$, or $|\beta| = 2$, $\chi = 0.64$, or $|\beta| \geqslant 3$, the peaks (including main and side lobes) are less than 0.5.

So, for a target with constant acceleration, we can make such a DFT

$$G(m,n) = \sum_{k=0}^{N-1} W^{[-k(\alpha-n) + \frac{N-1-k}{N}(\beta-m)k]} = \sum_{k=0}^{N-1} g'(k) W^{nk} \quad (9)$$

where $g'(k) = g(k) W^{-m\frac{N-1-k}{N}k}$; (10)

n—— normalized index of velocity in respect to F_r/N;

m—— normalized index of acceleration compensation sample in respect to $2F_r^2/N^2$.

When $|\beta| \leqslant N^2/12$, by changing n from 0 to $N-1$ and m from $-N^2/12$ to $N^2/12$, we can finally obtain a number pair (m_p, n_p) that make G approch N, We consider this number pair the estimates of β and α, i.e. $\hat{\beta} = m_p$, $\hat{\alpha} = n_p$.

2 CONFIGURATION OF THE DESIGNATION SYSTEM

The system is comprised of the blocks shown in Fig. 2.

a) The limiting amplifier normalizes the signal from the fine-line tracking loop in respect to amplitude.

b) The orthogonal phase detector gives the in-phase component $I(t)$ and the quadrature component $Q(t)$.

c) A/D convertor converts $I(t), Q(t)$ into digital samples $I(k), Q(k)$.

d) The equipment of FFTWAP calculates $\dot{f}_d$ and f_d of the target.

e) The designation circuit delivers $\dot{f}_d$ and f_d into the Doppler tracking loop in given order to aid for the fine-line tracker to acquire a fine line of the spectrum, and then makes the loop close-up at once.

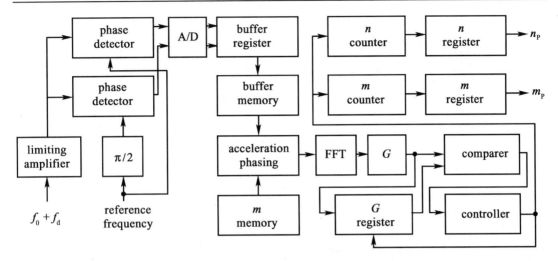

Fig. 2 Simplified Block Diagram of the System

3 THE EQUIPMENT OF FFTWAP

The equipment of FFTWAP consists of buffer register, buffer memory, m memory, acceleration phasing unit, FFT unit and decision unit. After gathering 32 complex signal samples, the buffer register sends them as a group to the buffer memory, m memory is used to provide acceleration compensation samples for the acceleration phasing unit in which every signal sample from buffer memory is phased according to (10). For each value of m, 32 spectrum lines are given by FFT unit, So 4 096 lines are given for 128 values of m. In decision unit, the modulus of the lines are calculated, and then the line with maximum modulus is selected out. Consequently, m_p and n_p corresponding to the maximum line are found and delivered to the designation circuit.

For speeding the processing of the FFTWAP, FFT and modulus calculating are accomplished by the method of flow process. 4 multipliers are employed in parallel in complex multiplication. Even in FFT unit, multiplying and adding are also completed by flow process.

It shoud be noted that for designation in real time, the following expression is used in FFT operation.

$$G(m,n) = \sum_{k=0}^{N-1} \exp\left\{ j\frac{2\pi}{N}\left[(\alpha - n)\,k - \frac{2N-k}{N} k(\beta - m) \right] \right\} \quad (11)$$

where n—— normalized ambiguity Doppler frequency at point $N-1$.

The main specification of FFTWAP are

$N = 32$

$m = -64, -63, \cdots, -1, 0, 1, \cdots, 63$

$F_r = 400$ Hz

The total processing time for a group of 32 complex signal samples is 37 ms.

4 EXPERIMENTAL RESULTS

Two experiments have been made with this designation system in a fine-line tracking loop. One of them is about the calculation accuracy of $\dot{f}_d$ and f_d, another one is about the effect of designation. The block diagram of the experiments is shown in Fig. 3.

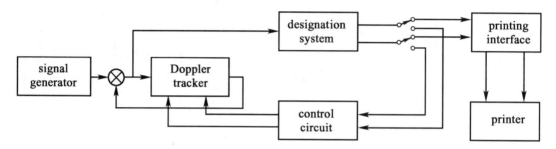

Fig. 3 Block Diagram of the Experiments

The signal generator provides a pulsed IF signal with Doppler shift, which can change from $-400 \sim +400$ kHz at a step of 0.5 Hz, and its rate can change from $-40 \sim +40$ kHz/s continuously.

The estimates of $\dot{f}_d$ and f_d calculated by the designation system are sent through the interface circuit to a printer that prints out $\dot{f}_d$ and f_d under the control of the printing control circuit.

The calculation accuracy is represented by the probability that the calculation error exceeds the allowable error tolerances, which are

$$\Delta f_d = 1.5 F_r/N, \text{for velocity}$$

$$\Delta \dot{f}_d = 1.5(2 F_r^2/N^2), \text{for acceleration}$$

The results of calculation accuracy experiment is shown in Table 1.

Table 1 Calculation Accuracy

S/N	Probability		
	$\hat{f}_d$ ($\dot{f}_d = 0$)	$\dot{f}_d = 0 \sim 20$ kHz/s	$\dot{f}_d = 0 \sim -20$ kHz/s
9	0.4%	0.4%	0.9%
5	0.7%	1.2%	2.4%
3	—	1.7%	4.5%

For testing the effect of designation, $\dot{f}_d$ and f_d are sent through the designation control circuit to the fine-line tracking loop. After being designated, the loop acquires a spectrum line and tracks it automatically. The proability of correct acquisition is used to represent the effect of designation, which is shown in Table 2 and Table 3.

Table 2 The Effect of Velocity Designation ($\dot{f}_d = 0$)

range of f_d	test number	acquisition number	acquisition probability
400 ~ −400 kHz	1 560	1 560	100%

Table 3 The Effect of Acceleration Designating

range of $\dot{f}_d$	test number	acquisition number	acquisition probability
20 ~ −20 kHz/s	855	855	100%

REFERENCES

[1]　Tong Kai. ACTA ELECTRONICA SINICA, 1981 (6): 13 − 22.

卫星导航定位系统的发展概况及其应用前景[*]

摘 要 卫星导航定位系统是未来全球性导航、定位的主要手段，又是未来全球精密时间和频率发播系统。本文扼要阐述了卫星导航定位系统的进展和前景，并讨论了下列问题：1）国外卫星导航定位技术发展概况；2）多站测距、测速体制问题；3）伪码扩谱的应用问题。

1 国外卫星导航定位系统发展概况

卫星导航定位系统由3部分组成：卫星、TTC&M（跟踪、测量、控制和监视）站以及用户设备。根据这3部分信息流程的不同可构成2种导航定位系统：无源系统和有源系统。无源系统是指系统中的用户设备只接收卫星发来的无线电信号，而有源系统中的用户设备不单是接收信号，还向卫星发射无线电请求或询问信号。

无源系统有代表性的是美国的子午仪系统（Transit）。1958年12月开始研制，1964年7月组网成功，正式投入使用。Transit的成功引起了各方面的兴趣，提出了十几种卫星导航定位系统的方案，经过实验、研究和应用，1973年12月美国国防部制定了NAVSTAR（导航星）系统亦称GPS（全球定位系统）。GPS能提供七维信息（三维位置数据、三维速度数据和精确的时间信息）。而Transit仅提供二维信息（经度和纬度）；GPS能连续不间断提供导航定位信息，而Transit则是间断的，因此，GPS有利于高动态用户的使用，并且GPS精度比Transit大约高1个量级。GPS系统计划由18颗星组成，目前已发射了11颗星。估计到1989年才能组网完成。

GPS的出现引起了全世界的广泛注意。有人称GPS是新的信息资源，可以进行各种各样的开发和利用。例如由于它具有高稳定性、高准确度时间发布能力及全球覆盖与无源的工作方式，因而特别适合于作为高精度的全球时间发布系统。利用GPS系统的传递时间的特点，在计量测试方面，特别是在时间频率计量方面将有广泛的应用前景。

苏联在1978年5月宣布拥有全球卫星导航系统，估计该系统类似于Transit。并且还在研制GLONASS系统，据推测它与GPS相仿。

欧洲空间局的导航星（NAVSAT）计划基本上与GPS一样，不过它不需要采用高精度的数据加密编码信号，也无需对于干扰进行保护或对卫星有自主能力的要求。系统的复杂

---

[*] 本文发表于《宇航计测技术》，1986年第1期（总第25期），作者：童铠、陆文福。

性在于地面监控台站及其控制中心，而用户设备比较简单，造价也不会太贵。

属于有源系统的导航定位系统有 Geostar 系统、Omninet 系统、MCCA 系统和 Mccaw 系统，这些系统正在研制和建议过程之中，尚未投入使用。

Geostar 系统 1980 年开始方案设想，1982 年起集资筹划，1983 年 10 月进行了静态试验，1984 年 1 月利用直升飞机做动态模拟试验，试验是成功的。同年 9 月该系统得到美国联邦通信委员会回复，把 Goestar 的技术条件变成为 RDSS（Radio Determination Satellite Serrice）标准，即批准了 Geostar 系统。Geostar Corp. 计划把 Geostar 系统发展成国际系统。今年 9 月国际电联在加拿大蒙特利尔开会研究了这一问题。因该系统申请的频率占用了国际航空通信频段未获同意，还需进一步向国际导航频段靠拢。不论国际组织批准与否，美国国内肯定部署这一系统的，计划在 1985 年 12 月发射 1 颗卫星并在 1987 年使用。

Geostar 是一种多用途卫星系统，它为美国本土的航空器、地面车辆、旅行者、勘探队及海上用户提供位置和信息，每一个用户将用 1 部配有信息显示器的自动信标应答机，每个显示器将提供下列种类中的 1 个或者多个信息。

- 用纬度、经度和高度表示的用户所在位置；
- 用户速度；
- 回答用户所提出的问题；
- 必要时可为用户提供告警信息；
- 其他特定 Geostar 用户发来的信息；

此外，Geostar 系统也将提供意外事故或其他紧急情况的求救。

用于美国本土的 Geostar 系统的空间部分将由 3 颗地球静止卫星（分别置于西经 70°、西经 100°和西经 130°的赤道上空）和 1 颗在轨备份卫星组成，这些卫星将转发用户和控制中心之间的信息，并用三角测量来决定用户的所在位置。每颗卫星将装有 1 个具有 16 个喇叭馈源的大型 10 m 抛物面反射器。这些喇叭馈源中的 15 个将安排来提供覆盖美国的本土等地域，余下的 1 个喇叭馈源用来与控制中心通信。

控制中心将由 3 个卫星通信天线、卫星控制设备和用来确定位置及其他系统功能的 CRAY 大型计算机组成。

系统有 2 个空对地和 2 个地对空通信链。卫星对控制中心的通信链在 500 MHz 附近，卫星对用户通信链是以 2 492 MHz 为中心频率，用户到卫星的频率为 1 618 MHz，控制中心对卫星的频率为 6 425~7 075 MHz，在这 4 个通信链中 3 个要求 16.25 MHz 的带宽，第 4 个卫星对控制中心通信链要求 66 MHz 带宽。关于 Geostar 的信号形式，测距采用扩谱技术，而数据通信则采用时分数字编码。每一信息串可包含 256 bit 或 32 byte，扩谱信号的最小信息带宽为 16.5 MHz，用户转发器的发射脉冲功率为 40~80 W。

Geostar 系统原设想以民航为主，可是目前支持该系统的以公路运输、海洋捕捞等非民航系统为多。

Omninet 系统建议提出是在 1984 年。它准备发射 2 颗同步静止卫星，挂在西经 89°和西经 119°的上空。使用 S 和 L 2 个波段，星上配置 2 个 9 m 的大天线，形成 17 个点波束，覆盖区除了美国国土之外还包括墨西哥、波多黎各和加拿大等地。

Omninet 系统主要用于移动站（包括航空）、边远地区的语音通信和数字通信，还用做无人管理的石油、水文站的监视和控制。

Omninet 系统还利用 GPS 的信息进行精确定位。定位原理是利用用户设备收到的 GPS 民用码信息转发给星上，然后由星上再发给 Omninet 系统的主控站进行数据处理。由于主控站可以综合利用其他位置已知位置同时测量送来的信息进行比较处理，因而用户的定位精度可以进一步得到提高。这一方法可使原来的 100 m 的用户定位精度提高到 5~12 m。另外，在 GPS 信号不能使用的情况下，Omninet 可以自己发送音—码测距信号来定位，定位精度 100 m。

MCCA（Mobile Communications Corporation of America）计划发送 3 颗卫星，置于西经 66°、西经 96°和西经 126°上空，覆盖美国地域，这 3 颗卫星计划在 1988 年 12 月、1989 年 2 月和 1989 年 4 月用航天飞机发射。

MCCA 系统用于货船的监视，还可通过收发器检测货车和铁路车辆的违章程度。

MCCA 系统的另一个用途是进行集团电话（Cellular telephone）和区域性电话网络（Paging networks）之间的联系。

MCCA 系统定位精度和 Geostar 系统相似，其精度为 10 m。用户转发器的功率为 5~10 W。信息容量为 64 byte 接收，46 byte 发射。卫星转发器功率为 30 W，用 20 个 1°的点波束，EIRP 为 54.1 dBW。

Mccaw（Mccaw Space Technologies Inc.）系统是由斯坦福大学提出的，要求在 3 年内发射 3 颗卫星，卫星分别定在西经 70°、西经 100°和西经 130°上空。系统还准备 1 颗备份星在地面。系统能覆盖整个美国国土，其定位精度为 5~50 m 之间。

Mccaw 系统将应用于医疗急救、油井的遥控监视和派遣维修人员赶到固定地点进行修理等。

用户转发器可发 24 bit 信息，接收则为 32 bit 信息，用以传递经纬度，改进的设备则可发射 168 bit 信息，接收 1 024 bit 信息。手持式用户转发器用全向天线，功率为 5 W，车载或机载的转发器可用 0.3 m 天线，这时功率为 0.5 W。

综合以上的发展趋势，随着卫星有效负载的不断提高，发展了多点波束的大天线（最近有报道说已达到几十米直径）和大功率的太阳能源（可达几千瓦）。因此，卫星发射的等效各向同性辐射功率（EIRP）以及接收天线增益与等效噪声比值（G/P）愈做愈大。从而使用户接收机或转发器大为简化、造价降低，可以做到在广大区域内用全向天线和小发射功率和多个不同位置的卫星进行上、下行通信联系。这些技术进步使得用多个卫星实时导航定位或进行各种稀疏型的数据通信才有可能和行之有效。GPS 已由政府为军费应用投资而发展为军民结合。而 Geostar 类型的系统则已经进入有经济效益的民办商业应用阶段。

2 多站测距、测速体制问题

1）随着卫星用于导航定位，由于作用距离的加大，测角（电波传播折射引起的极限精度为 0.01 mil）引起的定位线偏离愈来愈大，而且它需要复杂的天线跟踪系统，因之普遍地转向发展测距离和距离变化率的多站交汇系统。

2) 凡是多站交汇系统都存在卫星覆盖范围问题以及测量元素误差几何放大系数 GDOP 问题。三维测量元素的各自等位面相正交时定位误差体积最小,从而 GDOP 也最小,趋近于 1。等位面间夹角愈小则 GDOP 愈大。

GPS 系统采用大倾角 12 h 圆轨道,可以覆盖全球。但随着卫星的运动,GDOP 变化很大,为此计划发射 24 颗卫星,以保证用户可不断地选择合适的卫星,从而使用户在绝大部分时间内有较低的 GDOP 值。但这一决策带来了昂贵的造价,我国的国力有限不能不考虑这一问题。但作为用户来说,花费则是很低的。

Geostar 等同步卫星导航定位系统不能覆盖极地区域,在美国或类似于美国版图的国家和地区用 3 颗相隔为 30°的卫星站能覆盖整个国土及其周围,由于卫星相对静止,用户在不同时刻的 GDOP 是不变的,但不同地区的 GDOP 值是不一样的。例如,在赤道附近的用户 GDOP 是很大的。尽管如此,在中、高纬度位置条件下的国家或地区采用同步卫星导航方案是可以接受的。在低纬度条件下可以在适当地点设置一个转发器来弥补 GDOP 的过大。

3) 关于单向与双向测距、测速体制问题,GPS 是由星上发出标准频率和时间,地面用户接收测量传播时延和多普勒频率,是单向测距和距离变化率体制,它的最大好处是用户为无源接收,用户再多也不增加系统的负担。系统是通过伪码和导航电文的保密来控制用户的解码能力和导航精度的。

单向测距及距离变化率时,由频率时间不准引起的误差为

$$\Delta R = C\Delta t + \dot{R}\Delta T + R\frac{\Delta F}{F} \tag{1}$$

$$\Delta \dot{R} = C\frac{\Delta f}{f} + \ddot{R}\Delta T + \dot{R}\frac{\Delta F}{F} \tag{2}$$

其中,Δt 是星地两者的标准时间差。由于在式 (1) 中它是和光速相乘,因此要求极严,可以即引起 1 m 距离误差。Δf 是星地间载波频率之差,一切长、短期频率稳定度都构成这一误差。1×10^{-10} 的频率不稳定度将引起 0.03 m/s 的距离变化率误差。ΔT 为用户时间与标准时间之差。$\frac{\Delta F}{F}$ 是测时、测频的计数频率相对误差,这 2 项不占主要成分。为了解决 Δt 及 Δf 的误差问题,在星上采用了铯钟,并由地面测控设备每日进行时间频率校正,并由导航电文通知用户,这是 GPS 的技术难点所在,解决了星上的频率时间标准之后,用户接收机的 Δt 及 Δf 则由多余信息来求解,这时三维定位测速需同时用 4 颗卫星求解。这样,也就同时实现了卫星向用户的时间与频率标准传递。

Geostar 一类的系统是双向测距离得距离变化率体制。星上和地面用户都是应答方式工作,这时式 (1) 的 $C\Delta t$ 项消除,式 (2) 的 $\frac{\Delta f}{f}$ 转化为对频率源短稳的要求。因而简化了星上和用户设备。但代价是增加了中心控制站经卫星至用户,又由用户经卫星仅传至中心控制站的双向通信线路和大容量的中心数据处理设备。这类系统一般都是和稀疏型或移动型的数据通信业务结合在一起发展。

这类系统用户信息传输需占用卫星信道，数据处理需通过中心控制站，并且用户受卫星覆盖区域限制。不如 GPS 方便自由。但在用户稀疏条件下和一些特殊要求需要方面倒有可能比较容易实现。

3 伪码扩谱应用问题

伪码扩谱方法是将码速率为 $R \times \times /s$ 的信息（占用频带 $\Delta F = 2R$ Hz），用码片为 Rc（占频带宽 $\Delta f = 2Rc$ Hz）的伪码来进行调制扩频，使信号频谱密度下降为原值的 $\frac{\Delta F}{\Delta f}$ 倍，而频带扩展 $\frac{\Delta f}{\Delta F}$ 倍，然后发送输出；在接收端，经过去除扩频解调，使有用信号恢复，带宽压窄为 $\frac{\Delta F}{\Delta f}$ 倍，而功率谱密度提高 $\frac{\Delta f}{\Delta F}$ 倍。

如果接收端引入均匀谱密度的噪声，去扩频过程基本不改变噪声谱密度，从而提高了输出信噪比。

$$(S/N)_{出} = (S/N)_{入} \frac{\Delta f}{\Delta F} \tag{3}$$

其中 $\frac{\Delta f}{\Delta F}$ 即为扩频系统的"处理增益"。$(S/N)_{出}$ 的门限值一般需要在 6 dB 以上。因之当 $\frac{\Delta f}{\Delta F}$ 很大时 $(S/N)_{入}$ 可以远小于 1，这时信号被噪声"淹没"，但仍可工作。如果接收输入端插入宽带强功率干扰，去扩频过程反使干扰功率谱扩散下降。扩频体制抑制干扰的效果则变为突出。

伪码扩频除抗干扰能力好外，它用于测距、抗多路径效应、保密通信以及码分多址方面都有极良好的性能。关于码分多址通信方面最近也有些文章讨论了多路信号之间的相互干扰问题。由于各路都是扩频后的宽带信号，每一路都受同频带信号的干扰，由式（3）可知：输入最低 $(S/N)_{入min}$ 应为

$$(S/N)_{入min} = (S/N)_{门限} \Big/ \frac{\Delta f}{\Delta F}$$

或

$$(N/S)_{入max} = \frac{\Delta f}{\Delta F} \Big/ (S/N)_{门限} \tag{4}$$

如果认为各路信号的功率相等，即使不考虑接收机输入的噪声影响（这要求发端的 EIRP 足够大）$(N/S)_{入max}$ 就是允许的极限路数，它显然比频分址或时分多址的极限容量 $\frac{\Delta f}{\Delta F}$（不考虑信噪比限制）少了 $(S/N)_{门限}$ 的倍数，此值大概 4 倍。

当 EIRP 减小时，随着接收机热噪声比重的加大，上述数据路数会相应降低，当热噪声占主要成分时，各路信号之间的相互干扰问题就可不予考虑了。

对于 GPS 或较为稀疏的数据通信系统，一般各路伪码信号相互干扰的问题并不明显，不应作为选择伪码体制的限制。

4 结论

1) 由于 GPS 的重要军事价值,考虑到美政府对 GPS P 码和导航电文的保密控制以及对 C/A 码的精度限制,完全依赖美 GPS 是不合适的。因此,苏联、欧洲类似系统的发展正说明这个问题。

2) 类似于 Geostar 或 Omninet 等系统的发展前景同样是很吸引人的,鉴于这些系统首先在地区范围发展的特性和用户对卫星信道、中心控制站的依靠性,直接利用美国系统的可能性较小,但国际合作化共同发展的可能性则较大,这些系统和通信、广播卫星的技术比较接近,发展小容量的区域系统成为可能。

ADVANCES AND TRENDS OF SATELLITE NAVIGATION AND POSITIONING SYSTEM

Abstract The satellite navigation and positioning system will not only be the principle instrument for global navigation and positioning, but also the global precision time and frequency spreading system in the future. In this paper, a brief introduction and discussion on its advances and trends are given. It deals with 1) The progress of satellite navigation and positioning technique in the foreign lands; 2) The problem of system selection for multi-station distance and velocity measurement; 3) The application of pseudo-code spectrum extension technique.

RDSS 在迅速发展中[*]

0 引言

  人造卫星用在导航定位方面的第一代系统叫做子午仪（Transit）系统，它是利用卫星相对于定位者的高速运动，使定位者接收到的卫星频率与卫星发射的频率之间相差一个多普勒频移值的原理来确定定位者的位置。这种系统覆盖区之大，导航精度之高是现存的以陆地为基点的导航系统无法比拟的，因而取得了重大的经济效益。但是子午仪系统不能实时、连续导航，大约每隔 1~2 h 才能给定位者定位一次。因此，它无法满足现代武器系统发展的导航要求。为了克服这个缺陷，1973 年就产生了第二代卫星导航系统——全球定位系统（GPS）的方案，它是以直接测量卫星到定位者之间的距离的原理为基础的定位系统。目前 GPS 有 6~7 颗卫星在轨道上，每天只有 4~6 h 可以对地面进行导航定位，估计到 1992 年 18 颗星才能组网完毕，这样在地球上可以全天利用它。子午仪系统和 GPS 都是属于被动式的卫星导航系统，有时也叫无源式的卫星导航系统。

  自从进入 20 世纪 80 年代以来，先进的卫星技术和扩频技术的结合，产生了一种新的服务，它能够为静止的或移动的用户进行精确定位与导航，并能够提供双向数据通信，这样的业务叫做无线电测定卫星服务（Radio Determination Satellite Service，RDSS）。

  RDSS 实际上综合了卫星导航和卫星通信两种技术，兼容了两者的功能，这是别的卫星导航系统（例如 Transit，GPS）和卫星通信系统所不具备的，正因为这样，RDSS 才具有较强的生命力，正在全世界范围内迅速地发展。

1 RDSS 的原理

  RDSS 系统主要由 3 部分组成：卫星（2 颗工作、1 颗备份）、用户（陆、海、空）和地面控制中心（2 副天线）。工作时，地面控制中心天线 1 经卫星 1 向用户询问。用户终端回答信号分别经卫星 1 和卫星 2 传回地面控制中心。然后，地面控制中心根据计算机中已存储的数字地图中的高度信号（如果是飞机用户，则需要飞机高度表数字信号），就可以算出用户的地理位置。控制中心就可将该定位信号经卫星 1 传给用户。

---

[*] 本文发表于《空间技术应用》，1988 年第 1 期（创刊号），作者：童铠、陆文福。

2 RDSS 的应用及其效益

　　RDSS 首先作为一种未来空中交通管制的可行性方案被提出来，这一系统可准确地为飞行员及指挥塔台提供飞机的位置、飞行参数，发出相撞警报，实现双向通信，建立起机群与指挥塔台数据库间的联系，这个方案一经公布，人们认为它不仅适用于航空，也适用于陆地、海洋，从事对车辆、船只、飞机与空间飞行器等进行定位导航，也能为测绘、勘探等需要较高定位精度的业务服务。此外，它还具有被动卫星导航系统没有的功能，诸如对列车进行控制调度、报警联络、搜索营救、水陆空交通管制和双向数据通信等。总之，它的用途十分广泛，大至全国铁路、交通车辆的控制，小到个人生活中的日常琐事，均可应用这种系统。这种系统实现之后还可以继续开发以扩大利用，下面介绍的应用只是一些例子。

　　首先介绍一个加拿大的 Frederick 运输有限公司准备运用 Geostar 系统（RDSS 的美国系统）改善经营、提高经济效益的例子。Frederick 公司认为一个国家对世界各地都有贸易关系，若没有很强的运输能力、很好的运输系统，就不能维持下去。要达到此目的，应该要有一个世界范围的通信系统，这个系统应是兼容性的、相互有联系的。而 RDSS 正是这样的系统，因为它达到了以下的功能要求：①所有机头和拖车设备的即时定位；②对货物发送时间敏感行业的及时协调；③公路意外情况的应变处理；④贵重物品的安全监督；⑤用于诸如放射性物体容器等危险货物的安全跟踪；⑥能使无论在何地的人都知道他的货物处在何地的用户信息服务。

　　Frederick 公司还细致地算了一笔经济效益账和社会效益账。该公司拥有 625 台机车头，每机车头每月可获 75.69 美元的纯利益，这样一年就可得到 567 675 美元增益。关于社会效益共列了 5 条：顾客可获得高优惠率；较有效地使用了设备；调度员可以管理更多的顾客货物，从而提高了劳动生产率；顾客能准确了解自己的货物地点，大大改善了调度与顾客的关系；通过对所有的设备和货物的监督可减少车队保险费用。Frederick 公司将从 RDSS 的建立中得到效益是毫不夸大的，其实它只是使用了 RDSS 的单向初级系统，如果使用了双向的 RDSS 系统后其效益将会更大。

　　据我国交通部门统计，全国有 47.9% 的货运汽车在空驶，由此而造成的直接损失 1 年达 59 亿元，1 年浪费的汽油、柴油达 120 万吨，造成空驶的原因中有 42.4% 是因为部门之间、地区之间及车主与货主之间信息不通、互不配载而人为造成的。如果交通部门有了 RDSS 系统，就可解决上述问题，这样，每年就可增收 25 亿元。这笔钱可以建立一个上千万个用户容量的较大的 RDSS 系统。

　　我们曾经和铁道部有关部门论证过利用 RDSS 建立先进的铁路电子系统的预可行性。先进的铁路电子系统是新型行车指挥控制系统（ATCS）的一种。ATCS 实质上是一个控制环路，对运行进行准确的控制。在这个环路中，要向控制中心实时报告列车速度、位置和运行方向，以及线路上的障碍情况，计算保证安全的最经济的运行安排；从控制中心下达列车行驶速度和方向的命令，锁闭道岔并向在线路上的工作人员发出告警，确认命令和实施。ATCS 的目的简单地说就是一方面下达行车的控制命令，充分利用铁路资源，包括人、设备和燃料；另一方面又根据现场情况不断更新行车计划，达到最佳效果。

我们设想中的系统包括 5 个分系统，它们是卫星定位通信系统、机车状态报告系统、能量管理系统、车载显示与控制系统和铁路运营控制中心。这里的卫星定位通信系统就是 RDSS，它是 ATCS 的核心，它对列车进行定位测速，在整个 ATCS 中交换信息、进行控制。

铁路利用 RDSS 实现 ATCS 具有十分显著的经济效益和社会效益。在理论上行车间隔可以缩短到 3 min，和现在的 8~10 min 比较，运力至少增加 1 倍，这相当于给使用这种系统的铁路增加了 1 条同样的铁路。其经济效益就是建筑这样一条铁路的费用减去建立 ATCS 的费用。以京沪线为例，它全线长 1 462 km，全线（复线）修筑费为 102.34 亿元。建立 ATCS 的费用，包括发射卫星的投资、全线的电务设备费用、车上增加设备费、租用 RDSS 的费用（假设 10 年）还不到 10 亿元。因此，这项投资的经济效益将有 90 亿元之巨。

运行效益就是增加运力的产值。假设京沪线的年产值为 50 亿元，如运力增加 1 倍，则 1 年就可增产 50 亿元。

社会效益我们主要指这种新系统可以使铁路事故率降到原来的 1%。

关于效益还有许多方面，诸如节省燃料、减少维修费、延长机车使用寿命和提高机车使用率等。

RDSS 系统在运输方面效益显著，那么在别的行业中作用怎样呢？我们再举救灾方面应用的例子，关于救灾方面就从 1987 年 5 月的大兴安岭森林大火说起，这次大火持续 25 天之久，损失林木 3 000 万 m³（其他生命财产不计），折合人民币 60 亿元，如果有了 RDSS 系统，使广大的林业警察、护林员和救火大军多拥有 RDSS 手持收发机，肯定会大大减少损失，因为有了 RDSS 后，在莽莽林海中可以确定起火地点的坐标，及时通报上级，上级也可通过它调兵遣将、扑灭林火，达到有火不成灾。全国有 131 个林业局，成千上万个林场，通过 RDSS 系统都可由林业部管理站对它们进行监视。

我国幅员广大，每年要不同程度遭受各种灾害，灾害之中地震的损失最大，所以有地震是群害之首的说法。地震之后使得供水、供电、燃气、交通、通信等生命线工程遭受破坏，接着发生可怕的次生灾而造成的损失可占总损失的 1/2 左右，并且这种损失额随着城市规模的扩大和现代化程度的提高而上升。如果有了 RDSS 系统至少通信这个生命线不会瘫痪，从而可以大大减缓和遏止次生灾的蔓延，大大降低经济损失和人口死亡。

3 RDSS 在国际上的发展情况

目前，正在进行 RDSS 研究与计划部署的国家有美国、法国、印度、澳大利亚、巴西和我国，部署计划比较具体的是美、法两国。

美国的 RDSS 的代表系统是 Geostar，是世界上最早的一个系统，它从 1978 年起就开始构思系统。1982 年有 48 项发明获得专利权。1983 年 RCA 和 Astro 公司确认了该系统的设计，并在 Sierra 山验证了该系统的精度。1984 年美国联邦通信委员会（FCC）提议，Geostar 设计加上编码作为 RDSS 标准，且推荐给联合国国际电信联盟。1986 年 3 月在吉星-2 上搭载了 1 个只收转发器 Geostar-Rox，进行了测距通道的试验。Geostar 公司计划在 1987 年 12 年和 1988 年 5 月分别在 Gstar-3 和 Spacenet-3R 上搭载 Geostar-Ro1 和 Geostar-Ro2 只收转发器（其中搭载在 Spacenet-3R 上的转发器已于 1988 年 3 月 11 日升空），做测距通道的通行试验，这样就完成了它的 Linkone 计划，使系统成为定位和报告系统，这时该公司开始有收益，Geostar 公司计划到 1988 年 11 月在 Gstar-4 上搭载 Geostar TR1 双向转发器，作精密的 RDSS，1990 年 10 月正式发射专门的 Geostar 卫星，1992-1994 年发射 Geostar-3 星和 Geo 星和 star-5 星，从而完成美国的 RDSS 计划。

法国空间中心（CNES）和美国 Geostar 公司在 1986 年 2 月签订了协议，它的 RDSS 叫做 Locstar，计划分 3 个阶段，第 1 阶段从签订协议起到 1987 年 8 月，进行了一般研究，内容包括系统容量、定位精度与干扰情况研究，此外还进行了关键器件的研制（例如捕获单元）以及测试设备的建立。第 2 阶段从 1987 年 3 月到 1987 年年底，在实验室里进行测试/野外模拟以及 RFP 终端/卫星试验。1987 年年底，与 Gstar-3 进行野外试验。第 3 阶段从 1987 年年底到 1990 年将发展系统的有效载荷、中心站电子设备、终端单元和系统网络。这 3 个阶段工作的完成将正式建立第一代 Locstar，以后则是第二代 Locstar，时间大约是在 1997—1999 年之间。

印度空间研究组织及空间部（ISRO/DOS）也在研究 RDSS，它在 1986 年 8 月与美国 Geostar 签订了谅解备忘录。当年 10 月 ISRO/DOS 就组织了 RDSS 研究队伍，首先研究在印度洋地区实现定位和移动通信即 RDSS 的可行性，它计划在 1990 年左右发射的 INSAT-Ⅱ 上搭载 RDSS 的转发器。现在它们正在做系统技术参数的论证工作，包括星上和地面设备，进行系统容量和信道分析、定位精度、频率要求和经济模式等方面的工作。

关于澳大利亚与巴西的情况，也大致和印度的情况相仿，它们都与 Geostar 公司有关系，都在对 RDSS 进行研究。

在国际上，RDSS 的吸引力日益增强，世界范围的合作正在扩大，最终将建立起一个准全球性的 RDSS 系统。所以一个正式的国际性团体即将成立，以便更好地为用户提供设备、加强相互间的联系和交流信息，这个国际组织将和 Intelsat 与 Inmarsat 组织一样。

4 我国应该发展 RDSS

在 1995 年之前，我国还没有导航卫星系统的发展计划，这不仅和中国是一个空间大国的形象不相称，同时也与科学技术、国民经济的发展不相适应。我国是一个幅员辽阔的发展中国家，需要有相应的卫星导航系统来为国民经济的发展服务。当今卫星导航系统不外乎无源被动式和有源主动式两种，前者的代表是 GPS（全球定位系统），后者即是 RDSS。根据我国的国情分析论证认为，我国应该发展 RDSS，这种系统具有投资省、见效快、技术又类似于通信卫星的特点，比较适应我国的技术水平和国家经济状况，同时也易于实现。可以断定我国目前要发展 GPS 在经济上是没有能力的，有人认为我国发展 GPS

暂时还不行，那么我们可以利用 GPS。GPS 的要害，即粗/精码格式和粗码允许精度都控制在美国军方手中。我国进行零星民用还可以，但作为军事系统和涉及国民经济命脉的系统是决不能建立在这个基础上的。RDSS 系统在世界上的发展趋势也证实了我们这一观点。

我们在 1987 年 5 月参加了全球 RDSS 会议后，即产生了一种紧迫感。我国建立 RDSS 的时间必须在 20 世纪 90 年代中期以前，因为我们的亚太邻国也在研究发展这种系统，如果我们动作迟缓，将失去竞争的机会，连自己国内用户也会投入他国系统中去，致使我国建立不起这种系统。

中国空间技术成就展望与对未来民用航空 CNS 系统可能提供的贡献*

0　引言

经过 20 多年的空间活动,中国在航天技术领域中尤其是卫星和运载工具的研制上取得了很大成就,航空航天部可以将空间技术和相应的地面设备研制能力运用于建设未来的民航 CNS 系统。

未来的民用航空通信、导航和监视系统(CNS),如果采用当前已经成熟的各种卫星应用技术(如航空移动通信,卫星导航),可以显著地提高系统在全球范围内工作的性能,改进空中交通管理的效能和自动化程度,并提高监视性能以确保运行安全服务,而且在简化机上和多数机场设备方面有很高的经济效益,国际民航组织未来航行专家委员会建议的今后 25 年内发展方案的逐步实施将会有力地促进这一领域技术的重大突破。

中国航空航天部的航天部分,是从事中国各种卫星、运载工具以及未来空间飞行器的研究制造单位,它同时发展与卫星技术有关的各种地面应用系统业务,当前按照中国政府的改革开放政策,它将大力开发各种应用卫星和卫星应用系统,以便促进中国的经济发展和向世界各国提供有效的商用服务,其中包括参加国际和中国民航组织的未来民用航空通信、导航和监视系统的国际技术合作,提供这一领域的优质服务。

1　中国空间活动简史

中国空间活动始于 20 世纪 50 年代末,从那时起,中国在 1965 年开始研制首颗人造卫星和运载火箭——长征 1 号,中国首颗卫星质量为 173 kg,于 1970 年发射成功,它在环绕地球的轨道上运行正常,成为中国进入太空活动的标志。紧接着,在 1971 年,我们又成功地发射了 1 颗科学实验卫星 SJ-1,这颗星在轨道上正常运行了 8 年。

20 世纪 60 年代末,中国开始研制开发实验返回式卫星,同时研制相应的运载火箭——长征 2 号,1975 年,首次发射便告成功,卫星在轨道上运行正常并按预订计划回收。从此,这类卫星多颗升空,在完成各类实验后,一颗接一颗地安全降落。

20 世纪 70 年代中期,按照科研部门的要求,我们开发了空间物理探测卫星,并在

---

* 本文为 1990 年 4 月未来民用航空通信、导航和监视系统技术研讨会技术交流资料,作者:童铠、叶飞。

1981年，用1枚运载火箭（FB-1）同时将3颗不同类型的空间物理探测卫星送上太空。

与此同时，我们开始研制自己的静止通信卫星，研制包括1颗通信卫星和1枚运载火箭（长征三号），地面遥测遥控站和一系列相应的地面通信业务站，发射地点定在西昌。由于我们的努力，在1984年、1986年、1988年和1990年2月相继发射成功5颗静止通信卫星。这5颗星依次定位于赤道上空东经125°、东经103°、东经87.5°、东经110.5°和东经98°的轨道上，经过多次考验，这几颗星符合设计要求，现已用于中国的通信、广播和教育事业。

为了发展气象预报和为国民经济服务，中国于20世纪80年代研制名为风云一号的气象卫星，首颗实验卫星由长征四号火箭在1988年9月发射成功，这颗卫星在多频段上送回了数字和模拟云图及地表图像，经多次实验获得许多宝贵数据。

到目前为止，中国已成功发射26颗不同类型的卫星，这些卫星为中国经济和科学研究作出了巨大贡献。今年，我们将用长征二号火箭发射第12颗可回收的遥感卫星，还将用长征四号火箭发射改进过的风云一号卫星，这是一种新型的太阳同步轨道卫星，尽管中国发射卫星的数目不太多，但这些卫星有下列优点：

a) 所有星体、运载火箭和地面支持设施全部由中国有关研究机构和公司研制提供，这表明中国有能力建造完备的空间飞行器系统；

b) 中国空间产品的质量好、可靠性高，例如，长征系列运载火箭发射成功率高达90%，而回收卫星成功率高达100%；

c) 中国空间系统投资低于国外同类产品。

2 中国典型的运载工具和卫星

2.1 长征系列

长征系列运载火箭有4类，分别叫做长征一号，长征二号，长征三号和长征四号。

长征二号是二级火箭，它为低轨发射，运载质量2.5 t，迄今为止，12次发射，成功了11次，可以说，它的成功率和可靠性是很高的。长征三号的第一、二级源自长征二号，其第三级采用液氢、液氧燃料，能二次点火，长征三号可推动1.4 t有效载荷进入近地转移轨道，使用长征三号，我们5次把通信卫星送至预定轨道。长征四号与长征三号相近，其第三级火箭用的燃料是UDMH和N204，长征四号比长征三号便宜，它可运载3.8 t物体进入低轨。事实证明，长征三号和长征四号设计途径是正确的，因为它们源于长征二号，其可靠性都很高，中国已决定把长征系列投入国际商业发射服务行列中。如长征三号今年将被用于发射亚洲卫星一号。

2.2 科学探测和技术试验卫星——FSW-1

FSW-1是返回式卫星，每颗质量约2 t，包括2个舱体，上层是回收舱、下层是设备舱，使用三轴稳定。这种卫星由LM-2送到近地轨道，在轨道中运行预定天数后，回收舱安全返回到中国预定区域。

可在卫星平台上完成各种不同的载荷试验,这包括遥感试验、在微重力状态下制造新材料和其他一些空间技术和空间探测试验,这样的卫星过去已用于勘测中国境内的资源,效果不错,已获得许多有价值的照片,它们适于各种应用方面,FSW－1 的另一个应是空间科学试验,因为只有 $10^{-5}g \sim 10^{-4}g$ 的微重力,各领域的用户予以这颗星以极大的关注,在其上进行了多种材料制造试验,并已得到较好结果。

2.3 中国广播通信卫星——STW

STW 是自旋稳定式静止卫星,它是一个直径 1 m,高 3.1 m 的圆柱体,星上载有一个消旋天线,目前中国已有 5 颗这种卫星在轨道上工作,通信用 C 波段。其中有 4 颗星采用抛物面天线,波束可覆盖中国境内所有地域,在卫星上有 4 个转发器,其 EIRP 是 36 dBW;如果用一 3 m 天线作电视接收,极易获得清晰的图像,经过数年的实验性工作,证明整套系统是成功的。值得一提的是,在卫星平台上能安装上不同的有效载荷,太阳能电池产生的能量能供给 8～10 个 4～6 W 的转发器,如果使用不同的窄波束天线,这类卫星能覆盖一些中小国家和地区,星上的能源供应系统和燃料储存量可供卫星工作长达 7 年的时间。

3 中国未来的空间活动

过去 20 年里,我们在空间领域上取得一些成绩,我们期望下一个 10 年或更长时间,中国空间活动的步伐将以各种方式迈得更快,空间活动范围更大,中国政府正在为 20 世纪的最后 10 年制定空间开发规划。

3.1 发展商用卫星体系

因为中国财力有限,中国用于空间活动的投资远少于其他发达国家,因此有限的款项只能用于急需的商业卫星体系。

在我们的规划中,大容量的通信广播卫星是一种新型国产静止卫星。采用三轴稳定的卫星能装载 24 个转发器,其增益约达 37 dBW,其寿命达 8 年之久,三轴稳定式平台能用于发展移动通信和有单一或多波束技术的 RDSS。

不同种类的气象卫星系统是我们发展规划中的一个重要部分,它们包括改进型风云一号卫星和静止卫星——风云二号卫星。风云一号卫星上将有一些新的遥感谱段;风云二号卫星是一颗静止气象卫星,装载 3 个谱段的先进的辐射计,它将被置于亚洲赤道上空并为这个区域服务,在研制完毕发射成功后,这两种卫星将为国内外服务。

研制中的地球资源卫星大量地采用了当代先进技术,卫星上不但有 CCD 多谱段高分辨率照相机,还有红外照相机,遥感信息通过无线电系统传到地面站,卫星在太阳同步轨道上采用三轴稳定系统。这个卫星的概念设计已完成,中国将与巴西合作完成这项任务,并共享由此星带来的经济效益。

在以上技术能力的基础上，可以发展各式各样的应用卫星，它们可以使用地球同步轨道的小容量消旋稳定平台或大容量三轴稳定平台，或者使用太阳同步轨道的三轴稳定平台。例如，目前正在对数据中继卫星、移动通信卫星、定位导航卫星、海洋卫星、救灾抢险卫星和数据采集卫星进行探索和研究。

3.2 发展大型运载工具

到目前为止中国有4种不同的运载工具，为满足中国卫星计划的需求，正在考虑研制推力更大的运载工具，如长征三号甲和长征二号E等。

长三甲是长三的改进型，其发射能力可以将2.5 t的卫星发射到同步转移轨道；长二E由一个长二火箭和4个助推火箭组成，它可以将8.8 t的有效载荷推入低轨道。

将长二E和长三甲的第三级火箭结合形成的一种更有力量的新型运载工具可以将4 t质量的载荷推入地球同步转移轨道。

3.3 永久太空站系统

建设永久太空站是航天技术发展的必然趋势，中国有希望在将来适当的时候开始这方面的工作，中国的航天专家们目前已经开始进行一些概念性研究，提出了一些设计方法和建议，由于建立太空站系统耗资巨大，而且研制周期很长，必须由政府高级机构周密考虑之后才能列入国家预算计划。

4 航空航天部对建设未来CNS系统作贡献的潜在能力

中国航空航天部可以为FANS建议的以卫星技术为基础的CNS业务作出自己的贡献，包括为亚洲地区的整个系统提供卫星、地面和机上用户设备的设计和制造，我们还可以发展从单波束到多波束的L波段卫星移动通信系统及C，Ku或X波段固定通信系统，以形成民航CNS中的空—星与空—地通信链路，在我国没有建立自己独立的全球卫星导航系统的情况下，可以研制GPS与GLONASS兼容的接收机，结合机载航空电子设备，完成导航和定位功能，我国目前正在研究的RDSS系统具有定位和简短数字电文通信能力；虽然应用于民航安全业务中有其固有的局限性，但它无疑可以作为CNS系统的辅助定位通信手段用于非安全业务中。

根据FANS的规划，目前的CNS最终都将在今后25年内逐步淘汰，而未来的CNS的最大特点之一就是它与卫星导航通信技术的结合，目前我国"八五"计划将要实施的干线网空管系统不仅是对民航CNS系统的完善，而且应该考虑与我国未来卫星导航通信系统的发展相一致，因此，作为卫星及其应用技术的研制和开发部门，航空航天部参与我国民航未来的发展建设和规划，可以有助于将航天技术与航空电子结合，实现国际民航组织对未来CNS的规划。

目前，航空航天部有充分的技术实力完成除卫星和运载工具之外的民航卫星系统的地面设备的设计和制造，也有足够的实力为中国民航的地面导航通信等服务设施的建设和发展作贡献。例如，我们曾经参加上海民航机场塔台的设计和实施，首都机场供油系统的集散计算机系统的设计和实施；我们研制成功多种雷达设备，如低空警戒雷达、二次雷达、气象多普勒测风雷达和交通监视雷达等，以及目前正在进行的国家"八五"重点项目民航干线网空管系统的规划。利用目前已有的空间技术和设计实现大系统的经验，我们可以为建设中国甚至亚洲地区未来的民航 CNS 系统作出贡献。

双星快速定位通信系统入站信号快速捕获系统[*]

0 引言

双星快速定位通信系统（以下简称双星系统）在国际上叫做卫星无线电测定业务（Radio Determination Satellite Service，RDSS）系统，1987年10月国际电联正式批准该业务。系统通过卫星进行无线电通信、测距、用计算技术确定用户的精确位置，并将此信息传送给中心站和其他用户。该系统包含了导航（物体获得自己的位置信息）、定位（其他用户获得物体的位置信息）和简短数字移动通信（可适用于移动物体及边远地区的稀疏通信）的功能。

双星系统由3部分组成：2颗地球同步静止卫星（两星之间的夹角以30°~60°为宜）、中心站和用户设备，此外，为了用差分法校正所测定用户位置的系统误差，还在用户分布区域内配备一系列事先精确定位的基准站，它们与用户设备基本类似。

双星系统最关键的技术是信号传输技术，特别是中心站接收用户发来的所谓入站信号，中心站必须具有这样的一种装置，该装置是一种用于多用户、突发、长伪随机码，微弱信号接收的快速捕获检测装置，这种装置我们称之为双星系统入站信号快捕系统。本报告将在以下各章中较详细地予以阐述并进行设计工作。

1 总体构思

双星系统的信号有两种：一种是由用户发往中心站的入站信号，其快速捕获问题复杂困难；另一种是中心站播发到卫星波束覆盖区的出站信号，用户开机后即可进行捕获，并一直保持跟踪，不存在快捕问题。本报告仅限于入站信号快速捕获系统方案的设计。

两个链路虽然都是直接序列扩频双相相移键控（DS－SS－BPSK）调制，但它们之间有明显的差异。因而信号的具体形式很不相同，我们将在本报告中给出入站信号的格式。

入站链路是一种扩频/随机接入/时分复用信道（SS－RA－TDMA），它的特点是：

a）入站信号是扩频的突发短脉冲信号，信号到达中心站接收机的时刻是随机的；

b）系统中不同用户的入站信号可以"同时到达中心站"，即使使用完全相同的伪码，只要伪码错开一定数目的码片（CHIP）相位，中心站就可以同时对它们进行接收和处理，

---

[*] 本文为系统研制报告，写于1990年10月，作者：童铠、陆文福。

同时接收用户信号多少的能力决定了系统入站信号的容量;

c) 入站信号由用户机发出,经过 2 颗或 3 颗卫星的中继转发到达中心站,作为定位的基础。

中心站对入站信号的处理必须是:首先在很短的时间内对伪码进行捕获,并完成对伪码的延迟锁定跟踪及对载波的提取和锁定,其次对信号进行解扩、解调、译码,最后根据数据信息和测时信息进行定位和通信处理。

入站信号快速捕获系统是完成中心站对入站信号的处理,即完成在很短的时间内对伪码进行捕获,并完成对伪码的延迟锁定跟踪以及对载波的提取和锁定的设备,其难点就是在很短的时间(几个毫秒)内捕获伪码,即我们所说的"快速捕获",而且快速捕获在很低的信噪比条件下进行。

1.1 入站链路输入信噪比的确定

前面已经提出,入站信号信噪比很低,原因主要有 3 个,第一是伪码扩频体制本身决定的,第二是因为用户设备的 EIRP 和卫星的 G/T 值都比较低即入站链路信道条件比较恶劣引起的,第三是由于多用户信号同时到达造成的 E_b/N_o 损失(2~3 dB)。关于入站信号的信号强度,在下述入站链路信道计算中可得到定量的概念。

频率	1 610.0~1 626.5 MHz
带宽	16.5 MHz
信息速率	15.625 kbit/s
用户射频功率	40 W
用户天线增益	3 dB
用户天线馈线损耗	-0.7 dB
EIRP	18.3 dBW
路径损耗	-188.12 dB
极化损耗	-0.5 dB
随机路径损耗	0 dB(衰落时 -2 dB)
大气损耗	-0.05 dB
降雨衰减	-0.03 dB
卫星处信号电平	-170.4 dBW
卫星天线增益	23.4 dBi
卫星接收系统 G/T 值	-3.0 dB/K(T=525 K)
信噪谱密度比 $(S/N_o)_{up}$	54.4 dBHz(衰落时 52.4 dBHz)
信噪比 $(S/N)_{up}$	-17.77 dB(衰落时 -19.77 dBW)
卫星——中心站	
工作频率	4 000 MHz
卫星射频功率	8 W(9 dBW)
天线增益(波束边缘)	27.5 dBi
馈线损耗	-1 dB

EIRP	35.5 dBW
退饱和区	2 dB（采用固态放大器，有较好线性度）
1个转发器转2路波束信号	-3 dB
$(S/N)_{up}$	-17.77 dB（衰落时 -19.77）
EIRP/用户载波	12.73 dBW（衰落时 10.73 dBW）
路径损耗	-198.24 dB
中心站天线增益	53.18 dB
中心站 G/T 值	20.6 dB/K（T = 286.84 K）
天线馈线损耗	-1.00 dB
极化损耗	-0.3 dB
指向损耗	-0.3 dB
大气损耗	-0.14 dB
降雨衰减 99.99%	-0.84 dB
中心站接收功率	-134.81 dBW（衰落时 -136.81 dBW）
噪声功率	-131.85 dB
信噪谱密度比 $(S/N_0)_{down}$	69.21 dB（衰落时 67.21 dB）
信噪比 $(S/N)_{down}$	-2.96 dB（衰落时 -4.96 dB）
信噪谱密度比 $(S/N_0)_{up}$	54.4 dBHz（衰落时 52.4 dBHz）
总信噪谱密度比 $(S/N_0)_{total}$	54.31 dBHz（衰落时 52.31 dBHz）
总信噪比 $(S/N)_{total}$	-17.88 dB（衰落时 -19.88 dB）
E_b/N_0	6 dB
裕量	6.36 dB

从以上计算结果，我们确定快捕系统的正常输入信噪比为 -18 dB，衰落时为 -20 dB，这一指标符合国际上 RDSS 的系统指标要求。

1.2 扩频伪码速率的确定

扩频伪码速率的选择决定于伪码测距精度的要求，同时要求和国际 RDSS 系统取齐，国际上取值为 f_c = 8 MHz，这和 GPS 精测距码（P 码）速率（10.23 MHz）接近，对 8 MHz 伪码速率只要跟踪精度小于 1/5 码片宽度，其引起的测距误差只占 3.75 m。可以满足系统要求，故确定采取 f_c = 8 MHz。

1.3 中频积累增益的上限及其实现方法

不管用什么方法进行中频积累，中频频率相对于标准值的偏移量将引起参与中频积累的码元之相位失配，从而导致积累损失。

卫星转发器的本振频率漂移以及卫星在轨道上的漂移量所引起的多普勒偏移可以通过跟踪地面校准站的办法来加以消除，中频积累器的频率稳定性予以确保。这时，剩余的主要频率漂移为用户运动径向速度引起的单向多普勒频移。根据公式 $f_d = f_0 V/c$，f_0 = 1 618.25 MHz 计算，f_d = ±2 000 Hz 时的用户径向速度为 370.78 m/s 或 1 334.8 km/h。这一数值满足测定超音速飞机位置的需求。

当 $f_d = \pm 2\,000$ Hz，$\tau = 1/f_c = 125$ ns，按照中频积累增益 G 由公式

$G = 20\lg(\sin\pi f_d\tau N/\sin\pi f_d\tau) - 10\lg N$ 计算，不同 N（积累码片数）的 G 值示于表1。

表1 不同 N（积累码片数）的 G 值

N	256	512	1 024	2 048	4 096
$G\,(f_d = 0\text{ Hz})$ /dB	24.2	27.1	30.1	33.1	36.1
$G\,(f_d = 2\,000\text{ Hz})$ /dB	24.0	26.85	29.1	29.0	0
频漂损失/dB	0.1	0.25	1.0	4.1	36.1

从表中数据分析，中频积累的极值 N 值为 1 024，积累增益为 30.1 dB，总积累时间 $N\tau = 128$ μs。考虑到目前国内的工艺水平，每片声表面波卷积器或匹配滤波器的积累长度只宜取 32 μs。为了积累到 1 024 码片，还需要进行第 2 次中频积累。为了避免通常中频积累中产生多值相关峰的缺点，我们采用 4 个 256 bit 的短伪随机码序列 A，按巴克码 $A\overline{A}AA$ 的排列组成 1 024 bit 非周期性长码 B 的方法来消除多值性。其积累方法如图1。

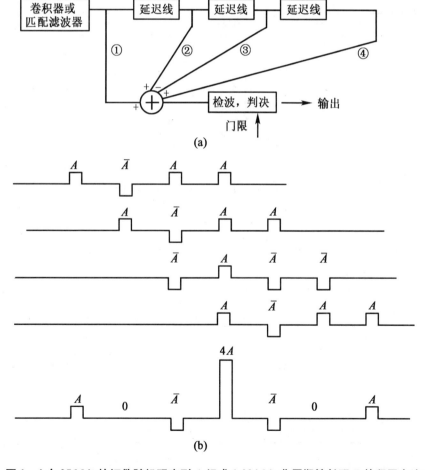

图1 4 个 256 bit 的短伪随机码序列 A 组成 1 024 bit 非周期性长码 B 的积累方法

从图 1（b）可以看出，输出信号主峰、副峰电压比为 4，增益相差 12 dB，而噪声积累为功率相加，扩大 6 dB。因之总信噪比改善为 6 dB，当 4 路信号的相位和幅度匹配不好时，可能产生 1 dB 的损失。

当输入信噪比为 –20 dB 时，中频积累的信噪比可达 9.1~10.1 dB，这还不能满足输出信噪比为 13 dB 的要求。

1.4 视频积累方法

中频积累输出的信噪比为 9.1~10.1 dB，虽不够 13 dB，其值已远大于 0 dB，可以进一步进行视频积累，按电压比进行 4 次积累可增加 4~6 dB 的信噪比，正好可以满足要求。

为了防止产生积累主峰的多值性，可以采用码组间时间错位的办法建立 4 096 bit 的非周期性同步头，积累方法如图 2 所示。

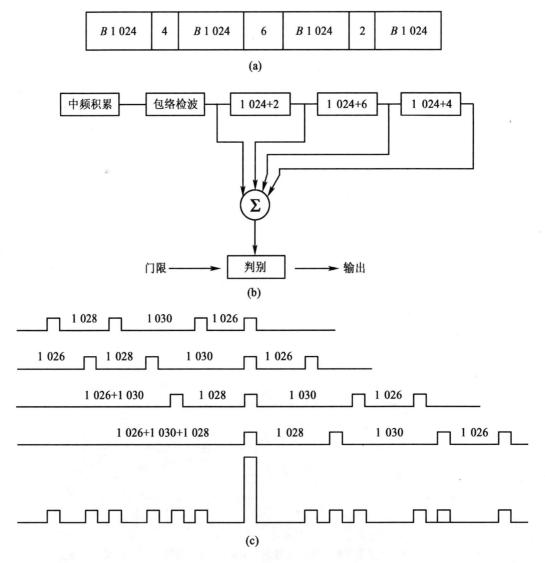

图 2　4 096 bit 的非周期性同步头视频积累方法

2 入站信号格式

根据双星定位系统传输体制和用户特点，为了和国际标准取齐，整个入站信号格式由2段组成，同步引导序列、跟踪段和数据段，如图3所示。

同步引导序列	跟踪段		数据段							应用块		
	伪码调制载波	UW独特字	信息长度	分路器地址	物理地址	帧号与波束号	序列号	状态	信息类	数据块	CRC	FEC
8 bit	64	16	8	24	48	24	8	8	8	1 024	16	7

图3 入站信号格式

同步引导序列是为了对长伪码进行捕获而设置的特殊的短伪码序列，为和国际标准取齐，它可以是图4所示形式的非周期性伪码结构，（其中每信息 bit 为 512 chip，在采用2:1前向纠错码的情况下每信息 bit 含 2 数据位。）采取这样的结构，目的是为了消除模糊和提高处理增益。

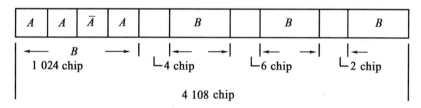

图4 同步引导序列格式

跟踪段的作用有三，即：
a) 建立延迟锁定环 DLL 对扩频伪码的精确锁定；
b) 建立 Costas 环对载波的锁定；
c) 利用独特字消除 BPSK 的载波含糊度。

3 快捕系统方案设计

3.1 扩频伪码的选择

双星系统对伪码选择的依据主要是码的周期、码的自相关和互相关特性，以及码字的数量。

最大长度线性码序列（m 序列）在通信和测距系统中普遍使用，它的相关性能最好，其他码序列的性能都不能赶上或者超过它的性能，m 序列发生器也很简单，但是 m 序列有一个很大的不足，就是它的数量太少，对于同一周期 N 最多只有几十种 m 序列，这就不能满足码分多址的需求。

双星系统的入站信号（包括出站信号）的结构形式，决定系统所用伪码应是中等长度的长伪码，而不应采用短码（例如 C 频段演示系统所用的 256 chip 的短周期）或更长的长码（例如 GPS 的 P 码或 JPL 的测距码）。不采用短码的原因是为了显著降低入站信道同时存在多的随机到达的相同伪码入站信号的相互碰撞概率，例如 $(2^{17}-1)$ bit 长码比 (2^8-1) bit 短码的碰撞概率缩小 512 倍。

在系统中选择 $(2^{17}-1)$ bit 长的 GOLD 码作为入站信号的扩频伪码可以满足系统方面的要求，GOLD 码是由 1 对具有良好互相关特性（优选对）的 m 序列模 2 相加得到的，GOLD 码的相关函数是有界的，且正好等于构成 GOLD 序列的 m 序列的互相关函数。

给定 1 对 m 序列 $(2^{17}-1)$，就可产生 $(2^{17}-1)$ 个不同的 GOLD 码字，从最大连接集的 7 710 个 m 序列中任选 1 对都是优选对，可以构成 $(2^{17}-1)$ 个码字，因而总共可以有几千万种码字，足以满足系统的要求。

码长 $(2^{17}-1)$ bit 的伪码，在入站信号中只重复几个周期，伪码带来的周期线谱对数据解调影响不大。对于入站信号，不同的用户一般可以采用相同的伪码，也可以采用不同的伪码，因而编码可以对用户进行分类，中心站用不同的解调器对不同类型的用户分别进行处理。

对于同步引导序列的短码选择，受到快捕器件（SAW 器件）处理长度的限制，根据我国当前 SAW 器件研制水平，选择 (2^8-1) 位序列。

3.2 信号捕获方法的确定

扩频信号的捕获通常有两种方法：外同步法和自同步法，对于双星系统只能采用自同步方式。当前比较常用的自同步法有序列估值法，顺序搜索法和匹配滤波法，比较这 3 种同步方法，只有匹配滤波法能适合本课题的特点，因为前两种方法都是利用"主动相关器"使输入信号与本地本考码进行相关运算，对同步进行检测和判决，所以捕获速度主要取决于消耗在"乘积—积分"的时间，如果采用"被动相关器"（实时相关器）去取代时间积分相关器，则捕获速度将显著提高，这种实时相关器既可以是各种形式的匹配滤波器，也可以是卷积器。

近 10 年来电容耦合器件（CCD）声表面没器件（SAWD）和大规模集成电路（LSI）技术的发展，为扩频信号的快速捕获提供了技术物质基础。

3.2.1 各种器件的比较
3.2.1.1 CCD

用 CCD 器件实现的快捕电路，由于它具有可编程、可直接处理模拟信号及处理增益高、动态范围宽、插入损耗小等优点，据资料报道，美国的 Fairchild 公司已有 1 023 电极的 CCD - PNMF，时钟频率可达 10 MHz，看来双星系统采用 CCD 器件来实现快捕可能具有更大的方便性，GPS 接收就是利用 CCD 器件来实现 C/A 码的快速捕获。

3.2.1.2 SAW

SAW 有 2 种器件：SAW – MF 和 SAW – CONV

声表面波匹配滤波器（SAW – MF）有码字固定在器件上的和可编程的 2 种，后者应用起来更自如。SAW – MF 由于在中频上处理，信号捕获时间短、处理增益高，利用 SAW – MF 作快捕电路简单。这是突出的优点，但器件的加工工艺要求严格。

声表面波卷积器（SAW – CONV）的设计与具体码字无关，即可根据需要改变本地参考码，卷积器的作用实际上是作为主动相关器，器件本身插入损耗较大，外围电路复杂，但是它的加工工艺要求不像 SAW – MF 那样严格。

3.2.1.3 大规模数字电路（LSI）

用大规模数字电路组成的数字相关器具有被动相关器的特点，没有插入损耗，码率和波形可编程，对温度不敏感，可以级联，但是需要抽样和保持电路、模数转换电路，所以引入噪声大、功耗大、相对带宽小，且只能在基带进行处理；对于多电平量化需要多的通道，使设备量增大。

根据上述对相关器件的分析，并结合目前国家水平，我们研制快捕电路的第一方案只能采用 SAW – CONV 作为快捕相关器件。SAW – MF 器件性能提高后也可改用 SAW – MF 器件。

3.2.2 快捕电路

在信道计算一节中，已经知道入站信号信噪比 $S/N = -18 \sim -20$ dB；256 bit SAW 卷积器的处理增益理论上能达到 $G_p = 24.1$ dB，由于移动用户多普勒频率的影响，中频积累不得超过 1 024 bit，这时总中频积累增益为 30 dB，输出 $S/N = 9$ dB 以上，考虑到中频积累损失后，为了保证在较低虚警概率条件下有较高的发现概率，进一步进行视频积累是非常必要的。为此我们根据同步引导序列的独特结构，对相关峰进行积累，积累分别在中频和视频两部分中进行，具体积累的方案原理图如图 5 所示。

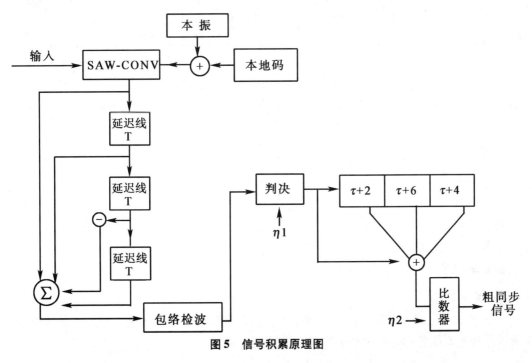

图 5　信号积累原理图

3.2.3 中视频积累效果理论分析

用中频延迟线积累是相干积累,在理想情况下,相关峰能增加4倍,信噪比能改善6 dB,视频积累在通过包络检波之后,是一种非相干积累,在中频积累后 $S/N \gg 0$ dB 的情况下,极限情况也能得到 6 dB 增益,加上卷积器本身的 24.1 dB 的增益,共计能得到 36.1 dB 的极限处理增益,在输入 $S/N = -18 \sim -20$ dB 时,理论上 S/N 可达 16.1~18.1 dB。通常在频率对准情况下,中频积累损失为 1 dB 左右(在 ±2 000 Hz 多普频率影响下还可能额外损失 1 dB)。中频检波后的视频积累,如果能采取模拟量积累(即不进行 η 门限判决),损失可在 0.8 dB 以内,但这要求用 CCD 器件进行视频延迟和相加。要落实这种器件目前有困难,如用 A/D 变换为多分层数值,大体也可得相似结果。但数字电路的运算速度和复杂性也有困难。因此作为第一步,我们采用较为简单的方法,即对中频检波后的脉冲用第一门限判决,然后采用移位寄存器进行符合积累,由于积累脉冲数为 n,且 $n=4$,其要求的最佳符合数 k 应为

$$k = 1.5\sqrt{n} = 1.5\sqrt{4} = 3$$

这时视频积累增益为 4 dB 左右,计及中频积累损失 1 dB,故总积累增益为 33 dB,据了解 Geostar 的积累增益也是 33 dB。可见我们得到的结果大致和国际水平相当。在输入 S/N 为 -20 dB 时,对应的等效输出 S/N 在 13~15 dB 之间,其相应的虚警概率 P_n 和发现概率 P_d 理论计算值如表 2 所示。

表 2 视频积累前后的 P_n 及 P_d 值

$(S/N)_1$/dB	$(S/N)_2$/dB	$E_e/\sqrt{N_0}$	P_n	P_d	P_{no}	P_{do}	t_{fa}/s	$(S/N)_3$/dB	G/dB
-20	9	3	10^{-2}	0.86	4×10^{-6}	0.90	0.025	13	33
		3.7	10^{-3}	0.66	4×10^{-9}	0.58	25	13	33
-18	11	3.7	10^{-3}	0.91	4×10^{-9}	0.95	25	15	33
		4.1	3×10^{-4}	0.83	1×10^{-10}	0.86	926	15	33

表中,$(S/N)_1$,$(S/N)_2$ 及 $(S/N)_3$ 分别代表中频输入、中频积累输出及等效视频积累输出信噪比;P_n 及 P_{n0} 分别代表视频积累前后的虚警概率,其中 $P_{n0} = 4P_n^3(1-P_n) \, P_n^4$,$P_n$ 查表可得;P_d 及 P_{d0} 分别代表视频积累前后的发现概率,其中 $P_{d0} = 4P_d^3(1-P_d) \, P_d^4$,$P_d$ 查表可得;$E_e/\sqrt{N_0}$ 为第一门限电压值与噪声有效值电压之比;G 为等效总积累增益;t_{fa} 为平均虚警时间。

3.2.4 跟踪电路方案

快捕电路产生的粗同步信号作用于跟踪电路后,长码已同步在 1/2 个 chip 之内,跟踪电路的作用就是在跟踪结束时将同步误差减小到 1/10 个 chip 之内。

跟踪电路是非相干延时锁定环(DLL)。

3.2.5 快捕系统

上述的快捕电路和跟踪电路,再加上解扩电路就构成了整个快捕系统,总的框图如图 6 所示,快捕系统各部分的电路见有关的设计报告。

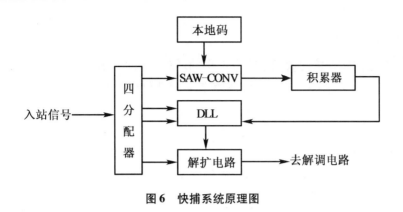

图 6 快捕系统原理图

快捕系统设备本次试验中所用的伪码速率为 10.23 Mbit/s，这主要是沿用原研究成果的缘故。

4 卷积器快捕系统试验方案

4.1 快捕系统的功能和组成

快捕系统是中心站捕获多路入站信号的关键部分，而入站信号是随机突发的低信噪比扩频信号，持续时间很短，而且是在类似于时隙 ALOHA 信道上传输，因此必须设计专门的中频信号处理系统。该系统主要完成的功能是：通过对输入信号进行伪码实时相关运算实现解扩增益，产生相关峰，通过相关峰的中频相干积累实现编码增益；通过视频检测和数字信号处理完成伪码粗同步信号的产生；通过分配单元指定解调器进行长伪码的延迟、锁定、跟踪。

根据目前国内器件发展水平，我们设计了以长为 256 bit，（伪码时钟暂用 10.23 Mchip/s）的卷积器为基础的单路伪码捕获试验系统，如图 7 所示。

该系统由声表面波卷积器相关器、中频积累器、视频检测和数字信号处理器、非相关延迟锁定跟踪环和解扩电路组成。

4.2 主要技术指标

中心频率　$f_0 = 70$ MHz；

扩频伪码速率　$R_c = 10.23$ Mchip/s；

卷积器长度　$T = 25$ μs；

延迟线长度　$T = 25$ μs；

信息速率　$R = 10$ kbit/s；

伪码初始捕获（信号检测）时间　$T = 0.52$ ms；

信息段伪码码长　$(2^{17} - 1)$ bit；

同步段伪码码长　255 bit。

4.3 方案设计说明

a) 本方案是在原攻关实验的基础上产生的。理论和实验研究表明，RDSS 系统入站信号的快速捕获必须使用 1 024 bit 的伪码相关器。但要做成 1 024 bit 的声表面波匹配滤波器（SAW – MF），在材料、工艺上以及在使用上都有难以克服的困难。本方案用目前工艺上比较成熟的 256 bit 伪码 SAW 卷积器为完成 1 024 bit 伪码实时相关采用的是信号编码结合中频相关积累的方式。中频积累使得在低噪比（< – 20 dB）下对相关峰进行视频检测成为可能；码形的巴克码编码提高了处理增益，而 4 个 1 024 bit 序列采用位置编码（间隔 4，6，2 基片）消除了由周期重复带来的时间上的模糊。

b) 中频积累对中频相位非常敏感，它要求延迟线的延迟时间精确到中频 1 个周期的 1/10。这就使中频积累器的每个延迟点都必须具有相位校正电路，多普勒频移也将影响效果。

c) 由于卷积器输出的相关函数在时间上压缩了 1 倍，造成了相关峰的模糊，因而中频积累输出的相关峰有多个峰值，其包络见图 7。主相关峰值超过噪声背景能被包络检波器和门限判决电路检测出来，保证足够检测概率的门限判决将导致 1 个或 2 个相关峰的出现（间隔 $T/2$），而这两种情况下指示的长伪码相位相差 $T/2$。这个模糊可以通过一些特殊方法和逻辑电路的方法在相关峰存储以前解决，以便在多用户时不造成混乱。这是检测电路所要解决的一个关键问题。另外，在实用多目标捕获系统中，移位寄存器的符合输出，应顺序送到多个逻辑判决电路和延迟锁定环等解调设备，从而实现多目标同时捕获、跟踪和解调。

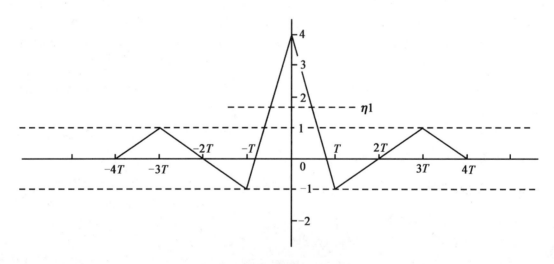

图 7　积累相关峰出现的包络
（以卷积器的最大峰值为 1）

5 测试结果分析

对鉴定测试组实测数据和我们的分析结果示于表3。

表3

测试序号	U_S/mV	U_N/mV	$(S/N)_1$/dB	T_{fa}/s	P_{no}	P_{do}	$(S/N)_3$/dB	G/dB
1	49	330	−17.63	990	1×10^{-10}	0.98	16	33.6
2	49	158	−11.23	→∞	→0	1.00		
3	49	380	−18.85	22.4	4.5×10^{-9}	0.86	14.3	33.2

其中 $(S/N)_1 = 10\lg(U_S/1.13U_N)$ dB，系数 1.13 是中频峰值检波电压表（指示读数为有效值）测噪声电压时的波形因数。

以上实测结果与表2相比，证明本快捕试验设备满足设计要求，其等效积累增益大于 33 dB，与同类系统国际水平相当。

6 结论

本"双星快速定位通信系统入站信号快速捕获系统"经实物研制攻关与测试结果证明：方案原理正确，满足系统设计要求，与国际 RDSS 信号传输体制兼容。图8为卷积器快捕系统方框原理图。研制结果表明我们已攻克了美国 Geostar 公司严格保密的重大技术难关。成果属国内首创，接近同类系统国际水平，为我国开展双星快速定位通信系统创造了重要条件。

为了进一步发展本课题成果，今后还计划在声表面波匹配滤波器方面及 CCD 器件视频积累方面开展研制工作。进一步完善技术性能，估计还可再提高视频增益 1.2 dB 以上，并研制出工程试验样机。

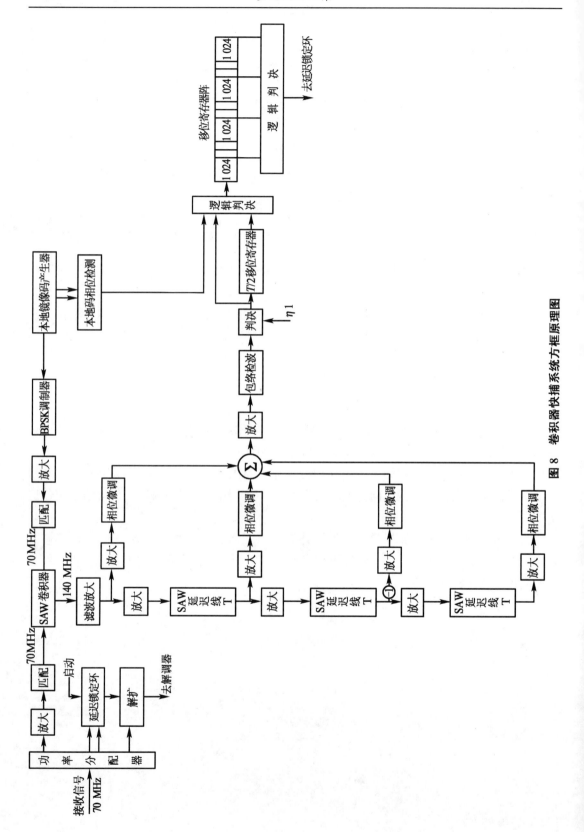

图 8 卷积器快捕系统方框原理图

给五〇四所姚禹飞等同志的回信[*]

五〇四所姚禹飞同志并转李根宝及主管 QPSK 解调的同志：

李根宝同志来后我又进一步做了一些分析，提出如下建议请参考：

① 日本关于 QPSK 解调器的资料中，$\hat{y}$，$\hat{x}$ 与载波相位关系前后两张图有矛盾，另外所询问的日本 0.1 码序列对应的相序关系一时也难得到日方迅速回话，因之设计中要适应两种情况（根据大总体会精神按两种情况在北京做试验）。

② 按所用解调器框图分析，载波相位捕获同步前，反调制中，每路两种正交调制分量并存，并造成锁相环误差信号两种分量对消，不能趋动 VCO 跟踪，只有在反调制前进行深限幅（最好过零检测），将弱调制方波抑制掉，才能跟踪捕获。

③ 反调制后，存在 ±40 kHz 以外的边带分量，理论分析合成时可对消掉，因之可不进行窄带中频滤波，但电路要调整得对称才行。

④ 加大捕获带的出路，还要从载波提供锁相环的快速捕获特性上想办法，如加大跟踪带宽，校正网络中增加比例放大分量等。本锁相环的特点有 4 个相位稳定点，而一般锁相环只有 1 个相位跟踪稳定点。

⑤ 日本 QPSK 解调时，为简化设计，中频带宽为 20 MHz，按奈奎斯特带宽只要 9 MHz 即可，日本的进一步滤波是在比特采样前的视频中进行，这是因为在中频压窄带宽技术难点较多。方波波形不好有可能影响捕获跟踪。

⑥ 有什么情况望来信，以上意见可能不对，仅供参考。

童 铠

1991 年 7 月 24 日

---

[*] 本文为作者关于 CDAS 原始云图解调器（QPSK）技术问题的解答，原文附方框分析图及解调波形图，本书从略。

双星快速定位系统原理*

1 功能与特性

a）精确对移动用户导航（用户掌握位置信息）与定位（第二者掌握用户位置）；
b）双向简短数据通信；
c）兼传送定时信息；
d）逐步做到具有廉价轻小的手持式用户接收机，便于普及用户；
e）系统具有大容量，每波束可容纳每小时50万个用户。

图1为系统信号流程图。

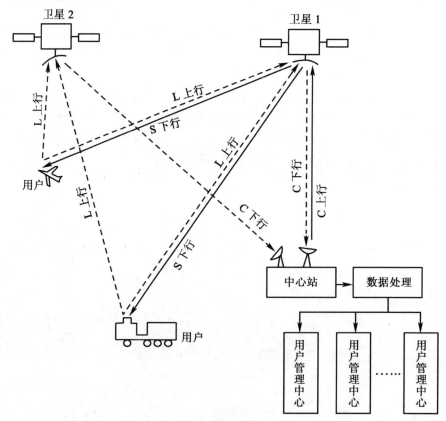

图1 信号流程图

---

* 本文为作者的内部授课材料，写于1990年，本书因保密原因做部分删节。

表1为系统的国内用户市场估计表。

表1 国内用户市场估计表

序号	用户门类	估计用户数量/万台	备注
1	长途载重汽车	16.0	长途汽车可逾300万辆
2	内河、沿海船只	4.0	全国水运占总运输的46.3%
3	铁路	2.0	全国有车站5 000多个，列车1万多列，重要道口50多万个
4	公安、安全、消防	3.0	全国有几百万厂矿企业、街道、居委会作火警、盗警用
5	石油钻井、地质勘探、科学考察、探险	0.5	
6	水利、气象、海洋等数据收集	0.6	
7	防灾、抢险、救灾、防火	1.2	
8	边远地区的稀疏通信	1.5	
9	军用	1.0	
10	其他	0.2	
11	总计	30	

2 主要总体战术技术要求

2.1 双星共同覆盖区

经度 70 °E ~ 140 °E；
纬度 5 °N ~ 55 °N。

2.2 用户一次定位精度

单点定位 100 m；
差分定位（基本工作状态）20 m。

2.3 系统容量

利用搭载卫星用户1万个以上，发射专用卫星用户30万个以上。

2.4 系统功能

系统具有发播标准时间、标准频率的授时功能，时间同步精度优于100 ns（单向），20 ns（双向）；

系统具有数字报40字/次通信功能和信息的存储功能，并具有军用用户通信，定位的特殊加密功能；

系统具有导航功能。

2.5 用户

用户 EIRP：18 dBW；

用户天线：拉杆式半球波束天线或微带天线；

数据速率：16 000 bit/s；

用户接收：$E_b/N_o \geq 10$ dB；

通信功能：数字报中文显示；

用户机质量最好小于 2 kg，平均功耗小于 1 W。

2.6 地面中心站

发射功率：EIRP > 70 dBW；

数据速率：32 000 bit/s；

地面中心站接收：$E_b/N_o \geq 10$ dB。

表 2 为系统信号通信流程。

表 2 信号通信流程

信号源	信号内容、信息举例	备注
OB-1	定时广播询问信号或指定特定用户响应询问	
IB-1	用户 1 做询问响应或向用户 2 做传送信息	
OB-2ACK	询问响应认定，通知用户 1 的位置或信息已转发	n 秒后无回答用户机自动重发 IB-1
OB-2ADD	按用户 1 的要求地址向用户 2 转发信息	
OB-2ACKACK	用户 1 认定位置信息收到	n 秒后无回答，中心站自动重发 OB-2ACK
OB-2ADDACK	用户 2 认定信息收到	n 秒后无回答，中心站自动重发 OB-2ADD

2.7 频率分配

频率分配（ITU MOB-WARC-87）通过：

用户上行：1 610.0~1 626.5 MHz；

用户下行：2 483.5~2 500.0 MHz；

中心站上行：6 252.0~6 524.0 MHz；

中心站下行：5 150.0~5 216.0 MHz。

我们建议的频率分配如下：

中心站上行：6 308.0~6 324.5 MHz（1 个用户下行波束时）；

中心站下行：4 052.0~4 188.0 MHz（2 个用户上行波束时）；

中心站指令上行：A：5 926 MHz，B：5 941.0 MHz；

中心站遥测下行：A：4 192 MHz，B：3 710.0 MHz；

信息码速率：$R_b = 15.625$ kbit/s，持续时间：40 ms；
扩频（基片）速率：$R_c = 8$ Mchip/s。

图2为入站信号格式，图3为出站信号格式，图4为出站伪码发生器，图5为入站伪码发生器。m 序列发生器由17位移位寄存器构成。

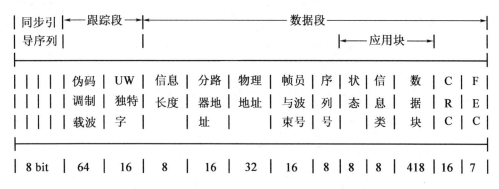

图2 入站信号格式

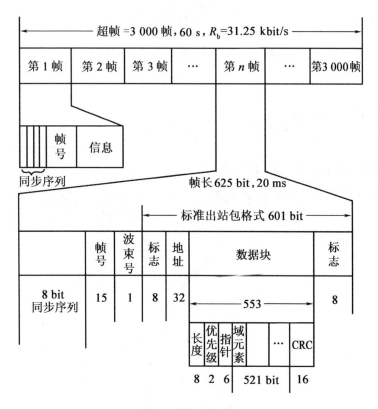

图3 出站信号格式

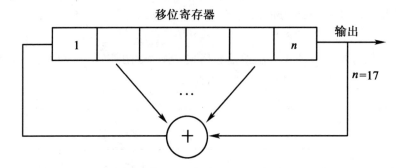

图 4 出站伪码 ($2^{17}-1$) bit 长 Mersenne 码（m 序列）发生器

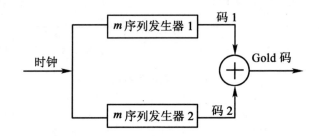

图 5 入站伪码 ($2^{17}-1$) bit 长 Gold 码（m 序列）发生器

3 卫星定位求解 X_u，Y_u，Z_u

卫星定位几何关系如图 6 所示。

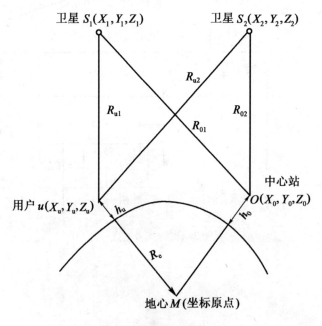

图 6 卫星定位几何关系

由图 6 可知

$$S_1 = 2R_{01} + 2R_{u1}$$
$$S_2 = R_{01} + R_{u1} + R_{u2} + R_{02}$$
$$S_3 = (R_e + h_u) = R_{uM}$$

式中　S_1，S_2 为实测值，S_3 为已知值；

$R_{ji} = [(X_i - X_j)^2 + (Y_i - Y_j)^2 + (Z_i - Z_j)^2]^{1/2}$，$(i = 1, 2; j = 0, u)$；

h_u 由测高计测得或电子地图求解。

差分定位方法

差分定位原理图如图 7 所示。

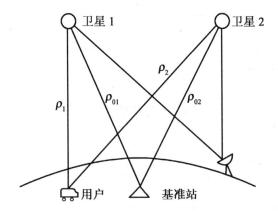

图 7　差分定位原理图

$$\begin{bmatrix} \delta_{L\lambda} \\ \delta_{L\phi} \end{bmatrix} = \begin{bmatrix} \dfrac{1}{R}\dfrac{\partial \Delta\rho_1}{\partial \lambda} & \dfrac{1}{R}\dfrac{\partial \Delta\rho_1}{\partial \phi} \\ \dfrac{1}{R}\dfrac{\partial \Delta\rho_2}{\partial \lambda} & \dfrac{1}{R}\dfrac{\partial \Delta\rho_2}{\partial \phi} \end{bmatrix}^{-1} \begin{bmatrix} \delta^*_{\Delta\rho_1} \\ \delta^*_{\Delta\rho_2} \end{bmatrix}$$

$$\begin{bmatrix} \dfrac{1}{R}\dfrac{\partial \Delta\rho_1}{\partial \lambda} & \dfrac{1}{R}\dfrac{\partial \Delta\rho_1}{\partial \phi} \\ \dfrac{1}{R}\dfrac{\partial \Delta\rho_2}{\partial \lambda} & \dfrac{1}{R}\dfrac{\partial \Delta\rho_2}{\partial \phi} \end{bmatrix} \begin{bmatrix} \delta_{L\lambda} \\ \delta_{L\phi} \end{bmatrix} = \begin{bmatrix} \delta^*_{\Delta\rho_1} \\ \delta^*_{\Delta\rho_2} \end{bmatrix}$$

式中　$\delta^*_{\Delta\rho_1}$，$\delta^*_{\Delta\rho_2}$——由线 R_λ，R_ϕ 误差引起的 ρ_1，ρ_2 误差，$\delta^*_{\Delta\rho_j} = \delta_{\Delta\rho_j} - \dfrac{\partial \Delta\rho_j}{\partial R}\delta_R - \dfrac{\partial \Delta\rho_j}{\partial \lambda_j}\delta_{\lambda_j} - \dfrac{\partial \Delta\rho_j}{\partial \phi_j}\delta_{\phi_j} - \dfrac{\partial \Delta\rho_j}{\partial r_j}\delta_{r_j}$；

$\Delta\rho_j = \rho_j - \rho_{0j}$（差分值）；

R——用户地心距；

λ_j，ϕ_j，r_j——卫星的经度、纬度和地心距；

$\delta_{L\lambda}$,$\delta_{L\phi}$——用户在经度和纬度方向的线偏差。

C_L 为测距误差放大系数,图 8、图 9 分别示出两星经度相距 50°和 60°时的 C_L 等值线。

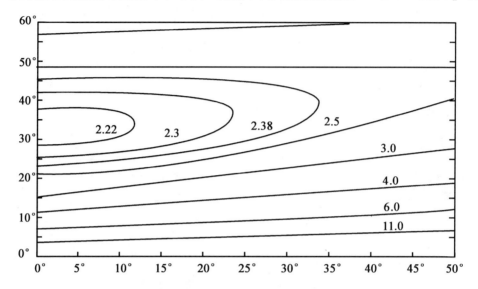

图 8　测量误差的影响:C_L 的等值线(两星经度相距 50°)

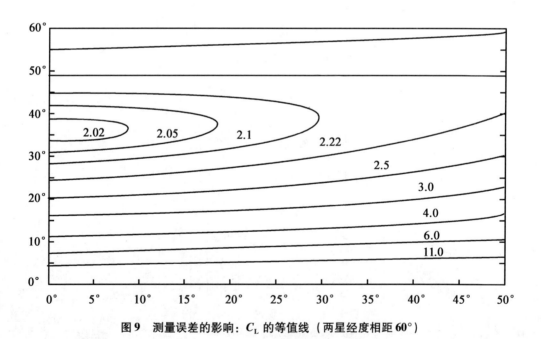

图 9　测量误差的影响:C_L 的等值线(两星经度相距 60°)

C_R 为用户高程误差放大系数，图 10、图 11 分别示出两星经度相距 50°和 60°时的 C_R 等值线。

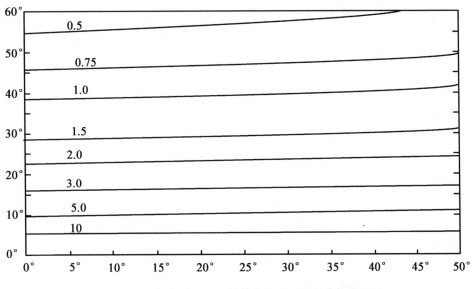

图 10　误差传递因子：C_R 的等值线（两星经度相距 **50°**）

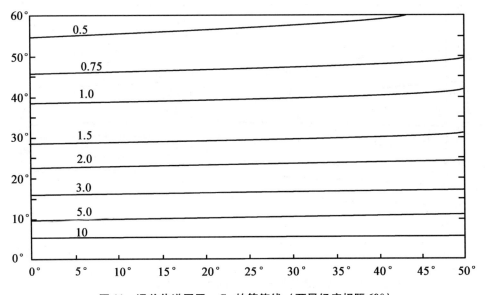

图 11　误差传递因子：C_R 的等值线（两星经度相距 **60°**）

C_S 为卫星位置误差放大系数，图 12、图 13 分别示出两星经度相距 50° 和 60° 时的 C_S 等值线。

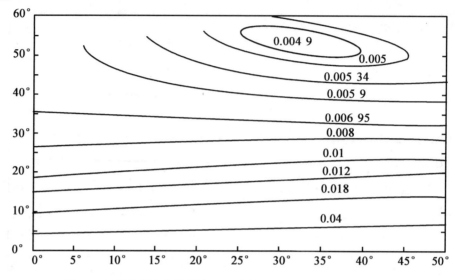

图 12 卫星位置误差的影响：C_S 的等值线（两星经度相距 50°）

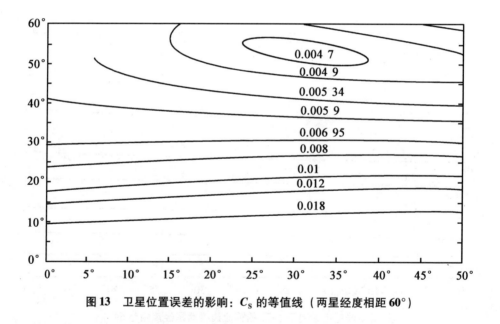

图 13 卫星位置误差的影响：C_S 的等值线（两星经度相距 60°）

4 FEC 信道编码

RDSS 系统的出站和入站信号在传输时都要先进行信道编码，且采用空间数据咨询委员会（CCSDS）建议的标准：$K=7$，$R=1/2$ 的卷积编码，编码多项式 $G_1 = 1111001$，$G_2 = 1011011$，且 G_2 输出倒相。图 14 所示为卷积编码器。

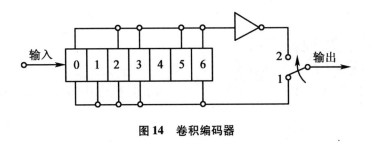

图 14 卷积编码器

5 中心站的功能

图 15 为中心站简化框图,其功能如下:
a) 与双星定位通信系统的空间部分(卫星)建立无线电链路,并能对它进行角度跟踪;
b) 进行信号处理包括中心站—卫星—用户—卫星—中心站之间传播时间的测量;
c) 对接收数据进行预处理和进行数据变换(压缩);
d) 与数据处理中心进行通信;
e) 形成出站帧和产生 PN 码;
f) 播发时间频率标准;
g) 对卫星进行遥控遥测;
h) 系统和群延的校准。

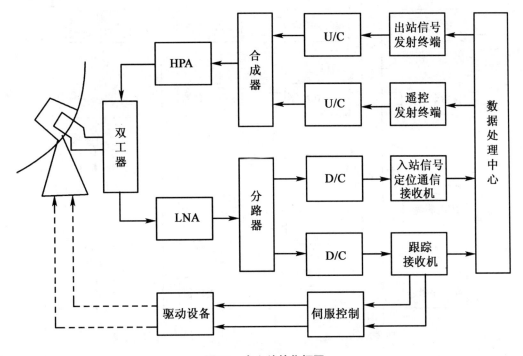

图 15 中心站简化框图

6 出站信号处理器功能

a) 接收和处理来自处理中心的数据包（已编排好帧格式和卷积编码），存于基带信号缓存器；
b) 由定时器驱动输出信息位信号；
c) 用 PN 码对信号进行扩频，即产生扩谱信号；
d) 加入同步码序列；
e) 把扩频信号送到 BPSK 调制器。

图 16 为接收系统方框图，图 17 为数据处理硬件结构图。

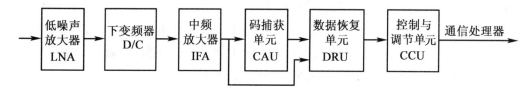

图 16　接收系统方框示意图

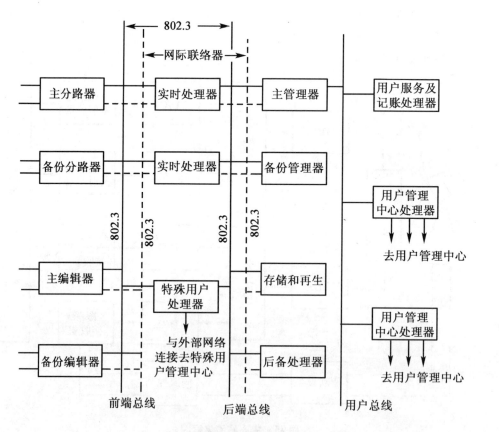

图 17　数据处理硬件结构图

7 用户设备类型

双星快速定位系统的用户设备类型如下。
- 陆地移动型：用于铁路、卡车；
- 海上型：用于轮船、浮标；
- 航空型：用于飞机导航；
- 个人型：用于私人及公共安全等；
- 参考型：用于系统检验及校准（如校准收发机）。

对于以上每种用户设备，都有必要设计成不同的标准组件。
- 发射接收型（收发信机）：用于定位、双向电信通信；
- 只发型：用于数据采集等；
- 只收型：用于接收出站信号中的某些特定的信息。

表 3 列出了用户设备的技术指标。

表 3 用户设备的技术指标

接收信号指标		发射信号指标	
参　数	标　称　值	参　数	标　称　值
频率/MHz	2 491.750	频率/MHz	1 618.250
用户 G/T/(dB/K)	-24.8		
C/N_o/dBHz	59.71	C/N_o/dBHz	79.82
调制	NRZBPSK	调制	BPSK
PN 码型	$(2^{17}-1)$ bit 长 Mersenne 素数码	PN 码型	$(2^{17}-1)$ bit 长 Gold 码
PN 码速率/Mchip/s	8	PN 码速率/Mchip/s	8
数据码速率/(kbit/s)	62.5，31.25，125	数据码速率/(kbit/s)	16.625
信道编码	效率 1/2，约束长度 $K=7$，卷积编码	信道编码	$R=1/2$，$K=7$，卷积编码
帧长/ms	16.384（20）	突发信号长度/ms	21~72（40）
信息包格式	HDLC 标准	信号格式	特殊
地址/bit	32/48	用户设备地址/bit	24+48
字头	特殊	状态/bit	32
循环校验/bit	16	CRC 校验/bit	16
伪码捕获时间/s	0.5（99% 捕获概率）		

图 18 为一个典型的用户收发机方框原理图。

图 19、图 20 分别为入站信号跟踪段建立延迟锁定环对扩频伪码精确锁定及建立 Costas 环对载波锁定的原理图。

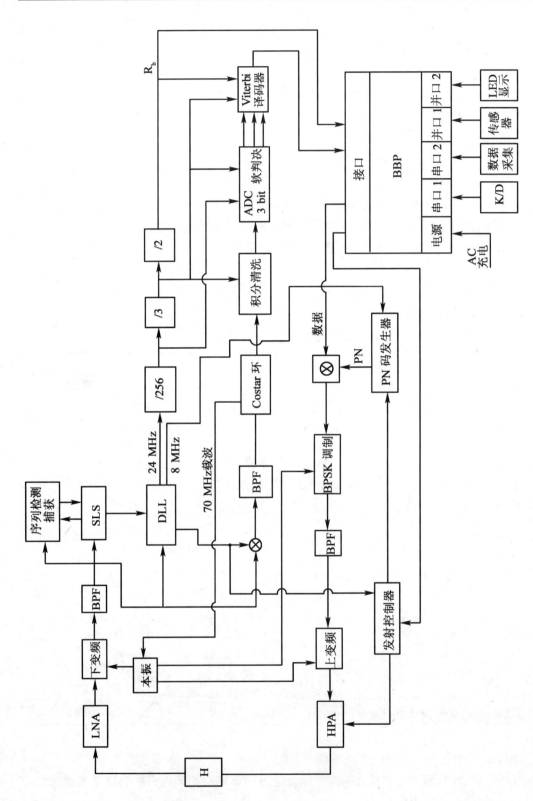

图 18 一个典型的用户收发机方框原理图

双星快速定位系统原理

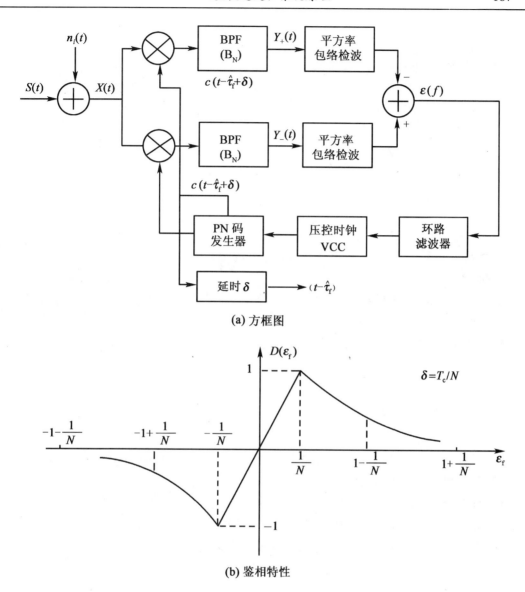

(a) 方框图

(b) 鉴相特性

图 19　非相干延迟锁定环

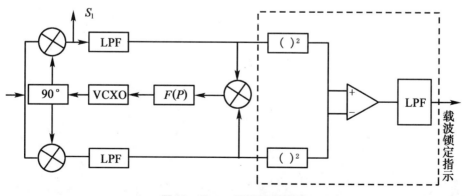

图 20　Costas 环原理方框图

8 基带处理器（BBP）

BBP 从接收机的解调器（包括译码器）接收数据和状态信息，并且为接收和发射单元提供控制信号，其主要功能是：

a) 输入：BBP 接收从接收子单元来的译码数据和用户从键盘输入的数据。

b) 处理：BBP 管理数据的流动、捕获以及所有的输入、输出功能，并完成除了识别用户 ID 号和为发射数据放置同步引导序列这些实时功能之外的所有入站和出站数据的协定处理。

c) 监视和控制：BBP 对每一个 PN 码周期进行计数，使得发射信号的时间对应着出站信号帧的某个特定的时刻，BBP 还对接收信号的状态和质量进行监视，以决定是否可以进行发射。

d) 输出：BBP 通过异步串行通信接口输出显示数据，BBP 还将用户从串行口输入的数据形成格式，送到发射单元。

BBP 的实现可以是专门设计的单片微处理机，也可以由通用微处理器芯片加外围电路来实现。

9 主要技术关键

双星快速定位系统的主要技术关键有：

a) 伪码快捕（声表面器件）及跟踪技术；

b) 快速载波提取及解调技术；

c) 卷积码的实时 Viterbi 译码技术（超大规模集成电路）；

d) 用户机 80 ms 宽脉冲 40 W 固态功率放大管及微带天线；

e) 星上 120 W 长寿命 TWT 器件；

f) 高密度大面积电子地图；

g) 数据处理中心软件。

卫星应用对各部门技术进步的促进作用[*]

0 引言

1970 年 4 月 24 日我国第一颗人造卫星上天，迄今已发射了 30 颗人造卫星，有科学技术试验卫星、返回式遥感卫星、通信广播卫星和气象卫星。20 世纪 80 年代我国卫星进入应用阶段，它已经并将为我国的科学、军事、工业和农业的现代化作出重要贡献，目前应用国产卫星的部门已达十几个，地区遍及全国 31 个省、市、自治区。

国家的兴衰取决于综合国力，综合国力在硬件方面反映在土地、人口、资源、经济、科技、军事等的综合实力；而软件方面则反映在国家内政与外交的能力、国策方略、士气民心等。卫星应用对各部门的技术进步作用必然对综合国力起着重要的促进作用。

1 应用卫星技术的优势

卫星应用事业所以能发挥其主要作用，主要决定于其应用卫星的一系列技术优势。

我国应用卫星是从距地面 100 多 km 的低轨道卫星到 35 000 km 高空的地球静止轨道卫星等多种类卫星组成，它能提供一定质量和体积的有效应用载荷，它能从太阳光和化学物质中向有效载荷提供能量，它的运行轨迹，在各个时刻的空间位置和速度矢量可以精确测定和预报，甚至可以相对地球静止不动，从而可以成为地球坐标系的一个基准，因此是一种有特殊功能的载体。

卫星的有效载荷站得高、看得远，既能定点又能迅速跑遍全球，能够通过无线电的方法或者光学的方法大空域地，甚至全球地，在时间上同时地或迅速地，连续而长期地遥感观测地球或者深空，并建立通信联系和精确测定与被观察踪迹者的几何关系，既可将观察、测量成果用无线电的方法发回地面，也可按控制返回地面加以回收，这是地面的设备做不到的事。

卫星的环境处于高真空、无杂质和微重力状态，可以试验、制作地面无法实施的新材料和新工艺，并可回送到地面，提供科学研究和发展商业应用。

---

[*] 本文为作者的授课材料，写于 1990 年。

2 通信广播类卫星的应用

迄今通信广播类卫星的应用最为广泛，涉及各个部门和千家万户，社会与经济效益最高，对我国各项事业技术进步的促进也是最大。

由于卫星的高远位置，能够提供各种频段宽频带的无线电通信能力，一颗地球静止卫星（如我国的东方红二号甲）就可覆盖全国各地区的通信、广播，2、3颗卫星联网就可以解决全球的通信，可以传送电视、话音广播、电话、传真、电传以及电报，随着星上定向天线增益及传送的高频功率的加大，C频段地球站的天线直径已由国际通信用的20 m左右到国内干线通信用的10 m，而甚小天线口径终端技术（VSAT）的发展，电话地球站的天线可以小到3 m，而数据站还可以小到1.8 m，作为集体接收的电视单收站，3 m天线就可以收到满意的电视图像，今后我国增加Ku或Ka频段通信，则电视个体接收和VSAT通信天线直径可以进一步下降到1 m以下。

地球静止卫星通信不仅可以解决固定位置用户的通信，还可以解决移动中用户的通信。开始首先用于远洋轮船和军事，船上的天线允许较大和跟踪，随着卫星有效载荷能力的加大，用户机的天线和设备可以小到装在飞机上、车辆上甚至个人拿到手上。

最近国际上掀起用低圆轨道小卫星群作移动通信的开发热潮。原则上，1颗有数据存储能力的极轨型的低轨卫星就可以进行全球的延迟数据通信。摩托罗拉公司计划的"铱"系统用77颗小卫星群并列在7个轨道面上布阵并列运行，可以实现全球实时的个人电话或数据移动通信。

卫星通信广播的应用已经比较普及，中央台的2套电视节目、云南、贵州、新疆和西藏等地方台的节目及2套教育电视节目都通过卫星传播，电视单收站已有数万台，分散在全国范围，成了边远地区、农村山区唯一能够接收电视节目的手段，我国电视覆盖率已由微波和落转电路覆盖的30%~40%增加到70%左右。

卫星通信在建设投资和维护费用上，与用户之间的作用距离无关，投资省、建设快、组网方便、无须多次转接放大，通信质量好，远远优于电缆和微波接力通信（据估计每发射1 t重的通信卫星，可节约铺设电缆的铜材料5 t以上）。在干线通信中与光纤通信不相上下。VSAT站架设机动灵活、成本低，可以直接架设在用户的房顶上，节省的引接电路费用就可能占全部通信线路的2/3，因此在我国边远地区、山区以及一切稀疏通信地区，以及大量的以业务部门、交通管理部门、企业和商业网点系统分别建立的专用通信网都必然主要采用VSAT通信网。

在移动通信方面，目前我国一些大城市的蜂窝电话得到迅速发展，这说明我国的移动通信，不仅在军事、交通部门迫切需要，而且对于商业活动，各管理部门的指挥调度系统，安全急救、抗灾救灾都是有力的工具。由于蜂窝电话每一转接站覆盖的局限性（作用距离只有20~30 km），只能在少数人口稠密区应用，而全国范围甚至全球范围的移动通信只有卫星移动通信才能实现。

综上所述，卫星通信应用的发展，带动着各行各业的技术进步和社会、经济效益的增长，通信与计算机的结合深入到千家万户，是当今世界进步发展的主要标志。

我国通信广播卫星的应用的巨大作用可以用下面两个实例来说明。

一是我国教育电视的迅猛发展，2个教育频道，每天播出30 h，5年共播出3.6万h，全国各地1991年将建成教育电视及收转台500余座，卫星电视教育接收站3000多座，放像点3万余个。中央广播电视大学累计招收全科生161万人，已毕业104.5万人，非学历教育参加者近300万人。中央农业广播电视学校累计招收学生190万人，其中农业中专毕业53万人，单、多科结业生近百万人。中国电视师范学院学生近120万人，自学收看的近200万人，这些在培养中小学师资，推广农业实用技术和管理知识，在城市进行外语和各种专业学科的普及教育，这一些为提高我国人口素质，即提高文化、技能、思想、道德、法制观念等素养水平，从长远来看，这是增强国力的最重要手段。

另一个实例是中国人民银行卫星通信专用网，近期将首先建设200个分行小站和中央站，其中40个省、市、自治区首府和计划单列市分行小站已经开通，承担全国18.8%的业务量。

这样的通信系统，和计算机紧密结合，必将为加强全金融事业的管理，加速转汇清算等业务的工作进程，为压缩日益膨胀的在途资金，抑制过热的经济活动，保证正常的支付秩序，防止支付危险等发挥重要作用。

3 遥感类卫星的应用

遥感类卫星是利用卫星的高远位置，采用不同谱段的敏感手段对地球进行各种不同用途的观测，从而迅速地获取大面积的甚至全球的并具有不同分辨率的遥感图像，可见光谱段适于白昼使用，其摄影胶片具有较高的地面分辨率；红外谱段可以昼夜工作，对地温测量尤为有效；微波遥感透过云层的能力强，还可以用星上发射信号，接收地面反射信号的方式工作，微波遥感的分辨率较低，合成孔径雷达可以大大改善这一特性；此外，紫外谱段也有应用，而多种谱段的综合应用和处理可以有效地提取特定应用需求的特性。

遥感卫星获取的图像信息可以通过卫星返回技术回收卫星胶片或磁带，也可以通过卫星微波通信实时传输，低轨卫星在境外摄取的图像可以通过磁带记录后延时回传，也可以经由2颗位于同步轨道不同位置的数据中继卫星实时转发。

遥感类对地观测卫星广泛应用于各个领域，形成多种卫星应用，其中主要的是侦察卫星、气象卫星、资源卫星、海洋卫星和减灾卫星等应用。

侦察卫星应用于军事的技术进步作用自不待言，在10~60 min间迅速穿过云雾、森林等伪装侦察敌军的动态，进行战略部署，精确确定待攻击的目标，检查攻击后的效果，分辨率甚至可达厘米级。此外，预警卫星通过红外望远镜和可见光电视监视敌方导弹尾烟并进行跟踪，可提前获得15~30 min的预警时间以便指挥反导弹系统摧毁来袭目标。

气象卫星在我国的应用已经取得极明显的社会和经济效益，我国已经发射2颗极轨型低轨道气象卫星，1颗卫星每12 h左右就能对全球大气观测1遍。我国在不久的将来还要发射地球静止气象卫星，则在25 min内就可提供一幅圆盘图，如重点观测某一局部区域，则可在 5~15 min 内刷新 1 次数据。

气象卫星解决了海洋、沙漠和高山等地区观测资料的获取问题，使获取资料的分布的均匀性、实时同一性、图像分辨率高、直观、生动，使天气预报的准确率不断提高，特别是对台风、暴雨、雷暴、冰雹等灾害性天气监测能力显著提高，例如自从利用卫星云图以后，我国对台风的监测已做到了一次不漏，1981 年 7 月荆江是否分洪，1986 年 7 月下旬四平地区严重洪涝灾害中遥感观测图测量灾区农作物的绝收面积，安排部署抗灾自救，1987 年大兴安岭林区特大火灾中及时监测到火灾的发生、发展和演变等事例中，卫星在气象方面的应用为减灾的重大决策发挥了极为重要的作用，此外，它在农业管理、农作物估产、林业管理、畜牧、渔业、交通、环境监测、军事、水文、海洋的开发研究都取得重要的促进作用。

资源卫星分陆地卫星和海洋卫星 2 大类，陆地卫星提供的每幅图片比航空照片大几千倍，可提供商用的照片分辨率目前最好的已达 5 m，由于它采用太阳同步、准回归圆形轨道，使卫星每天以同一地方平太阳时且以同一方向通过地球的同一纬度带。一颗卫星每隔十几天覆盖地球一次，因之可以周期性地提供动态变化资料，消除了因光线强弱不同给图像带来的误差。它的另一个特点是多谱段的综合利用，主要表现在：大面积的农林监视，如农作物、森林和牧草的生长情况，及时发现病虫害和观察防治效果；水文地质调查，如河流水位的变化、冰雪形成和融化、沙漠和三角洲的扩展，预报火山爆发、洪水、地震和环境污染；矿藏普查以及大地制图，如利用遥感图像的宏观特性，如色调、水系、地形形态、阴影和它们组合的花纹，编制和修改地质图，发现隐伏的地球断层和地质体，从而预测矿藏，统计全国各省各类土地的利用情况等。海洋卫星的特点是以微波遥感为主，结合海水水色扫描仪（测水中叶绿素和泥沙含量）和可见光和热红外遥感器，既可测海浪、海流、海温、海冰、海面高度和海面气象，又可观测海面以下一定的深度，这些可应用于海洋资源的探查、海运、沿岸近海的工程建设及海水污染，提高海洋水文气象预报的准确率。

我国多次发射的返回式国土普查卫星，已有 3 000 余幅大幅面黑白照片和彩色红外照片，对地物细节分辨清晰是国土卫片的突出特点，国土卫片经计算机制成的 1∶5 万影像地图影级清晰，层次丰富，地物细节清晰、与同比尺的黑白航片效果相近，而照片数、人工大为节省，如用地质队现场测绘则花费更为巨大。

这些照片已广泛用于不同的领域，其中包括地矿、油气田、地震断裂带、水利、农林、土地利用、污染等，例如京津唐地区经国土卫片地质解译，划分和预测出本区有 8 个铁矿带，内有大型矿床 9 个，中型矿床 91 个，小型矿床 55 个，矿点 59 个，仅在河北迁安等 4 个矿区经钻探验证，新增铁矿储量数亿吨。又如，经地质调查新疆塔里木地区发现了新的成油构造信息。再如，利用我国卫片已绘制出我国第一幅南沙群岛的影像海图，有极高的几何精度，并纠正了我国原有地图和美国绘制的海图的严重差错、失实和遗漏，遥感在农业和环境监测的应用上，对运城盆地 4 县 255 万多亩小麦估产，精度达到 90% 以上，沿胶州湾东岸判定出较大的工业废水污染 17 处，准确率达 94%。

我国将来自己的资源卫星上天后，肯定会对各部门的技术进步发挥更大的促进作用。

4 导航、定位类卫星的应用

利用已精确掌握的多个低轨卫星的轨道或地球静止卫星的位置，用无线电或激光测定卫星与待测用户之间的距离或径向速度，可以精确地测定用户的位置和运动速度。

国外早期可利用的导航星有子午仪，当前正在发展的是美国的 GPS 和苏联的 Glonass 全球卫星导航定位系统，它们都是由轨道高度近 2 万 km 的 18~24 颗卫星组成，轨道倾角在 62°~65°之间，轨道周期近 12 h，采用 L 频段的伪随机码测距（即测电波传播的时间），星上发地面收，它要求星上装有极高时间绝对精度的铯钟，用 4 颗星就可定出用户的位置、速度和时间，其现在公开的民用测距码可测量精度到 30 m，但美国怕外国用 GPS 于军事，人为将精度降低到 100 m。此外它还有极其保密的精测距码，精度可达 10 m。

此外，采用 2 颗同步卫星的方法，卫星、用户间双向测距和双向通信结合，也可以由中心站结合电子地图确定用户的位置并通知用户和其宿主单位，有校准时的定位精度也可达 20 m，定位和移动通信结合在一起，对移动用户可以定位、导航和指挥调度，这种系统在我国称之为双星定位系统，它适于在一个地区内应用，地区大小正好可以覆盖我国及其周边范围，全球运用则需要联网，但其投资比 GPS/Glonass 大为节省。

导航定位卫星可以广泛用于军事作战，对军事实力起倍增器的作用，也可用于民用、个人和政府部门，例如航空、航海和陆上车辆和个人携带，甚至还可以用于卫星、飞船和空间站。此外，利用其无线电载波相位信息进行大地基线测量，其静态精度可达几厘米。

GPS/Glonass 大概要到 1995 年才能建成，国内已有不少部门在试用，导航定位卫星应用在交通方面可以提高安全运行，防止碰撞；用在铁路上还可以将火车运行时间间隔由 7~8 min 缩短到 3~4 min，可以大量节省新筑路费用；用在长途货车可以减少空回；用于探险、救灾，可以深入荒野而不至迷失方向，用于大地测量，可以大量节省人力物力。

除了应用国外的卫星系统，我国也在考虑如何建立自己的导航定位系统，到那时，它必将发挥更大的作用。

对我国一些应用卫星频段选择问题的探讨[*]

0 引言

C、K 之争早有结论,现在的问题是如何在 C 频段通信广播卫星的基础上发展 Ku 频段?移动通信和定位卫星(RDSS)的频段又如何选择?目前多点波束技术的应用,VSAT 技术的发展,使人们对 Ku 频段产生了更大的兴趣。

1 信标方程剖析

卫星与地面设备上下行信道计算公式为

$$S = \frac{P_t G_t G_r \lambda^2}{(4\pi)^2 R^2 L} \text{ (W)}$$

式中 R——同步卫星距离,可视为定值;
  L——总损耗。

Ku 频段与 C 频段比,雨衰使 L 增大 5 dB,天线增益 $G = 4\pi A_\eta/\lambda^2 = 4\pi/\Omega$,$A_\eta$ 为天线有效面积,Ω 为波束的立体角,当卫星采用国内波束,波束呈 4.8°×7.2° 的椭圆,这时 $\Omega = 0.00827 \text{ rad}^2$。已知噪声功率谱密度 $N_0 = KT$,T 为接收系统总噪声温度,我们分三种情况讨论。

1.1 收发天线面积限定不变

$$\frac{S}{N_0} = \frac{A_{t\eta} A_{r\eta}}{KR^2} \cdot \frac{P_t}{TL\lambda^2} \tag{1}$$

这时波长 λ 应尽可能取小值,以使 P_t 减小而保证 S/N_0 一定。

1.2 收发天线波束宽度限定不变

$$\frac{S}{N_0} = \frac{1}{KR^2 \Omega_0 \Omega_r} \cdot \frac{P_t \lambda^2}{TL} \tag{2}$$

---

[*] 本文为技术交流资料,写于 1991 年。

这时波长 λ 应尽可能取大值，以使 P_t 减小而保证 S/N_0 不变。

1.3 收发天线一端为面积不变，另一端为波束不变

$$\frac{S}{N_0} = \frac{A_{t\eta}}{KR^2\Omega_r}\frac{P_t}{TL} \quad \text{或} \quad \frac{A_{r\eta}}{KR^2\Omega_t}\frac{P_t}{TL} \tag{3}$$

这时 S/N_0 与 λ 无关，但实际上 λ 减少时 TL 加大。

2 广播卫星

a) 设定用单一国内波束，其宽度不变，并设定用户天线面积不变，这时应按公式 (3)，为保证同一 S/N，Ku 频段要比 C 频段发射功率大 5~7 dB，以克服 TL 中的雨衰和噪声温度加大，但 Ku 频段不受微波接力干扰，也不怕干扰别人，可用加大发射功率来使用户天线减小到 1 m 以下。

b) 设星上 Ku 频段天线面积和 C 频段单一国内波束天线面积一致，约 2 m 直径（可以实现）。Ku 频段波束缩小 9 倍，要并列用 9 个点波束覆盖国土，又设定用户天线面积不变，这时按公式 (1)，λ^2 缩小 9 倍，每个转发器的功率应缩小 9 倍，但 TL 因 Ku 频段变大，要求功率也相应加大，9 个波束转发器辐射功率的总和才与 Ku 单一国内波束一样，但这时每个波束可以是独立的本地节目，满足了各地区有自己转发器的需要；如星上增加切换网络，也可以各波束进行全国联播节目。

3 通信卫星

通信卫星和广播卫星的分析完全一致，如星上能解决交叉切换问题，不同波束内的用户也可交换信息。由于每个用户的信息只要通过一个波束，Ku 频段通信容量增加了 9 倍，用户站的辐射功率可以大为缩小。

从以上结果看：要发展 Ku 频段，应同时考虑发展多点波束技术，甚至星上波束交叉切换技术。

4 移动通信和无线电定位卫星（RDSS）

移动通信和无线电定位卫星星上采用国内波束，用户采用半球波束（苹果形方向图，增益 3 dB），按公式 (2)，λ 似应取符合电联规定的最大值。按国际电联规定，移动通信可取 1 636.5~1 645.0 MHz/1 535.0~1 543.5 MHz，800 MHz 附近和 400 MHz 附近；RDSS 则可取 1 600~1 626.5 MHz/2 483.5~2 500 MHz，其中移动通信似应选 400 MHz，这时星上天线面积相应为 113 m^2，在尚未掌握展开天线技术的情况下不好实现。如果有效天线面积限于 3 m^2，则临界的波长值为 $\lambda = 0.122$ m，这正好是 RDSS 的频段（2 483.5~2 500 MHz）。由此可见，移动通信频率也以选 1 636.5~1 645.0 MHz/1 535.0~1 543.5 MHz 为

宜，如需扩大覆盖面积则选用频率可以相应降低。另外，从电离层折射引起测距误差分析（单频工作，不能修正）用于定位卫星的频率也不宜再降低了。

在国内掌握星上展开大型天线技术后，可以在L波段上发展多点波束技术，从而更好地利用信号能量扩展用户容量。

全球移动通信"铱"系统计划*

0 引言

  目前小卫星的应用引起广泛的注意，其中"铱"系统是一项庞大的计划，它由 77 颗轨道高度 765 km，质量 386 kg 的极轨卫星组成。构成全球范围的星基蜂窝状数字式个人移动通信系统。移动用户可以用手持话机与全球各地的移动用户或固定用户通话。每话路占用 8 Hz 频带，可通 4.8 kbit/s 的声码话，也可通 2.4 kbit/s 数据。卫星与移动用户间上下行通信用 1.6/1.5 GHz（L 频段）。移动用户在两地的通信由卫星间依次按双工方式中继传递，其频段为 23 GHz（Ka 频段）。卫星还和地面大天线的通道站（Gateway station）联结，通道站起检查用户合法性、记账、查询被找移动用户地址，以及将移动用户信息接入公共通信网的作用，其上下行采用 29.75/19.95 GHz（Ka 频段）。

  全网移动通信用户可达百万以上。系统预计还有确定用户位置功能，通话时定位精度为 1.6 km，如用户机选配 GPS/Glonass 导航接收机，可使定位精度达 100 m。卫星寿命为 5 年。

1 星座

  77 颗星分别位于 7 个轨道平面，每个圆轨道面内均匀分布 11 颗星。轨道面间隔 27°多，所有卫星同方向排成阵列移动。1，3，5，7 面的卫星在纬度上同相，2，4，6 面的卫星也相互同相，但纬度上和 1，3，5，7 面借开半个间隔，1，7 面间的卫星则相互迎面移动，轨道面相隔减为 17°多。卫星运行周期约 100 min，卫星南北方向的运行速度约 26 820 km/h，东西方向约为 965 km/h。

2 卫星波束覆盖区

  每颗卫星有 37 个频段波束。卫星高 2.31 m，直径 1.27 m，呈六面柱体。卫星底部的喇叭天线形成中心波束，波束宽 45°，覆盖圆直径为 689 km。卫星的 6 个侧面形成 6 个阵列天线，各形成 6 个波束，围绕中心波束构成了圆，每圆的波束数分别为 6，12，18，各波束在地球表面的覆盖面积相同，构成的总覆盖圆直径为 4 077 km。地面某固定点和卫星

---

  * 本文为1991年"小型、轻量、廉价卫星第一次研讨会报告集"论文。

的通视时间约 9 min，因此移动用户与卫星间的通信要在不同波束和卫星间交班进行。

3 卫星的收发特性

L 波段阵列天线，每阵列尺寸为 51 cm×178 cm，EIRP 值为 12.4~31.2 dBW，G/T 值为 −19.6~−5.3 dBi/K。

Ka 通道站波段是 2 个直径 25 cm 的蝶状天线，EIRP 值为 14.5~27.5 dBW，20 GHz 的雨衰为 13 dB，30 GHz 的雨衰为 26 dB，G/T 值为 −10.1 dBi/K。

星中继 Ka 波段天线采用开槽波导阵列天线，轨道面内南北向传输 EIRP 值为 36.9 dBW，邻面间传输 EIRP 值为 39.5 dBW，其中 $P=3$ W，$G=38$ dBi，G/T 值为 8 dBi/K。

4 自主导航与控制系统 ANAC

姿态控制系统为三轴偏置动量系统，由单俯仰轴动量轮的罗盘效应来实现卫星姿态的控制。设计中利用一高速单自由度飞轮的动量来提供姿态稳定，用磁力矩和飞轮转速的控制做姿态误差修正。其主要敏感器是一对 Barnes 工程双锥形扫描器（用于 Microeosm Autonomous Navigation System，简称 MANS），以提供对地球的红外敏感和对太阳及月亮的可见光敏感。

在卫星进入最终轨道和初始姿态稳定后，该系统将全自动工作，同时还备有地面备份控制能力。飞轮的固有的罗盘稳定提供稳定的姿态控制，当敏感器失效或控制异常时提供可靠的重新捕获能力。

ANAC 系统用于停泊轨道的最终的任务轨道。形成下列功能：

a）停泊轨道段。确定高度和位置。动量轮、力矩器和小喷嘴用以建立和保持停泊轨道段的三轴稳定。卫星位置由遥测报告地面控制。

b）任务轨道段。在展开和任务工作时保持控制，姿态保持可自动进行或结合地面指令进行。动量轮综合提供飞轮轴的罗盘稳定，此飞轮轴和惯性空间的卫星俯仰轴交连在一起。为保持天底指向的俯仰轴的控制是用控制轮速来改变动量，滚动与偏航误差则由磁力矩控制，轮速控制指令和磁力矩电流则响应于 MANS 卡尔曼滤波提供的误差信号。Barnes 敏感器利用对地球、太阳和月亮的敏感量来提供所需的误差信号。力矩则是由线圈磁场与地磁场相互作用产生。滚动和偏航误差由相应的滚动误差信号来修正。

MANS 利用改进了的原有空间专用扫描敏感器来获得高度、滚动和俯仰参数。利用红外来检测地球，利用可见光检测太阳和月亮方位及俯仰角来获取偏航和轨道参数。同时用两个敏感器可以提高精度和提供备份。采用这一途径，可独立于任何外界的资源来自动导航和定姿。采用一个铷钟作为系统的组成部分，以提供精确的时间基准。位置、姿态及变化率可在 250 ms 区间内获得，并可提供：姿态精度，±0.5°；位置精度，±20 km。

系统的姿态保持模式也是采用了一种自主的途径。采用了一种绝对姿态保持方法，即每一颗卫星都保持在由 MANS 确定的位置立方体之内，这一途径要求指令最少，对所有其他卫星的位置无须频繁地传送数据即可知道，而且地面很容易监视以作为检验模式。

采用低推力肼系统以使执行器的挠动力矩最小，喷嘴总是在确保最佳推进剂效率的速度矢量方向喷气。阻力补偿的大小取决于观察到的偏移量，这包括卫星相对于其指定立方体的观察量，阻力补偿还取决于在轨道升交点时计算出来的所需脉冲量，相应的指令将在随后的远地点处执行，以提升轨道高度和圆化轨道，使执行器保持在它设定的立方体的中心处。

5 燃料预计

卫星利用单推进剂分系统提供全部推动功能，其燃料预计参数见表1。

表1 燃料预计参数

项 目	燃料/kg
进入轨道	17.5
轨道调整	2.2
阻力补偿	3.6
EoL Decommission	18.0
总计	41.3

6 电源功率

两翼太阳能电池帆板设置于卫星顶部以上，采用高输出太阳能电池阵，阵面积 8.1 m^2（GaAs/Ge），采用 48 Ah 长寿命二次镍氢电池，采用故障隔离功率分配系统。5 年后轨道寿命末期平均功率参见表2。

表2 5 年后轨道寿命末期平均功率

项 目	功率/W
通信：电子设备	433
Ka 波段功放	41
L 波段功放	232（电池供电）
姿控	50
导航与控制	20
电源和配电	75
热控	20
电池充电	750
总载荷	1 389（不含 L 波段功放）
能力	1 429
余量	40（4%）

7 质量

系统质量参数见表 3。

表 3 系统质量参数

项　目	质量/kg
结构	9.5
热控	14.3
推进器（轮）	10.2
导航与控制	8.1
电源	83.8
无线	106.0
通信电子分系统	69.4
可消耗部分	42.9
余量	45.0
飞行器湿重	389.2

注：卫星可以用飞马座火箭发射，也可用阿里安火箭发射。

我国卫星移动通信
导航定位及航天测控技术发展趋向研讨[*]

摘 要 本文对卫星应用技术在移动通信、导航定位以及航天测控技术等方面的发展趋势进行了探讨。文中列举了移动通信类型及几种导航定位系统。在空间飞行器测控方面着重介绍了数据中继卫星、GPS/Glonass 以及深空间跟踪网(DSN)的情况。

0 引言

  本文从技术发展的角度探讨卫星应用技术在移动通信、导航定位及航天测控技术等方面的发展趋向。以上这几个领域都可概括为移动通信的范畴。在这里移动用户指的是海洋及内河船只、陆上车辆及行人、空中飞机和空间飞行器。它们在实质上都是进行单向或双向的无线电通信。本文所提测控技术是特指空间飞行器的遥测、遥控和轨道的跟踪测量。遥测、遥控本身就是一种单程的数据通信,而轨道测量和导航定位不外乎组合几种测量元素来确定移动体的实时位置和速度,其办法多半是测量移动体相对于某些基准点的径向距离(含单向或双向测距离、距离之和或差)、径向距离变化率和相对的角度。这种测量过程可以看作是距离信息 $R(t)$、距离变化率信息 $\dot{R}(t)$ 或目标与跟踪天线指向夹角 $\theta(t)$ 等参数对无线电波载频、次载频或伪随机码等进行相位、时间或幅度调制过的信号的解调过程,因此可视为通信的一种特殊形式,在技术上可并入移动通信一起讨论。

  当前由于应用卫星技术水平的不断提高,卫星的有效载荷可显著加大,如星上天线尺寸可以大到几十米和形成多点波束,辐射总功率可以达到千瓦量级,即飞行器能提供的 EIRP 和 G/T 值大大提高,分别可达 50~60 dBW 和 0~10 dBi/K。这就可使移动用户的天线缩小到分米量级,辐射功率缩小到瓦级以下,从而使移动用户设备便于携带,其天线无须定向跟踪(即用半球方向图)。这是比当前电视单收站(TVRO)和固定通信中的 VSAT (Very Small Aperture Terminal)通信小站更为先进的技术。再加上卫星居高临下,其观测覆盖移动用户的区域易于扩大到全国或一个更为广阔的区域甚至全球,从而使天基系统的总性能价格比优于传统的地基系统,成为今后发展的主要趋向。因此,应用卫星和卫星应用系统在这一领域的开发工作是大有可为的。下面就几种类型的应用进一步进行阐述。

---

[*] 本文发表于《测控技术》1991 年第 3 期。

1 移动通信业务

移动通信业务在早期集中在以下几个类型。

a) 部门专用半双工无线电台。

b) 蜂窝无线电话。这是地区性公用交换网全双工无线电话，具有世界范围的标准化通信规程，可以和长途网连用。近来正在我国几大城市发展。它要求每隔 20 km 就建一个中转站，以连成蜂窝状网。但这种类型投资巨大，只宜在人口密度很高的城市建立，不能在全国范围布网，并且用户的月租费也很高。

c) 传呼机。这是半双工极简单的数据传呼，只能传送电话号码之类的信息，价格低，易于普及，但也不能在全国范围布网。20 世纪 90 年代预计全球可达 1 000 万个用户。

目前，国际上移动通信的发展由地基迅速向天基转移，形成卫星移动通信。主要以通信为特征的有以下几类。

a) 航海移动通信。这一业务开发比较早。海洋的覆盖面很宽，卫星上的天线方向图比较宽，辐射能量比较分散，但船上允许装载较大的跟踪天线。Inmarsat 的船载 L 波段 A 型站到 1989 年达 1 万多套。它可以进行通话、电传和话音频带数据传输。其后，天线只有书本大小的 C 型船站也逐步发展，只可传文字和数据。目前 Inmarsat 还在发展 B/M 系统，B 系统可以将数据速率提高到 9.6 kbit/s，可以通数字话；M 系统天线直径可小到 0.4 m，也可进行通话和数据传输。由于海上的业务量是有限的，Inmarsat 业务正力争向陆地和航空卫星移动通信发展。

b) 陆地卫星移动通信。原来频段在超高频，国际电联分配了 L 频段后，形成各国纷纷发展 L 频段系统的局面。加拿大和北美开展卫星移动通信最早，采用窄带幅度压扩单边带调制体制，各路通话之间间隔只占 5 kHz。最近澳大利亚正在利用第二代 Aussat 卫星开展移动通信业务。这一类系统的优点是可以进行通话和数据传输，缺点是通信全挤在有限的频带范围以内，再加上通话时间长（一般在 3 min 以上），在一个大的卫星覆盖区内，为避免相互干扰，只允许有一个系统工作。其总用户数量只能有 20～30 万户，因此分摊到每一用户的成本较高。用户天线一般应是半球覆盖、尺寸很小，增益很低（3～6 dBi）。但也有人探讨使车载天线尺寸加大，增益提高到十几个 dBi，但必须研制天线定向机构，如能解决好移动天线的廉价定向问题，移动通信的频段可以向更高的频段发展。

c) 航空卫星移动通信。在早期的 Aerosat 计划失败后，近期国际民航组织的未来航行系统专门委员会（FANS）提出建议，认为今后需健全空中与地面可靠的数字化数据交换网，从而改善空中监视系统的现代化和自动化，并认为该网应该通过卫星转发。此外，飞机上旅客的通话需求也在推动着建立一个能在全球联网的航空卫星移动通信（数据/话音）系统。由于要求全球覆盖，必须解决各地区的合作联网和飞机上采用高增益（12 dBi）定向跟踪的天线技术。

d) 全球移动通信系统。这是 1990 年美国 Motorola 公司宣布的"铱"系统计划。空中部分由 77 颗高度为 765 km 的极轨型小卫星组成，分 7 个轨道面运行，每个轨道面均匀分布 11 颗卫星,阵列式共同移动前进。每个卫星又由 37 个波束组成蜂窝状的覆盖,每波束覆盖地球表面为直径 648 km 的圆面积,从而沟通卫星与地面移动用户的通信。采用 L 频段 1.5/1.6 GHz。卫星不仅具备信号转发功能,还具备信道交换功能。卫星间的交换由 Ku 频段进行通信。这实际上是将地面蜂窝电话系统的地面交换站搬上天空的大胆设想。它一旦建立就是全球性的系统,宣称造价为 20 亿美元,1996 年年底开始运行。"铱"系统前景很诱人,但能否实现,人们正拭目以待。如能实现,将会使整个移动通信局面改观。我国幅员广大,必然是这一系统争取的重要市场。

总的说来,国内地基的移动通信正在各大城市迅速发展,但如不与卫星移动通信的发展综合考虑,将会在我国引起宏观失调的局面。这是需要领导部门认真决策的事情。

2 导航定位业务

导航与定位的概念不太相同。现在一般认为:导航是指向用户提供其位置信息,而定位是指向第三者提供目标用户的位置信息。目前导航定位系统也同样经历着由陆基向天基转移的过程,其中应用较多的是以下几种。

a) 罗兰 – C 系统。该系统是工作频率为 100 kHz 的脉冲相位双曲线导航系统。1 个导航台的作用范围约 2 000 km。导航精度受电波传播条件限制,一般为 200~300 m。用户接收机价格便宜,主要用于航海,美国陆地上的应用也很普及。

b) 子午仪。该系统约有 10 万台接收机在使用,20 世纪 90 年代内可能关闭,人们已逐步失去对它的兴趣。

c) GPS 与 Glonass 为全球卫星导航系统。两者性能极为相似,是由轨道高度近 20 000 km 的 18~24 颗卫星组成。轨道倾角在 62°~65°之间,轨道周期近 12 h,采用 L 频段,用单程伪随机码测距,因此星上装有极高精度的铯钟。用户同时测定自己和 4 颗卫星的距离,并利用星上以 50 bit/s 发送的导航电文来求出自己的位置、速度和解出用户时钟的不确定性。

美国的 GPS 各星发射相同的 2 个载频,即 L_1 (1 575.42 MHz) 和 L_2 (1 227.6 MHz)。L_1 调制 C/A 码与 P 码,而 L_2 只调制 P 码。各星的伪码不同,相互正交,借以区分不同卫星的信号。C/A 码为 1 ms 周期的短码,码速率 1.023 Mbit/s,允许民用。其定位设计精度为 100 m,但实际可达 30 m。美军方为其军事利益,人为地将精度下降为 100 m。P 码是以 1 星期为周期的长码,码速率 10.23 Mbit/s,保密很严,只作军用。采用双频可以解电离层延时误差,设计精度为 10 m。鉴于 P 码的重大军事价值,美军方牢牢控制着改变 P 码的主动权,以防破密。这是考虑其应用中不可回避的事实。

苏联 Glonass 各星载频不同,分布于 1 602.562 5~1 615.5 MHz 之间,间隔为 0.562 5 MHz,以频率分隔各卫星信号,而其伪码则相同。苏联只公布了类似 C/A 码的短码。码速率为 0.512 Mbit/s,允许各国民用。其设计的定位精度水平为 100 m,高度为 150 m。测速精度为 15 cm/s,定时精度为 1 μs,并宣称不降低精度。

目前国内外开始着手研制 GPS/Glonass 混合接收机,以防止一个系统不能使用时造成工作停顿。另外在目前，这两个系统都还未建成，各自可用的在轨卫星只有7、8颗，每天可用以定位的时间只有几个小时，两个系统兼用，可以扩展每天可用的小时数。

GPS/Glonass 的导航体制性能为全球性、全空域性（1 000～2 000 km 以下的各类飞行器，海、陆、空各个领域）、高精度、大动态范围和高隐蔽性（用户机无须辐射无线电波）等，都特别适合军事、经济大国的军事用途，为巡航导弹、潜水艇、航天器、靶场试验以及海、陆、空的常规军事应用。此外，在民用的航海、航空以及陆地上也可以找到广泛的用途。由于民用的测距伪码定位精度不高，还发展了一些提高测量精度的方法，例如在大地测量中，为了精确测定两定点间的基线长度，利用提取的载波信号进行较长时间的比相测量和处理，其静态精度可达几厘米。利用地面设置的校准站（其大地坐标已精确测定）接收机数据和移动用户接收的数据联合差分处理，可将移动用户的定位精度提高到几米。但应该说明的是这在事后处理可能比较容易，但如果要取得实时差分数据，GPS/Glonass 接收机还得和移动通信系统联合应用，才能构成完整的工程系统。

d）双星快速定位通信系统。该系统国际上的正式名称是无线电定位业务（Radio Determination Satellite Service，RDSS）。美国的 Geostar 和法国的 Locstar 都属于这一系统，它只利用 2 颗同步卫星（外加用户地心距，可由用户的气压测高计获得，也可由中心站的数字地图获得）或 3 颗同步卫星进行伪码双向测距以定位。双向测距是指测量中心站经卫星至用户，再由用户转发经卫星回到中心站的距离。由于卫星至中心站的距离已知，进而可以获得 2 颗卫星至用户的距离，结合用户地心距就可测定用户位置。双向伪码（码速率为 8 Mbit/s）测距的同时可以双向传送数据文字信息（出、入站码速率分别为 62.5 kbit/s 和 15.6 kbit/s），用户与卫星间的双向频率是 1 618.25 MHz/2 491.75 MHz，而卫星与中心站之间则采用 C 或 Ku 频段。该系统的特点是：卫星与用户只需转发功能，无须精密的时间和频率基准，测距和计算处理集中在中心站，用户间或用户与其总部间的信息交换也在中心站，中心站可以按服务收费经营。建立 1 个区域系统，只需 2 颗同步卫星，一次性投资较少。如各地区联营，可以组成准全球系统。由于导航定位与移动数据通信结合，系统可由众多的校准站差分，因此精度可达 10 m 量级，由于用户测距和传送信息只占用 20～80 ms，每波束每小时可有 30 万用户工作，因此分摊到每个用户的一次性投资和服务费用都较便宜，经济效益很高。

这一系统在救灾抢险、调度指挥、铁路、公路和沿海航行都有很高的效益。

3 空间飞行器测控业务

目前地基的飞行器测控系统已无新的发展，更多的是进行调整、归并和国际合作联网。一种趋势是用统一的 S 频段测控系统代替超高频段的遥测、遥控和跟踪测轨系统。另一种趋势是各类卫星用户系统利用本身业务频段开展对在轨卫星的定点保持和有效载荷测控，如建立 C，Ku 频段通信卫星的监控站，气向卫星 S 频段业务中心站兼作测控管理等。

目前飞行器测控的发展主要由地基向天基发展，其中突出的是数据中继卫星和 GPS/Glonass 在空间的应用。而深空通信、测控还是依靠地基深空网。

a) 数据中继卫星。美国、欧空局和日本都在发展和建立自己的系统。美国的 TDRSS 建立最早，其性能具有代表性。服务对象是近地轨道的空间飞行器，包括卫星、载人飞船、航天飞机和空间站等。其主要任务有 2 个：一个是跟踪在全球上空飞行的目标，利用伪随机码测目标的径向距离和其变化率来确定其惯性轨道；另一个是转发上述飞行器大容量、高码速率的遥感或电视图像等数据（可达 300 Mbit/s）。为了解决全空域跟踪通视，用 2 颗在经度上相差 130°的地球同步卫星进行观测，对高度为 1 200 km 以上的飞行器可以有 100% 的覆盖（指每小时至少有 1 颗中继卫星通视）。而对高度 500 km 以上的飞行器可覆盖 85%。

用户星的特点是数量不多，但活动空域大，中继星的观察视场至少超过 28°（以地球中心为对称中心）以上，甚至更大。用户星最好采用全向图低增益天线，一般星上的发射功率也不宜过大，TDRSS 为 20 W。因此数据中继卫星需采用窄波束自动跟踪或地面指令趋动跟踪。美国 TDRSS 采用两副 4.9 m 直径 S/Ku 双波段网状可展开式抛物面天线，形成 0.28°（Ku）和 1.84°（S）波束。天线工作于 S 波段链路时由地面指令驱动星上天线，而接入 Ku 链路时则自动跟踪。这可提供对 2 个用户星的同时连续跟踪和转发高码速率数据。另外，在星体本身上装有 30 个螺旋天线元的相控阵天线，它可提供一个电可控发射波束和 20 个接收波束，从而实现对多飞行器目标的跟踪。

数据中继卫星本身对信号不作数据处理，只进行转发，以沟通地面站和用户星之间的信息。无多大技术难点，可见其主要特点和难点是星上多波束跟踪天线和与其相应的轨道与姿态保持技术。

欧空局的数据中继卫星将 Ku 频段改为 Ka 频段，而日本计划中的数据中继卫星可跟踪的用户星数目很少，而天线可跟踪范围则加大到 ±50°，可对转移轨道卫星进行测控。

为了取得我国遥感卫星和未来太空站在国外上空的信息和数据，我国一般不会在国外设站，因此数据中继的任务是需要的，即使测控所要求的数据率很低，可以设法简化要求，但数据中继移动波束的技术应该开展研制。

b) GPS/Glonass 在飞行器测轨的应用。美国首先在资源卫星 Landsat – 4.5 上取得比较好的结果。而其后为了研制海洋测绘试验卫星（TOPEX），美国喷气推进试验室（JPL）提出了应用 GPS 的双差分法，它借助于十几个精确测定坐标的地面校准站，消除 GPS 卫星的时间误差和降低其轨道位置误差以及用户星的时间误差。为了精确测量，其中还利用了 GPS 信号的载波相位的差分，双频消电离层误差技术，精确的大气折射修正以及消除地球重力场模型误差的措施。本方法提供的 TOPEX 轨道精度预计可达 5~10 cm。但需要指出的是，上述精度是在利用 P 码的条件下，包含利用 L_1 及 L_2 双频的条件下得出的。有一种观点，认为不须知道 GPS 的码型，设法提取其信号的载波分量进行测量，而 GPS 各星的星历自己测定并实时提供用户使用，这在工程上很难实现。

c) 深空间跟踪（DSN）。这一地基的测控通信系统属美国 NASA 所有，由 JPL 研制和管理。它的主要任务是支持深空探测，已为"航行者"、"先锋号"计划观测天王星和海王星作出很大贡献。它同时还为伽利略土星轨道飞行器、麦哲伦金星轨道飞行器作出贡献。这一系统的特点是要求作用距离极远，采用 25 m 到 70 m 的大型天线，它们分设在美国加州的 Goldstone、西班牙的 Madrid 和澳大利亚的 Canberra。此外，日本的宇航科学研究所在 Vsuda 也建有一个 64 m 天线的深空站。这些站的数据联网，送往设于加州的 Pasadena 运行控制中心进行处理。

为了从噪声中提取极微弱信号，JPL 在不断寻求各种有效的纠错编码。目前在 10^{-6} 误码率条件下，检测门限 E_b/N_0 已下降至 0.42 dB，离理论极限值 -1.6 dB 已经相差不远了。

我国对于深空间的研究还未提上议事日程，有趣的是，美国现有的深空网在我国西部地区缺一个观察点，造成收集深空数据的不连续性。如我国能补上这一个点，可能会促进我国在深空探测领域的国际合作与交流。

STUDYING TREND OF DEVELOPMENT ABOUT SATELLITE COMMUNICATION, NAVIGATION DETERMINATION AND SPACE TTC IN CHINA

Abstract In this paper, a study trend of development about mobilie communication, navigation determination and space TTC in the satellite application is presented. It lists the types of the mobilie communication and serval navigation determination systems. The TDRSS (Tracking and Data Relay Satallite System), GPS/Glonass and deep space network about the Space TTC are also introduced.

我国应用卫星与卫星应用的发展前景*

0 引言

30年来我国航天事业遵循"自力更生"、"大力协同"的发展方针，从无到有，已经发射了25颗卫星。计有回收型遥感卫星11颗，其中3颗还搭载了微重力试验；地球静止轨道自旋稳定的通信广播卫星5颗；太阳同步轨道气象卫星1颗；另外还有8颗是科学试验卫星。时至今日，我国的卫星业务已从试验阶段进入应用阶段，开始建立卫星应用的产业。今后随着各种应用卫星的相继发射，各种卫星应用的产业将会更加蓬勃地兴起。

1 今后10年可能发射些什么卫星

目前正在研制的卫星有风云二号地球静止气象卫星、资源一号太阳同步资源探测卫星以及东方红三号地球静止通信广播卫星。

这些卫星研制完成后，连同以前的基础，可以形成4种通用的卫星平台。这就是：地球静止轨道三轴稳定平台，地球静止轨道消旋平台，太阳同步极地轨道三轴稳定平台以及低轨道返回式平台。有了这些平台做公用舱，就可以开展各种有效载荷的研制，从而发展多种应用卫星，以满足各方面应用的需求。

从1990年到2000年，如充分按用户的需要，则要发射26种型号70多颗各类卫星。但由于我国投资有限，难于满足各方面的需求，只能采取一星多用、一箭多星、军民结合、综合利用来解决。目前讨论中的型号有14种，分为6个系列。

a) 气象卫星系列有2种；

· 风云三号静止气象卫星，每半小时就可获得1张可见光分辨度为1.5 km，红外和水汽分辨度为5 km的地面云图。

· 风云三号太阳同步极轨气象卫星，它是风云一号的改进型。

b) 回收型卫星有4种；

c) 地球与海洋观测卫星2种；

· 地球资源一号卫星。它已列为中国、巴西合作项目，用CCD相机，全色、多光谱分辨率为19.5 m；用红外扫描仪，近红外分辨率为80 m，远红外分辨率为60 m。

· 海洋一号卫星，它含有雷达高度计、水色成像仪和微波散射计。

---

* 本文为作者的授课材料，写于1991年。

d) 通信广播系列共 2 种;
- 东方红三号通信广播卫星, C 频段 24 个转发器, 6 路彩色电视。
- 东方红四号, Ku 频段 (14/11GHz), 26~32 转发器, 4~6 路彩色电视, 用户天线为 0.5~1 m。

e) 大型对地综合观测卫星 1 种;
它具有海洋、资源、灾害监测多种功能, 星上还装有合成孔径雷达。

f) 移动通信类卫星系列 3 种。
- 导航定位卫星, 采用伪码测距定位, 定位精度 10 m。
- 移动通信卫星, 军民合用, L 频段。
- 跟踪和数据中继卫星, 为载人航天及近地轨道观测卫星服务。

2 关于发展今后地面应用系统的看法

a) 风云二号地面站系统, 其整体布局如图 1, 其中指令与数据接收站 (CDAS) 的天线为 20 m, 其主要任务为: 接收卫星下发的原始云图; 广播地面生成的展宽数字云图, 低分辨率传真云图及天气图; 对卫星编码遥测、模拟遥测进行接收处理及发出指令, 与另两个测距副站组成三点测距定位系统对卫星定位, 完成对各数据收集平台的数据接收、解调与传送, 与数据处理中心进行数据交换等, 该站目前正在研制中, 另外有中规模数据利用站, 它为用户提供展宽数字云图, 配备到省、市及自治州一级, 约需 100 台。小规模数据收集站为用户提供低分辨传真云图和 S 波段天气图, 它配备到专区和县一级, 约需 4 000 台。数据收集平台 (DCP), 可以采集各地气象数据、水文数据及其他地震、森林火灾监测数据等, 总用量估计能达万台以上。

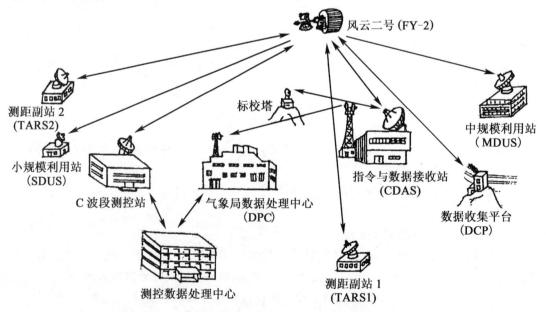

图 1 风云二号系统业务运控原理图

b) 资源一号属遥感传输型卫星，我国需在北京、新疆和南方布站，X 频段，人们原来设想这类卫星可以直接产生经济效益，并由用户来投资，而事实上投资问题不能落实，目前还未着手建站。星、地建设明显不同步，虽然遥感图片可以有一定收益，但远不能补偿投资费用，甚至连站的运行管理费用也不够用，这一点美陆地卫星、法 SPOT 卫星也是如此。但尽管如此，各国仍在不断研制这类卫星和建立新站，认为这是一个主权国家所必须办的事。与此相反，风云一号地面站则先于卫星建成投入运行，虽然该卫星上天只工作 39 天，卫星一入轨就取得很多风云一号的精良图像数据，充分发挥了这 39 天的作用。目前资源一号建站时间已丧失了许多年，需要尽快请上级决策，看来国家投资是不可避免，问题是如何综合利用，实现一站多星、一址多站，从而减少投入，增加产出。直接获得效益的用户最好也能提供部分集资。

c) 卫星广播电视单收站自租星 C 频段过渡以来有了非常迅速的发展，目前已达 15 000 套，充分发挥了市场竞争和调节的作用，形成了群众性的开发、群众性的购置，从这一发展中可以看到一些特点，C 频段天线国内市场上大量销售，Ku 频段天线虽然需求量大，但我国天线进入国际市场的不多，国产卫星电视接收机虽开发出一些样品，但竞争不过进口设备，发展不起来。这说明我国这类商品的批生产能力和工艺水平上不去，电子元器件，特别是集成元器件上不去。这一关要靠大的经济集团的投资和冒风险来闯，同时还要靠国家下大力气发展生产合适的电子元器件，特别是集成元器件。然后再适当辅以政策上对国产化的保护。目前 Ku 频段天线没有国内市场孕育其发展成长，一下就渗入国际市场也必然很困难。

d) 国内对卫星通信需求的潜在市场很大，特别是专用网对 VSAT 的需求更大。但是发展很缓慢，这里需要解决几个问题。

1) 以邮电部为主制定一个为多数有关大部门支持的全国卫星通信网规划，其中包括全国省会以上的干线网、省内通信网、专用网，并优选其调制和终端体制，以及不同网之间的协调。伊朗在战后迅速制定了一个通信网的全面规划，它的干线网采用 TDMA/DAMA 体制，数据速率 90 Mbit/s，ADPCM 调制，Veterbi 译码前向纠错，数字式回音对消器，话音激活。

2) 制定一个全国众多部门参加的新通信体制攻关项目的近期规划，加速新产品的研制或仿制过程，引进的样机技术资料供参加攻关项目的各部门使用。

e) 移动卫星通信类（含静止卫星型无线电定位业务 RDSS，或称双星快速定位系统，以及数据中继卫星）的发展途径问题。

移动通信领域是最能发挥卫星通信特长，且难于为其他通信工具所替代的领域，表 1、表 2、表 3 分别列举了用户市场，直接效益和间接效益的数据表格（未计军事上的巨大效益）。如果投入为 4.95 亿元，直接效益的投入产出比为 1:2.15，如再考虑间接经济效益，则投入产出比可达 1:18。

双星定位与 GPS 相比，各有其优缺点，问题是我国如要研制自己的 GPS 系统，耗资巨大，为我国力所不及，我们尽可充分利用 GPS 资源，研究对付美军方保密控制的措施，但这不应限制建立我国自己的导航定位系统。

导航定位卫星系统与移动通信及数据中继卫星系统有很多技术上共通和继承的地方，但由于用户对象不同，也难于相互取代。

表1 用户市场

使用部门	数量/万台
公路、铁路	18
内河、沿海船只	4.5
公安、消防、防灾、救灾	5.2
企事业单位和边远地区通信	2.2
水利、气象、海洋数据收集	0.6
石油钻井队、地质勘探队、科学考察队和个人	0.5

表2 直接效益

时间	用户机累计台数/万台	产值累计/亿元	利润累计/亿元	收取服务费累计/亿元
1995年	0.01			（试用）
1996年	0.04			（试用）
1997年	4	4	0.8	0.2
1998年	9.5	9.5	1.9	0.675
1999年	16	16	3.2	1.475
2000年	23.5	23.5	4.7	2.65
2001年	32	32	6.4	4.25

表3 间接效益

应用方面	原值	效果	年效益/亿元
自然灾害	每年造成的损失20亿元	减少损失10%	2
公路运输	由于信息不通造成的损失24亿元	减少损失10%	2.4
铁路运输	每年产值350亿元	提高运力5%	17.5
内河及近海航运	由于信息不通和沉船事故造成的损失24亿元	减小损失10%	2.4
电报通信	每年对国民经济贡献80亿元	改善电报业务10%	8
累计			32.3

NEW DESIGN CONCEPTION AND DEVELOPMENT OF THE SYNCHRONIZER/DATA BUFFER SYSTEM IN CDA STATION FOR CHINA'S GMS*

Abstract   The system and parameters of China's future Geostationary Meteorological Satellite are similar to those of Japan's GMS −4. The development of the Command and Data Acquisition Station (CDAS) is in progress. The Synchronizer/Data Buffer (S/DB) is the key system in the CDAS. Some new design conception has been developed. The main points of the S/DB are given as follows:

Using several computers and special microprocessors in cooperation with minimized hardware to fulfill all of the functions.

The high-accuracy digital phase locked loop is operated by computer, and by controlling the count value of 20 MHz clock to acquire and track such signals as Sun pulse, scan synchronization detection pulse and Earth pulse.

Using Prestorage Then Resampling Technique (PTRT) to process the VISSR data by means of translating the time series of the VISSR data into the address series of computer buffer, and determining the image relation between the address number and the time delay from smoothed Sun pulse to the sampling point of the VISSR data, we can prolong the operation period needed for the real time resampling by 16 times, which greatly improves the timing precision of resampling and the magnitude precision of interpolation.

Recording Sun pulse and the VISSR data precisely and economically by digitizing the time relation and using computer disk.

This paper demonstrates the principles of some main sub-systems and block diagrams of the S/DB. The prototype of the S/DB was successfully tested in July, 1990 in the condition of Low signal-to-noise ratio.

---

* From AAS 91 −657, writed by Tong Kai, Fan Shiming, Gong Derong, Lu Zuming and Liu Jian.

0 INTRODUCTION

China has launched its two polar orbit meteorological satellites and they have been in operation since September, 1988. They have made a due contribution to the Chinese and the world cause of undertaking meteorology. China will launch its own Geostationary Meteorological Satellite, which may be located over the equator facing the middle of China, so as to provide better meteorological service for the China and Asian regions.

The system and parameters of the future China Geostationary Meteorological Satellite (CGMS) are similar to those of the Japanese Geostationary Meteorological Satellite (GMS). The VISSR and stretched VISSR (Visible and Infrared Spin Scan Radiometer) data formats of the CDAS (Command and Data Acquisition Station) developed by ourselves are compatible with the image parameters of GMS. For convenience, our analysis here will be based on the parameters of GMS.

The monopulse tracking antenna with 20 m diameter has been erected in Beijing. Its pedestal mode is wheel-on-track type. Fig. 1 shows the photo of the antenna. Other systems, especially the S/DB, which is the key system in CDAS, are being developed. Through researching the key techniques of S/DB, we have adopted some new design conceptions. The prototype of S/DB was successfully tested in July, 1990. The experiment proves the correctness and feasibility of the design. The development of the final type of S/DB is in progress.

Fig. 1   CDAS Antenna

1 OBTAINING OF VISSR DATA AND THE PARAMETERS

1.1 VISSR Scan Timing

CGMS installs VISSR as a sensor which observes the Earth. The mirror of the VISSR scans the Earth from west to east due to the self-rotation of CGMS, and from south to north by its stepping organism (140 μrad per step, totaling 2 500 steps). The field of view of the scan sector per frame is 20°×20°. 25 min are needed to scan a whole frame, 2.5 min to retrace and 2.5 min to stabilize the attitude of the satellite. Total time per frame is 30 min. The standard spin period of CGMS is 600 ms.

Some related parameters of CGMS are shown in Table 1. The VISSR data format is shown in Fig. 2. The functional block diagram of the VISSR timing on CGMS is shown in Fig. 3, and its time chart is shown in Fig. 4.

1.2 VISSR Equiangular Control Timing System on Satellite

VISSR, which observes the Earth, samples the acquired data by using Sun sensor pulse as a scan basis (the timing precision of the edge of the pulse is ± 1μs) rather than by using Earth sensor pulse due to the low precision of Earth pulse (3 sigma jitter is 0.2° ~ 0.3°). Through modifying with B angle which reflects the relation between the Earth and the satellite, the starting point of scanning the Earth is determined.

Table 1 VISSR AND ITS PARAMETERS

Parameter	Visible	IR	WV
Detector Wavelenth/μm	0.5 ~ 0.75	10.5 ~ 12.5	5.7 ~ 7.1
Resolution of Nadir Ground Point/km	1.25	5	5
Instantaneous Field of View	40 μrad × 40 μrad	160 μrad × 160 μrad	160 μrad × 160 μrad
Number of Detector Elements	4	1	1
Number of Scans Per Frame	4 × 2 500	1 × 2 500	1 × 2 500
A/D Conversion	64 (6 bit)	256 (8 bit)	256 (8 bit)
Sample Rate/ (number/s)	437 500	109 375	109 375
Number of Points Per Line	4 × 14 340	3 585	3 585

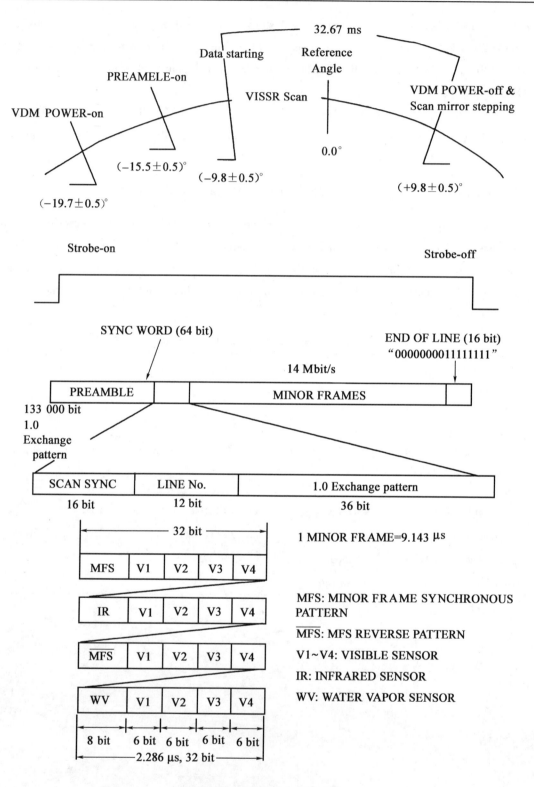

Fig. 2 Data Format of VISSR

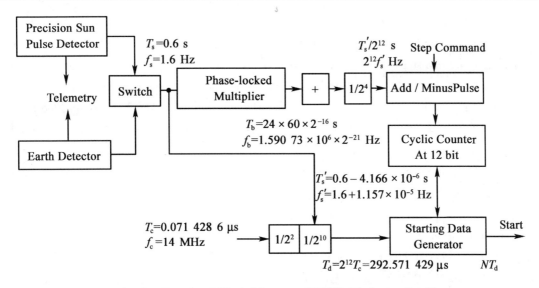

Fig. 3 The Functional Block Diagram of VISSR Timing on Satellite

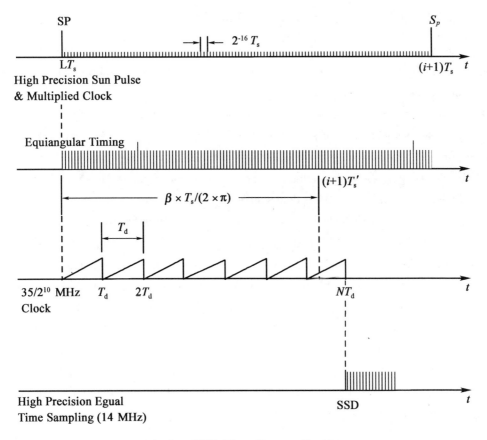

Fig. 4 VISSR Time Chart on Satellite

To ensure the sensor of the GMS aims at the Earth to shoot a scene, a synchronized frequency is phase-locked and multiplied to the precision Sun pulses so as to produce the equal phase quantized duration $T_s/2^{12}$ (T_s is the spin cycle of CGMS, the normal value of T_s is 0.6 s). By counting the period using a cyclic Sun counter at 12 bit and initializing the counter through ground commands, the scan starting pulse which is delayed B angle from high-precision Sun pulse can be overflowed from the counter. To cooperate with the decrease in B angle due to the cyclic movement of the Sun, a pulse series with period $T_b = 24 \times 60 \times 60/2^{16}$ s = 1.318 359 s is inserted at the place of $12^{16} f_s$ ($f_s = 1/T_s$). In this way, the B angle can be varied at the mean decrease velocity of B with a error of less than $\pm 0.5°$.

The advantage of this equiangular timing system is that the system can eliminate the effect caused by the variation of the spin cycle of CGMS. Because the synchronization precision of the phase-locked multiplier is not high enough and the modification of the variation of B is too simple, which does not meet the needs for limiting the position error of sampling the VISSR data to less than 3.5 μrad, the equiangular timing system on satellite is only used as the basis for VDM power-on ($-19.668° \pm 0.5°$), preamble-on ($-15.498° \pm 0.5°$), data starting ($-9.840° \pm 0.5°$), VDM power-off and scanning mirror stepping ($+9.840° \pm 0.5°$).

1.3 VISSR Equal Time Sampling on Satellite

Another timing system of the GMS is the timing pulse provided by a 28 MHz crystal oscillator (long-term stability is $\pm 1 \times 10^{-6}$ per year) whose actual frequency can be precisely measured on ground station. The VISSR data on the satellite is sampled using this timing system. Although this equal time sampling doesn't satisfy the need for equal angle sampling of the VISSR data, the variation range of the starting point of sampling (the Scan Synchronization Detection (SSD) pulse, shown in Fig. 4) is not only roughly controlled by the equiangular control timing system on the satellite, but also keeping the high accuracy of the timing for the equiangular resampling in ground station. The method is that the 10 bit-digital counter is cleared out by Sun pulse and begins to count 28 MHz/2^3 (3.5 MHz) clock pulse. The period T_d of the overflowing pulses of the digital counter is $(28 \times 10^6/2^3/2^{10}) - 1 \times 10^6 = 292.571\ 4$ μs.

The earliest overflowed pulse selected by the data starting pulse of the equiangular timing system indicates the moment when SSD begins to appear. The moment is delayed NT_d μs from actual Sun pulse SP. This may cause T_d position uncertainty of the data starting pulse, which is equivalent to 0.175° error. But once N is determined, the precision of the time interval between SSD and SP is very high. So the advantage of this timing sampling is its high precision of timing. The disadvantage of it is that the image acquired through the VISSR data may be affected by the variation of its spin cycle. Consequently, when processing the VISSR data on the ground, it is needed to resample the data with equal angle, which is the main task of S/DB.

2 MAIN FUNCTIONS AND PARAMETERS OF THE S/DB

S/DB is a key system in CDAS. The main functions of the S/DB are given as follows:

① Smoothing Sun pulse, eliminating random jitter and generating stable smoothed Sun pulse.

② Compensating B angle precisely and generating correct synchronization basis on condition that the accurate predictions are provided by the Data Processing Center (DPC), which is needed to calculate the parameters of B angle.

③ Performing the correction of detector offset, gain and non-linear radiation of the visible and infrared data of the CGMS, on condition that accurate correction is provided by DPC.

④ Resampling the VISSR data with equal angle, stretching it, attaching different file information needed to form 660 kbit/s stretched VISSR signal, and then providing the signal to be modulated and transmitted to the satellite.

⑤ Measuring the frequency of the crystal oscillator on the satellite and correcting it.

⑥ Transmitting the S-VISSR signal to the monitoring system of the CDAS.

⑦ Installing tape recorder which has the function of replaying the original and S-VISSR signal after some accidents.

The main features of the new techniques adopted in the S/DB are listed below:

① Synchronization range 90 ~ 110 r/min.

② Synchronization mode:

    Analog acquisition and tracking mode;

    Digital tracking mode;

    Earth pulse tracking mode.

③ Resolution of the equal angle resampling: 1 μrad.

④ Bandwidth of the digital phase locked loop: 0.08 ~ 0.005 Hz which can be automatically changed.

⑤ Stable tracking remanent error:

    Analog tracking mode: 0.09 μs;

    Digital tracking mode: 0.11 μs.

⑥ Data rate of the S-VISSR signal: 660 kbit/s.

The S/DB system developed by the U.S. and Japan has been put to use for a long time. On the basis of their experience and the new development of related techniques, especially the advances of computers, a series of new techniques were adopted in the design of China's S/DB system, which are described as follows:

① Computer techniques are adopted extensively. Several computer and special microprocessors cooperated with hardware are used to fulfill all of the functions. This may greatly simplify the hardware design of the system and has good adaptability to the changes of the parameters of the satellite.

② The high-accuracy digital phase locked loop is operated by computer, and by controlling the count period number of 20 MHz clock to acquire and track such signals as sun pulse, scan synchronization detection pulse and Earth pulse. This is coincident with Japan's new scheme of the

CDAS.

③ It uses the Prestorage Then Resampling Technique to process the VISSR data, which is totally different from Japan's processing method. By means of translating the time series of the VISSR data into the address series of computer buffer, and determining the relation between the address number and the time delay from smoothed Sun pulse to the sampling point of VISSR data, we can prolong the operation period needed for real time resampling by 16 times, which greatly improves the timing precision of resampling and the magnitude precision of interpolation.

④ It records Sun pulse and the VISSR data precisely and economically by digitizing the time re-lation and using computer disk.

3 COMPOSITION OF THE S/DB

The schematic block diagram of the S/DB system is shown in Fig. 5.

The VISSR signal is received by the antenna of the CDAS, amplified and converted to IF, QPSK demodulation is performed to recover the VISSR raw data. After clock synchronization and 14 MHz series VISSR data are acquired, SSD and 18-bit parallel data are then obtained from the demultiplexer.

The above data is output to synchronization timer to acquire and track SP and SSD in the digital phase locked loop, take measure of the spin cycle T_s of the VISSR, and the delayed time nT_d between SSD and smoothed SP, as well as the absolute time t when SSD occurs. These data and information are then output to the VISSR data processor.

In the Data Processor of the S/DB, the parallel VISSR data are stored, resampled and output to the S-VISSR Generator (SVG) to produce the stretched VISSR data which will be modulated, transmitted to CGMS, and at the same time, supplied to the DPC and SOCC through microwave channel and to the console to monitor and record it. In this paper, our discussion will concentrate on the synchronization time and data processor.

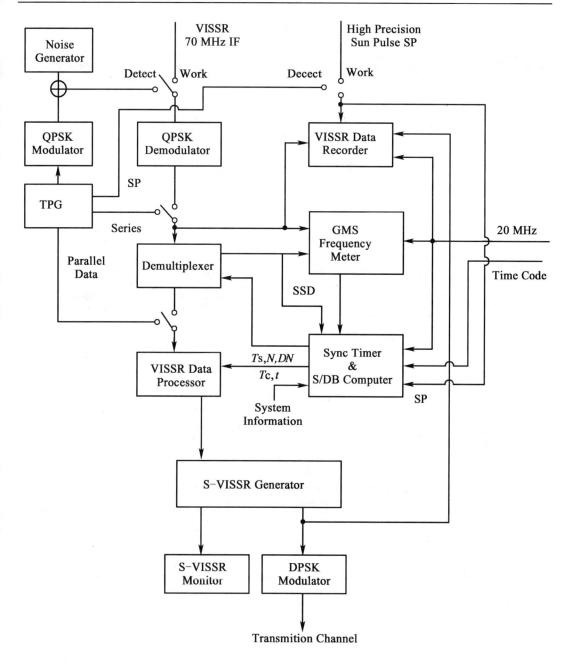

Fig. 5 S/DB System Block Diagram

4 SYNCHRONIZATION TIMER

The block diagram of this synchronization timer is shown in Fig. 6. The synchronization range of it is 90~110 r/min, which is the spin rate of the satellite. The bandwidth of the DPLL is 0.08 ~ 0.005 Hz, which may be changed automatically or by hand. There are two modes of synchronization, analog acquinization and tracking of the high-precision SP, and digital tracking of SSD.

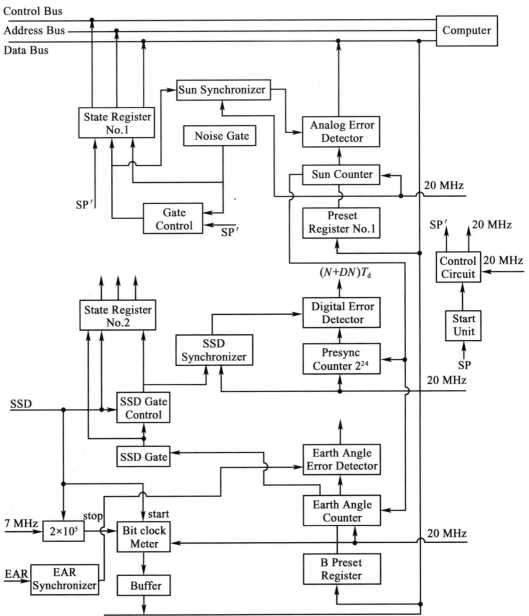

Fig. 6 Synchronization Timer Block Diagram

As for the phase-locked loop of the analog Sun pulse, the major performer is the Sun counter at 24 bits. After the preset value of $2^{24} - T_s \times 20 \times 10^6 = 4\ 777\ 216$ is set to the Sun counter through preset register, the period of the overflow of the counter is just 600 ms, which is driven by a 20 MHz clock. This overflow is the smoothed Sun pulse predicted. The time difference DSP between the smoothed Sun pulse and actual SP is read out from the analog error detector to computer. After the performance of filtering DSP, the computer modifies the preset parameter to make the error decrease to minimum and coincides the output cycle of the Sun counter with the period of the smoothed SP. In this way, the tracked smoothed Sun pulse is obtained.

Because the SP is transmitted through an analog telemetry channel and the error of the delay time is high, tracking the SP is only used to measure the spin cycle roughly, and to guide the precise measurement of the digital output.

As for the digital SSD phase-locked loop, it not only tracks SSD (precisely measures the spin cycle T_s of the GMS), but also determines the position of the smoothed Sun pulse through measuring the time difference NT_d between SSD and SP of the GMS. So, the circuit for measuring bit clock ($f_c/2$) and pre-synchronization counter are used.

Bit clock measuring circuit is used to measure 20 MHz equivalent among of 7 MHz bit clock presented by QPSK for 2×10^6 periods after SSD so as to deduce 20 MHz pulse counter value of NT_d precisely.

When the SSD phase-locked loop circuit is in operation, the timing is shown in Fig. 7.

The output pulse of the Sun counter (the predicted smoothed Sun pulse) triggered the pre-synchronization counter to work, which is operated by a 20 MHz pulse. Digital error detector is executed by SSD to read out the value of $(N + DN) T_d$, $DN T_d$ is the tracking difference between the predicted smoothed Sun pulse and actual Sun SP, which is output to the computer. Through digital filtering and modification, the computer uses the processed data to set register No. 1 to make the error diminish to minimum, and last, the smoothed Sun pulse is provided by the Sun counter and N and DN are generated from the pre-synchronization counter, here N is a positive integer, $DN \ll 1$. The principle of tracking Earth pulse by the phase-locked loop is similar to the description above in this paper. We will not reiterate it.

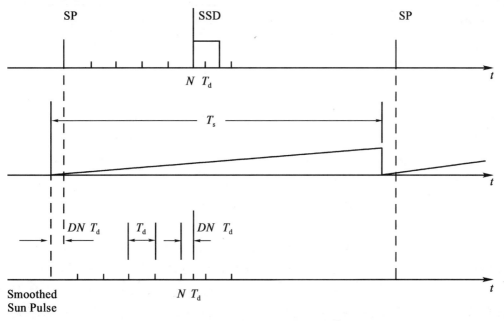

Fig. 7 The Time Chart of Digital Tracking of SSD

5 DATA PROCESSOR

The data processor can be divided into two parts, the VISSR Data Pre-processor and the Stretched VISSR Generator (SVG). The VISSR Data Pre-processor can still be divided into a Data Input Processor (DIP) and a Resample Processor (RSP). The block diagram of the data processor is shown in Fig. 8.

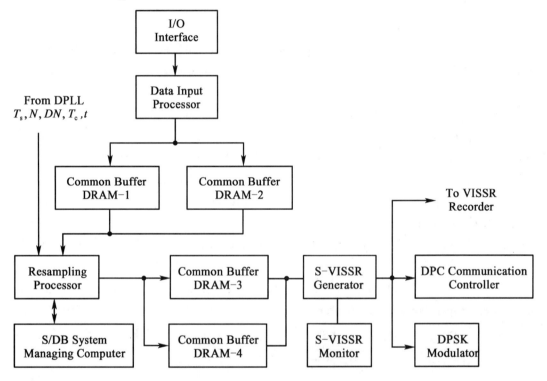

Fig. 8 Data Processor & S-VISSR Generator Block Diagram

The DIP and SVG mainly consist of special processors and 4 exchangeable 64 kW common data buffers DRAM −1, DRAM −2, DRAM −3 and DRAM −4 whose buses are connected with the RSP bus. The performance of the RSP is achieved by 80386 and 80387 processors. The DIP and SVG data are exchanged with the RSP data through DRAM −2 and DRAM −3. Fig. 9 shows the S-VISSR data generation timing. CGMS transmits the VISSR signal in one period. After the VISSR signal is received into DRAM −1 and modified by the DIP, the computer is turned to receive the information from the synchronous timer and to exchange the common data buffers in DIP. From DRAM −2, the VISSR data are sent to the computer, resampled and output to DRAM −3 of the SVG. At the moment 120 ms earlier before the transmission of the 3rd group of VISSR signal by the satellite. Then, DRAM −3 is exchanged with DRAM −4. In DRAM −4, cooperated with S-VISSR generation board, the stretched VISSR signal is generated and transmitted to CGMS.

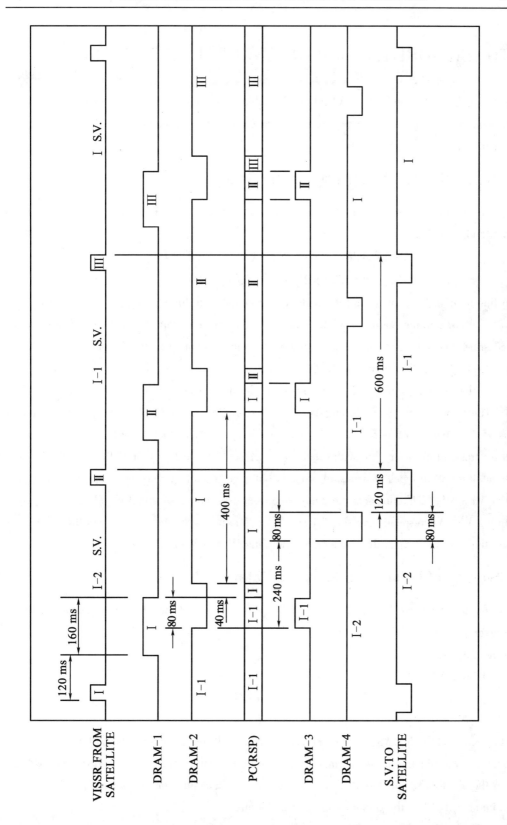

Fig. 9　S-VISSR Data Generation Timing

6　THE ALGORITHM OF EQUIANGULAR RESAMPLING

In the S/DB sub-system, the VISSR data, which are sampled by the timing system of the satellite with equal time, will be transformed into equiangular resampled data. The basis of the transformation is smoothed Sun pulse.

6.1　Timing Relation of Sampling in the Satellite

The delay time from smoothed Sun pulse to sampling point l in the timing system of the system is Tl s., and (see Fig. 2 and Fig. 7) we have

$$\begin{aligned} Tl &= (N + DN) \times T_d + AT_c + (l-1) \times PT_c + DT \\ &= [(N + DN) \times 2^{12} + A + (l-1) \times P] \times T_c + DT \end{aligned} \quad (1)$$

In this formula, A represents the bit number counted from the starting point of the line sync code to the first sampling point, $A = 72$. In this period, the line sync code, line number, spare data and sub-frame sync code M are transmitted. P is the bit number in every sampling period. For visible data, $P = 32$, the interval is $32 \times T_c \times 2\pi/T_s$ rad, which is equivalent to the angular sampling, and the nominal value is 23.936 μrad. For infrared data IR and water vapor data WV, $P = 128$. The interval equivalent to angular sampling is $128 \times T_c \times 2\pi/T_s$ rad, and the nominal value is 95.744 μrad. In this formula, T_c is the cycle of 14 MHz clock as well as the pulse width needed for transmitting every bit of the data. DT represents the calibration of the actual sampling time in satellite for all types of data, in order to put every sampling moment in unison equivalently. As for V1 ~ V4, DT represents the delay time from the moment of sampling V1 to the moments of sampling V1 ~ V4 respectively; For IR and WV, DT means the delay time from the moment of sampling the first V1 data to the moments of sampling IR and WV.

6.2　Storage of Equal Time Sampling Data

The relation between the equal time sampling point number l and the minor frame number k can be given as follows:
For visible data
　　For IR and WV data

$$k = \text{Int}[(l-1)/4] + 1 \quad (2)$$
$$k = l \quad (3)$$

After received by CDAS, the demodulated data will be stored in its buffers sequentially. Though the word length of visible data at every sampling point is only 6 bit, all the data will be stored in the length of 8 bit. The relations between the ordinal number l of sampling point and its address number $A(l)$ in the buffers are given as follows:
　　For V1 ~ V4 data

$$A(l) = 10 + 5(l-1) + J + 1 = 6 + 5l + J \tag{4}$$

For M, IR, opposed M and WV data

$$A(l) = 10 + 20(l-1) + 5(J-1) + 1 = -14 + 20l + 5J \tag{5}$$

Here, $J = 1, 2, 3, 4$, which corresponds to V1 and M, V2 and IR, V3 and opposed M, V4 and WV, respectively.

6.3 Calculation B Angle for Equiangular Resampling

In order to match the images of VI, IR, and WV data with each other, the calculation of $B(m)$ angle at the equiangular resampling point m in line $i+1$ should be done

$$B(m) = B(i+1) + (m-1)a \tag{6}$$

Here, $B(i+1)$ is the angle given at the starting point of sampling in line $i+1$, its unit is rad. m is the ordinal number of equiangular resampling point;

$$B(i+1) = B_0 + DB(t_i + Dt_i - t_0) + [S(i+1) - S_0] 140 \times 10^{-6} \sin\theta + DB_0 \tag{7}$$

a is the interval of the resampling. Here, B_0 is the angle given at the datum moment t_0, its unit is rad;

DB is the variation rate of B angle, its unit is rad/s;

t_i is the actual starting moment of sampling in line i;

$Dt_i = t_i - t(i-1)$ is the actual self-rotation cycle in line i, the unit is s;

$[S(i+1) - S_0] 140 \times 10^{-6} \sin\theta$ indicates the modification of the distortion, which is caused when the self-rotation axis inclines θ angle horizontally to the normal line of the Equator plane;

$S(i+1)$, S_0 are the count values of line $(i+1)$ and the scan line passing through the Earth center;

140×10^{-6} is the interval angle between every two adjacent scan lines, its unit is rad;

DB_0 is the calibration value of angle, relevent to the central position of the installations of very pair of main and spare sensors.

This method is used to let the configuration of the instantaneous field of view of every pixel meet the need of Fig. 10, so as to match these S-VISSR images.

Although the matching in the south-north direction is automatically done due to the installation positions of the sensors, in the direction from west to east, the performance should be modified according to the position differences between these sensors. The inconsistency of the installation positions of the sensors for V1 ~ V4 in the direction from west to east can be corrected by DB_0, respectively. As for IR and WV, the central installation positions of the sensors should be adjusted respectively by DB_0 to the position, which is delayed 52.5 μrad from the center of the first V1 sampling point in the same minor frame, in order to match the images of IR, WV and VR.

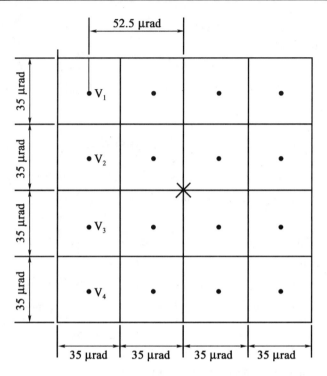

· ——The Center of the Instantaneous Field of View for Visible
× ——The Center of the Instantaneous Field of View for IR & WV

Fig. 10 The Proper Configuration of Instantaneous Field of View for the Pixels

6.4 Interpolation Calculations of Equiangular Sampling

The corresponding relation between the ordinal number m of equiangular resampling point and the ordinal number $L(m)$ of equal time sampling point could be deduced from formula (1), (6) and (7) on the condition that $Tl = B(m)T_s/2\pi$. Here $L(m)$ may not be an integer,

$$L(m) = [B(i+1) + (m-1)a/2\pi \, T_s/T_c - (N + DN)2^{12} - A - DT/T_c]/P + 1 \tag{8}$$

The adjacent equal time sampling points of $L(m)$ are l and $l+1$, and

$$l = \text{Int } L(m) \tag{9}$$

the gray values of sampling points l and $l+1$ are Gl and $Gl+1$, respectively. The proper gray value $GL(m)$ at $L(m)$ can be delivered by linear interpolation, thus

$$GL(m) = Gl + [G(l+1) - Gl][L(m) - \text{Int } L(m)] \tag{10}$$

The calculation of interpolation can be easily done by computer. The precision of quantization in this software performance is much higher than that in hardware performance, and the adaptability of this method to other interpolation calculations is also considerable.

7 CONCLUSION

Through many years of analysis and research, especially after the analog experiment of processing the VISSR signal, good results about the experimental scheme of the S/DB have been achieved. It is proved that the new design conception of the S/DB is feasible, and all of the complex problems can be solved by means of the adoption of modern computer techniques. Driven by 20 MHz stable clock, the digital phase locked loop has high working ability, which can perform the function of acquisition and tracking at high stability in the condition of low signal to-noise ratio. Its precision can meet the need of the CDAS. Using Prestorage Then Resampling Technique can convert the VISSR raw data into the stretched VISSR signal with high quality. The precision of prestorage then resampling is expected to correspond to the precision of the real time resampling. The results of the analog experiment prove that the principle of the S/DB is feasible and can be realized in engineering practice. Through the experiment, it's also testified that the high-precision sun pulse and VISSR raw data can be recorded on computer disk by means of digitizing the time relations of the data. The quality of the image replayed from computer is not obviously deteriorated.

The system design of the S/DB and the results of the experiment were appraised by the experts organized by CAST and recognized to be correct and show original ideas in some respects. The scheme can be used in engineering practice.

8 ACKNOWLEDGEMENT

The development and the experiment of the S/DB were greatly supported and facilitated by vice-president of CAST Qi Faren. Following colleagues have played an important role in the process, they are Liu Chengxi, Luo Xiufang, Gao Hong, Li Kanghui, Pan Haibo, Tao Chengyu, Hu Xuewen, Wang Yang, Qiu Yaohua, Ju Tao, Wu Jian, Qian Liqun, Zhong Fang and so on.

We are grateful for their contribution to the development of the S/DB.

REFERENCE

[1] 林山信彦,阿部伝家,铃木孝雄,天利智,三登慎一. Renewal of Ground Communication System for Satellite Data at the Meteorological Satellite Center. 测候时报, 55.5, 1988.

关于建设灾害测报监控系统的建议[*]

摘　要　本建议提出灾害测报监控系统的基本任务和建设指导思想，给出了系统组成框图和其各部分的功能解释，其中包括各种遥感卫星、飞机、地面数据收集系统，各业务部门专用中心，定位通信系统，灾害测报监控中心与地区救灾中心等配置。最后提出了关键技术研究项目与分步骤建设设想。

1　概述

1.1　系统的基本任务

据统计，我国每年由于自然灾害引起的人民财产的损失一般达 200 亿元左右，而在严重情况下近 500 亿～600 亿元；有些灾害还威胁众多人民群众的生命安全，因此，利用现代化手段，加强灾害的测报监控系统，及时预报、监视、控制，以减少损失和保障人民生命安全是十分必要的。

灾害测控监控系统实际上是民用的 C^3I 系统（Communication Control and Command/Information System），它的基本任务是：

a）强化灾害监测手段，建立信息系统，提高预报水平，监视灾情发展；

b）完善政府各级救援机构指挥系统，增强应急反应能力，提高现场救灾和援助灾害重建效能；

c）促进灾害规律性研究，积累数据，建立灾害模型，深化灾害分析，灾情趋势评估，提高领导防灾、抗灾、救灾援建的决策水平。

1.2　系统建设指导思想

a）灾害种类很多，但从技术上说，国内外已建成的各部门灾害测报监控系统应该综合利用、统一考虑，以节省国家投资并提高效能；

b）灾害测报监控系统要利用多种技术，其中高技术的利用，特别是空间技术和计算机信息处理技术的应用，将起到十分重要的作用，使其组成灵活机动的系统工程；

c）响应联合国国际减灾年活动，争取应用先进的技术手段支援第三世界国家。

2　灾害测报监控系统的组成

2.1　组成总框图

灾害测报监控系统总框图如图 1 所示。

---

[*] 本文写于 1991 年，作者：陈芳允、杨嘉墀、童铠、沈兰荪。

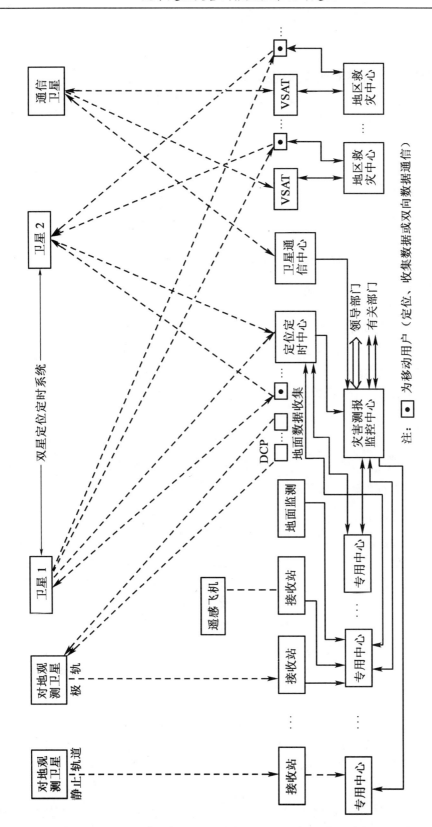

图 1 灾害测报监控系统

2.2 各类信息源与专用中心

信息源应该充分利用各专业部门（如国家气象局、国家地震局、国家海洋局、水利部、农业部、林业部、中国科学院和国家教委等）的各专用中心所属的各种监测手段，组成航天、航空和地面立体监测系统。

2.2.1 对地观测卫星系统

a) 气象卫星系统。现时可以接收国外的 GMS-3 和 TIROS-N/NOAA 卫星的图像数据，也可以用我国今年发射的风云一号极轨气象卫星和1992年发射的风云二号地球静止气象卫星，地面还包含有3个极轨卫星接收站，1个静止卫星中心站、DCP 数据收集系统以及气象卫星中心数据处理系统。

b) 资源卫星系统。目前中科院北京站可以接收美陆地卫星、法斯波特卫星资料，1992—1993年可用我国的资源一号卫星，并准备在我国南方和西部地区补建2个地面接收站及其地面图像预处理系统。

c) 其他对地观测和海洋卫星系统。以上卫星在遥感谱段、分辨率观测时间和观测带上可以相互补充，并相互综合利用，必要时还可以进一步考虑发射自然灾害预警卫星。此外，大部分卫星遥感在穿透云层、分辨率与观测时间及观测带的矛盾上还有不足之处。因之，研究适用的、能穿透云雾的卫星载微波遥感器是一项重要的工作，同时也不应排除卫星遥感以外的其他观测手段。

2.2.2 遥感飞机系统

机上可以采用微波辐射计、合成孔径雷达等遥感手段，目前中国科学院已有两架装有微波遥感器的飞机可做巡航和救灾调用，比较机动灵活，可穿透云层监视地面并有较高的分辨率。

2.2.3 地面数据收集系统（DCP 或 DCS）

这些可分布全国各地的数据收集站通过各种监测手段监测极低空、地面、地下和水下的各种灾害数据，然后通过数以万计的数据收集平台（DCP）经卫星（例如风云二号、资源一号的超高频转发器，甚至静止通信卫星的 C 频段转发器）转发至各中心台站，从而构成数据收集平台系统（DCS）其中静止型卫星转发可以提高监测数据采样率，使中心更及时地获得灾害信息。此外这些地面数据收集点也可通过卫星定位定时通信系统的用户收发机转发，它的可移动特性、较高码速率的双向数据传递和定位能力，使其使用价值大为提高。

2.2.4 各专用中心

各专用中心是按业务自然形成的各专业监测预报中心。它通过专用的通信网络，组织成相对独立的、分布于全国的多种监测网。该网收集本专业信息数据，进行加工处理，提取统计数据，探讨规律，预测演变趋势，发现灾情，并将处理成果通报灾害测报监控中心和有关机构。

例如：卫星气象中心通过自己管理的极轨气象卫星和地球静止气象卫星收集卫星遥感的云图资料，数据收集平台提供的各地区气象资料，研究气象变化规律，作出常规气象预报。并通过地球静止气象卫星向全国广播展宽云图、低分辨云图和天气图。此外它有义务向灾害测报监控中心通报与灾害有关的气象资料，灾害气象预报，以及诸如由卫星图像上发现的森林火警等资料。为了更好地监测灾情，还应按灾害测报中心的监测重点区域的要求，调整监测手段，包括遥感卫星上扫描辐射计的工作扫描区域。

其他专用中心有：地震测报中心、海洋监测中心、水文监测中心、农业监测中心、森林监测中心、资源卫星应用中心和环境监测中心等，这些专用中心都可以及时向灾害测报监控中心通报与灾害有关的资料。

2.3 定位与通信系统

2.3.1 双星定位定时系统（或 GPS 系统）

双星定位定时系统设备组成如图 2 所示，共分 3 大组成部分，即卫星（有 2 颗卫星，卫星 1 为双向转发器，卫星 2 为单向转发器）、用户收发机及中心站，其中，中心站又分收发信机和数据处理系统。

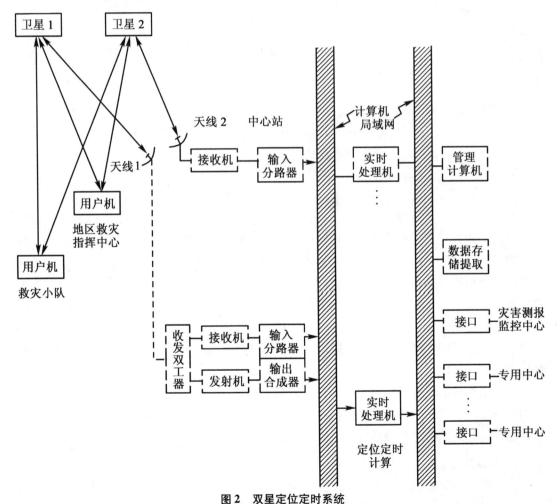

图 2　双星定位定时系统

中心收发机共2套,有2个天线,中心站至各用户的信息及测距询问脉冲(即帧信号)由输出合成器按时分顺序产生,经发射机和天线1,传至卫星1,然后辐射到所有用户,用户响应(当该用户请求向中心或其他用户发出信息或请求定位时)信号分别经2颗卫星转发至中心站天线和接收机,再经输入分路器分配至某一实时处理机作定位定时计算,处理结果既可转发回用户,也可经由接口送有关专用中心或灾害测报监控中心。

测定收发信号的时间差,即可测定中心站天线经卫星至用户天线的电波传播双向时延,扣去卫星至中心站的已知时延后,即可折算出用户至卫星1和卫星2的距离。

双星定位原理如图3所示,以2颗卫星 S_1 及 S_2 为球心,以其至用户的距离 r_1 及 r_2 为半径,即可分别作出2个球面,与地球表面相交得两圆弧 Y_1 及 Y_2,然后由两圆弧交点 U 或 U' 选本半球用户位置 U,定时原理则是:用户收到中心站的标准时刻信号,扣去电波传播时间(已测定),即可定出用户接收信号时刻的时间。

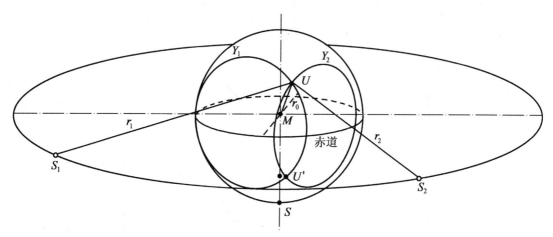

图3 双星定位原理图

系统的设计可以做到使用户天线足够小,可以由个人、车辆或船只携带,因此可实现用户在移动中使用,用户的移动双向通信功能和定位定时功能,使双星定位能在抢险救灾中发挥重大作用。此外,双星定位定时系统还可以兼容数据收集平台系统,而且可以有更高的数据率和双向传输数据的能力,本系统的容量可达每小时几十万个用户通信定位或定时,远远超过救灾定位本身的需求,应该和其他用途进行广泛的综合利用,以更好发挥投资效益。不久以前,国内曾用2颗国内C频段地球静止通信卫星做过原理试验,已取得较好的定位定时精度。

救灾定位功能,也可以由 GPS 全球定位接收机完成,可以作为本系统的手段之一,可移动性和定位精度大体和双星定位相当,但它必须依赖由美军方控制的卫星系统,而双向数据通信功能则要求另外的移动通信系统来完成。

2.3.2 VSAT 卫星通信系统

设于地区救灾中心的众多极小孔径终端 VSAT(Very Small Aperture Terminal)卫星通信小站,可以通过国内静止通信卫星和灾害测报监控中心的卫星通信站建立良好的双向话路与数据的星形网连接,还可以通过这一信道传送传真信息和慢传电视,这将在抢险救灾作战中强化中央与地方的指挥调度和掌握灾害现场实况方面发挥重要作用。

2.3.3 地面通信线路和公用通信网

灾害测报监控中心、双星定位定时中心、卫星通信中心、各专用中心以及政府的领导部门之间存在大量数据交换与话路,因之建立光缆、电缆或微波接力的专用或公用通信线路是必要的。

VSAT 是一种适于在用户处安装的小型地球站,天线尺寸一般直径为 1.2~1.8 m,功率放大器 1~3 W。

2.4 灾害测报监控中心与地区救灾中心

2.4.1 灾害测报监控中心的任务

灾害测报监控中心总的任务是在平日积累灾情统计资料,分析灾情发展趋势,向领导部门和各专业部门提出对灾害的预防和治理措施建议,灾害时实施有效的救灾减灾的调度指挥。其具体任务有:

a) 通过各专用中心的测报系统,提取和综合全国各种灾害信息,并组织各专用中心强化灾害地区的实时信息收集,听取各专用中心的分析意见;

b) 通过对各专业灾害信息以及历史、地理资料的综合分析,作出灾害趋势分析和预报,进行事前灾情预报与事后灾情评估;

c) 对灾害现场实况、灾害实时态势和发展趋势,以及各种救灾、援建方案进行集中显示,提供中央领导部门决策;

d) 分发灾害数据资料至各有关部门、联系各专用中心工作,并向有关部门发布灾情资料;

e) 掌握有效的实时指挥调度系统,提供组织各级政府部门抢险救灾活动(含组织救灾队伍、交通运输、物资调拨和医疗救护等)的通信指挥渠道,并及时反馈抢险救灾现场实况;

f) 建立积累灾害资料的数据库,提供研究部门开展多学科、跨行业、跨部门的防灾、抗灾综合方案研究与攻关;

g) 对全系统的技术设备状态进行监视和管理,确保各种监测手段、通信调度系统的正常运行。

2.4.2 灾害测报监控中心

灾害测报监控中心组成如图 4 所示。

a) 各种通信线路接口如下:

地面通信线路接口,与有关领导部门,各专用中心进行双向话路与数据通信,含遥感图像信息,计算机数据及通过气象卫星、资源卫星传来的数据平台(DCP)信息;

卫星通信线路接口,与外地的 VSAT 小站交换话音、慢传电视、传真、电传、电报以及数据信息,这特别适合于和各省市地区的救灾中心建立直接联系,进行指挥调度,救灾现场信息反馈;

双星定位中心站的专用线路接口,通过它可以和各救灾小组、救灾地区指挥、灾民集中点进行直接联系,由于用户收发信机的可移动便携性能、定位能力和双向简短数据通信能力,特别适合于抢险救灾在机动情况下的指挥调度,还可全面监视各方面的救灾活动,诸如物资到达地点,人员分布等。

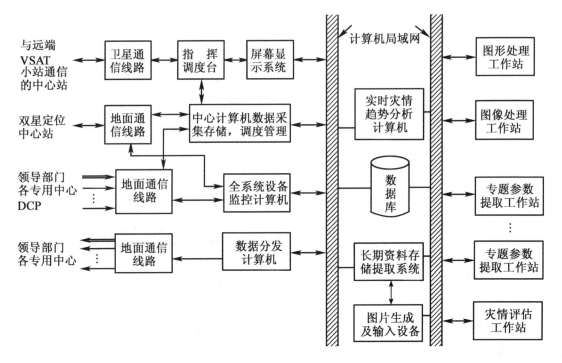

图4 灾情测报监控中心

b)指挥调度台,屏幕显示系统以及中心计算机,实施全部灾害测报监控的指挥联络,制订阶段与日作业计划,并实时监督实施,对全部数据的输入、输出、储存、提取记录、显示、数据库调用等进行调度作业。

c)实时灾情趋势分析辅助决策计算机及各种图形处理、图像处理、专题参数提取和灾情评估等工作站,通过这些计算机群形成强有力的灾情趋势分析与综合系统。

d)大容量磁盘数据库系统。

e)长期性资料储存与提取系统,以及图片生成及输入系统。这包括磁带库、缩微胶卷和地图集等。

f)数据分发计算机,通过计算机进行数据分发传送。

g)全系统设备状态监视计算机,对中心内设备和必要的中心外设备进行管理、报警,保证设备处于良好状态。

h)计算机局域、连接全中心的计算机群,进行网内数据交换传送。

2.4.3 地区救灾中心

地区救灾中心是各省市地区级的灾害测报监控中心和一些重点灾区现场的临时救灾指挥中心,它既是各级政府部门的减灾决策指挥机构,又直接接受全国灾害测报监控中心的指挥调度,它对下属各救灾分队、灾民聚集点应有更直接的通信联系和定位能力。

3 关键技术研究

关键技术研究主要包括以下内容:
a) 信息处理与识别技术;
b) "双星定位、定时系统"研究;
c) 高分辨率微波卫星遥感器的研究;
d) 地物波谱辐射特性与微波定标试验研究;
e) 卫星通信 VSAT 及中心站的研究;
f) 灾害监控软件的研究。

4 对于系统建立的设想

我们对于建立灾害测报监控系统的设想如下:
a) 充分地综合利用已建或在建系统;
b) 各方投资,统一建设;
c) 建设步骤大体可分为 2 步:第 1 步,建设地面系统,综合利用国内外卫星遥感数据,定位卫星可先用已有的通信卫星;第 2 步,扩充对地观测卫星或自然灾害预警卫星,建立定位卫星系统。

5 结束语

我国国家气象局、水利局及中国科学院等部门对于灾害测报及局部地区灾害监视和信息处理已经做了许多有成效的工作,得到了宝贵的经验。在卫星通信和遥感方面,也已有相当的基础。建立灾害测报监控系统已经具备条件,建议早日开展系统设计工作,(逐步建设这一系统。相信这一系统的建立,不仅可以加强抗灾能力和获得减灾效果(美国统计该国灾害引起的农业损失每年约 120 亿美元,综合利用卫星遥感约可减灾 50 多亿美元),而且可以取得经验,支援第三世界国家。

(本文完成过程中,周宁同志做了不少工作,特此感谢。)

THE PROPOSAL ABOUT CONSTRUCTING THE NATIONAL DISASTER MONITORING, FORECAST AND CONTROL SYSTEM[*]

Abstract It is known that different kinds of matural disaster cause big loss in people's lives and damage in properties every year in many countries, and the monitoring, forecast and control to prevent as mitigate the harm is very important indeed. Some kinds of disasters might be foreseen and the developing trend may be understood from the observation facilities under management of professional department. Here we suggest that the existing domestic and foreign monitoring systems, especially the space systems already in use, should be utilized for disaster mitigation purpose before some new system being developed specially for it.

The information collection part of the Disaster Monitoring, Forecast and Control System (DMFCS) may be composed of three layers of sensing implements, the earth observing satellites, the remote sensing airplanes and the local ground sensing instruments whose data could be sent to the centers concerned through the Data Collcetion System (DCS) of various kinds of satellites. In coordination with the monitoring systems, the position fixing satellite system, the Global Positioning System (GPS/GLONASS) or the Radiodetermination Satellite Service (RDSS) which in China was named the Bisatellite Position Determination System (BPDS) under developing is also indispensable. In DMFCS the nucleus is the Control Center (DMFCC). It is connected with the centers of the existing professional organizations and the Regional Disaster Control Centers (RDCC).

In this paper we pay more attention to the construction of DMFCC. The center should be led by the department particularly concerned with disaster prevention, preparedness and relief (as it has been announced by the United Nations). The Centers will fully utilize the real time information from the monitoring means and the information stored in the data base to display the state of the disasters, to help the decision of the department leader to issue instructions to the Regional Centers to take measures for controlling, rescue and salvation.

---

[*] Chen Fangyun, Tong Kai, Yang Jiachi. Acta Astronautica Vol. 28, pp: 135–138, 1992.

It is also pointed out that the fundamental research works are necessary for the study of the cause, prediction and the social effect of natural disasters and the accumulation of data is important for further use too.

0 INTRODUCTION

This proposal about Constructing National Disaster Monitoring, Forecast and Control System (DMFCS) is for the response to the resolution of United Nations' International Decade for Natural Disaster Reduction. It is known that differnt kinds of natural disaster cause big loss and damage in people's lives and properties every year in many countries. The statistics from the U. S. Department of Agriculture Crop Reporting Board showed that the value of farm crops produced in U. S. is somewhat $24~26 billions every year and the annual weather related loss is estimated to be $12 billion (nearly 50%)[1]. In China, the statistics showes that the loss due to natural disaster amounts to 20 billion yuan in ordinary years and might be up to 50 billion yuan in severe years. In Indian Pennisula and Africa, more serious situations might be encountered. According to the experiences in U. S. and in China, many natural disasters could be forecasted or early discovered and urgent measures could be taken to prevent and mitigate the loss. In U. S., for the agricultural industry, it was eatimated that protectable losses through improved 3~5 days weather forecast averages about $5 billion per year[1]. (nearly 20% of the total loss every year). In China, we also have had the experiences of effectively controlling flood and other calamities by utilizing the satellite and airplane remote sensing data[2]. It is seen that an efficient DMFCS is very beneficial for the people and the coorperation of constructing such a system is even more important for the developing countries where exits financial and technical difficulties.

The DMFCS is, in fact, a civil C3I system (communication, control and command/intelligence system). It tasks are:

a) To fully utilize the facilities for earth observation in order to enhance the level of forecast and to watch the development of the situation of the disaster.

b) To improve the conrtol and command system of diffrernt levels of governmental organizations in order to enhance the ability of rapid response for taking action of rescue and relief.

c) To study the cause of natural disaster, to follow its tendency of development and to evaluate the effect and harm resulted in order to enhance the level of decision making for rescue and relief, and of leading the reconstruction after the disaster.

The guiding conceptions for the construction of DMFCS are:

a) To utilize the existing domestic and foreign monitoring systems at present and to pay attention to develop new systems specially for disaster watching.

b) Multiple means should be used for monitoring, but the utilization of high techologies, especially the space technology should be considered as the major part of the monitoring system.

c) As a respones to the activity of "International Decade for Natural Disaster Reduction". We should make efforts to get experiences both for disaster reduction in our own counrty and also for supporting the other developing countries.

1 THE COMPOSITION OF THE DMFCS

The general block diagram of the DMFCS is shown in Fig. 1. The whole system is composed of the information sources. the Disaster Monitoring, Forecast and Control Center (DMFCC), the Reginal Disaster Control Center (RDCC), the communication network and the Research Department. Fig. 2 shows the whole system in a little more detail. These parts are described as follows.

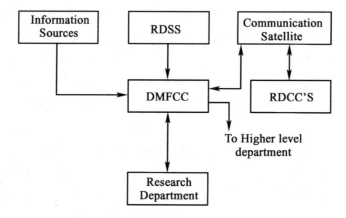

Fig. 1 The General Block Diagram of the DMFCS

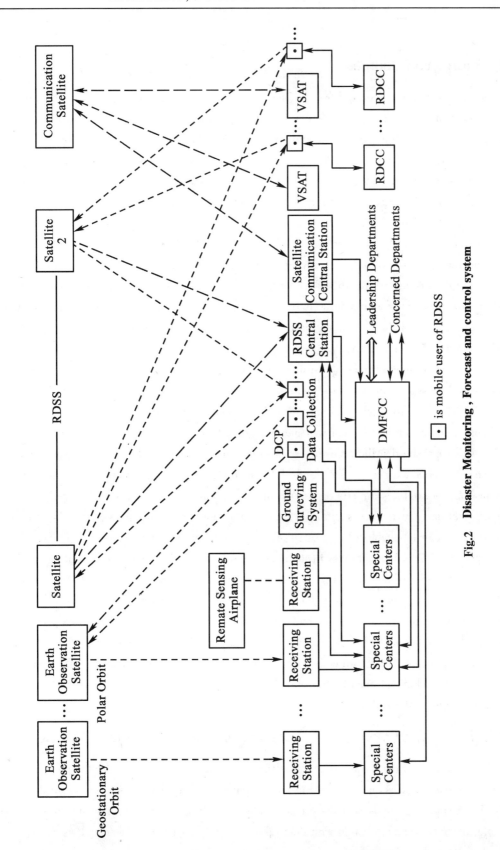

Fig.2　Disaster Monitoring, Forecast and control system

1.1 Information Sources

The information are acquired from the monitoring sensors in space, air and on the ground. In space, before any satellite special for disaster monitoring is put on orbit, there are several kinds of earth observing satellites in orbit could be used, e. g. the polar orbit meteorological satellites Tiros - N, NOAA (U. S.) and FY - 1 (China), and for the Eastern Countries, the geostationary meteorological statellite GMS (Japan), the earth resources satellites Landsat (U. S.) and SPOT (France). The geostationary metsat, though it has only got a coarse resolution (visible 1.25 km, IR 5 km for GMS), but it stands on watching a large area and is useful for early warning of arising disaster. The new generation of SPOT with wide observing field (950 km wide corridor) and the capability of oblique viewing to shorten the revisiting period to a particular area to two and half days is also worth-while for disaster monitoring. The data got by these satellites are recived by ground stations and processed by the centers operated by related professinal organizations, and, once a disaster is forecasted or discovered, the information should be dispatched as quick as possible to the DMFCC.

The remote sensing airplane, best to be installed with high resolution synthetic aperture radar (SAR) could be sent to inspect the situation on the site. The SAR data obtained could be relayed back to DMFCC by terrestrial radio network or by communication satellite.

Another source of information is from the ground environmental Data Collection Platforms (DCP) which may be distributed over a great area, including those historically disaster frequent areas. The data obtained may be sent to the DMFCC through the Data Collection System (DCS) of different kinds of satellites directly or through the professional centers concerned. Together with the environmental data, it is necessary to have the positioning data of the disaster spot as accurate as possible. We prefer to establish the Bisatellite Positioning Determination System (BPDS or RDSS) for this purpose[3], because it gives instantaneous position fixing for the users and all are collected at the Conrtol Center of the system so that once the communication link of the RDSS Center and the DMFCC is established, the position of any user, including those of the disaster spot, is known by DMFCC too. In China, we had done the experiment of BPDS using two geostationary communication satellites DFH - II in 1988—1989 and good results were obtained[4]. Before the BPDS plan is put into effect, we could use the well known GPS (or GLONASS) for position fixing, but the data obtained must be transmitted through communication networks or mobile communication satellites to the DMFCC.

1.2 The Disaster Monitoring, Forecast and Control Center (DMFCC)

The main point of the proposal is to construct a National Control Center for the purpose of data processing, making decision and directing the preparedness and measures taken for disaster mitigation. The Center is composed of three main sections as shown on Fig. 3, the preprocessing section, the control computer section with data base and the decision and command section.

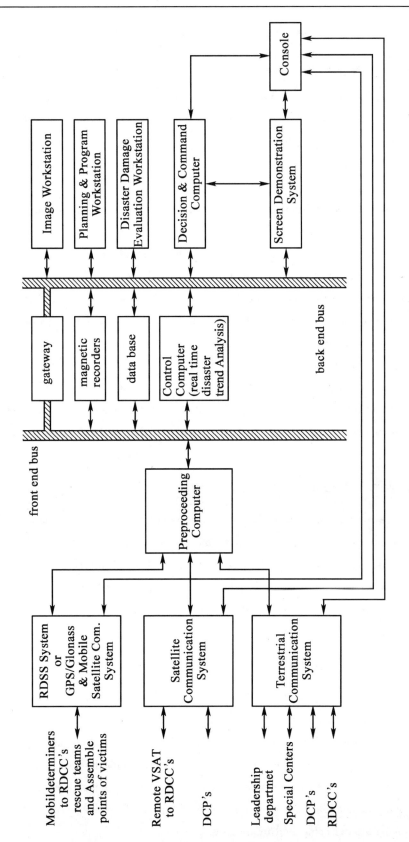

Fig. 3 Disaster Monitoring, Forecast and Control Center

The preprocessing section receives the data from various sources and do the correction and position defining works for the pictures obained. The data are then input to the central computers through the bus.

Fusing works are further done by the central computer in case there are multiple data for a same district, That is to discriminate and select the correct data, putting them together to form a readable and useful chart display for the inspection of the directors. The fusing and displaying works are very important because it is the basis of real time disaster trend analysis and decision making.

The work stations in the decision and command section could use the data obtained for studying the cause and effect of the disaster, to make up the disaster damage evaluation, to draw up the possible plans for rescue the possible resolutions of financial and material supports. The results obtained would be valuable reference for optimum decision making.

The data base is a collection of historical disaster cases with dealing process taken and the effects resulted. The better is to make the data base intelligent so that analytical figures for typical cases could be abstracted at any time for reference.

The decision and command computer operated by the directors' console compares the plans suggested and makes the final decision and transforms it into commands which may be sent to rescue teams at the site of the event or the Regional Control Centers Concerned. The developing state of the disaster should also be reported to the organizations of higher level governmental departments.

1.3 The Regional Disaster Control Centers (RDCC)

The RDCCs are the Control Centers belong to the provinces, cities, and particularly those districts with frequent disasters. These Centers should be, on one hand, the local control and command center, and, on the other hand, have the duty to dispatch the DMFCC's commands to the right locations. The RDCC must keep close contact with the local rescue teams. The capability of communication and position determination for the assemble points of victims are extremely important.

1.4 Communication System

For connection between the DMFCC with the special centers, Regional Disaster Control Centers and the urgent rescue teams, efficient communication network should be established and keep alert especially in the seasons of frequent disasters. The existing terrestrial communication network could be organized for this purpose, but satellite communication should be paid more attention for its property of destruction resistance. For transmission of data between remote Centers, VSAT terminals may be used. The satellite mobile communication is most effective for scattered inhabitants and the people roving around compelled by disaster.

1.5 The Research Department

It is suggested that a Research Department should be included in the system. The purpose is to study the cause and effect of different kinds of disasters linked with meteorological and geographical state of particular country and district. On the basis of these works, preliminary plans of disaster mitigation could be put forward for preparedness. Technical means for prevention, rescue and reconstruction could be proposed by the Department and to be manufactured by the industries.

2 CONCLUSIONS

In this paper it is proposed to establish a National Disaster Monitoring, Forecast and Control System for Natural Disaster Reduction and the main parts of the system are described. From financial point of view the cost of such a system might be only a small portion of the loss due to disasters every year, and the protected property might worth much greater, especially the people's lives. It is expected that this proposal is also useful for other developing countries.

REFERENCES

[1] Hussey, W J. The Economic Benefit of Operational Enveronmental Satellites // Schnapf, Abraham. Monitoring Earth's Ocean, Land and Atmosphere from Space-Sensors Systems and Applications. New York: AIAA, Inc. 1985: 216 – 260.

[2] The Main Accomplishments of Remote Sensing Application to Flood Control, Report of The National Commitee of Science and Technology, May, 1990. (In Chinese)

[3] Chen F Y, Liu Z K. The Development of Satellite Based Position Determination and Communication System. Chinese Space Science and Technology, 1987, No. 3 (June): 1 – 8. (In Chinese)

[4] The Report on Demonstrative Experiment of Bisatellite Position Determination System Using DFH – 2 Satellites. COSTIND Nov. 1989. (In Chinese)

参加国际民航组织 FANS 第二届委员会第二次会议情况汇报

1 会议简况

国际民航组织（ICAO）未来航行系统（FANS）第二届委员会第二次会议于 1991 年 4 月 29 日至 5 月 17 日在加拿大蒙特利尔举行，该会议就未来航行系统发展情况的监视与协调以及过渡计划形成专家建议报告，提交 1991 年 9 月 4 日至 20 日于蒙特利尔召开的第十届航行大会讨论决策，议事日程共 7 项：

① FANS 第二届委员会工作总结；
② 空中交通管理（ATM）；
③ 通信、导航和监视（CNS）以及空中交通管理（ATM）的研究发展计划，试验和展示；
④ 法规性的安排；
⑤ 全球协调计划的发展；
⑥ 第十届航行大会的准备工作；
⑦ 未来的工作。

中国代表团由中国民航总局组团，共 5 名成员，民航 3 人（团长陈绪华为该委员会正式委员），航空航天部 1 人，国家计委 1 人，4 名团员都是以顾问的名义参加会议，根据航空航天部及五院的决定，我作为航空航天部的代表参加。原来国防科工委和空军也准备派代表参加，但因故未能参加。根据部外事司的要求和实际情况，我的任务是：

① 了解 FANS 第二届委员会建议的内容和国际的发展动态；
② 了解我国这一领域未来的需求，特别是卫星应用的需求，探讨我部今后可能与需要开展的研制工作和市场前景，建立与民航局的联系渠道。

由于时间限制，我国代表团于 5 月 17 日离开蒙特利尔，未能参加闭幕式会议，6 个议题的正式报告都得到了，第 7 个议题的报告没有拿到，此外会议还有 93 篇工作报告，其中包括部分国家和地区的技术发展信息介绍。

2 主要收获

按民航出国代表团的预案，这次以了解会议内容为主，不发表意见，回国后邀请各有关部门讨论如何看待 FANS 的意见和在我国的实施途径，为我国代表团参加今年 9 月国际第十届航行大会做准备。因此参加会议的注意力集中于消化众多的资料，认真听取会议发言，掌握 FANS 建议的最后内容，国际发展动态和 FANS 提交第十届航行大会的文件。同时利用和中国民航代表接触的机会，了解我国民航当前技术概况和今后需求，思考我部在这一领域今后应如何做。本文以最简略的语言表述了解的内容，并提出初步思考意见，供领导和同志们讨论参考。

a）根据今后民用航空管理的全球性，将飞机通信和导航转向以应用卫星技术为基础，以及以计算机数字网络实现自动化管理为核心，提出今后民航通信、导航和监视等航行系统（CNS）的新概念。其主要点有：

① 对飞机的移动通信以卫星为主，除极远距离通信外逐步停止使用短波通信，超高频通信由于限于通视传播的范围、频谱拥挤和可能有的调频无线电干扰，主要在今后用于繁忙的终端地区和大陆地区。并要压窄通道频带范围（由 25 kHz 减至 12.5 kHz）和加数据传递。航空移动卫星通呈（AMSS）上、下行为 1 646.5～1 656.5 MHz/1 545～1 555 MHz，L 频段。前期首先保证 600 bit/s 低码速率的数据通信，主要用于安全业务，如空中交通勤务（ATS）和航务管理（AOC），这时同步卫星可用全球波束，飞机可用低增益天线（$G=0$ dBi）。其后码速率可逐步发展到 2.4 kbit/s，9.6 kbit/s，可以通声码话和较高速数据，这时飞机天线应搞可跟踪卫星的高增益相控阵天线（$G=9～12$ dBi）或同步卫星增加部分点波束天线以满足一些通信繁忙地区的需求，移动通信卫星可以一国或部分邻近国家专用，也可由国际的通信公司进行全球性经营，经营范围可以是航空专用，也可是各种移动通信共用。FANS 没有规定采用哪家公司的，鼓励多家适当竞争，目前海星卫星组织（INMARSAT）最成熟，已可提供 600 bit/s 速率的数据信道，并作过飞机装高增益天线的数字电话试验，区域性移动通信卫星正在搞的有加拿大的 MSAT、美国的 AMSC、澳大利亚的 AUSAT 和日本的 MTSAT。

② 对飞机导航采用全球导航卫星系统（GNSS），它特别适合广大的海洋地区，飞行不繁忙的大陆地区，甚至一些稀疏通航的终端地区的非精密进近和着陆（加用差分导航）。OMEGA/ROLAN–C 将逐步被淘汰，无方向性信标（NDB）将首先被淘汰，VHF 全向无线电信标，测距设备（VOR/DME）最终也将被淘汰。一次雷达将被淘汰，二次雷达（SSR）将发展为带数据传输和编码识别的 S 模式二次雷达（SSR Mode S）。在机场引导方面，仪表着陆终将为微波着陆系统（MLS）所取代。

虽然 FANS 没有对采用哪种导航卫星作出决定，目前大家的注意力集中于美国的 GPS 和苏联的 Glonass，但也有担心这两系统被控制在两个超级大国手里，因之提出至少要保证 10 年提供使用，要保证用户不直接承担费用的要求。但各国民航组织是否分担大额的费用呢？会议对 GPS/Glonass 系统如有一颗卫星失效会导致一些地区精度下降表示担心，因之对 GPS/Glonass 的联合使用，从外部监测卫星的失效和迅速通报用户等进行了探讨。此外有些国家开展了 GNSS 与惯性导航结合的研究工作，与微波着陆系统（MLS）结合的工作等。

FANS 对无线电测定业务（RDSS），如 Geostar 用于航行系统不太支持，虽然 RDSS 对提供飞机导航并同时提供数据的移动通信合为一体有利。但它用于安全业务缺乏对频谱的保护，系统如饱和时精度可能下降，再就是它与几个通信路径有关。

由于采用同步轨道卫星和大椭圆轨道卫星时，可以用少量卫星迅速廉价地建立区域导航和同时提供双向移动通信的优越性。欧空局（ESA）提出了 GEO/HEO 系统的方案，并可使其信号结构和 GPS 兼容，用户导航接收机也通过无源伪距离测量来自身定位导航。

③ 采用上述的卫星移动通信加机载的导航卫星接收机，可将机上的导航数据自动定时地传向地面，从而实现对空监视，称为自动相关监视（ADS）。这对大量无监视服务地区（如海洋和不适合配二次雷达的地区）提供了全球监视的手段。

b）新的通信、导航和监视系统（CNS）的应用，将极大地提高空中交通管理（ATM）的功能，从而改善了飞机在各飞行阶段的安全和效率。ATM 的机载设备大大改进了与地面设备的数字接口能力，ATM 地面部分的改善包括空中交通勤务（ATS）、空中交通流量管理（ATFM）和空域管理（ASM）。空中交通勤务（ATS）是空中交通管理（ATM）的主要部分，其功能可分为空中交通管制（ATC）、飞行情报业务（FIS）和警报业务（AL）。ATC 可以更好地使飞机间、飞机与障碍物间防撞，可以改善和保持有秩序的飞行，FIS 可以提供建议和有利于飞行安全和效益的指导信息。AL 可以在需要时通告与飞机有关的组织进行搜索和救援活动。

ATFM 可在空中交通流量超过 ATC 系统允许能力时寻求最佳流向，使空域和机场的利用效率提高。ASM 可以通过"动态分时"和"空间分割"来提高空域的充分利用。

c）未来的空中交通管理系统（ATM）应具有一个完善的航空通信网（ATN），它应是全数字式的，机载计算机与地面控制中心间通过卫星移动通信、超高频通信和 S 模式二次雷达数据链路进行计算机互连，邻近中心之间也应能计算机互连，因之 ATN 应采用国际标准化组织的开放式系统互联（OSI）模型，每一终端用户必须统一编入 ATN 地址，整个系统公用国际标准的网间协议。

d）为了考虑 FANS 建议在我国采用的可行性，初步了解到国内民航的一些情况，我国民航现有飞机 100 多架，预计到 2000 年约翻一番，这里未计及军用飞机和其他用途，如农用飞机等数量。全国共有供民用飞机起降的机场近 100 个，民用航线 332 条，其中国际机场 20 个，国际和地区航线 29 条。空地通信在航路上以短波单边带为主，在机场区以超短波特高频为主，航路导航、国内航路的无方向信标（NDB）为主，全国有 200 个 NDB 导航台，国际航路以甚高频全向信标和测距仪（VOR/DME）为主，有 34 个 VOR/DME 导航台，机场导航、国内机场以 NDB 为主，国际机场以仪表着陆系统（ILS）为主，全国有 30 个机场装有 ILS，还有 19 个机场装有精密进近雷达。航管雷达，全国共有 13 套二次监视雷达（SSR）和 10 套一次监视雷达（ASR），由于航管雷达没有联网，处于有监视无管理状态，空中交通管制方法仍以程序管制为主，使用"飞行进程单"掌握飞行动态，只部分机场和航路用监视雷达掌握飞行动态。地面通信，国内以北京为中心，用低速自动转报系统连接全国各主要机场。国际使用有线、无线和卫星电传与东京、香港、莫斯科、卡拉奇和平壤等地连接，用航空专用长途通信网和单边带无线电通信网同相邻飞行管制区建立联系。目前民航已有计划建立 100 多个 TES VSAT 小通信站以改善固定通信状态。

3 初步思考和建议

a) 对民航设想的建立 100 多个 TES VSAT 小站卫星通信网的设想，我部应积极支持和争取承包建网工作。

b) 对于航空移动卫星通信的采用问题，由于我国航道通信的短波设备将被淘汰，因此是势在必行。有两种可能选择的方案：一种是建立我国自己的专用移动通信卫星和地面站（也可允许包含周边一些邻国），军、民航都可兼用，主权问题比较简单，甚至还可以兼顾其他部门的移动通信，专门发星一次性投资较大，搭载在其他星上也有可能，但最好是已具有 L 频段天线的星（例如双星定位系统、静止气象卫星系统），这样星上的天线可考虑共用；另一种方案是租用国际海事卫星，一次性投资较省，国际联网也相对简单一些，但主权问题、内部组网问题却可能较大。这一问题需要立题深入全面地论证，民航的同志可能对搭载转发器的方案较为感兴趣。

c) 对于全球导航卫星问题，较为成熟的方案是采用 GPS/Glonass 联合接收机，因之相应的应该开始一系列研究工作，它们是：空中型的、适合飞机动态特性的 GPS/Glonass 联合接收机研制、GPS/Glonass 与机上惯性导航的结合研究以及在机场区域差分导航技术的研究。

由于 GPS/Glonass 是控制在军方手里的系统，美、苏政府尚未作出保证提供使用的承诺，承担经费问题也不太明确；而我国计划研制的双星定位系统在技术上是可以满足机上有高度计情况下的国内地区导航要求的，并且同时兼作卫星移动通信（不同速率数据通信）的要求，但它和国际民航 FANS 推荐的体制不相兼容，它可以考虑在军用航空作为主要卫星导航手段，在民用航空作为备用卫星导航手段，同时还可以立一个课题，参照欧空局 GEO/HEO 方案探讨改进我国双星定位体制的设计，解决机上和 GPS/Glonass 的兼容问题。

d) 仪表着陆系统将被微波着陆系统所代替，据说空军已和机电部协作开展研制，其中 C 频段相阵天线是主要关键技术，我部 23 所有较好的技术基础，可以参与这一研制工作的竞争。

e) S 模式二次雷达是 FANS 推荐的项目，它和已有二次雷达兼容，可以提供空—地数据链，因此对研制 S 模式二次雷达和改造已有的二次雷达可以争取立题开展研制，机电部 28 所在开展固态单脉冲二次雷达上已有自己的计划设想。

f) 我部是国内飞机研制生产的承担单位，但机上电子设备大部归口机电部研制，装备的电子设备比较陈旧，适应不了 FANS 建议的发展要求，需要考虑部内航空部分和航天部分的电子力量，筹划机载设备的更新和国内已有飞机电子设备的改造，这包括卫星导航设备、移动通信设备、VHF 通信设备压窄频带间隔、机载共用 L 频段低增益（0 dBi）全向天线和高增益定向跟踪天线（9～12 dBi）、机上仪表的数字化输出和数字接口、机上计算机系统及与地面控制中心的数据联网，需要列入国家规划和立题论证。

g) 部内有关研究所可和民航总局及其下属民航学院、航空航天大学联合开展航空交通管理（ATM）、自动相关监视系统（ADS）、航空通信网（ATN）系统方案的预先研究工作。

h）各种为航空服务的气象雷达的研制，卫星气象云图与数据的接收、处理和迅速向各地和飞机通报都是未来航行系统的重要发展内容，这方面二院和五院都有较好的技术基础，可以开发这方面的应用产品。

i）中国民航总局是经济双承包单位，自筹的技术改造基金主要用于购买进口设备，不可能大量投入发展新技术、新系统，特别是航天卫星系统的研制经费，因此制定一个按轻重缓急和研制周期短长划分不同研制阶段的规划是很重要的。经费来源问题，大型项目可否争取国家拨款，需要请部领导开展与民航、计委的上层接触来解决。

j）为了确定我国民航总局、政府有关部门在今年国际民航大会的态度，民航总局将会邀请国内有关应用和工业部门开展座谈讨论。为此我部应作相应的技术准备，此外，为了制定我国卫星在航空领域的应用规划，建议组织跨我部航空、航天两部分的有关院、所、工厂专家，进行以FANS建议为主题的技术讨论会，就技术发展、经济可行性、部内研制力量的联合，与国内有关工业部门的联合与竞争策略等集思广益、开展讨论、为下步的工作确立一个好的开端！

我国卫星在未来航行中应用的设想[*]

0 引言

中国航空航天部是研制生产各类飞机、航天飞行器、运载火箭,以及其测控、雷达、导航和各种卫星应用系统的部门,肩负着改善飞机装备,推动各种卫星的应用,提供国内外卫星的发射等重任,并已取得重大成就。截至1992年8月发射成功各类中国卫星32颗,其中地球同步通信卫星5颗,回收卫星13颗,气象卫星2颗,其余12颗为科学试验卫星。为国外用户发射了亚星和澳星等3颗卫星,并为国外客户提供了微重力搭载试验。研制生产的产品有各类卫星的跟踪遥测遥控系统、跟踪监测飞机的一次和二次雷达、气象雷达、制导雷达等。在卫星应用方面,有气象卫星云图接收处理站、图像处理设备等。在卫星通信广播方面生产和普及了大批量的卫星电视单收站,在研制和普及VSAT通信方面正在发挥重要作用。

"未来航行系统"(FANS)是国际民航组织(ICAO)提出的21世纪国际民航将采用的新一代通信、导航、监视和空中交通管理系统。实施此系统是一次全球性的航行系统技术和管理体制的重大改进,可以进一步提高民航的飞行安全保障能力和增加航空业务的营运效益。未来航行系统是一项以应用卫星技术为主的庞大系统工程。它将卫星导航、卫星移动通信、卫星固定通信以及已有的雷达及其他通信系统以及计算机、显示、控制设备等组合成空地统一的自动相关监视系统,从而实现空中交通管理。中国航空航天部将以其相关专业的技术和产品,以其研制航天系统工程的经验为我国民航实现这一新的系统作出重要的贡献。

1 GPS/GLONASS 接收机

我部正在开发高中动态的6通道GPS/GLONASS兼容接收机,它可以在这两个导航系统都尚未完全展开情况下每天24 h进行不间断三维定位,冗余通道可以提高定位数据的可靠性。接收机的动态性能可以满足飞机速度400 m/s、加速度$4g$的最大机动飞行要求,并和飞机上的自动驾驶仪接口,相互配合工作,借以提高定位精度和可靠性。还可提高接收机对卫星的捕获能力,该接收机定位精度为100~157 m,可以在航程中以及非精密进近时

---

[*] 本文发表于1992年北京新航行系统研讨会会议文集,作者:童铠、叶飞。

满足飞机的导航需求，此外该机还具有差分接口，可以为民航飞机精密进近，准确进入跑道提供服务。

目前正在进行试验和集成化工作以显著减轻设备体积和质量，并准备和外商合作投入批量生产。

由于 GPS 或 GLONASS 系统本身的可靠性不足以满足民航飞行安全的需求，除了采用 GPS/GLONASS 兼容机外，建议在我国一些飞机上和机场开展差分飞行试验，开展 GPS/GLONASS 设备与飞机上惯性系统及已有的仪表导航设备相结合的联合飞行试验。

关于对 GPS/GLONASS 卫星健康状态的监视和广播，INMARSAT 组织有很好的建议，建议亚洲地区的民航组织协商落实措施。

2 双星定位系统/卫星专用移动通信系统

中国预计将在 20 世纪 90 年代后期建立 RDSS 系统，称之为"双星快速定位系统"。它具有突发传送 16 kbit/s（入境）和 32 kbit/s（出境）数据的能力，可以满足民航 600 bit/s 航行安全数据的要求，可以将机载 GPS/GLONASS 数据以及机上其他与航行有关的参数及时通报地面，从而实现自动相关监视（ADS）功能，可以弥补我国及周边海面缺少二次对空监视雷达的不足，提供有效的对空监视手段。在这一系统中出境用 TDM 体制，民航数据可以优先发送，对入境、链路，可以为民航分配专用伪码；不会和其他非民航用户发生对信道的竞争，这样可确保民航安全业务的通畅。此外由于双星系统自身具有定位能力，可以探讨该系统作为 GPS/GLONASS 备份手段用于民航的可行性。由区域性 RDSS 系统提供国内航线各种用途飞机的低速率卫星移动通信功能是比较符合中国现实的，这和未来航行系统专门委员会对 RDSS 作为导航系统的评价不发生矛盾。至于我国的国际航线暂时以租用 INMARSAT 较为合适。

设想 2000 年以后，中国有可能开发出自己的本地区同步卫星式的话音/数据兼容的专用移动通信系统，它可以覆盖民航移动通信频段，调制体制上可以设计成与其他航空移动通信系统兼容，飞机上采用全向低增益天线即可实现通话。这可以有效地为民航航行业务和乘客服务。此外，为了提前实现民航移动通信，在国内东方红三号系列卫星上搭载民航频段专用转发器，提供 30 dBW 的 EIRP 值，这时星上天线直径小于 1 m，功率小于 20 W，这在技术上也是可行的。

以上这两种系统，可以充分而有效地为国内航行的所有飞机服务，国际航线飞机在我国及其周边地区上空完全可以应用。

3 通信网建设

中国 1984 年发射成功地球静止通信卫星后，极大地促进了中国卫星通信广播事业的发展，卫星电视单收站已发展到 4 万台以上，VSAT 通信站也正在迅速发展，它尤其适用于各部门和大型企业的通信专用网。民航的机构和机场遍布全国，为了建立一个中国未来的空中交通管理系统（ATM），建立一个全国专用而完善的航空通信网（ATN）是必要的。它应是全数字式的，能实现各地计算机的互联。它将采用国际标准化组织的开放式系统互联（OSI）模型，每一终端用户必须统一编入 ATN 地址，整个系统采用国际标准的网间协议，航空航天部在开发 VSAT 专用网的业务中曾经研制了 CVSD 体制的单路单载波的卫星通信中心站和 VSAT 端站。建立了航天部自己的专用网状通信网。此外还新研制成功出境为 TDM 体制、入境为 CDMA 体制的以数据为主兼容话音的星状网通信设备与系统 DATANAT-200。此外，在为国内各大部门开发专用卫星通信网方面正从国外引进较为先进的 VSAT 设备，其中包括美国休斯网络公司的 TES 和加拿大 SPAR 公司的 TDMA 系统以及日本 NEC 的 NEX-TAR 系列。这里除了已较为发展的以话路为主，数据兼容的网状网与星状网相结合的 SCPC 体制外，多载波 TD-MA 体制也已进入稀路由的数话兼容、星网混合的 VSAT 领域，它可以设定各种不同传输速率包括传送电视数据的能力，也可提供高质量的话音通信和信令接口，网内各站可以跳频工作于不同载波，以扩充网的容量。网状网与星状网可以混合使用，话音、数据都可按需分配、预分配和动态再分配，为了适应稀路由工作，网内节点数可以大至 100 个，因而已突破了 TDMA 只适于干线通信的限制。

4 卫星发射服务

航空航天部形成的运载工具长征系列已为发射国内外的各种类型的卫星服务，现在可以提供国内外卫星发射服务的有：

LM-1，用于发射近地轨道小型卫星，为中型三级液体火箭。

LM-2，为二级液体火箭，可发射 2 t 近地轨道卫星，而带有助推器的 LM-2E 可将 9.2 t 载荷送入近地轨道，可将配有上面级的 4.5 t 卫星送入地球同步转移轨道。

LM-3 可将 1.4 t 质量的卫星送入地球同步转移轨道，其改进型的运载能力又提高到 2.5 t。

长征系列运载火箭可靠性高，发射服务价格合理。它可以为未来航行系统中的国内外卫星提供优良的发射服务。

关于空间数据系统标准的建议书 CCSDS 501.0-B-1 "无线电测量和轨道数据"介绍

0 引言

该文件要求：所有未来用于相互支持情况下的无线电测量和轨道数据交换的实施都将以本建议书为基础，以便提供 CCSDS 成员空间局飞行任务和设施间的相互支持，致力于有关空间局之间开发多任务支持能力，以消除每一任务对单一、独特能力的需求。

该文涉及无线电测量数据（radio metric data）航天器轨道元素、太阳系星历、跟踪站位置天体测量数据、参考系、天体动力学常数和航天器动力学参数。

本介绍引用的原建议用黑体字书写，非黑体字则是本人的解释。

1 航天器轨道元素在成员局之间的传递

CCSDS 建议的项目：

1) **空间局之间交换的轨道参数采用对口交接优于平根数。**

例如飞行任务时前跟踪站对后跟踪站的轨道预报，观察段的交接等采用有共同性计算方法的数据传递更为简便有利。

2) **主要坐标应是在选定时刻 t 的笛卡尔状态（位置和速度）元素 $x, y, z, \dot{x}, \dot{y}, \dot{z}$。**

3) **第二组元素应伴随主要的笛卡尔状态元素提供，它们应该是开普勒元素组 a, e, i, Ω, ω 和 v, t 时刻的真近点角，向开普勒元素组的转换应在 t 时刻进行。用一个选定的质量常数 μ，此值应在交换数据中给出。**

开普勒元素组定义如下（参看附图 1，此处仅以地球为例）：

a——航天器椭圆轨道半长轴；

e——椭圆偏心率；

i——轨道面相对于赤道面的倾角；

---

* 本文为技术交流资料，是作者对国际标准的介绍和解释，写于 1993 年。

Ω——升交点（航天器由南向北穿过赤道平面之点）赤径，即春分点 γ 与升交点 N_a 对地心 O_E 的张角（在轨道面内度量）；

ω——近地点幅角，即近地点与升交点夹角；

v——真近点角，航天器 S 在 t 时刻与近地点间的夹角；

μ——质量常数，对地球来说我国取 $\mu = 3.986\,005 \times 10^5\ \mathrm{km}^3/\mathrm{s}^2$。

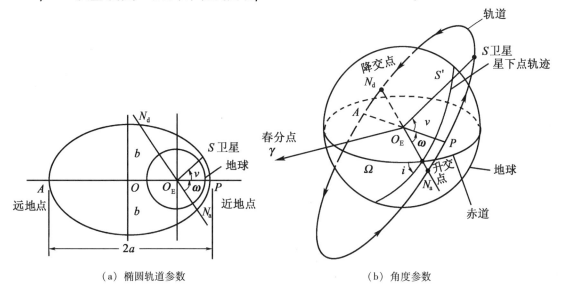

(a) 椭圆轨道参数　　　　　(b) 角度参数

图1　卫星轨道参数

4) x, y, z 和 a 的单位为 km；$\dot{x}, \dot{y}, \dot{z}$ 的单位为 km/s；i, Ω, ω 和 v 的单位用（°）和十进制表示的小数；μ 的单位用 $\mathrm{km}^3/\mathrm{s}^2$。

5) 时间 t 用协调世界时（UTC）代表。以年、月、日、小时、分、秒和秒的十进小数给出数值。对深空轨道，通常是在质心动力学时间（TDB）中进行数值积分得出。而质心动力学时间基本上与历书时（ET）相同。我们建议采用近似的 UTC。时间 t 可指定为秒或分秒的连续计数。相应的时间码格式在 CCSDS 301.0-B-1"时间码格式"中给出。

关于时间计量系统可分为以下几种：

a) 恒星时

恒星时以地球自转为基准，由于地球自转，春分点 γ（地球赤道与视太阳黄道相交于春分、秋分点，视太阳由北向南过赤道点则为春分）连续两次通过某地子午圈的时间间隔叫做1个恒星日，1恒星日分为24恒星时，1个恒星时等于60恒星分，1恒星分等于60恒星秒，不同经度子午圈的恒星时是不一样的，称为地方恒星时。由于步差和章动（含日、月对地球自转引起的进动和章动，行星对地球公转运动引起的摄动）使平春分点极缓慢西移和真春分点相对于平春分点作周期运动。以平春分点为基准的称平恒星时，以真春分点为基准的称真恒星时，两者都不是均匀的时间系统。

b) 太阳时

太阳时是地球公转的反映，由于地球公转和自转引起太阳的周日视运动，真太阳连续两次通过某地子午圈的时间间隔叫做一个真太阳日，由于地球公转轨道为椭圆，真太阳位于其一个焦点上，因之真太阳日不是一个固定的量，不适于作计时单位。

为了弥补真太阳缺陷，假设有一个平太阳在赤道上作匀速运动，其运行速度等于真太阳视运动的平均速度。平太阳连续两次通过某地子午圈的时间间隔叫做一个平太阳日，然后再分隔为24平太阳时，再按60进制分为平太阳分、平太阳秒。

平太阳时也是地方性的，如以经度 $\lambda=0$ 的英国格林尼治天文台的子午线（本初子午线）确定的平太阳时为基准，则叫做世界时（UT）。如果地球自转是均匀的，则世界时也是均匀的，但由于地球自转不均匀，因之世界时也是不均匀的。

c）历书时（ET）

历书时是一种由力学定律确定的均匀时间系统，是以地球绕太阳公转的周期运动为基础的，其起算的基本历元是1900年1月0日历书时12时，历书秒长是该起始时刻回归年（平太阳连续两次过春分点的时间间隔叫一回归年）长度的 31 556 925.974 7 分之一。取 86 400 历书秒作为一个历书日，由此可求得该瞬时的一回归年为 365.242 198 78 历书日，而历书年则定义为 365.25 历书日。

本建议书中提到的质心动力学时间（TDB）是以太阳系质量中心运动为基础，由力学定律确定的均匀时间系统，TDB 习惯称太阳系力学时；另一种以地球中心运动为基础的，则称为地球力学时（TDT）。TDB 和 TDT 基本和历书时（ET）相同，只有微小差别。

d）国际原子时（TAI）

定义铯原子的能级跃迁辐射 9 192 631 770 周所持续的时间为一原子秒（与历书秒一致）称国际制秒（SI 秒）。其起点定为1958年1月1日0时（世界时），该瞬时原子时和世界时的时刻相同。以后发现这一瞬间和世界时相差 0.003 9 s。原子钟精度是远优于历书时的均匀时间尺度，已经应用以代替历书时。

e）协调世界时（UTC）

协调世界时是以原子时为基准，通过调整使其时刻与世界时（UT）相差在 0.9 s 之内，即原子时秒长不变，但在每年的12月31日或6月30日的最后一秒作正或负跳秒修正，称为闰秒。因此 TAI - UTC 在不同时期整秒数不同，由国际时间局（BIH）年报公布，如1988年1月1日至1990年1月1日时期为25整秒。

建议书附录给出了由 TDB 转换为 UTC 的近似公式

$$UTC = TDB - (TDB - TAI) - (TAI - UTC)$$

其中　TAI - UTC 可以查 BIH 年报，得

　　　　TDB - TAI = $32.184 + 1.658 \times 10^{-3} \sin E$（s）

偏近点角　　$E \approx M + e \sin M$（rad）（严格公式应为 $E = M + e \sin E$）

平近点角　　$M = 6.248\ 291 + 1.990\ 968\ 71 \times 10^{-7} t$（rad）

　　　　　　$t = 1950$ 年1月1日0时后的 TDB 或 TAI，也可为 TDT

地球轨道偏心率 $e = 0.016\ 72$

此外　$TDT - TAI = 32.184$ s

　　　　$TDB = TDT + 1.658 \times 10^{-3} \sin E$（s）

TDT 对 TAI 时刻的补偿值 32.184 s 正好是历书时 ET 与原子时 TAI 之差的估算值，

所以 TDT 可以代替 ET 使用。

TDB 与 TDT 之差小于 1.658 ms，且呈周期变化，无长期项误差积累。

f) 儒略日（J.D）

儒略日是航天和天文应用的一种长期记日法，不同年和月，以公元前 4713 年（记为 -4712 年）儒略历 1 月 1 日世界时 12 时为起算点。例如 1993 年 1 月 0 日世界时 12 时的儒略日为 2 448 988。现国际天文联合会决定从 1984 年起采用新的标准历元为 2000 年 1 月 1.5 日 TDB，记作 J2000.0，此时儒略日 JD = 2 451 545.0。新标准历元用太阳系力学时 TDB 表示以代替过去的世界时。

6) 参考系的坐标原点应选用引力大的物体中心，且应在交换中规定。

7) 当进行阻力计算时，应给出面积/质量比，量纲为 m^2/kg。

8) 用于太阳压力计算时，应给出面积质量比，量纲为 m^2/kg，以及无量纲的太阳反射系数。

9) 某些其他类型参数可能在某些应用中需要，可能的例子有大气模型的日辐射通量和磁系数以及重力项。

2 参考系

1) 交换轨道元素时（t 时刻的笛卡尔矢量）应归为下述 4 个系统

a) J2000.0 的平赤道和平春分点参考系参见图 2（a）原点为地球引力中心 O 的直角坐标系，$x-y$ 平面为 J2000.0 历元的平赤道 x 轴指向 J2000.0（儒略日为 2 451 545.0）的平春分点 γ，z 轴指向平北极，y 轴垂直于 x，z 轴，绕 z 轴右旋方向。

b) 在 J2000.0 坐标系中，某确定日期 t 的平赤道和春分点应考虑由 t 计算出的进动值。

由于日月引力对地球自旋轴的影响及行星对地球公转的摄动，引起平赤道和平春分点的进动，称之为岁差，坐标轴应指向修正 t 时刻岁差后的平北极和平春分点。

c) 在 IAV J2000.0 坐标系中，某确定日期的真赤道和真春分点由考虑进动和章动的 t 定义，这是一个瞬时固速的坐标系。

上述原因还引起赤道与春分点的章动，因之真赤道和真春分点还围绕平赤道和平春分点作周期性小范围运动，这一坐标系应指向 t 时刻的真北极和真春分点。

d) 地球固连坐标系，采用（c）中定义的真赤道，但坐标系随地球旋转，而且 x 轴固定于本初子午线，速度相对于旋转系统。

前述三坐标系不随地球自转，而本坐标系固于地球上一起旋转，参见图 2（b），$x-y$ 平面为真赤道面，x 轴指向英国的格林尼治经度圈在赤道上的交点。

2) 引力参数和 JPL 行星星历表的特定选择不应标准化，因为这些参数定期修改，各空间局总想使用最新值，鼓励提供引力参数和星历表的各空间局提供下列产品：

a) 以 J2000.0 坐标系为参考的参品。

b) 任何新产品详尽的、最新的文件。

JPL 是美国喷气推进试验室，主要从事深空飞行器的研制、跟踪和管理，进行深空探测。

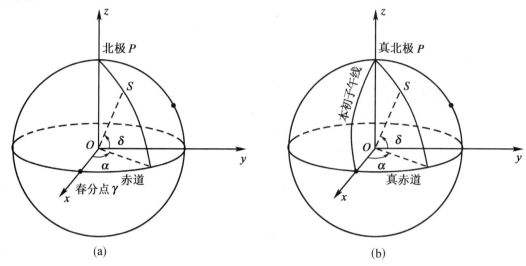

图 2　赤道坐标系

3　跟踪数据

应执行的建议如下：

a）跟踪数据应适用于空间局之间的相互支持，所有参数以 10 的指数形式给出。

b）数据应以时间序列提供。并标上以年、月、日、小时、分、秒和秒的十进分数表示的协调世界时（UTC）。

由于协调世界时具有原子钟的高精度和时间均匀性，又接近世界时，以年、月、日、小时、分、秒表示，方便于转换为轨道计算中的连续计时，也方便于转地方平太阳时，通用性较好。不受地区限制、时间值唯一确定。

c）接口控制文件（ICD）应由参加涉及跟踪数据轨道元素相互支持的两空间局联合制定。控制文件必须对下列被传输数据精确定义：格式、跟踪数据的校准、辅助数据的描述、以及跟踪站位置的全面描述，包括选定的参考系的地心坐标，跟踪点的相对几何位置和天线座架的正交轴系。

这个接口文件要求比较全面完整，这对避免数据处理中发生歧义是很重要的，有关局共用制度可以更好地结合各家实际和加强相互理解。

d）非自毁的多普勒数据必须用发射和接收信号之间频率差的时间平均值来提供。

多普勒观测量 F（单位为 Hz）由下式给出

$$F = \frac{\Delta N}{\Delta t} = \frac{1}{\Delta t}\int_{t-\frac{1}{2}\Delta t}^{t+\frac{1}{2}\Delta t}(f_T - f_R)\,dt$$

其中，实效发射频率 f_T 为真实恒定发射频率乘以中间转发器频率比例；f_R 为接收站收到的信号频率；时间 t 为平均时间间隔 Δt 的中心。标志时刻（通常被定为平均时间间隔的起点、中点或结束点），平均时间间隔 Δt（单位为 s）和实效发射频率 f_T 应与多普勒观测量一起提供。作为替代，也可以在接口文件（ICD）中给出。

设航天器上的转发器接收与发射频率比为 n/m，文件中定义为中间转发器频率比，这在用锁相环转发时是对的，转发器上不应介入转发器自己的独立晶振频率，否则要引起误差。设地面站发射频率为 f'_T，其上行的航天器接收频率为

$$f_u = f'_T \left(1 - \frac{v}{c}\right),$$

转发后变为

$$f_d = \frac{n}{m} f'_T \left(1 - \frac{v}{c}\right) = f_T \left(1 - \frac{v}{c}\right),$$

下行地面站接收频率

$$f_R = f_T \left(1 - \frac{v}{c}\right)\left(1 - \frac{v}{c}\right) = f_T \left(1 - 2\frac{v}{c}\right),$$

因此

$$F = \frac{1}{\Delta t}\int_{t-\frac{1}{2}\Delta t}^{t+\frac{1}{2}\Delta t} \left(f_T \frac{2v}{c}\right) dt = \frac{2f_T}{c\Delta t}\int_{t-\frac{1}{2}\Delta t}^{t+\frac{1}{2}\Delta t} v \, dt$$

F 代表着 f_T 乘以 2 倍的平均航天器速度与光速之比，v 是航天器飞离地面站的径向速度。

e) 测距数据应以单位为秒和秒的十进分数的光波往返时间给出（当用单程测距则用单程光传播时间），标志时刻（往返时间的起点或终点时刻）应和测距观测量一起规定。

f) 从两个同时跟踪的测量站（即甚长基线干涉仪 VLBI）所导出的观测量差值，将用与多普勒和距离类似的单位给出。它们分别是：单位时间的差分相位计数（单位为 Hz）和差分光输播时间（单位为 s）。

甚长基线干涉仪测出的两站测距差值或其变化率差值等于基线长度乘以电波到达方向角（即射线与基线的夹角）余弦或方向余弦变化率，由此可以确定方向角及其变化率。

g) 在最适于天线座架的坐标系（要在接口控制文件 ICD 中定义）中的跟踪天线的角度数据应用（°）和十进制小数给出，对于方位—俯仰式座架，建议方位角由北向东测量。

h) 地面跟踪站的位置应由平北极、赤道和 1903.0（常规国际坐标原点 CIO）零度子午线为参考的地心球坐标或圆柱坐标来表述。x 轴定义为指向零度子午圈（通过 1903.0 平北极）与 1903.0 平赤道的交点，z 轴指向平北极，y 轴按右手直角坐标系确定。北极运动值的来源（如国际时间局或海军观测台）和它们的使用应包括在接口控制文件中。

1903.0 指本坐标系用 1903 白塞尔假年岁首瞬时的地球平北极、平赤道，坐标原点在地心，$x-y$ 为平赤道面，x 指向东经 0°，x 轴右旋 90° 形成 y 轴。

i) 鼓励各空间局在跟踪数据中对跟踪站的延迟进行校准，并且在接口控制文件中给出标准的定义。

在航天器测控中，电波传播延迟造成的测量误差不可忽视，例如对 30 000 km 远的目标，单程的电波传播延迟为 0.1 s，对相对速度为 1 km/s 飞行的目标即造成 100 m 的测量误差，因之，必须校准。

j) 鼓励各空间局提供当地天气条件（温度、压力、湿度）以帮助用户对自身环境校准，再者，环境影响的校准辅助数据被认为是非标准的，但如果愿意并在接口控制文件中定义过的话也可给出。

k) 通常，所有获取到的数据在相互支持的活动中应都被传递，而不仅仅是编辑好的数据组，虽然在某些特定数据中可设置标志，以表明产生数据的空间局认为那些数据是低层次标准的。如果接口控制文件中有事先的约定，对大容量数据，不排除进行数据抽样以减少数据容量。

我国数据中继卫星系统发展途径探讨*

1 数据中继卫星系统的任务需求与开发必要性

a) 用于载人飞船与空间站。它涉及人身安全，要求比较高的测控与通信覆盖率，最好能达到50%以上。这包括上升段的安全救生，轨道运行段的测控和告警通信，以及紧急降落后的搜寻。这些地面台站难以实现。

b) 用于各种侦察卫星（遥感、无线电信号侦察等）的实时全球数据收集，返向数据率在100~300 Mbit/s之间。至于对各种民用遥感卫星，则取决于使用数据中继卫星系统和使用当地地区台站获取数据方法的总经济效益比较。

c) 对各种飞行器的测控，目前正由地基测控转向空基测控，这样可避免国外设站和派遣测量船。

2 任务特点

a) 作为数据中继卫星系统的用户飞行器的目标数并不多，但这些中低轨道飞行器运动范围遍及全球，这时数据中继卫星的服务范围约占±10°张角。为了提高传输数据率而又节省数据中继卫星和用户飞行器的微波辐射功率，采用窄波束跟踪体制最合适。

b) 在数据中继卫星与用户飞行器两端传送高数据率时，可展开式卫星大天线（3~5 m直径）是主要的技术难题。在两端天线尺寸受限的情况下，工作频段越高越好，故国外采用Ka或Ku频段，且高空不存在大气雨衰问题。但我国目前能否用Ka频段决定于能够做到的天线展开精度（如1/50波长），以及仪器、器材的进口限制。

c) 从容易实现天线对目标的捕获方面考虑，两端波束进一步减小受到限制（如不小于2°~3°），这时频段越低越好。舍去拥挤与易受干扰的超高频段及移动通信用的L频段不用，用S频段作搜索捕获和引导K频段最为合适。因此，用同一天线，S与Ku（或Ka）双频段联合工作是最佳配合。S频段波束提供对Ku（Ka）频段波束的引导作用并传送低速率数据。而Ku（Ka）窄波束对目标的进一步对准则还需要S和Ku（Ka）频段馈源提供波束偏离目标误差，目前双频段馈源技术在天线设计中已是较为成熟的技术。

d) 用户飞行器天线对准数据中继卫星的工作范围一般大于半球，因之波束不能太窄，

---

* 本文发表于1993年航天测控技术研讨会论文集。

机械天线尺寸不宜太大（如直径小于 1 m），所以采用无机械转动的简易相控阵天线更好。

e）在数据中继卫星上 S 与 Ku（Ka）频段结合的天线不可能很多，顶多 1~2 个，而需要低数据率测控的用户飞行器则比较多（5~20 个），大天线数量满足不了需求，而且这样做也不合算。因此采用 S 波段的简易相控阵天线的问题，即使初期不上，最终也不可避免。几十个单元的相控阵天线国内已有成熟技术，但还需要按星上的环境条件再进行进一步的开发，发射波束可以分时工作以节省功率，可以满足较低的遥控数据率。接收时可用同时多波束，为简化星上设备，可以转传到地面以进行多波束处理。

3　最主要的几项关键技术

a）星上高精度展开式大天线和双频段馈源；
b）数据中继卫星及用户飞行器天线指向目标的地面程控方法，并以自跟踪作为辅助手段；
c）数据中继卫星及用户飞行器上的相控阵天线；
d）Ku、Ka 频段仪器与器件的引进与自主研制生产；
e）遥感图像的数据压缩技术，以及在传输中高码速率的前向纠错编码技术；
f）单星座定轨方法与精度研究。

4　尚需进一步论证的问题

a）民用遥感卫星采用数据中继卫星系统的经济效益分析；
b）发展我国数据中继卫星系统分两步走还是一步走？回答这一问题的关键是规定的目标要明确。一、二步之间路子要顺，技术上不要前后互相冲突，例如不要采用两种不同的卫星平台（如东方红三号三轴稳定平台与东方红二号甲改进的消旋平台），对两种不同的频段（如 Ka、Ku）要认定其中的一种；
c）国际合作采用何种途径。

RAPID ACQUISITION OF LONG PSEUDO-NOISE SPREAD SPECTRUM CODES[*]

Abstract Radio Determination Satellite Service (RDSS) by using two geostationary satellites can implement navigation, location, transmissing short data sequence bidirectionally, and provide transmission of accurate time reference.

Multi-users can simultaneously transmit 20 ~ 80 ms burst dara to hub station via satellites. With input modulating signal SNR being − 20 dB the data should be spread with 8 Mcps same or different pattern of Gold Pseudo-Noise (PN) code. In order to acquire burst PN code in 5 ms, a 4 096-chips preamble synchronization code is set. It is necessary that different bursts are apart from each other two chips or more for a reliable derection and resolution in 0.5 ms, upon which local PN codes are triggered respectively, then, incoming burst codes are tracked and demodulated.

In this paper a new processing method for rapid acquisition of PN code is introduced. A Surface-Acoustic-Wave (SAW) device is used as matched filter to implement 256-chips Intermediate Frequency (IF) correlation processing with 24 dB processing gain, and the cascades 4-order IF integration and 4-order video integration after SAW render total 33 dB processing gain attainable. By the method the probability of detection is 0.9, and the probability of false alarm is 4×10^{-6}. Because of the special code structure the maximum sidelobe of processing output is only about − 12 dB compared to the correlation peak value, which will increase the probability of false alarm in a lower SNR case.

To improve the performance of the processor further, a new processing device with 1 024-chips SAW matched filter without repeated 256-chips code integration is developed to overcome the high output sidelobe level problem, in which a special 6-order video integration is used. Experimental results show that the total processing gain is about 36.34 dB, and maximum sidelobe is lower than − 15.6 dB. Therefore, the processor can effectively realize rapid acquisition of useful signal which is weaker than noise by 20 ~ 22 dB.

---

[*] From 44th Congress of the International Astronautical Federation, Oct. 16 − 22, 1993, Graz, Austria.

0 INTRODUCTION

RDSS, now under development in China, can carry out radio communication, ranging, and precise location. It can transmit the measured information to hub station or other users. The function of the system includes: navigation, location and mobile communication and time service etc.

RDSS consists of three parts: 2 geostationary satellites (the longitude angle between two satellites should be about 30°~60°), hub station, and user's transceivers. In addition, a series of accurately located "benchmark" transceivers are in advance set in the areas around user's equipments. In the system two 4°×6° elliptic beams are needed to cover China mainland and nearby land and sea areas.

There are two kinds of signals in the double satellites system: one is the Inbound Signal (IS) transmitted from user to hub station, whose rapid acquisition is very difficult; the other is the Outbound Signal (OS) transmitted from hub station to satellite beam coverage areas, which can be acquired and tracked as soon as user's transceiver is turned on, and rapid acquisition is not needed at all in this case. Therefore, this paper is restricted to the implementation of rapid acquisition of IS.

Inbound link is a kind of Direct Sequence/Spread Spectrum/Random Access channel. It possesses the following characteristics:

① The IS is burst spread spectrum code, which may reach the receiver of hub station at a random and unknown time.

② Several ISes from different users may reach hub station in an overlapping manner, and can be received and processed simultaneously by hub station, even though they are the same pattern of PN code, but separate at least two chips from each other. The number of PN codes which can be processed simultaneously characterises the system capacity of handling ISes.

③ IS, which is transmitted by user's transceivers and relayed by 2 satellites to reach hub station, is the basis for target location. User's signals from 2 receiving beams are retransmitted at different frequencies simultaneously.

The IS should be processed in hub station in following procedures: first, the synchronization PN code sequence is detected in 0.5 ms, and in the meantime a synchronization pulse is generated. The locking and tracking of PN code together with the extraction and locking of carrier should be accomplished in 5 ms; then, demodulation and decoding are preformed; finally, based on the received data and measured time information the processing for location and communication is carried out.

1 INBOUND LINK BUDGET

As has been mentioned before, the SNR of IS is very low, which comes from the three factors: 1) the spread spectrum system itself; 2) EIRP of user's equipment and G/T of satellites are very low, i.e. there are adverse conditions in inbound link channel; 3) 2dB E_b/N_0 loss is caused by the simultaneous arrival of multi-users signals. The SNR of IS can been obtained from the following computations on inbound link channel.

a) User-Satellites
1) Frequency range　　　　　　　　　　　　　　1 610 ~ 1 626.5 MHz
2) Bandwidth　　　　　　　　　　　　　　　　　16.5 MHz
3) Information rate　　　　　　　　　　　　　　15.625 kbit/s
4) EIRP of user's equipment　　　　　　　　　　18.3 dBW
5) Path loss　　　　　　　　　　　　　　　　　－188.12 dB
6) Other losses　　　　　　　　　　　　　　　　－1.58 dB
7) G/T of receiving system　　　　　　　　　　－3.0 dB
8) (S/N_0) up　　　　　　　　　　　　　　　　54.4 dBHz
9) (SNR) up　　　　　　　　　　　　　　　　　－17.77 dB
　　in fading case　　　　　　　　　　　　　　　－19.77 dB

b) Satellites-Hub station
1) Frequency　　　　　　　　　　　　　　　　　4 000 MHz
2) EIRP (at the edge of beams)　　　　　　　　　35.5 dBW
3) Output backoff　　　　　　　　　　　　　　　－2 dB
4) The division into two channels for two receiving beams　　－3 dB
5) (S/N) up　　　　　　　　　　　　　　　　　－17.77 dB
6) EIRP per user's carrier　　　　　　　　　　　 12.73 dBW
7) Path loss　　　　　　　　　　　　　　　　　－198.24 dB
8) Other losses　　　　　　　　　　　　　　　　－2.58 dB
9) G/T of hub station　　　　　　　　　　　　　20.6 dB/K
10) (S/N_0) down　　　　　　　　　　　　　　　69.21 dB
11) (S/N_0) up　　　　　　　　　　　　　　　　54.4 dBHz
12) Total S/N_0　　　　　　　　　　　　　　　　54.26 dBHz
13) Total S/N　　　　　　　　　　　　　　　　－17.91 dB
　　in fading case　　　　　　　　　　　　　　　－19.91 dB
14) E_b/N_0 *　　　　　　　　　　　　　　　　　6 dB
15) Margin * *　　　　　　　　　　　　　　　　 6.32 dB
　　in fading case　　　　　　　　　　　　　　　4.32 dB

* According to the requirement of 10^{-6} minimum error rate, Viterbi decoding threshold is chosen as 4 dB, and additional 2 dB is prepared for the E_b/N_0 loss caused by the combined interfering noise from simultaneous arrival of at most 114 users's signals.

* * (1) The loss caused by satellite attitude error is about 1.0 dB;
　　(2) 2 dB loss may caused by demodulation in receiver.

From the above computations the input SNR of rapid acquisition system is determined to be

−20 dB.

2 PN CODE RATE OF SPREAD SPECTRUM

The choice of PN code rate for spread spectrum is determined by the requirement of ranging accuracy, and also should be compatible with international RDSS system. The most popular international choice is $f_c = 8$ Mchip/s, which is near to 10.23 Mchip/s P code rate used in GPS accurate ranging. For 8 Mchip/s PN code rate the range error is less than 1.865 m as long as the tracking accuracy is within one tenth of a code chip width. Hence, $f_c = 8$ Mchip/s.

3 UPPER BOUND OF IF INTEGRATION GAIN

No matter what means is used in Intermediate Frequency (IF) integration, the shift of IF from the nominal value always causes mis-match of the integration codes phase, and results in integration loss.

The frequency shift caused by local frequency drift in satellite repeater can be corrected in ground calibration, and the frequency stability of IF SAW matched filter is high enough. Therefore, the major frequency drift is caused by the doppler shift due to the radial motion of user transceiver.

From the formula $f_d = f_0 V/c$, where the parameters are assumed as: $f_0 = 1\ 618.25$ MHz, $V = 370.78$ m/s. We get: $f_d = 2\ 000$ Hz. Hence, the IF integration gain can be obtained from
$$G = 20\lg[\sin(\pi f_d \tau N)/\sin(\pi f_d \tau)] - 10\ln N$$
where, $\tau = 1/f_c = 125$ ns. The gain with different N (integration code length) is shown on Table 1.

It is shown on Table 1, that the maximum N for IF integration is 1 024, and integration gain is 29.1 dB (including 1 dB integration loss from doppler shift). Total integration time is 0.128 ms.

Table 1 The integration Gain vs. N

N	256	512	1 024	2 048	4 096
$G\ (f_d = 0$ Hz$)\ /$dB	24.1	27.1	30.1	33.1	36.1
$G\ (f_d = 2\ 000$ Hz$)\ /$dB	24.0	26.85	29.1	29.0	0
integration loss/dB	0.1	0.25	1.0	4.1	36.1

If the input SNR is −20 dB the IF Integration can provide 9.1 dB maximum SNR. The false alarm probability (P_n), averaging false alarm time $\overline{T}_{fa}$ and detection probability (P_d) vs. normalized peak threshold voltage $E_t/\sqrt{\Psi_0}$ are shown on the Table 2.

Table 2 P_n, $\overline{T_{fa}}$ and P_d vs. Threshold

$E_t/\sqrt{\Psi_0}$	3.04	3.71	4.80	5.25
P_n	10^{-2}	10^{-3}	10^{-5}	10^{-6}
$\overline{T_{fa}}/s$	1.3×10^{-5}	1.3×10^{-4}	0.0125	0.125
$P_d/(\%)$	89	68	26	15

Obviously with the restriction $P_n = 10^{-6}$, P_d is only about 0.15, which is not acceptable for reliable detection. To raise P_d to 0.9, 13 dB detection SNR, i.e. 33 dB integration gain, is needed. Hence, a video integrator with 4 dB or more integration gain has to be cascaded after IF integrator

4 FORMAT OF IS

With regard to the former recommendation of RDSS coordinaton committee[1] the whole IS consists of three segments: Synchronization Sequence, acquisition segment and data segment. They are shown in Table 3. The two latter ones are $(2^{17}-1)$ bit Gold code.

Table 3 Format of IS

Sync. Sequence	Acquisition Segment		Data Segment
	PN Sequence	Unique Word	
4 108 chip	40 960 chip		114 944 ~ 599 944 chip

5 SYNCHRONIZATION SEQUENCE

The pattern of synchronization sequence is shown in Fig. 1.

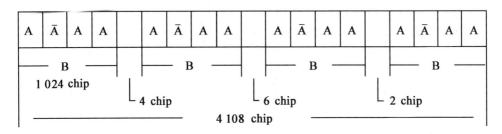

Fig. 1 Pattern of Synchronization Sequence

B codes with 1 024 chip are used for IF integration. To avoid the difficulty of developing long sequence SAW device the IF integration processing is divided into the correlation processing of A code with 256 chip and the processing of 4 bit Barker code with format being A $\overline{A}$AA. A code can be chosen as truncated Gold code with code length being $(2^{17} - 1)$ for more simplified receiver.

6 ACQUISITION SEGMENT

In the segment Delay Locking Loop (DLL) and Costas loop are respectively set up for accurate locking of PN code and carrier, the unigue word are used to clear up the ambiguity in carrier of BPSK.

7 DATA SEGMENT

In a burst code the data segment is restricted in time interval 20 ~ 80 ms.

8 ACQUISITION CIRCUIT OF IS BURST

The acquisition circuit of IS burst is composed of sync. sequence detection circuit, muliplexer controller and N parallel demodulatiors, which is shown in Fig. 2. The synchronization sequence detection circuit can detect and separate the overlapped multiple synchronization sequences of

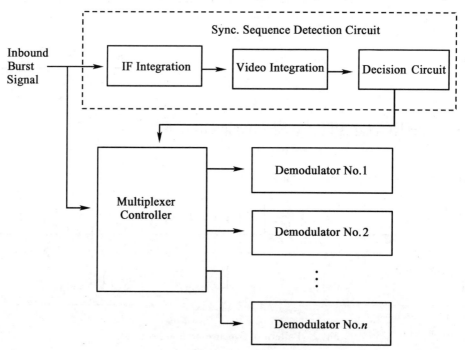

Fig. 2   Acquisition Circuit of IS Burst

burst signals from different users in about 0.5 ms. The correlation pulses from the Synchronization sequence detection circuit control and select the idle one of demodulator group through multiplexer to perform the acquisition of burst signals. With carrier extraction and information demodulation the whole processing is accomplished in 5 ms.

9 SYNCHRONIZATION SEQUENCE DETECTION

Synchronization sequence detection circuit consists of IF integration and video integration.

9.1 IF Integration

The IF integration circuit is shown in Fig. 3 (a), which is composed of two parts.

① The first part is a convolutor or matched filter which implements the IF integration of repeating 256-chip A code with Surface-Acoustic-Wave (SAW) device. The integration gain is about 24 dB in the absence of Doppler shift, and peak-to-sidelobe ratio of output is 20 dB. With the SNR of inputing signal being -20 dB the SNR of detection is near to 4 dB.

② The second part is a three segments SAW time-delay line which perform integration according to Barker code A $\bar{A}$AA. The IF integration of 1 024-chip B code make total gain be about $28 \sim 29$ dB, and the SNR of correlation output peak is about $8 \sim 9$ dB. Due to the code structure the sidelobe level is relatively high, and the output peak-to-sidelobe ratio is about 12 dB. The input and output waveforms are illustrated in Fig. 3 (b).

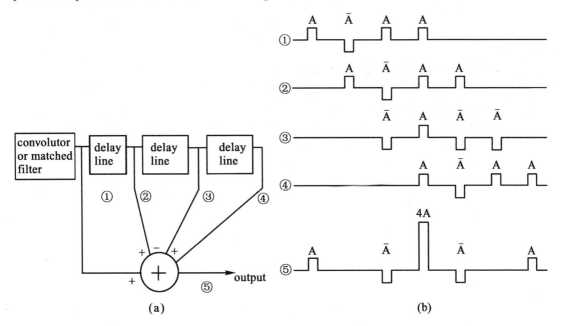

Fig. 3 IF integration for A code and B code

9.2 Video Integration and Decision Circuit

A simple method for video integration is the coincidence detection. The principle circuit is shown in Fig. 4. It includes three parts.

① The first one is envelope detection of IF integration output. After the first threshold decision a binary sequence is outputed.

② The second part is an accumulator of four correlated peaklobe through the delay of shift register. The input and output waveforms are shown in Fig. 4 (b).

③ The third part is the second threshold decision. The optimum second threshold is chosen according to the formula $K \cong 1.5 \sqrt{n}$. With $n = 4$, K is about 3, i.e. when peak exceeds the threshold three times a burst signal is declared.

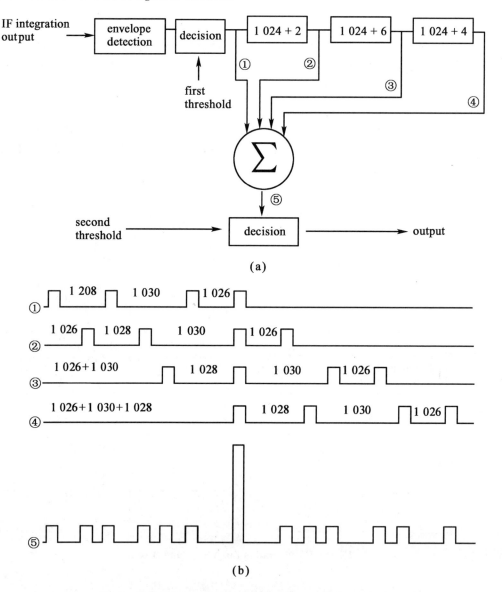

Fig. 4 Video integration principle of 4 096-chip B code

10 EXPERIMENTING RESULTS ANALYSIS[5]

The false alarm probability P_n and detection probability P_d before and after video integration are computated and shown on Table 4, and actually measured results are listed on Table 5.

Table 4 P_n and P_d before and after video integration

$(S/N)_1$/dB	$(S/N)_2$/dB	$E_t/\sqrt{N}$	P_n	P_d	P_{no}	P_{do}	$\overline{T}_{fa}$/s	$(S/N)_3$/dB	G/dB
−20	9	3.04	10^{-2}	0.86	4×10^{-8}	0.90	0.025	13	33
		3.71	10^{-3}	0.66	4×10^{-9}	0.58	25	13	33
−18	11	3.71	10^{-3}	0.91	4×10^{-9}	0.95	25	15	33
		4.10	3×10^{-4}	0.83	4×10^{-10}	0.86	980	15	33

Table 5 Measured Data

Test No.	V_s/mV	V_n/mV	$(S/N)_1$/dB	$\overline{T}_{fa}$/s	P_{no}	P_{do}	$(S/N)_3$/dB	G/dB
1	49	330	−17.68	990	1×10^{-10}	0.98	16	33.6
2	49	158	−11.23	$\to\infty$	$\to 0$	1.00		
3	49	380	−18.85	22.4	4.5×10^{-9}	0.86	14.3	33.2

Where $(S/N)_1$ is input SNR. $(S/N)_2$ is the SNR after IF integration. V_s and V_n are input signal and noise voltage respectively. $(S/N)_3$ is computated equivalent output SNR. $E_t/\sqrt{N}$ is the ratio of the first threshold and effective noise voltage after envelope detection. P_n, P_{no}, P_d and P_{do} are the false alarm and detection probability before and after video integration respectively, and they are specified by $P_{no}=4P_n^3(1-P_n)+P_n^4$, and $P_{do}=4P_d^3(1-P_d)+P_d^4$ $\overline{T}_{fa}$ is the averaging false alarm time, and $\overline{T}_{fa}=1/(P_{no}R_c)$, where R_c is PN code rate, here for the test model, $R_c=$ 10.23 MHz.

A number of −12 dB sidelobes generated in the integrations, 4 from IF integration and 12 from video integration, introduce the additional false alarm probability. The computated results are given in Table 6.

Where $(S/N)_{2\,side}$ is the SNR of sidelobe after IF integration, and $P_{d\,side}$ is the detection probability of sidelobe. $P_{no\,side}$ is the total false alarm probability caused by sidelobes, and it is given by

$$P_{no\,side} = 4\left[4P_{d\,side}^3(1-P_{d\,side})+P_{d\,side}^4\right] + 12\left[P_n^3+3P_n^2(1-P_n)P_d\right]$$

The additional false alarm number is the number of inbound burst signals times $P_{no\,side}$. In the Table 6 $N_{o\,side}$ is the additional false alarm number with 300 000 inbound burst signals in an hour.

Table 6 Additional False Alarm From Sidelobes

$(S/N)_1$/dB	$(S/N)_2$/dB	$(S/N)_{2\,side}$/dB	$E/\sqrt{N}$	P_n	P_d	$P_{d\,side}$	$P_{no\,side}$	$N_{o\,side}$
-20	9	-3	3.04	10^{-2}	0.86	0.04	4×10^{-3}	1 200
			3.71	10^{-3}	0.66	0.005	2.6×10^{-6}	7.8
-18	11	-1	3.71	10^{-3}	0.91	0.013	6.7×10^{-5}	20.1
			4.10	3×10^{-4}	0.83	0.004	3.7×10^{-6}	1.1

11 IMPROVEMENT OF THE PROCESSING DEVICE

The above discussed burst signal acquisition circuit can realize a total 33 dB processing gain, and with input SNR being -20 dB the false alarm probability is 4×10^{-6} and the detection probability is 0.9, which is satisfactory when no other losses are concerned. However, ±2 kHz doppler shift will cause 1 dB processing loss, and for moving user's transceivers the background interference and the sheltering from vegetation and buildings result in processing losses as well. Hence, the processing device is improved to acquire burst signal effectively with input SNR being below -22 dB.

① A new SAW device is developed for the processing of 1 024 chips non-repeating PN code to replace the previous repeating 256-chip A code IF integrator. The former -12 dB maximum output sidelobe caused by repeating IF integration is cleared off in the new system, and total IF processing gain is about 29.3 dB. With input SNR being -22 dB the output IF SNR is 7.3 dB.

② The video integration is the summation of multiple envelope detectors outputs. Before being inputed to envelope detectors signal are delayed by multi-stage IF SAW delay-lines. The only video integration loss is the envelope detection loss due to low SNR, which is given by $Ca = (S+N)/S$, here, $Ca = 0.74$ dB.

③ The processing gains are 5.28 dB and 7.04 dB, and the maximum output sidelobes are -12 dB and -15.56 dB, respectively, for 4 or 6 order aperiodically repeating video integration of PN code. The results are shown on Table 7. Apparently, the 6-order video integration scheme is prefered for appropriate P_{no}, P_{do} and $P_{no\,side}$.

Table 7 Results of improved Processing Devioe

Order of video integration	$(S/N)_1$/dB	$(S/N)_2$/dB	$(S/N)_3$/dB	G/dB	$(S/N)_{3\,side}$/dB	$E_t/\sqrt{N}$	P_{no}	P_{do}	$P_{no\,side}$	$N_{o\,side}$
4	-22	7.3	12.58	34.58	0.58	4.94	7×10^{-6}	0.90	0.072	21 600
6	-22	7.3	14.34	36.34	-1.24	6.07	10^{-8}	0.93	1.2×10^{-5}	3.6

12 CONCLUSIONS

① The processing device, which uses a 256-chip SAW matched filter (or convolutor) with a

4-order IF integrator and a 4-order video integrator, can rapidly acquire burst signal in RDSS system or mobile communication system with input SNR being −20 dB. The improved processing device with 1 024-chip SAW matched filter and 6-order video integration is applied when the input SNR is lower than −22 dB. Its performace is much superior to that recommended by the former ITCC. The time needed for detection is within 0.512 ~ 0.768 ms.

② We recommend that a synchronization sequence with length being 6 144-chip or so is adopted in the development of RDSS system to meet the requirement of lower SNR lower data rate conditions.

13 ACKNOWLEDGEMENTS

Many colleagues contributed to the work. Mr. Fen Shilan developed the excellent 1 024-chip SAW matched filter. Mr. Li Xiaochun developed the video integration circuit with low processing loss. Mr. Lu Wenfu made a lot of organization work. The author is grateful to Mr. Deng Hai for his help in the completion of this paper.

REFERENCES

[1] RDSS international technical Coordinating Committee, 2nd Meeting Proceedings, Washington, D.C., Sept. 13 − 14, 1988.

[2] M A Rothblatt. Radiodetermination Satellite Services and Standards. Artech House, 1987.

[3] M Motamedi, R D Briskman. Implementation of Geostar RDSS Spread Spectrum Receiver. Globecom, 87 IEEE, 1987.

[4] M Motamedi. United States Patent 4943974, July 24, 1990.

[5] D K Barton. Radar System Analysis. New Jersey: Prentice-Hall, Inc. Englewood Cliffs, 1964.

PRIMARY ANALYSIS OF DEVELOPMENT APPROACH TO CHINESE SATELLITE MOBILE COMMUNICATION*

Abstract The paper describes the development of mobile communication first and then points out that it is necessary for China to develop satellite mobile communication after comparing the cellular mobile communication with the satellite mobile communication. After comparing the geostationary satellite system with the low earth orbit satellite mobile communication system, as well as the single beam with the multi-beams, both used in satellite mobile communication, we suggest that China, according to its economic status and level of satellite technology, should develop a geostationary multi-beams satellite for its domestic mobile communication.

Keywords Mobile communication   Satellite   Geostationary orbit   LEO   Beam   Frequency   China

0 PREFACE

Satellite mobile communication is one of the most attractive and new areas in satellite communications. It will create a new stage in global personal communication and greatly promote the development of social information. It will have an important effect upon the development of society and economy, and will, undoubtedly, have a high commercial value. More and more countries have paid attention to satellite mobile communication, and an international competition in satellite mobile communication will be intensified. This paper compares the land mobile communication with the satellite mobile communication, the geostationary satellite with the non-geostationary satellite and gives a synthetic analysis of new technology applied to the satellite mobile communication. The development approach to Chinese satellite mobile communication is studied.

---

* Tong Kai, Guo Jianning. Chinese J. of Systems Engineering & Electronics, Vol. 4, No. 3, 1993: 15-27.

1 COMPARISON BETWEEN SATELLITE AND GROUND MOBILE COMMUNICATIONS

1.1 The Development of Ground Mobile Communication

In the 1970 s, the concept and theory of the cellular system for ground mobile communication was developed by Bell Laboratory. Synthetic experiment was held on AMPS (Advanced Mobile Phone System). The start of mobile communication in China is somewhat later. In the early 1980s, a public eight-channel mobile telephone system of small capacity was used in Shanghai. Microcomputer-controlled public cellular mobile communication networks, working at a frequency of 900 MHz, have been successively built and put in service in Beijing, Guangzhou and Shanghai. Public radio paging service has been developing rapidly since the beginning of the 1980s.

1.2 The Development of the Satellite Mobile Communications System

Satellite mobile communication is a service that can be offered to a mobile object such as vehicle, ship and airplane. It is a very active area in satellite communication, and will create a new age for the global personal communication.

The geostationary satellite for mobile communication was used in civil service in the 1970s. International Maritime Satellite (Inmarsat) has established the first global mobile maritime communications satellite system and is now expanding its service to land and aeronautical communications. In recent years, several satellite mobile communications systems using the group of Low Earth Orbit (LEO) satellites to form networks, have been proposed by some companies in the world. These systems use the UHF and L-band.

1.3 Optical Fiber Communication

Optical fiber communication has developed rapidly in recent years. Optical fiber communication, when combined with local mobile communication, can increase the qulity, flexibilty and capacity of communication in large and medium cities. However, optical fiber communication can not meet the need of mobile communication in mines, mountains, forests and rural areas.

1.4 Comparison between Satellite and Ground Mobile Communications

Cellular telephone and pager have been developed more rapidly in ground public mobile communication. Because there is a shorter effective distance between the mobile user and the transmitter (within a radius of 5 ~ 15 km), a large relay network is needed to cover user's roaming region. Since the nation-wide total investment required high, the ground mobile communication is at present limited only to large cities or the neighborhood of a trunk. The ground mobile communication cannot cover the whole country, especially the remote rural areas. Satellite mobile communication, having a large coverage is a good solution to the whole country or world service. It may require a larger investment at first, but the cost of the user terminal and monthly rent will decrease with future development of satellite technology and increasing amount of user terminals. Comparison results between satellite and ground mobile communications are given in Table 1.

Table 1 The Comparison between Satellite and Ground Mobile Communications

	Satellite mobile communication	Ground mobile communication
Transmitting range	Far	Near
Coverage	A country, a large area or global	Local
Frequency band	UHF, L, Ka, Ku	HF, UHF, L
Frequency reuse	High	High
Capacity	Large	Large
Quality	Good	Good (HF is inferior)
Communication in undeveloped area	Effective	Invalid
Total investment to cover one country	Large	Even larger
Popularity	At the primary stage	Wide spread in large and medium cities
Accesses into telephone network	Easy	Easy

1.5 The Relationship Between Satellite Mobile Communication and Satellite Navigation

Mobile communication, navigation and positioning are the services which are all facing up to mobile users.

Mobile users of a navigation system frequently need mobile communication to support the differential method for increasing the navigation accuracy or to report information to the command office and receive instructions from it.

For mobile communication a coarse positioning is needed to control the call setup. The system could establish the routing cue according to the roaming geolocation of the destination user only when the user's updated coordinates are known.

The navigation receiver (such as GPS / GLONASS receiver) could be combined with a mobile communications terminal for the user who needs navigation and reporting his position to others at the same time. But it is possible to develop a system in which the accurate positioning and mobile communication are realized simultaneously. Radio Determination Satellites Service (RDSS) can realize both the navigation and mobile communication, but the present version can only exchange bilateral short data. Lack of the voice channel is a disadvantage of RDSS. International Civil Aviation Organization has proposed to an independent navigation system and independent mobile communication to form Automatic Dependent Surveillance (ADS). The NAVSAT scheme in Europe tries to solve this problem (not only positioning passively, but also having mobile communication, using not only geostationary orbit, but also highly elliptical orbit with large inclination).

2 THE TECHNICAL FEATURES OF USER TERMINALS IN SATELLITE MOBILE COMMUNICATION

With the development of satellite communication technology, more RF power, and larger size and the gain of antenna can be provided in a satellite. The contradication of raising antenna's gain and providing enough beam's coverage was solved with multi-spot beams and by message exchanging on the satellite. In addition, the utilization of multi-spot beams could also increase the reuse rate of frequency.

International satellite communication has spread to domestic communication. The development of Very Small Apperture Station (VSAT) has reduced the antenna diameter to about 3 m (C-band) and few decimeters (Ku-band, Ka-band). Domestic satellite trunk communication has spread to private network communication and rare route communication in countryside and remote areas. The features of user terminals are decreased size, weight and cost and increased production batch. Its antenna may be mounted on the roof and even all the terminal becomes portable.

Its cost is acceptable to many large and medium enterprises. With further enhancing the ability of the satellite payload, the antenna size of the user terminal can be reduced to be able to use hemispheric beam and no tracking or aiming is needed. The rapid decrease of the size, weight as well as cost of the user terminal makes it possible to promote the mobile communication and personal global communication. Prospectively, the increase in number of users will further reduce the monthly rent and cost of the user terminal.

2.1 Shipborne Station

For the sail safety and communication of ships in large oceanic areas, a more expensive tracking antenna whose diameter is about 1m is preferred to be mounted on the ship, hence, the ship-carried satellite mobile communication has developed more easily. Only 3 ~ 4 geostationary satellites with global beam and low Effective Isotropic Radiated Power (EIRP) are needed for worldwide communication. This is the main reason why Inmarsat has succeeded.

Mobile communication in ocean is essentially a very rare route communication. There are more than 3 000 overseas ships in China, but only 101 Inmarsat-A stations are being used. According to the requirement of the international maritime organization, ocean ships should be equipped with Inmarsat terminals, but a lot of fishing boats, cargo ships and customer ships as well as inland river ships need only domestic mobile communication.

There is a tendency of Inmarsat to develop from marine to aeronautical and land mobile communication. The present minimized mobile Inmarsat-C station with a code rate of 600 bit/s is suited to the satellite technology level. The developed B/M station for the second generation satellite could provide some man-carried station to meet the requirement of voice transmitting. Spot beams will be added on the third generation of satellite to meet just the needs of some busy areas.

2.2 Airplane-carried Station

The special committee for Future Air Navigation Systems (FANS) of International Civil Aviation Organization (ICAO) suggested that future air navigation systems should be based mainly on satellite navigation and communication, and an Automatic Dependent Surveillance (ADS) system should be built by combining of both the navigation and communication to achieve an Air Traffic Management (ATM) system.

To ensure aviation safety, it is required that civil aviation should utilize independently L band 1 645.5 ~ 1 656.5 MHz/1 545 ~ 1 555 MHz for up/down link of aviation mobile communication, keep minimal 600 bit/s as the lowest safety data rate and be expected to realize voice transmission gradually.

Before the future aviation mobile communication comes into use in every country, an applicable system is Inmarsat, which has utilized low data rate communication and carried out the experiment of phased array antenna on the airplane. While the gain of antenna is raised to about 12 dBi, the voice transmitting is realized. It is analyzed that even though this system is expensive, it could get profit in the economic aspect, if installed on an international liner.

There are about 200 large and medium sized airplanes for civil aviation, it would bedoubled by the year 2000. It is easier to rent Inmarsat for mobile communication of some international liners. A large number of domestic liners and other purpose airplanes should be considered as demanders in domestic satellite mobile communication.

2.3 Vehicle-carried Station

Vehicle-carried stations belong basically to the low-speed satellite mobile communication. They could only take the omnidirection antenna or simple phased array antenna with the cost far below the vehicle. The main competitor is the cellular system in the large city, but satellite mobile communication should be needed for mobile users roaming in the whole country.

2.4 Handheld Terminal

It is a higher requirement to use the handheld terminal for satellite mobile communication, since only low-gain omnidirectional antenna could be used, with total weight limited to about 1 kg. The handheld terminal belongs to the personal mobile communication, so it is necessery to decrease enormously its cost. By the way, the pocket pager could work in the room, but the handheld telephone must work out of the room, causing some inconvenience.

2.5 Movable Station, Fixed and Semi-fixed Station in Rare Route Areas

These stations belong in principle to fixed satellite communication. The antenna could be in a fixed direction while working. The size and weight of the antenna and user terminal in the movable station should be smaller than that in the Very Small Aperture Termianl (VSAT).

In rare route areas, generally VSAT could be used for fixed communication more effectively than the mobile terminal, but in the area where satellite mobile communication has been in use, the user's need could be met well by satellite mobile communiction while cost and monthly rent of the mobile user terminal is cheaper than VSAT's.

3 A COMPARISON BETWEEN GEOSTATIONARY ORBIT AND LOW EARTH ORBIT SATELLITE MOBILE COMMUNICATIONS

The orbits of the mobile communications satellite can be divided into the geostationary orbit and the low earth orbit. Analysis and comparison should be made in order to determine which orbit should be used in Chinese satellite mobile communication.

3.1 Transmitted Power Relationship

Take $P(W)$ as the power radiated from the satellite, with a solid angle Ω (rad^2) to a spherical area with a radius $R(m)$ and the satellite as the center. The power density ψ (the power per unit area, W/m^2) on the surface area of sphere is

$$\psi = P/(R^2\Omega) \quad L = P/ML, \quad M = R^2\Omega, \quad \text{for cone-shaped beam}$$
$$\Omega = 4\pi \sin^2(\theta/4) \tag{1}$$

where, M——the area of the beam on the sphere;

L——the total additional loss factor;

θ——the beamwidth.

Assume that the user is on this spherical surface and the effective receiving aperture of user's antenna is A, the power received is S.

$$S = \psi A = PA/ML$$

or

$$P = SLM/A$$

When n signals to users are transmitted by the satellite, the power output is

$$P_\Sigma = nP$$

This formula indicates that when the received power loss factor and the number of users are definite, the total transmitted power P_Σ is proportional to M/A, or proportional to the ratio of the beam-covered spherical area to the receiving aperture of user antenna, no influence of the range is included. (It means that there is no direct connection with the altitude of the orbit.) If M is divided by m, (m spot beams cover the same area M), the total power transmitted will decrease to $1/m$ of the original one with no change of the users number, hence we can conduct the fundamental formula as follows

$$P_\Sigma = SnL\ M/mA \tag{2}$$

The antenna gain is known as $G = 4\pi A\eta/\lambda^2$ and hence according to the definition of antenna gain we have

$$G = 4\pi\eta/\Omega$$

$$\Omega = \lambda^2/A \quad \text{or} \quad D = 2\lambda/\sqrt{\Omega\pi} \tag{3}$$

Where λ—— the wavelength (m);

D——the antanna diameter (m);

η——the antenna efficiency.

According to the formula given above, the analysis and comparison between a low earth orbit mobile communications system ("Iridium" system taken as a representative) and a geostationary satellite system are given. The results calculated are listed in Table 2.

Table 2 The Comparison between Low Earth Orbit and Geostationary Satellite Systems

Altitnde H/km	Number of spot beams	$M/m/$ dBm^2	$L/$ dB	$P/$ W	$\Omega/$ rad^2	$\theta/$ (°)	$Ds/$ m
767.1	single	132.39	17	4.43	3.287	123.03	0.12
	37	117.54	16	0.115	0.107 4	21.22	0.65
35 786	single	130.10	13	1.04	6.91×10^{-3}	5.4	2.55
	37	115.24	15	0.054	2.259×10^{-4}	1.0	14
	8	121.89	15	0.25	1.045×10^{-3}	2.1	6.54

Notice: For any situation $S = -165.46$ dBW, $\lambda = 0.187\ 5$ m, $A = -22.52$ dBm^2.

3.1.1 The Calculation of S

$$S = E_b/N_o \times b \times N_o = -165.46\ \text{dBW}$$

Here, S is the power received for a voice signal, Forward Error Correction (FEC) is taken with convolutional code of constraint length $K = 7$, efficiency 3/4 and Viterbi decode, soft decision, the required $E_b/N_o = 3.6$ dB and b is the rate of voice code, compressed to 4.8 kbit/s. Time Division Multiplexing (TDM) was used in a down link, the date rate should be 6 kbit/s taking encode efficiency into account. When Digital Speech Interpolation (DSI) is used on the satellite, there is no data transmitting in the duration without speaking, code rate could be reduced to 1/2, hence $b = 3$ kbit/s $= 34.77$ dBb/s. When $T = 300$ K, $N_o = KT = -203.83$ dBW.

3.1.2 The Calculation of M/m

The orbit altitude of Iridium system is $H = 767.1$ km, the lowest working elevation angle of the user antenna $E = 10°$, so we could get the earth's central angle $2\alpha = 36.96°$, the satellite beamwidth is $\theta = 123.03$, corresponding solid angle is $\Omega = 3.287$ rad^2, the maximal slant range at the beam edge is $R = 2\ 297.6$ km. According to $M = R^2\Omega$, the result of M could be gotten. The solid angle is equidistributed while the M/m is calculated. In calculation the beam overlapping is taken into account with efficiency 0.827. In order to simplify the comparison, the area covered by the geostationary satellite is the same as by the "Iridium" system, so the earth's central angle is also $2\alpha = 36.96°$ and the circular diameter of the covered area is $D = 4\,110$ km. The center of circle is at east longitude 104° by north latitude 34°. This area is almost equal to the land region of China. Assume the satellite is fixed at east longitude 104° above the equator, the elevation angle at the center of circule is $E = 50.48°$, hence

$$M = (\pi/4)D^2 \sin E = 1.023 \times 10^{13} \text{ m}^2 = 130.1 \text{ dBm}^2$$

3.1.3 The Calculation of A

The antenna of the mobile user should be the up-hemispheric beam, $\Omega = 2\pi$. The frequency is 1.6 GHz. Hence

$$A = \lambda^2/\Omega \approx 0.187\,5^2/2\pi = 5.595 \times 10^{-3} \text{ m}^2 = -22.52 \text{ dBm}^2$$

3.1.4 The Calculation of L

The loss of antenna feed line on satellites is 1 dB with a single beam, 3 dB with multi-beams. The feed line loss of user antenna is 1 dB. The gain at the boundary of satellite beam decreases by 3 dB. The working elevation angle (E) of the low earth orbit satellite system is 10° with medium forest shadow, the margin of loss 12 dB is taken into account. The working elevation angle of the geostationary satellite is $E \geqslant 27°$ with medium forest shadow the margin of loss 8 dB should be taken into account. Besides, it is a disadvantage to equidistribute the beam for covering the boundary of a low earth orbit satellite. An optimizing design should be used to improve the gain of spot beam by about 3 dB at the boundary. The improvement should be subtracted from L.

3.1.5 The Calculation of P

The results of calculation of P by formula (2) illustrate that the average power occupied by each voice channel is 0.05 ~ 0.1 W for 37 spot beams on the low earth orbit and the geostationary orbit. Though the geostationary orbit has some advantage shown by the results, the difficulty in technology is seriously increased for beamwidth 1° with antenna diameter 14 m in the case of 37 spot beams on the geostationary orbit.

When 8 spot beams are taken on the geostationary satellite, the power needed is 0.25 W for each voice channel, with the antenna diameter being 6.54 m and the beamwidth 2.1°. These parameters may be more realizable and are similar to MSAT system. It is possible to keep the pointing accuracy of antenna of $\pm 0.1°$ (3σ) with the method of ground beacon tracking.

According to the reciprocal principle, the results for the up-link and the down-link are similar to each other. However, some corrections are needed. The noise temperature on the satellite is 550 K, which is 2.63 dB more than 300 K on the ground. No improvement of 3 dB at an average code rate has been achieve because no Digital Speech Interpolation (DSI) was used in the up-link. If the frequency difference between the up and down links is neglected, the up-link power should be increased by 5.63 dB, that means the average power in each user terminal would be 3.7 times the power of the down-link.

3.2 The Comparison in Economy

Only one geostationary satellite is needed to cover the territory of China. The base band message should be exchanged between beams on the satellite, and the working elevation will be larger than 27°. For the low orbit mobile communication, 40 ~ 80 satellites are required to cover China without interruption of communication. The working elevation of user's terminal may be decreased to 10° and the base band message must be exchanged between beams and satellites simultaneously. It is obvious that using one geostationary satellite to cover the domestic territory is a more economical selection.

3.3 Worldwide Connection

In order to communicate with the whole world, the geostationary satellite should be connected to the network. It could seek the optimum distribution of coverage and EIRP for each satellite, depending on the user distribution density in different parts of the world. Since the network to which the geostationary satellite is connected will give some delay between end users, the low earth orbit satellite mobile communication network has its own advantage obviously.

4 THE BAND AND BEAM SELECTION OF SATELLITE MOBILE COMMUNICATION

According to formulae (1), (2), (3), we may deduce that

$$P = SLM/M \times 1/A_e = SLR^2 \Omega_s/M \times \Omega_e/\lambda^2$$
$$= SLR^2 \times 1/A_s \times \Omega_e \qquad (4)$$

where S and L are constants. When the orbit and the coverage are determined (take Chinese territory for discussion) R and Ω are constants, too. Subscript s and subscript e in the formula mean the satellite and the earth station, respectively.

4.1 Handheld User Terminal

The user antenna needed is hemispherical, omnidirectional, $\Omega_e = 2\pi$. The antenna equivalent diameter to parabolic is $D_e \leqslant 0.1$ m. The working wavelength $\lambda_e \leqslant \sqrt{\Omega_e A_{e\,max}} = 0.221$ m or working frequency $f_e \geqslant 1357$ MHz, hence we choose the satellite mobile communication frequency band $f_e = 1600$ MHz, $\lambda_e = 0.1875$ m, $D_e = 2\lambda_e/\sqrt{\pi \Omega_e} = 0.0844$ m。

For the low earth orbit with altitude $H = 767.1$ km, there are a lot of satellites to be used, so the less expensive technology of small satellites should be adopted. Assume the diameter of satellite antenna $D = 6.65$ m, $m = \Omega_s A_s/\lambda^2 = 3.287 \times \pi \times 0.65^2/(0.1875^2 \times 4) = 31.03$. Considering the efficiency of beam coverage of only 0.827, it is suitable to use 37 beams to cover the same area with overlapping. The covering beam needed for the geostationary satellite is narrow, so the antenna to be used should be as large as possible. According to the technical possibility, 3 kinds of diameter can be taken into account. The first one is $D_s = 2.5$ m, which is relatively easy to be realized. The second one is $D_s = 6.0$ m, which is realizable, with unfurlable mesh antenna, and the beamwidth needed is more than $2°$; moreover only $0.1°$ beam aiming accuracy is needed. The third one is $D_s = 20$ m, which will need a very high technology of large antenna.

The calculation is given in Table 3.

Table 3 The Beamwidth of Geostationary Satellite

D_s/m	m	(Ω_s/m) /rad^2	θ_s/ (°)
2.5	1	6.912×10^{-3}	5.37
6	7	1.194×10^{-3}	2.23
20	75	1.114×10^{-4}	0.682

According to the technical level, 6 m antenna is suitable at present.

4.2 The Movable and Vehicle-carried Station with a Coarse Tracking Antenna

In these cases, the user antenna could aim at the satellite coarsely, $\theta_e \geqslant 5°$ is prefered. There is no difficulty for movable station with hand aiming or the vehicle-carried station with coarse satellite tracking. The antenna equivalent diameter to parabolic (D_e) is about 0.4 m. It is more suitable for the geostationary satellite communication system, but there are some difficulties in aiming and tracking the low earth orbit satellite.

According to $A = \lambda^2/\Omega$, $\Omega = 4\pi \sin^2(\theta/4)$, we could deduce that $\lambda_{mim} = \sqrt{A_e \Omega_{min}} = \pi D_e \sin(\theta_{e\,min}/4) = 0.02741$ m and correspondingly $f_{max} = 10.94$ GHz.

According to formula (4) and $\Omega_s/m = \lambda^2/A_s$, we can obtain

$$P = SLT^2 \lambda^2 / A_s A_e \qquad (5)$$

When A_s is limited, λ should be as small as λ_{min} in order to decrease P, so $\lambda = 0.02741$ m, $f = 10.94$ GHz, and it is known $\Omega_s = 6.912 \times 10^{-3}$ rad^2, hence $A_s = m\lambda^2 \Omega_s = m \times 0.02741^2 / 6.912 \times 10^{-3} = 0.1087\ m$ (m^2) and $D_s = 0.372 \sqrt{m}$. If we take $m = 37$, it should be multiplied by a coverage coefficient 0.827, then $D_s = 2.058$ m.

The movable station or the mobile tracking station for a satellite using multi-beams Ku-band could be classified into VSAT fixed communication system. It has a higher data rate than the handheld terminal.

5 THE PRIMARY ANALYSIS OF DEVELOPMENT APPROACH TO CHINESE SATELLITE MOBILE COMMUNICATION

According to the analysis of user requirements, there will be 80 000 satellite mobile users by the year 2000; 90% of them will be domestic and 10% abroad. Based on the technical analysis, we give our primary opinions as follows:

(1) A domestic satellite mobile communications system using the geostationary satellite should be developed in China in order to meet the needs of 90% of domestic mobile voice and data communication and rare route communication in remote areas, navigation and positioning could be considered simultaneously.

If 72 000 users are in domestic communication and communicate in voice for 5 min at a time, 3 times in a day of 9 h, one geostationary satellite with 2 000 channels could meet the domestic needs. The diameter of satellite antenna could be 5.5~6.5 m, and 6~8 spot beams formed with beamwidth 2.5° could cover the Chinese territory. The system scale is less than the satellite mobile communication system in the North America. The investment of the later is less than 100 millions and the price for each user terminal is \$ 4 000, the rent fee for a space segment is 2 \$/min.

(2) Demodulation and data exchanging between spot beams on the satellite, Forward Error Correction (FEC), voice compression encoder and Digital Speech Interpolation (DSI) technologies should be used in the system.

Convolution encode / Viterbi decode with soft decision is a very effective forward error correction for the power limited satellite digital system. In general, there is 3~4 dB code gain by using (2, 1, 7) convolution encode / Viterbi decode with soft decision.

Voice compression encode could largely reduce the transmitted data rate to 4.8 kbit/s and increase the communication capacity by 13 times or 11 dB gain.

Digital speech interpolation technology could increase the communication capacity by more than 2~2.5 times or 3~4 dB gain for the down link.

(3) It is possible to rent the channels of global mobile communication in order to meet 10% user needs of abroad mobile communication.

(4) A movable station with boresighting antenna and vehicle-carried station with tracking antenna for mobile high capacity communication should be developed together with development of the Ku band multi-beam VSAT communication system.

(5) The planned Chinese RDSS system uses twin satellites with L/S-band and simple beam to cover the Chinese territory. It could meet the requirements of navigation, positioning and mobile communication with only short and low rate data transmission.

REFERENCES

[1] Tong Kai, *et al*. The technical study of cooperation to abroad global mobile communication. Internal CAST study, 1991, 9, 19.

[2] Tong Kai, The discussion of band choice in Chinese application satellite. Internal CAST Study, 1988.

[3] Motorola internal technical document "Iridium" presented in Beijing by Motorola Inc. Sep,

1991.

[4] David J Whalen, et al. The American mobile satellite coorporation space segment. AIAA – 92 – 1854 – cp.

[5] John H Lodge. Mobile satellite communication system: toward global personal communications. IEEE Communications Magazine, Nov, 1991.

[6] Amir I Zaghloul, et al. Advances in multibeam communications satellite antennas. Proceeding of the IEEE, Vol. 78, No. 7, July, 1990.

[7] G Berzins, et al. Inmarsat: worldwide mobile satellite services on seas, in air and on land, Paper IAF – 89 – 504 presented at the 40th Congress of the IAF, Malage, Spain, 7 – 13 Oct. 1989.

中国卫星移动通信系统发展途径分析*

摘　要　论述了国内外卫星移动通信的发展趋势和用户需求，指出发展我国卫星移动通信的必要性。通过对地球同步轨道和中、低轨道卫星移动通信的比较，提出了适合中国和亚太地区经济发展和卫星技术水平的卫星移动通信发展途径：走发展地球同步轨道多点波束的卫星移动通信系统的道路，并在国际长途移动通信方面择优参加一个中、低轨道的全球性卫星移动通信系统。

关键词　卫星　移动通信　多点波束　发展途径　中国　亚太

0　引言

我国卫星移动通信将利用以我国为主的国内外卫星资源，解决以国内为主，包含周边地区的各类陆、海、空移动用户的通信问题，同时兼顾国际卫星移动通信。为促进我国社会主义市场经济的蓬勃发展做出贡献，为建立我国高经济效益的卫星通信产业迈出重要的一步。本设想主要分析考察国内外卫星移动通信系统的发展趋势，进一步比较高、中、低3种卫星轨道的技术途径，分析国外各有关系统的技术和经济能力及研制进度，制定我国卫星移动通信发展途径，为国家决策和开展国际合作打下基础。

1　国内外卫星移动通信现状和发展趋势

1.1　国际卫星移动通信发展趋势

1.1.1　初级阶段

由于海上船只迫切要求移动通信以确保航行安全，而且用户终端允许采用"米"级直径的跟踪天线，3～4颗单波束静止卫星，即可实现海事卫星系统在全球的海上移动通信，其后又发展了陆上便携式车载或机载定向天线的经由卫星通话和数据传输的用户机。

1.1.2　即将来临的高潮阶段

随着卫星多点波束技术和大功率技术的应用，地面全向天线式的轻型移动用户机已经成熟。率先起步的是美国休斯公司与加拿大士巴公司合作研制的地球静止轨道卫星——"移动星"（MSAT）（美国由AMSC经营），加拿大由Telesat移动公司经营，具有移动通信能力的澳大利亚卫星也属这一类。MSAT卫星1995年初首颗发射成功并投入使用。随着小

---

*　本文发表于《卫星应用》，1995年第4期。

卫星技术的兴起，美国率先推出要建立 77 颗（后改为 66 颗）小卫星组成的低轨道（LEO）"铱"（Iridium）全球个人移动通信系统，采用手持式用户终端。该系统技术先进、复杂且投资巨大，可真正实现全球任意两移动用户的直接通话，其后多家公司纷纷推出各种简化的小卫星移动通信系统方案，在国际上形成争夺频率、争夺市场与投资的竞争热潮。竞争者中主要的有洛拉尔公司与魁康姆公司合作的全球星（Globalstar）系统，它仍属 LEO 类型；TRW 公司提出的中轨道（MEO）奥德赛。（Odyssey）系统；国际移动卫星组织此时也推出了 Inmarsat P-21 计划，并选定 MEO 方案。此外还有许多公司提出各具特色的方案参与竞争，不胜枚举。

据估计，至 2001 年，全球移动卫星用户可达 1 451 万。

1.2 国内移动通信发展迅速，需求迫切

海事卫星系统在中国北京已建有测控站和用户系统海岸站。我国有 3 000 多艘海上船只，目前只有部分装备有 A 型站，但按国际移动卫星组织的要求，估计今后都将装备船载用户站。陆上的应用正在起步，数字式的 C 和 M 标准站将会有一定发展，但在我国用户数还有待开发。

据 1994 年上半年的统计，我国无线寻呼用户已达 1 000 万。近年年增长率达到 153%，已开通市区达 1 500 个。地面蜂窝电话自 1983 年开办，迄今已达 100 万，近年年增长率达到 263%，开通市区 500 个，发展极为迅猛。原估计到 2000 年无线电寻呼将达 1 000 万用户，蜂窝电话及数据通信可达 76 万用户。而实际上现在已达到和超过这个估计数字。在卫星移动通信方面，据邮电部门原先的分析估计，我国在 2000 年大约有 20~30 万户；90% 为国内通信，10% 为国际通信；移动用户至移动用户占 5%~10%，移动用户至固定用户占 90%。这一估计值可能会随业务开展有明显增加，特别是广大缺乏通信的农村存在巨大的潜在市场。据中国农业信托公司估计，为了补足我国农村每行政村 1 台电话，需要卫星移动通信 50 万户。此外我国民航为了实施 FANS 方案，如租用国外移动通信卫星，每年需要支付 1 400 万美元，因此民航对未来卫星移动通信的需求将是很迫切的。

1.3 中国卫星移动通信市场已成为国际各大卫星移动通信公司争夺的热点

中、低轨道移动通信卫星系全球性资源，分布在各国的上空，每个系统都耗资巨大，必须有全球足够数量用户的支持才能获利。美国众多公司竞争，各自能取得的份额有限，欧洲市场有自我保护倾向，支持 Inmarsat P-21 的可能性较大。因此争夺亚洲市场将关系到各大公司的生死存亡。中国幅员广大、人口众多，因此必将成为争夺的热点，面对这一竞争态势和国内市场经济的发展，需要尽早决策、规划，加快自己的发展步伐，争取主动；加强宏观控制，避免各行其是和盲目引进。早在 1991 年秋，国防科工委组织的对俄全球航天通信系统合作问题可行性论证会上和其技术总结报告中，作者就提出在我国应发展地球静止轨道的卫星移动通信系统的正式建议。其后在 1992 年 10 月，以空间效益为主题的国际研讨会上作者在发表的文章中从技术和经济上论述了建立我国自己的地球静止轨道移动通信卫星的可行性。其后该文在休斯公司的有关专家中引起较大的影响。近年来国内各部门专家多次讨论，确定了我国自己建设地球同步轨道移动通信卫星系统的规划方向。目前为了满足和开发国内及周边亚太地区的区域性移动通信的迫切需求和市场，国内有关部门已联合起来，与新加坡有关公司相结合，正在筹划建立地球同步轨道的大区域性

卫星移动通信系统。对于参加中、低轨道的国际卫星移动通信系统，各有关部门也有所考虑。我国航天工业总公司在积极承揽各国际移动通信系统的卫星发射业务，并可从发射费用中提取一定份额作为对该系统的投资。首先从承接铱系统22颗卫星的发射合同2.7亿美元中投资5%的股份，并取得铱系统在我国的经营代理权。我国交通部也表示准备投资近1亿美元作为 Inmarsat P-21 的股份。

就整体来说，目前对国际中、低轨道卫星移动通信系统的资源如何应用，国内暂时还缺乏统一的明确分析和决策。

2 国际几种主要卫星移动通信系统的比较

2.1 铱 (Iridium) 系统

铱系统的主开发商是众多国际企业合股经营的铱公司。铱系统是全球最早宣布的低轨全球个人卫星移动通信系统，它最早采用星上交换处理和星际链路。星上多点波束需采用相控阵技术，也是移动用户唯一能在全球任何地点直达通信的系统。系统投资41亿美元，目前16亿美元的集资计划已经完成。系统已进入实质性研制，1996年6月进行首次发射试验，铱系统已经取得美联邦通信委员会（FCC）的许可证。

2.2 移动星 (MSAT) 系统

移动星的制造商是休斯公司，有效载荷由加拿大的士巴公司承担，美、加各发一颗星相互备份。该方案开始很早，并取得美国FCC许可，第一颗星已于1995年初发射。采用地球同步轨道，天线直径为 5 m×6 m。由于采用的是6个赋形波束，未充分利用点波束的高增益天线，限制了卫星能力的发挥。第一代星可以实现真正的区域性移动通信，但做不到手持机水平。该系统2颗星投资4.4亿美元，是投资最少的系统。该系统移动用户之间通信必须通过地面信关站转接，两跳通信的时延较大。

2.3 全球星 (Globalstar) 系统

全球星的制造商，是洛拉尔和魁康姆公司合作成立的 Globalstar 公司。系统采用双向功率控制 CDMA 技术，对多波束的星—地系统可以提高频率复用率；相邻波束采用码分多址，可以克服波束间同频应用隔离度不高的缺点，此外星座设计使用户同时可见2颗以上卫星，还可以采用多路径分集的办法，选用较高仰角的卫星信号，以减少多径衰落6 dB，码分多址还可实现分区软交接。该公司计划1997年1月开始发射卫星，1998年底建成，投资18亿美元，也已取得美国FCC的许可证；其设计目标是用户手持机每台1 000美元，租金不高于蜂窝电话，空间段租费每分钟0.3美元。初期费用也许会有所增加。移动用户必须通过地面信关站转接，移动用户和移动用户间通信估计通话费用要加倍，国际通话要外加地面长途费。

2.4 奥德赛 (Odyssey) 系统

奥德赛系统的制造商是 TRW 公司。该系统采用1万 km 高的中轨道卫星，卫星数目只需12颗,且可用倾斜卫星姿态的办法,将波束集中到有众多用户的人口稠密区,以提高卫星利用率,又可克服延时过长和星上大天线的缺点。星座布局使用户同时可见2颗以上卫星,以备选用较高仰角的卫星（95%时间达30°）。通信体制也采用CDMA技术。该系统与全球星都属于全球空间资源作局部地区应用。移动用户间通信也需通过地面信关站转接,预计用户通话费用每分钟0.75美元。该系统也已取得美国FCC的许可证。

2.5 Inmarsat P-21 计划

Inmarsat P-21 计划决定采用中轨道方案。为了解决用较少卫星实现大面积覆盖,每星采用121个点波束,而通信体制则由CDMA转向了数字蜂窝电话GSM的TDMA技术。它使用的频率为1 890~2 010 MHz/2 170~2 200 MHz,尚需得到WARC'95大会通过提前使用决议后才能实施。目前休斯公司已获得为其承建卫星的合同。

2.6 亚太区域移动通信卫星

目前印度的亚非卫星通信公司和休斯公司签订了2颗ASC移动通信卫星合同,计划1997年12月和1998年3月发射。印度尼西亚则和马丁公司签订了亚洲蜂窝卫星系统ACeS合同,我国和新加坡正在联合招标亚太移动通信卫星APMT。

这些卫星的共同特点是采用地球同步轨道,星上天线直径12 m左右,属大范围的区域通信,波束达100~250个。同时话路多达16 000对,都瞄准1998年投入运行,属于第二代地球静止轨道的卫星移动通信。用户终端达到手持机水平。

以上各卫星移动通信系统的主要参数见表1。

3 各种卫星移动通信系统的技术性能分析

卫星移动通信分为地球同步轨道与中、低轨道3大类。我国卫星移动通信应采用哪种轨道,需从多方面进行分析比较,特别是很多专家认为高轨道电波传播路径长,对能否实现手持机通信有怀疑。由于轨道高度不同,传播路径各异,各系统经营商相互指责对手所留植被损耗裕量和通信容量不足。因此作者发展了一套适应各种高度轨道的信道计算方法,以便统一比较。现分述如下。

3.1 功率传播扩散损耗

卫星至某一用户的信号以功率P,并以波束立体角Ω辐射,其到地球表面用户处的通量密度Ψ（单位面积上的功率）为

$$\Psi = P/(R^2\Omega) = P/M$$

对于锥形波束

$$\Omega = 4\pi \sin(\theta_a/2) \sin(\theta_b/2) \tag{1}$$

其中,$M = R^2\Omega$为卫星点波束在用户处的辐射面积,θ为半波束宽度角。当波束截面为椭圆形时,θ_a及θ_b分别为半长轴和半短轴。设用户天线面积为A,天线效率为η,所有的附加损耗为L,则用户接收功率S为

表 1 各卫星移动通信系统的主要参数比较

参　数	铱系统	全球星	奥德赛	移动星	Inmarsat P-21	APMT
轨道高度/km	780	1 389	10 354	35 860	10 354	35 860
卫星数	66	48	12	2(互为备份)	10(初始6)	1
备份卫星数	9	8	3	0	2	1
轨道平面数	6	8	3	1	2	1
轨道倾角/(°)	86.4	52	55	0	45	0~6
点波束数	3×16	16	37	6(赋形波束)	121	<250
覆盖直径/km	4 433	5 793	12 899 km 内变化	近似 5 500		12 292.7
星上天线口径/m	>2	1	3	6×5	>3	12 或 12.25
用户工作角/(°)	8.2	10	10(95%30)	高纬度区 15	10	27
卫星功率/W	1 200	1 000	1 800(3 126)	2 880	3 760	6 000~9 000
卫星质量/kg	700	440	1 135(1 917)	2 900	2 300	4 700
单星信道数	3 840	2 800	2 300(3 000)	2 000	4 500	16 000
系统容量/信道数	56 000	65 000①	27 600①	4 000	24 000	16 000
系统寿命/年	5	7.5	10(15)	12	12	12
信道价格/(千美元/年)	14.6	3.7	9.8(6.5)	11.5	13.5	3.125
频段(下/上)/MHz	1 616~1 626.5 上下时分	2 483.5~2 500/ 1 610~1 626.5	2 483.5~2 500/ 1 610~1 626.5	1 530~1 559/ 1 631.5~1 660.5	1 980~2 010/ 2 170~2 200	1 530~1 559/ 1 631.5~1 660.5
通信体制	TDMA/FDMA	CDMA/FDMA	CDMA/FDMA	SCPC/FDMA	TDMA/FDMA	TDMA(或 CDMA)/FDMA
一次频率复用波束数	12	1	3	4		
信号衰落裕量/dB	16	10(?)可多重分集	可多重分集	4	7,可以分集	7
用户机射频功率/W	脉冲 2.92 平均 0.39	0.15~1.5	5		0.5(要求)	0.25
通话延时/ms	210	140	220	340		370
首发卫星	1996.6(试验星)	1997.1(待定)	1998.1(待定)	1995.4	1998	1998
全系统建成时间	1998.1	1998.12(待定)	(待定)	1996.12	1999	1998
用户机价格/美元②	3 000(1 000)	(750)	(400)	5 000(2 000)	4 000	
通话租金/(美元/分钟)	3(平均)	0.55~1	0.65~	1.45	2(要求)	
用户机类型	手持	手持	手持	便携、车载	手持	手持
系统投资/亿美元	41	18	27	5.5	>32.4	6

注: ①Globalstar 与 Odyssey 采用一个用户信号同时通过至少 2 颗星进行路径分集以降低衰落裕量要求，各公司的统计值可能不太确切。括号内数据只作参考。
②用户机价格初期与后期与后期应不一样。

$$S = PA\eta/(ML) \quad \text{或} \quad P = SML/(A\eta) \tag{2}$$

这说明在要求的接收信号功率 S 一定,所需发射功率 P 与 $M/A\eta$ 成正比,$M/A\eta$ 是波束覆盖球面积与用户天线面积的比值,该表达式与作用距离无关(也就是与轨道高度无直接关系)。已知星上天线增益

$$G_s = 4\pi A_r \eta/\lambda^2 = 4\pi \eta/\Omega, \quad \Omega = \lambda^2/A_s \tag{3}$$

式中 λ——波长;

A_s——星上发射天线面积;

η——天线效率。

如果服务区用 m 个点波束覆盖,第 i 个波束在用户处的照射球面积为 M_i,距离为 R_i,其波束立体角为 Ω_i,则总服务区的锥体角为 Ω,并有

$$\Omega = \gamma\Sigma\Omega_i = \gamma\Sigma(M_i/l_i^2) \quad i = 1, 2, \cdots, m \tag{4}$$

式中 γ——波束重叠的效率,正常蜂窝结构 $\gamma = 0.827$。

3.1.1 S 的计算

S 是用户收到的话音信号功率,目前各大卫星移动通信系统取值不大一致,大多数取为 $s/\Phi_0 = 43$ dBHz,$T = 355$ K,求得

$$S = (s/\Phi_0)kT = -160.1 \text{ (dBW)}$$

式中 $k = -228.6$ dBWHz/K;

Φ_0——噪声功率谱密度。

3.1.2 $A_e\eta$ 的计算

下文表达式中为区分地面用户机和卫星,加下标 e 为地面,加下标 s 为卫星。移动用户天线应具有上半球波束,$\Omega_e = 2\pi$。峰值增益 $G_e = 4\pi\eta/\Omega_e = 2$(3 dBi),考虑到工作仰角较低,取 $G_e = 1.5$ dBi,当频率为 1.6 GHz 时,$\lambda = 0.1875$ m。各系统的上、下行 λ 值不同,为统一比较,本文都采用同一数值。这时等效的

$$A_e\eta = G_s \cdot \lambda^2/4\pi = 3.952 \times 10^{-3} \text{ (} -24 \text{ dBm}^2\text{)}$$

通常取 $T = 355$ K 或 25.5 dBK,从而得出 $G/T = -24$ dB/K。

3.1.3 L 的计算

附加损耗 L 分为 2 部分,L_1 为设备产生的,L_2 主要为传输中的植被损耗。

卫星天线下行的馈线损耗,多波束时为 2 dB。卫星接受馈线以及用户收、发天线的馈线损耗不计,它已包含在 G/T 值和注入到天线端口的功率中。星上波束边缘增益下降为 3 dB(各系统取值在 1.2~3 dB 之间。取值低意味着波束重叠大,服务区波束数增多),系统馈给链路噪声及信道间的干扰等效损失为 1 dB,因此下行和上行附加损耗分别为:$L_{1d} = 6$ dB,$L_{1u} = 4$ dB。

3.1.4 P 的计算

卫星输出每用户信号的功率 P_s 按互易定理应和用户功率 P_e 相对应,为保护用户头部健康,输入天线的平均功率限定为 0.25 W。按话音激活因子考虑,$P_e = 0.5$ W 或近似地为 3.01 dBW,上、下行的 s/Φ_0 取值应该相同。求 P_s 时应考虑以下两个因素,其一 L_{1d} 比 L_{1u}

大 2 dB 的卫星发射馈损；其二为星上的噪声温度 $T=500$ K，地面接收的 S 比星上接收的小 $10\lg(500/355)$ 即 1.49 dB，由此可以确定

$$P_s = P_e + 2 - 1.49 = -2.5 \text{（dBW）}$$

3.1.5 M 及 m 的计算

按公式（2）要求的 M 值应满足下式的统一要求

$$M \leq M_{\max} = P_s/S A_e \eta (L_{1d} \cdot L_2) = -2.5 + 160.1 - 24 - 6 - L_2 \text{（dBm}^2\text{）}$$
$$= 127.6 - L_2 \text{（dBm}^2\text{）} \tag{5}$$

为了计算各种轨道的卫星系统的 M 值，设地球半径 $R=6\,371.03$ km，卫星高 H km，E 为用户"U"观察卫星的仰角，l 为斜距，α 为半地心角，θ 为星下点半张角。

卫星点波束的排列按通常的蜂窝结构，对点波的设计通常采用2种方法：

①等波束宽 θ_i 法，它只适合高静止轨道。因为这时服务区边缘与中心的 M_i 值最大差只有 0.27 dB，可以承受。由于高轨道星上天线面积大，等波束角法设计容易，而中、低轨道服务区边缘与中心的传输扩散损耗相差太大，中轨为 2.86 dB，低轨为 9.99 dB，不宜采用。

②等波束照射球面积 M_i 法，M_i 不随 E_i 变化。比较适合中、低轨卫星工程设计使用。

根据以上分析，按照序号1—铱；2—全球星；3—奥德赛；4—Inmarsat P-21 和 5—APMT 的轨道参数进行了计算，列于表2。

表2 低、中轨道和同步轨道卫星参数比较

序号	H/km	E/min	l/km	2θ/（°）	2α/（°）	m	M/dBm²	L_2/dB	D_a, D_b/m
1	780	8.2	2 463.68	123.72	39.88	48	113.12	14.48	2.5, 0.9
2	1 389	10	3 460.08	107.11	52.09	16	121.11	6.49	1
3	10 354	10	14 397.25	44.07	115.93	37	120.93	6.67	3
4	10 354	10	14 397.25	44.07	115.93	121	118.39	9.21	4
5	35 860	27	38 955.38	15.45	110.55	<250	116.78	10.89	12.25

上表中 D_a 和 D_b 分别为星上天线的长短边或抛物面长短轴直径。相等时只写其中一个。假定手持机注入天线功率 0.5 W，考虑话音激活因子 0.5，平均功率为 0.25 W，G/T 值为 -24 dB/K。卫星每用户功率为 0.562 W，考虑激活因子 0.4，平均占用功率为 0.225 W。

有些系统选用 -1~-2 dB 波束边缘，可提高 2~1 dB 的 L_2 裕量，但相应波束数增多。以上计算序号 1~4 按等 M_i 设计，这一点铱系统是符合的，其他中、低轨系统不太了解。如实际上用等波束宽设计，则 $E=10°$ 时，L_2 应下降 2.86~9.5 dB。序号 5 按等波束宽设计。L_2 已计及 0.72 dB 的损失。

按照本估计，铱系统的植被遮挡裕量比其宣布的 16 dB 稍低。卫星电源功率只支持 1/10 的信道同时使用植被遮挡裕量。全球星及奥德赛的裕量则为 6.5 dB。不足部分要靠多颗卫星分集来解决（约 6 dB），分集的效果也是带有随机性的，其有效性决定于卫星阵列的重叠概率。其卫星电源功率也同样只能同时支持部分衰落信道。APMT 设计的用户机和卫星使用功率都比本计算小 3 dB。所以实际设计 L_2 为 7 dB 裕量，如果充分利用限定的手

机功率和卫星功率（增加 3 dB），10.9 dB 裕量有利于在手机对手机一跳通信时双方同时保持 7 dB 植被遮挡裕量，而总的 s/Φ_0 仍为 43 dBHz 不变。此外，本裕量证明只要用 7.8 m 直径的天线就可满足单向 7 dB 植被裕量要求。

3.2 地球静止轨道与中、低轨道通信系统的比较

3.2.1 我国选用静止轨道可以实现手持机通信

参考以上数据，从满足我国（属区域性利用）需求，建立我国自己的空中资源出发，从投资角度来说，铱系统最多，其他中、低轨系统有所改进，但其空中资源都是全球性的。当前我国要建立自己的系统来参与竞争全球范围的用户，在技术和经济上都不太现实。地球同步轨道投资最少，它适合区域性服务，星上用 8~12 m 多点波束天线，是可以实现手持机通信的。

静止轨道的主要缺点是延时大，当移动用户和公用网的地面用户一跳通话时，VSAT 通信网的经验证明，一跳通信的延时用户是可以接受的（占用户的90%），但移动用户经卫星两跳至另一移动用户时，则延时过大，用户难于接受（占用户的5%~10%），长远看需要采用星上处理技术，两移动用户可以通过星上切换直接通话。

总的说来，地球静止轨道通信系统比较适合我国国情，可以建立独立自主的空中资源，一次性投资较少。它有效地保护了我国大部分卫星移动通信市场。

3.2.2 经济上的比较

解决我国国内及周边覆盖只要一颗地球静止卫星，其覆盖范围实际可以包括大部分亚太地区，而且波束可以选择重点区覆盖，避免空耗功率。同时用户信道数可达 16 000 条，全部可以有效利用。12 年寿命，每信道的年价格为 3 125 美元，是各大系统的最低价格，从而提供了廉价服务的可能性。基带信息在星上波束间交换，用户仰角大于 27°，而低轨卫星则需 40~80 颗星，中轨道也需要 10 多颗星以保持不间断的通信，用户终端的工作最低仰角需降到 10°。可见解决国内和亚太地区覆盖，用地球静止卫星在经费上比较节省，而且经济效益很高。但由于大地区服务也涉及多个国家通信管理主权协调问题，而且亚太地区将有 3 个类似的卫星系统，也将形成竞争局面。因此应该立足国内市场，并积极开发亚太地区市场。

3.2.3 世界范围的连接

地球同步卫星全球联网，多跳转接一般时延较大，s/Φ_0 也将下降。而中、低轨道卫星移动通信网的时延较小，可以允许地面信关站转接，对卫星两跳以完成通信。所以对很远距离的国际移动通信还是参加一个全球性的、带有星上传输链路的中、低轨道系统为好，例如目前的铱系统。而其他中、低轨道系统，仍需就近入地面网传送至国外，我国在海底电缆网未充分建成以前，仍以国际卫星通信为主，延时性质难以保证。

3.3 中、低轨道系统方案的比较

在国内或大区域采用地球静止轨道卫星移动通信的前提下，中、低轨道系统只是用于

全球的卫星移动通信。从技术性能来看，低轨道的铱系统由于采用星上处理和星际链路，可以实现全球任何两地的移动通信，其国际长途也是一次付费每分钟3美元。其他系统卫星的分布都是全球性的，但需通过信关站转接，虽然移动用户入公用网一次付费较低（0.3~0.75美元），但国际长途需附加两次转接和通过地面国际长途的费用，则付费大为增加。而且在转接时，呼叫用户需要事先知道对方漫游地址，否则也需要有全球的地面网络支持。

铱系统虽然一次性投资很大，技术先进而复杂，目前集资已顺利完成，样机研制工作比较顺利，还未发现不能克服的技术问题。但技术的复杂性产生的问题有待在联网中充分暴露。链路建立过程保证国家对邮电管理的主权和按服务收费是可以通过协议解决的。

3.4 几个有关问题的分析

3.4.1 蜂窝电话和卫星移动通信是互相补充的合作关系

蜂窝电话在美国已占有很大市场，手机价格和每分钟通话费用在人口稠密地区建立蜂窝电话系统都要比卫星移动通信便宜，但美国还有很大比例的地区（人口相对稀少）没有蜂窝电话，因为其经济效益不高，因此在市场上卫星移动通信仍有很大需求，卫星移动通信和蜂窝电话两者不可能互相取代，只能是相互联合补充的合作关系，而不是竞争关系。用户机都宜做成蜂窝电话与卫星移动通信相结合的双模式或三模式体制，有蜂窝电话地区优先使用蜂窝电话，无蜂窝电话时则自动转入卫星通信。

3.4.2 CDMA技术的应用特点

CDMA技术存在用户信号在同频带内互为噪声的问题，其极限容量不如其他体制，但在多波束多卫星间，由于天线方向图隔离度不足，同频信号加码分多址可以做到在邻近波束或相隔一个波束处复用同一频率，对提高频带利用率有利，而波束间方向图的有限隔离度仍可以削弱两邻束用户信号互为噪声的影响，但如在同一波束内集中的用户过多、信号过强（如提高衰落裕量到16 dB），都能急剧减少系统容量，为此CDMA必须同时配用准确功率控制技术，使所有信号接近解调门限值是必要的，功率控制方法对其他体制也可以改善卫星通信容量。

CDMA技术可使不同通信系统共占一个频段工作，但每一个系统都不能用到极限容量，因为总容量是不变的。CDMA可以实现多径分集，一个用户信号可以通过邻近的几个卫星传送，选用高仰角的非衰落信号，有利于降低对衰落裕量的要求，波束交接时可以实行软切换（hand off），可简化交接管理。

总的说来，CDMA体制适合卫星覆盖区相互重叠不断变化的系统，以防止同频率相互干扰，但不适合星上需要调制解调或数据交换处理的系统。因为这样做星上设备太复杂，而且数量很大。这时TDMA体制采用一个载波多个信道（6，8，32不等），有利于明显减少星上设备。此外CDMA体制要求馈给链路的频带过宽。

3.4.3 频率干扰问题

我国双星定位卫星下/上行采用2 487.5~2 500 MHz/1 610~1 626.5 MHz 与 1 530~1 559 MHz/1 631.5~1 660.5 MHz 不发生相互干扰，但与其他中、低轨系统使用频段都互

为交叠。铱系统卫星不用 S 频段，对双星用户机无干扰，所用 L 频段的后向副瓣距离双星的卫星较远，影响也很小，据铱系统分析，顶多影响双星容量 2.4% ~ 3%。双星 L 频段上行对铱系统产生 14 dB 的信号干扰，铱系统也认为可以接受。

双星定位卫星与其他中、低轨系统的互相影响缺少分析，由于双方都用 CDMA 体制，原则上允许共占一个频段，但全球星和奥德赛等系统下行 S 频段信号将对双星定位系统的用户产生较大干扰，对其系统容量产生重大影响，应认真分析对待。使用 1 530 ~ 1 559 MHz/1 631.5 ~ 1 660.5 MHz 的地球静止轨道系统与海事卫星的频段相互交叉，需要协调在我国地区的频点的分配问题。

4 关于发展途径的几点结论性意见

4.1 建立我国自己的地球静止轨道的国内移动通信的卫星资源

我国大量国内移动通信应以区域系统为主要考虑方向。采用地球静止卫星可以将空间资源掌握在国家手中，投资也较少。关于用地球静止卫星实现手持机移动通信问题，建议两种方案设想：一种是建立在我国大容量通信卫星 DFH - 4 或其他平台基础上的卫星方案，8 m 左右直径的星上 L 波段天线形成 12 个点波束，L 波段移动用户经卫星变频为 Ku 波段下行至信关站，实现手持机移动用户与固定用户通信（占 90%），少数（小于 5%）移动用户至移动用户的通信，经星上交换处理以实现一跳通信。用户机应该采用双向功率控制和话音激活技术以提高卫星信道容量和削弱微波辐射对用户的危害。另一种是实现高要求的手持机通信方案，可考虑采用 APMT 一类方案，先引进国外卫星。采用大功率平台和星上大天线（12 m 直径）技术，国内部分 40 个以上的点波束，并采用星上处理技术以实现移动用户间的直接连接。

总的原则是尽快建立系统。满足我国移动通信的急需。地面段设备的研制可以考虑和外商合作，引进技术和必要的设备以及用户机生产线，也可以先引进整星，然后逐步国产化。

4.2 参加铱系统解决我国国际移动通信问题

中、低轨方案系全球性空中资源，投资巨大，系国际财团掌握。我国国际长途移动通信和部分重要的国内长途移动通信应该利用这一资源，铱系统技术先进，采用星上处理和星际链路尤为适合国际长途移动通信，无须再经地面国际长途转接。

鉴于我国航天工业总公司已经争取到铱系统部分卫星的发射合同，并以部分发射费用投资，掌握了该公司 5% 的股份，并赢得在我国建立地面信关站和经营该系统的代理权，目前，铱系统研制进度较快，如能早投入运营，就可早占领市场，早收益。

铱系统 1 颗星大体可覆盖全中国及周边地区，1 颗星可有 3 000 个信道，每天按 9 h 计，通话 3 次，每次 5 min，可满足 10 万个用户需求，如我国用户占一半，则为 5 万用户，与邮电部估计的国际移动通信用户 3 万户数字相近。此外还可以满足一部分重要的国内移动通信用户及境外用户的需求。关于信关站的功能，一方面是对用户的管理，诸如检验用户合法性，向目标用户宿主站查询当前该移动用户的漫游地址，以及呼叫建立等，这一功能不受国内地区位置的限制。另一种功能是起移动用户进公用电话网至固定用户的桥梁作用，它涉及就近接入固定用户的公用电话网问题，为了节省地面段的长途费用，信关站应分布在全国不同地区的中心城市，如北京、广州、上海和西安。也许在我国建立4个信关站更为合适，但起步阶段可先只设1个信关站。此信关站可兼管诸如港澳地区和蒙古，进行对外经营。信关站的经营归口邮电部门管理。一个信关站投资为1 400万~2 500万美元。

4.3 继续开展中轨道卫星移动通信系统方案的探讨工作，为我国今后进入国际卫星移动通信市场做准备

4.4 建立我国自己的多模式卫星移动通信用户手持机生产基地

参 考 文 献

[1] 童铠，等. 对俄全球航天通信系统合作问题技术研究报告，国防科工委内部报告，1991.9.19.

[2] Tong Kai, Guo Jianning. Primary Analysis of Development Approach of Chinese Satellite Mobile Communication. Proceedings of International Symposium on Benefits from Space Activities. Beijing, China, 1992（10）.

[3] Tong Kai, Guo Jianning. Primary Anatysis of Development Approach to Chinese Satellite Mobile Communication. Chinese Journal of Systems Engineering and Electronics, 1993, 4（3）.

我国卫星数字通信的发展*

1 我国的通信卫星

我国于 1970 年 4 月 24 日成功地发射了第一颗地球人造卫星东方红一号（DFH – 1），其后便开始了通信卫星的研制工作。1984 年 1 月 29 日发射了第一颗试验通信卫星，其椭圆轨道近地点高度为 474 km，远地点高度为 6 480 km，利用该星完成了一系列测试和通信试验。同年 4 月 8 日又发射了第二颗试验通信卫星（STW – 1），卫星为地球同步轨道，双自旋稳定，该卫星通信系统的主要指标见表 1。

表 1 STW – 1 通信系统主要技术指标

通信转发器数目	2
上行频率范围/MHz	6 225 ~ 6 425
下行频率范围/MHz	4 000 ~ 4 200
天线最大接收增益/dBi	19.5
天线最大发射增益/dBi	16.5
极化形式	圆极化
最大 EIRP/dBW	23.4
(G/T) /(dB/K)	– 6

STW – 1 的成功发射为我国卫星通信打下了基础，其后相继研制了改进型 STW – 2（DFH – 2）和 DFH – 2A。DFH – 2 于 1996 年 2 月 1 日成功发射进入地球同步轨道。DFH – 2 与 STW – 1 的不同在于通信天线作了改进，为一切割椭圆偏置抛物面，切割后主轴长为 1.05 m，副轴长为 0.62 m。其方向图由全球波束改进为大约 5°×8°的基本覆盖国土的椭圆波束。其上行频率 6.050 ~ 6.425 GHz 范围内的峰值增益为 31.4 dBi，边缘增益大于 24.4 dBi；其下行频率 3.825 ~ 4.2 GHz 范围内的峰值增益为 28.6 dBi，边缘增益超过 25.1 dBi。

第一颗 DFH – 2A（Chinsat – 1）卫星于 1988 年 3 月 7 日成功发射，另外 2 颗即 Chinasat – 2 和 Chinasat – 3 分别于 1988 年底和 1990 年初成功发射。Chinasat – 4 于 1991 年 12 月 28 日发射，但由于运载火箭的原因未成功入轨。

DFH – 2A 仍然采用国内波束实现通信。转发器由 DFH – 2 的转发器增加为 4 个，同时改进为微波直接变频转发，DFH – 2A 通信系统的主要技术指标见表 2。

---

* 本文为 1996 年无线电技术研讨会（台北）会议论文，作者：童铠、陈世平。

表2 DFH-2A卫星通信系统主要技术指标

通信转发器数目	4
上行频率范围/MHz	6 050 ~ 6 425
下行频率范围/MHz	3 825 ~ 4 200
天线最大接收增益/dBi	31.4
天线最大发射增益/dBi	28.6
极化形式	线极化
最大 EIRP/dBW	34.6
(G/T) / (dB/K)	-6

我国研制的新一代国内通信卫星是 DFH-3，这是一种中等容量的通信卫星。第一颗 DFH-3 于 1994 年 11 月 30 日发射。由于推进系统的燃料泄漏未能成功定点投入使用。第二颗 DFH-3 计划于近期发射。DFH-3 的主要技术指标见表3。

表3 DFH-3卫星通信系统主要技术指标

上行频率范围/MHz	5 925 ~ 6 425	
下行频率范围/MHz	3 700 ~ 4 200	
极化形式	双线极化频率复用	
性能	中功率	小功率
功能	电视传输	电话
通道数	6	18
EIRP/dBW	37	33.5
SPFD/ (dBW/m)	-86	-88
(G/T) / (dB/K)	-3	-3

我国在研制 C 频段通信卫星的同时也在积极进行 Ku 频段通信卫星的开发工作。已经研制出 Ku 频段转发器和天线样机，转发器工作频率范围为 14.0 ~ 14.5 GHz/11.7 ~ 12.2 GHz，每通道带宽 54 MHz，噪声系数优于 3 dB，系统饱和增益为 97 ~ 102 dB，SSPA 的输出功率为 8 ~ 25 W。已研制出的天线样机有两种，一种是 8 馈源和标准偏置抛物面的组合，另一种是单馈源与赋形反射面的组合。两种类型天线均可对国土实现较好的波束赋形覆盖，其峰值增益约为 30 dBi，边缘增益为 26 dBi。

虽然我国研制的通信卫星在国内卫星通信业务中发挥了重要作用，但由于国内已发射的通信卫星转发器资源远远满足不了卫星通信市场的需求，我国目前租用了中星五号、亚太一号、亚洲一号、亚洲二号和静止-14 等 5 颗卫星的 47 个转发器。其中广播电视和教育电视、公众通信和专用通信所用转发器数目大约各占一半。

2 我国的遥感卫星上的数据传输系统

我国已发射和正在研制的遥感卫星大致可分为 3 类。一类是回收式卫星，卫星上载有胶片相机，用于国土普查和测绘；另一类是地球资源卫星，采用太阳同步轨道，卫星载有

CCD 相机、红外相机等遥感器，用于地球资源探测；再一类是气象卫星，包括极轨气象卫星和地球同步轨道气象卫星，星上载有高分辨可见光和红外扫描辐射计，主要用于云图测量。遥感数据的传输需要数据传输系统，本节介绍与此有关的情况。

1983—1985 年，在我国的回收式遥感卫星上成功地进行了全色 CCD 相机和数传系统的一系列搭载试验。遥感图像采用 ΔM 编码，BPSK 调制，码速率为 4.5 Mbit/s，发射频率选在 C 频段，在 $C/N_0 = 78.5$ dBHz 情况下，数传系统误码率优于 1×10^{-6}。该数传系统包括星载设备和遥感数据接收地面站都是由中国空间技术研究院西安空间无线电技术研究所研制的。该数传系统的主要技术指标见表 4。

表 4 全色 CCD 相机数传系统主要技术指标

编码方式	ΔM
调制方式	BPSK
调制寄生调幅/dB	<1
码速率/（Mbit/s）	4.5
本振频率稳定度/s^{-1}	1×10^{-8}
TWTA 输出功率/W	4
发射天线增益/dB	2.5
发射频段	C
地面站（G/T）/（dB/K）	19.5
（C/N_0）（$P = 1 \times 10^{-6}$）/dBHz	78.5
载波捕获范围/Hz	±300

我国计划于近期发射风云二号地球同步轨道气象卫星。该卫星的 S 波段数传、云图广播转发分系统具有调制、发送多通道扫描辐射计送来的原始云图数据信号和转发展宽数字云图信号等卫星数字通信功能和许多其他功能。其中原始云图信号带宽为 20 MHz，码速率为 14 Mbit/s，调制方式为 QPSK。发射频率为 1 681.60 MHz。展宽数字云图信号带宽约为 2 MHz。码速率为 0.66 Mbit/s，调制方式为 PCM/BPSK。

我国和巴西于 1988 年开始合作研制中巴地球资源卫星（CBERS）。卫星的有效载荷主要包括五谱段高分辨率 CCD 相机、红外多光谱扫描仪、广角成像仪，以及空间环境监测仪和数据收集系统等。卫星所获取的遥感数据分别通过 CCD 数据传输系统和红外数据传输系统发往地面。CCD 数据传输系统由编码器、数字信号转换器、高密度磁记录器、本振源、调制器、上变频器、行波管放大器和天线等组成，系统具有两个通道。红外数据传输系统由本振源、调制器、相加器、上变频器、固体放大器和天线等组成。中巴地球资源卫星数传系统的主要技术指标见表 5。

表5　CBERS数传系统主要技术指标

	CCD数传系统	红外数传系统
编码	8 bit PCM	8 bit PCM
调制方式	QPSK	BPSK（IRMSS）/QPSK（WFI）
本振频率稳定度/s^{-1}	1×10^{-8}	1×10^{-8}
输出功率/W	20	4
EIRP（±62.5°）/dBW	16.5	6.6
载波频率/MHz	8 103/8 321	8 216.8（IRMSS）/8 203.4（WFI）
误码率	1×10^{-6}	1×10^{-6}
码速率/（Mbit/s）	53×2	6（IRMSS）/1.1（WFI）

3　我国卫星数字通信的应用

3.1　我国卫星通信与广播应用概况

1984年中国C频段通信卫星发射成功后，开创了通信与广播电视节目的新纪元。开办了中央与各省市的卫星电视节目，电视单收站（TVRO – TV Receive Only）迅速发展。1995年已有11套电视节目、40多种语言广播节目和7.33万座卫星收转站，而电视单收站在1993年已达96.7万台。这些站分布在全国各大厂矿、企业和事业单位、山区和农村。教育电视占有较大的份额。现在数字式压缩编码电视节目也已经开始试播。卫星通信方面，继国际和国内干线通信之后，大量的数字式VSAT（Very Small Aperture Terminal）专用通信网应运而生，现在正由C频段逐步向C和Ku频段并存发展。

3.2　VSAT数字通信

由于VSAT数字通信设备简单、价格便宜、站间跨度大，而且传输质量高，适应国内各部门建立全国性的专网需求，1995年已有55个VSAT通信网在运行，安装建设了1万多个地球站。它们分属于邮电、交通、石油和煤炭等部，以及银行金融、水利电力、证券交易、民用航空、旅游、气象和新闻等部门。网络规模大小不一，大的达2 000个站，如"上海证券数据广播通信网"，小的可能只有几个。C频段VSAT通信天线直径2~4 m，中心站天线直径为10~13 m，基本都是国产品。而电子设备多半进口，通信体制各异。有加拿大SPAR公司的TDMA，有美国HUGHES公司TES（Telephone Earth Station）机型的SCPC（Single Channel Per Carrier）和PES（Personal Eearth Station）机型的TDM/TDMA，有日本NEC公司NEXSTAR机型的TDM/AATDMA，有美国GTE公司的CDMA，还有台湾LINKCOM公司的SCPC/TDMA，以及其他多种体制。在组网方式方面，以电话为主的用网状网，经过卫星进行一跳通信；以数据为主的则用星状网，经中心站转接。为了节省卫星信道，大多采用按需分配的 DAMA 方式。话音压缩则采用 ADPCM 算法。

大量的进口通信设备充斥中国市场，国产电子通信设备也已经研究开发了几种，例如，CDMA 体制的数据通信系统已经投入运行，但市场占有率较低。中外合资的卫星通信设备生产厂也在逐步建立。花样繁多的 VSAT 通信体制，使全国统一联网工作发生较大困难。这种现象的发生与卫星通信公网不发达，满足不了全国各部门的通信需求有关。

3.3 即将到来的卫星数字式移动通信

3.3.1 对卫星移动通信的需求

据邮电部门 1991 年的分析估计，我国在 2000 年大约有 20 万～30 万卫星移动通信用户。90% 为国内通信，10% 为国际通信，移动用户至移动用户占 5%～10%，移动用户至固定用户占 90%。这一估计值比较保守，可能会随业务开展有明显增加，特别是广大缺乏通信的农村存在巨大的潜在市场。据中国农业信托公司估计，为了补足我国农村每行政村 1 部电话，需要卫星移动通信 50 万户。

3.3.2 中国卫星移动通信的应用发展

目前全球的各大中、低轨卫星移动通信系统都看好中国市场。中国航天工业总公司按合同要为铱（Iridium）系统发射 22 颗卫星，并成为铱系统的股东。中国交通部的通信中心是国际海事卫星组织的成员，同时是 ICO 中轨卫星系统的股东。为了中国庞大的卫星移动通信市场不再为外国公司瓜分，中国有关部门已联合起来，并与新加坡合作组织 APMT（Asia-Pacific Mobile Tele-communications）公司，准备经营地球同步轨道的卫星移动通信系统。该系统的承包商是美国 HUGHES 公司。表 6 是 APMT 和其他中、低轨卫星移动通信系统参数的比较。

表 6 各卫星移动通信系统的主要参数比较

参　数	Iridium	Globalstar	Odyssey	ICO	APMT
轨道高度/km	780	1 389	10 354	10 354	35 860
卫星数	66 + 9 备	48 + 8 备	12 + 3 备	10（初始6）+2 备	1 + 1 备
轨道平面数	6	8	3	2	1
轨道倾角/(°)	86.4	52	55	45	6
点波束数	3 × 16	16	37（61）	121（163）	<250
单星覆盖张角/(°)	123.72	108	27.7（在44 内变化）	44	10 内
覆盖直径/km	4 433	5 793	12 899 内变化		12 292.7 内变化
星上天线口径/m	>2	1	3	>3	12.25
最低用户工作角/(°)	8.2	10	10（95%30）	10	27
卫星功率/W	1 200	1 000	1 800（3 126）	3 760	8 800
卫星质量/(kg)BOL	700	440	1 135（1 917）	2 300	4 700

续表

参　数	Iridium	Globalstar	Odyssey	ICO	APMT
单星信道数	3 840	2 800	2 300（3 000）	4 500	16 000
系统容量（信道数）	56 000	65 000	27 600	24 000	16 000
系统寿命/年	5	7.5	10（15）	12	12
信道价格/(千美元/年)	14.6	3.7	9.8（6.5）	13.5	3.125
频段下行/MHz	1 616～1 626.5	2 483.5～2 500	2 483.5～2 500	1 980～2 010	1 530～1 559
频段上行/MHz	1 616～1 626.5	1 610～1 626.5	1 610～1 626.5	2 170～2 200	1 631.5～1 660.5
通信体制	TDMA/FDMA	CDMA/FDMA	CDMA/FDMA	TDMA/FDMA	TDMA/FDMA
每次频率复用波束数	12	1	3		7
信号衰落裕量/dB	16	6，可多重分集	6，可多重分集	7	7
用户机射频功率/W	0.39	0.15～1.5	5	0.5	0.25
通话延时/ms	210	140	220		370
首发卫星时间	1 996.6(试验星)	1997.1	1998.1(待定)	1999	1998
用户机价格/美元	3 000(1 000)	(750)	(400)	4 000(1 500)	600
通话租金/(美元/min)	3（平均）	0.55	0.65	2	0.5～1
用户机类型	手持	手持	手持	手持	手持
系统投资/亿美元	41	18	27	>32.4	6

上表中 APMT 手持机平均功率为 0.25 W，G/T 值为 -24 dB/K。植被遮挡裕量为 7 dB。与中、低轨道卫星移动通信系统相比，其系统投资最少，适合区域性服务。星上用 12.25 m 直径多点波束天线，可实现手持机通信。12 年寿命，每信道的一年成本价格为 3 125 美元，是各大系统的最低价格，从而提供了廉价服务的可能性。为了解决波束之间一跳通信，用星载信号处理器来实现基带信息在波束之间的交换。用户仰角大于 27°。

卫星具有不多于 250 个点波束，由 12.25 m 的偏焦抛物面天线反射器和多波束馈源形成。-1.2 dB 边缘的波束宽度为 0.65°。卫星波束覆盖服务区示于图 1。卫星的外形示于图 2。卫星轨道倾角小于 6°。为保证各波束服务区保持不变，卫星天线对两个地面信标进行不间断跟踪，从而使卫星姿态得到正确调整。由地面控制的星载波束形成网络可以进一步修正各波束的精确位置，也可以按市场需要随时改变波束的分配位置。

卫星上、下行采用 L 频段，每 7 个波束频率复用一次。通信系统采用 TDMA 体制，一个载波由 8 路时分话音进行 QPSK 调制。载频间隔为 31.25 kHz。系统在同一时间具有 16 000 对移动用户与固定用户(经信关站)间的双向电路，或者 8 000 对移动用户对移动用户间的双向电路。由于受卫星的上功率限制，卫星可以提供 10 000 路手持机通信。

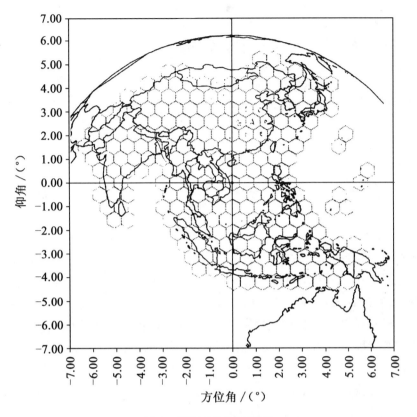

图1　APMT 波束覆盖图

图2　APMT 卫星外形图

4 遥感卫星数字信号接收与处理

4.1 气象卫星接收与数字信号处理

4.1.1 极轨气象卫星

中国气象部门很早开展了对 NOAA 卫星云图的接收处理，其后又开展了对我国 2 颗"风云一号"极轨气象卫星云图的接收处理。为其研制了一批 HRPT 气象卫星数字云图接收与数字信号处理设备。

4.1.2 同步气象卫星

中国气象部门很早开展了对日本 GMS 静止气象卫星展宽云图的接收处理，为了开展对我国风云二号静止气象卫星原始云图的接收处理。中国空间技术研究院研发的 S 频段指令与数据获取站（CDAS-Command & Data Acquisition Station）已待命准备卫星升空后常年运行。该站天线直径 20 m。发射机功率 2 000 W。可以接收数字式原始云图，并处理为用户可以利用的数字展宽云图，接收处理近 5 000 个数据收集平台的报文数据。可以向风云二号转发广播展宽云图、低分辨云图和天气图。可以跟踪、测距和遥测卫星参数以确定卫星位置、姿态和工作状态。并通过指令遥控卫星的日常运行。

4.2 遥感卫星接收与数字信号处理

4.2.1 回收型卫星的数字信号处理

很多年来我国回收型卫星取得大量的遥感图像，有国土普查和测绘数据及科学试验数据。我国众多部门在计算机处理遥感图像上取得很大成绩。能录取地面直径大于 10 m 的景观细节，反映几米到几十米的细微地物。已被广泛运用于矿产石油、资源勘探、地震地质调查分析、海洋海岸和地图地形的测量和测绘、港口河道建设和历史遗迹考古等许多方面。

4.2.2 资源型卫星的接收与数字信号处理

中国很早引进的美国 SPOT 遥感卫星图像接收站也已积累了大量遥感资料。现已可接收多种遥感卫星图像数据。中国同时在筹建 CBERS（China-Brazil Eearth Resources Satellite）卫星遥感资料接收处理站。

中国卫星微波遥感的设备研发工作和机载试验也在进行中。

导航定位卫星的现状与发展*

1 各类导航定位卫星的发展现状

1.1 美国 GPS 系统

GPS 的 24 颗卫星分布在轨道高度为 20 200 km 的 6 个轨道面上,卫星运行周期为11 h 58 min。卫星辐射 F_1(1 575.4 MHz)及 F_2(1 277.6 MHz)2 个频率。信号采用码分多址。卫星靠伪随机码区分。F_1 调制民用粗捕获(CA)码及军用精(P)码。F_2 只调制精码。粗码易捕获,定位精度为 30 m。目前对非授权用户施加有人为干扰(SA)技术,精度下降为 100 m。精码另行加保密(A-S)技术,精度高,且可用双频解电离层传播误差(约几米),定位精度达 1 m。粗码帮助精码捕获,使捕获时间缩短为 2 s。目前民用和军用用户比为 3:1,到 2000 年估计可达 8:1。美国政府已许诺 10 年内取消 SA 干扰。

1.2 俄罗斯 GLONASS 系统

GLONASS 的 24 颗卫星分布在轨道高度为 19 100 km 的 3 个轨道面上,卫星运行周期为11 h 15 min。卫星辐射 F_1 及 F_2 两组频率,信号采用频分多址。卫星靠频率不同来区分,每组频率的伪随机码相同。F_1 调制粗捕获(CA)码及精(P)码。F_2 只调制精码。粗码易捕获,定位精度为 30 m,没有施加人为干扰(SA)技术。但俄罗斯今后对后续 GLONASS 的经费保障不如 GPS 稳定。

1.3 国际民航组织的 GNSS 方案部分要点

拟议中的 GNSS 是由国际民航组织或各国共同管理的系统。为保障航行安全,克服单纯依靠 GPS 或 GLONASS 引起的可靠性不足,实现精密进近导航精度的需求,特提出以下要求。

a) GPS + GLONASS 集成系统。用以增加卫星可见数目,改善卫星几何分布强度,提高导航定位精度,节省冷启动时间,用多余卫星信息提高确定不健康卫星的能力,提高系统的完整性。

b) 差分定位 DGPS。利用已知精确位置的差分基准站连续跟踪太空中所有可见卫星的

---

* 本文发表于航天工业总公司第五研究院科技委 1997 年年会科技学术论文集。

伪距和相位，并产生伪距和相位修正值，可将用户定位精度提高到亚米级。利用地球静止轨道卫星转发差分信号可以形成区域或全球性的广域差分系统，可以克服 SA 技术和电离层传播误差的影响。

c) 完好性监视。由于 GPS 和 GLONASS 对卫星信号故障或精度超差不能及时告警，因此利用地球静止轨道卫星转发差分信号的同时，可转发补充的 GPS 和 GLONASS 伪码测距信号以及卫星定位完好性告警信息。

为逐步实现 GNSS，美国联邦航空局（FAA）提出广域增强系统（WAAS）方案。在广大区域（直到覆盖全球）设置若干主控站（WMS）和卫星地面站（GES），以及大量参考站（WRS）；除利用现有 24 颗 GPS 卫星外，还要在地球静止轨道（GEO）设置或利用若干颗卫星。这些卫星除了播发 GPS 差分信号外，还播送测距信号和 GPS 完好性数据，从而对现有 GPS 起到增强作用。WAAS 的精度略低于局域 DGPS，但最终可达到民航 1 类精密进近的要求。对这个方案，美国国防部指责"FAA 的 WAAS 将对美国和国际安全带来威胁"，后来又表示"暂时同意按计划实施 WAAS，但 WAAS 能否投入使用取决于该系统的试验结果和政府、军队高层部门的评估意见"。此外，国防部还保留根据试验结果，在战时或在特定地域对 WAAS 信号进行干扰的权利。

欧盟目前在卫星导航领域的作用只限于参与一项名为欧洲静止轨道重复覆盖导航系统（EGNOS）的新计划。打算在 2 颗 Inmarsat – 3 卫星中租用其导航设备包，作为 GPS 和 GLONASS 定位信息的备份信号，以提供额外的可信度。

1.4 我国导航定位卫星及其应用的发展

a) 北斗一号双星快速定位系统进入工程研制

北斗一号双星快速定位系统研制经过长期的方案可行性探讨、预研攻关（如难度极大的长伪随机码快速捕获、星地演示、维持比纠错译码、星载天线和星载 L 频段大功率发射管引进、数字式用户接收机等）和国家工程立项，现卫星已进入工程样机研制阶段。预计 1999 年发射。应用系统也已完成各分系统招标，进入工程研制阶段。

北斗一号双星快速定位系统采用 2 颗位于 80°E 和 140°E 地球静止轨道卫星双向测距加数字高程地图定位，并可双向数据报文通信，系统自含差分定位功能以提高导航定位精度。用户机与卫星间上、下行信号用国际电联规定的标准无线电定位卫星业务（RDSS）L/S 频段，卫星至中心站链路用标准 C 频段。其服务范围包括我国大陆及东南海域，属区域性系统，投资较为节省，比较适合我国当前经济能力和各有关方面的需求。需要导航定位与移动数据通信相结合的场合更为适合。

b) 在民用方面，GPS 已较为普及，20 世纪 80 年代中期以来已购置各种型号的 GPS 接收机数万台，大地测量方面用的也很多。中、低动态和高动态的 GPS/GLONASS 兼容机也已初步开发出来，要求在北斗一号卫星上搭载播发 GPS 差分信号的用户呼声较多。

c) 中国空间技术研究院在新型返回式卫星上搭载高动态 GPS 接收机测卫星轨道取得成功，定位精度优于 100 m，为我国卫星定位开辟了一条新路。

2 关于美国 GPS 的新政策

2.1 美国总统令

1996年3月29日公布美国总统批准的一项关于对美国全球定位系统（GPS）和美国政府的相关扩展系统的未来管理和使用的综合政策。其有关要点如下：

a）政策目标是在保护美国国家安全和对外政策利益的同时，寻求支持和提高其经济竞争能力和效率；

b）提供连续的 GPS 标准定位业务，不收取直接用户费用；

c）在10年内停止使用 GPS 选择可用性(SA)干扰措施，其前提是要使其军事力量有足够的时间和资源完全准备好在没有 SA 的情况下作战；

d）倡导以 GPS 和美国政府扩展系统作为国际使用的标准；

e）国防部制定防止敌方使用 GPS 及其扩展系统的措施，以确保美国保持军事优势，而又不会不适当地中断或降级民用使用；

f）运输部的职责是承担民用 GPS 的领导责任，研究与实施适用于运输工具的基本 GPS 和美国政府扩展系统；

g）从2000年开始，总统将每年作一次是否继续使用 GPS 选择可用性(SA)的决定。

GPS 原为军民两用技术，今后的趋向是军民分离。CA 码专作民用，更大规模地与 GLONASS 争夺和控制全球市场，以取得最大的经济效益；军方对其国内和国际民航组织的广域差分系统力求加以干预和控制，以防止潜在的敌方军用。其军用系统 P/Y 码将进一步保密和提高抗干扰性能，开发提高不依赖 C/A 码独立快速捕获 P/Y 码的能力。军事上必要时可局部、暂时关闭，甚至干扰民用 GPS 系统。

2.2 欧洲政府见解

欧洲一些政府当局认为美国政府公布的新政策实际上已对国际上试图使下一代 GPS 成为国际共管的全球导航定位系统的努力关上大门。作为对策，欧盟委员会代表1996年10月已在莫斯科与俄罗斯就欧洲作为一个合作伙伴共同维持 GLONASS 问题进行谈判。欧洲认为 GLONASS 的信号未施加人为干扰，它对地球两极的覆盖率优于 GPS，俄罗斯对维持 GLONASS 系统的经费保障不如 GPS 稳定，而这正是欧盟可以发挥作用的优势所在。

3 我国导航定位卫星今后的发展与对策

3.1 我国民用 GPS 应用

我国民用 GPS 接收机的应用在免费政策、廉价产品和今后取消 SA 干扰之后将会有更大发展，美国产品渗透我国市场率会更高。今后一个时期，只要不发生战争（含本地区局部战争）或其他特殊情况，我国利用 GPS 民用标准定位业务(SPS)的渠道会更为方便。但如在亚太地区发生局部战争，民用 GPS 系统也可能遭受影响，并要防其干扰破坏。在东南亚地区发生局部战争等非常时期，不仅军用导航定位受其干扰破坏，民用 GPS 也必将受其影响。1996 年我国在台湾地区实施导弹射击演习时，GPS 信号中断就是明证。因此我国对涉及国计民生的大系统采用 GPS 仍应慎重。

3.2 推广 GPS/GLONASS 的联合应用

随着我国的日益强大，美国遏制我国的既定政策不会改变。一切有利于我国军事实力的 GPS 及其扩展系统应用都要受到美军方的遏制和干扰，因此推广 GPS/GLONASS 的联合应用，以降低对 GPS 的依赖性风险是很必要的。

3.3 我国导航定位系统的今后发展

我国导航定位仍然要立足于双星定位卫星系统，并且要考虑其后续任务的发展，以弥补初期工程的不足。其主要点如下。

a) 坚定不移地将双星定位卫星系统发展下去，它是我国自己的空间资源，精度不低于 GPS，而且兼有移动数据通信的能力，特别适合交通调度的需求，无需另外配备移动通信设备。因此应充分利用好我国这一自有的未来卫星资源，发挥其经济效益。随着用户机数量的增加，用户费用也必然会逐步降低。

b) 提高抗侦察干扰能力，为了使保密用户不依赖发射上行回程信号定位，应增加单程定位能力，并与原双程定位技术兼容。

c) 提高低纬度定位精度，应可不依赖数字高程地图或气压计测高定位。

根据以上几点，需要在我国高纬度地区上空补充至少 2 颗同时存在的动态星座，它们应和原有的 2 颗 80°E 和 140°E 地球静止轨道卫星保持较好的定位几何关系，以求解用户高程和时间未知数。为此可以采用以下 3 种技术途径。

a) 采用大椭圆轨道。远地点设在位于我国地区北纬高纬度上空，如果能采用 24 h 轨道，40°倾角，可以有最少的卫星数（3~4 颗），但其远地点太高。当用 12 h 轨道时，远地点高度较为合适，约 40 000 km，偏心率 0.2，倾角 63°，轨道较为稳定，但有一半远地点位置在我国地球背面，不搞全球定位联网时，卫星资源有浪费，需求卫星数相应增多。

b) 采用中圆轨道和中轨道全球移动通信相结合。服务区内每用户在任何时间至少可见 2 颗定位几何较好的移动通信卫星。轨道高度 8 000~10 000 km，倾角 40°~50°，工作仰角大于 20°，解决全球覆盖大约需要 18 颗卫星。当用户只需移动通信时，1 颗卫星可见即可，用户机工作仰角可大于 30°。这一方案投资大，发展国际移动通信用户，充分利用好卫星星座分布于国外地区部分的资源，提高经济效益是必要的。

c) 采用星载大型多波束天线提高天线增益。降低用户机功率、体积和质量，增加系统容量，增加天线对干扰点方向的抑制能力。为了解决移动中的卫星波束对服务区的稳定覆盖，除连续调整卫星姿态角外，卫星上必须采用数字波束成形技术，不断修正天线波束也很必须，这一技术在移动通信卫星中已有应用。

3.4 探讨和俄罗斯合作开发 GLONASS 的可能性

中俄两国具有战略伙伴关系，应可探讨今后合作开发和应用 GLONASS 的可能性。这主要需俄方提供 GLONASS 使用的 SGS-90 地心参考坐标系的精密数据，并测定与我国采用的大地坐标系间的误差，F_2 频率及精码的应用。另一种方式就是参与共同维持 GLONASS 的运行和今后的性能改进和发展。

CHINESE SATELLITE MOBILE COMMUNICATIONS AND APMT*

Abstract The paper describes the development Fendency of Chinese domestic and international mobile communications and the requirement of the users. After comparing the geostationary satellite system with MEO, LEO satellite mobile communications, we suggest that it is appropriate for China and other Asia-Pacific nations, according to their economic status and level of satellite technology, to develop a regional geostationarty multi-beams satellite mobile communications system with the capability of supporting handheld terminal to handheld terminal, single hop interconnections, and at the same time to join a superior global LEO or MEO satellite system for international mobile commuications as well.

Keywords Mobile communications   Satellite Geostationary orbit   MEO   LEO   Multi-beams   Develop   Analysis   China   Asia-Pacific

0 INTRODUCTION

Satellite mobile communication in China is mainly to meet the requirement of Chinese domestic communications by using our satellite Requirements of various mobile users on land, oceans and air in peripheral areas and international satellite communications services are also considered. The authors mainly analyze the development tendency of satellite mobile communications system and compare the technology of high, medium and low earth orbit satellite system. The way of developing satellite mobile communications in our country is also treated in the paper.

1 HOW MANY MOBILE SATELLITE USERS IN CHINA BEFORE 2000

It was estimated by the department of Post and Telecommunications in 1991 that mobile satellite user number would be 200 000 to 30 000 by 2000. Among them 90% require nation-wide communications, and the other 10% need global ones; 90% of services are between mobile and fixed

---

* Tong Kai, Ling Xinhua. AIAA, IAF – 96 – M. 3. 08.

users, and 10% are between mobile users. Furthermore, the number will increase notably with the development of the service, especially when the great market in the vast rural area is taken into account. By the estimation of China Agribusiness. Development Trust & Investment Corporation it is in need of 500 000 satellite system terminals to complement minimized telephone connection with every administrative village.

2 THE SECOND GENERATION OF GEOSTATIONARY SATELLITE MOBILE COMMUNICATIONS

In 1991, the first author suggested that China should develop Geostationary satellite for region mobile telecommunications with capability of supporting handheld terminals and single hop mobile-mobile interconnections. In recent years the specialists of Chinese related organizations have reached a common understanding to build a sovereign geostationary satellite system for domestic mobile communications. The related departments of China have united and cooperated with Singapore to build APMT (Asia-Pacific Mobile Telecommunications) regional geosynchronous satellite system. APMT has selected Hughes Inc. as the vendor and planned to launch a satellite starting work in 1998.

3 COMPARISON OR PARAMETERS AMONG GEO, MEO AND LEO SATELLITES MOBILE COMMUNICATIONS

There are 3 main kinds of satellite mobile communications: GEO, MEO and LEO. The principal parameters of several satellite mobile communications systems are listed in Table 1. A many experts deem that for high earth orbit satellite the propagation path of electromagnetic wave is too long, they doubt whether it can support handheld terminals or not. Therefore, it is necessary for us to consider overall before selecting an orbit for our mobile communications satellite. The authors have presented a set of calculation methods fit for comparing the characteristics of satellites on different altitude with different propagation path under one standard. Descriptions are as follows.

Table 1 Main parameters of mobile satellites

parameter	Iridium	Globalstar	Odyssey	Inmarsat – ICO	APMT
Attitude/km	780	1 389	10 354	10 354	35 860
Number of satellite	66 + 9	48 + 8	12 + 3	10(6)	1 + 1
Inclination/(°)	86.4	52	55	45	<6
Number of spot-beams	3 × 16	16	37(61)	121 (163)	<250
Max nadir angle/(°)	123.72	108	27.7, selectable in 44	44	10, selectable in 15.4

续表

parameter	Iridium	Globalstar	Odyssey	Inmarsat-ICO	APMT
Coverage diameter/km	4 433	5 793	selectable in 12 899		12 292.7
Antenna size/m	>2	1	3	>3	12
Min grazing angle/(°)	8.2	10	10(95% 30)	10	27
D.C. power/W	1 200	1 000	1 800(3 126)	3 760	8 800
Mass BOL/kg	700	440	1 135(1 917)	2 300	4 700
Number of channels/sat	3 840	2 800	2 300(3 000)	4 500	16 000
Total system channels	56 000	65 000	27 600	24 000	16 000
Live period/a	5	7.5	10(15)	12	12
Price of channel/($ k/a)	14.6	3.7	9.8(6.5)	13.5	3.125
Frequency band Down-link/MHz	1 616~1 626.5	2 483.5~2 500	2 483.5~2 500	1 980~2 010	1 530~1 559
Frequency band UP-link/MHz	1 616~1 626.5	1 610~1 626.5	1 610~1 626.5	2 170~2 200	1 631.5~1 660.5
Modulation	TDMA/FDMA	CDMA/FDMA	CDMA/FDMA	TDMA/FDMA	TDMA/FDMA
Number of beams/ frequency resue	12	1	3		7
Link margin/dB	16	6, path diversity	6, path diversity	7	7
RF power of terminal/W	0.39	0.15~1.5	5	0.5	0.25
time delay/ms	210	140	220		370
first launch/date	1996-6 (experimental)	1997-1	1998-1	1998	1998
Available date	1998-3	1998-12		1999	1998
Price of terminal/$	3 000(1 000)	(750)	(400)	4 000 (1 500)	1 000(600)
usage charge/($ /min)	3	0.55	0.65	2	0.5~1
Type of terminal	handheld	handheld	handheld	handheld	handheld
Investment/$ M	4 100	1 800	2 700	>3 240	600

3.1 Power Propagation Loss

Take P as the power radiated from the satellite for a single user, with a solid angle Ω (rad^2) to a spherical area with a radius l (m) and the satellite as the center. The power density Ψ (the power per unit area on the surface of sphere (W/m^2)) is

$$\Psi = P/(l^2 \Omega) = P/M, \quad M = l^2 \Omega \tag{1}$$

for cone-shaped beam with apex angle $2\theta_a$ and $2\theta_b$

$$\Omega = 4\pi \sin(\theta_a/2) \sin(\theta_b/2)$$

where
$$\theta_a = \theta_b \text{ or } \theta_a \ll 1 \text{ and } \theta_b \ll 1$$

Assume that the receiving aperture of user's antenna is A, the efficiency of it is η, the total additional loss factor is L and the power received is S. We get

$$S = PA\eta / (ML)$$
or
$$P = SML/(A\eta) \qquad (2)$$

3.2 The Calculation of S

As remarked above, S is the power received for a voice signal. At present, the parameters of different satellite mobile communications system varied from each other, but most of them take $s/\Phi_0 = 43$ dBHz, $T = 355$ K. Hence, we get

$$S = (s/\Phi_0)kT = -160.1 \text{ dBW}$$

where $k = -228.6$ dBWHz/K, Φ_0 is the noise power spectrum density.

3.3 The Calculation of A_e, η

Subscript e and subscript s in the following formulae mean user terminal on earth and the satellite, respectively.

The antenna of mobile user should have up-hemispheric beam with peak gain $G_e = 3$ dBi. According to the comparative low working elevation angle, we take $G_e = 1.5$ dBi. Uniformized wavelength λ will be 0.1875 m when the frequency is 1.6 GHz. To take uniformized conditions of comparison, we use the same value of up-link and down-link λ of various system. Now, the equivalent

$$A_e \eta = -24 \text{ dBm}^2$$

Commonly, $T_e = 355$ K or 25.5 dBK, hence we get

$$G_e/T_e = -24 \text{ dB/K}$$

3.4 The Calculation of L

The additional loss L can be divided into 2 sections: L_1 for equipment, L_2 for vegetation loss in transmission.

The feed line loss of down-link antenna on satellite is 2 dB with multi-beam. The feed line losses of receiving antenna on satellite, transmitting and receiving antenna of user terminal are not taken into account, for they have been included in value of the G/T and the power fed to the antenna port. The gain at the contour of satellite beam decreased about 3 dB. Actually the value varied from 1.2 dB to 3 dB in different systems. Its lower value means that beams overlap more and the number of beams on service area will be more. For communications between mobile terminal and gateway station the equivalent loss contributed from noise on system's feeder link and the interference between channels is 1 dB. In result we get $L_{1d} = 6$ dB, $L_{1u} = 4$ dB.

3.5 The Calculation of P_s

According to the reciprocal principle, the power P_s radiated by satellite to each user should correspond to the power transmitted by user. The average output power to the port of user's antenna should be limited to 0.25 W for protecting the health of the user's head from the electromagnetic radiation. On account of the factor of voice activity, $P_e = 0.5$ W or -3.01 dBW, the value of s/Φ_0 of up-link equals to that of down-link. To get P_s two factors should be taken into account. One is that L_{1d} is 2 dB more than L_{1u}, the other is that the noise temperature T_s on satellite is 500 K with the result that S_e received on earth is needed less than that on satellite by 10 lg (500/355) that is 1.49 dB. Hence, we conclued that

$$P_s = P_e + 2 - 1.49 = -2.5(\text{dBW})$$

3.6 The Calculation of M and m

According to formula (2), M should satisfy the condition followed

$$M \leqslant M_{max} = (P_s/S)A_e \eta / (L_{1d} \times L_2) = 127.6 - L_2(\text{dBm}^2) \tag{3}$$

To calculate M of satellite system on various orbits, we assume that R (= 6 371.03 km) is the radius of the earth, H (km) is satellite altitude, E_{min} is the minimum observation elevation angle of user, L (km) is the slant range, 2α (°) is the earth's central angle, 2θ is the nadir angle of satellite.

Usually, spot beams on satellite are arranged in cellular structure and the following 3 methods are used to design spot beams.

3.6.1 Equi-beamwidth

This simple method is only fit for Geostationary orbit, because in this case the maximum difference of M_i of different spot-beams located between the boundary and the center of the service area is 0.27 dB. Moreover, it is relatively appropriate to use this method because of the limitation of designing large reflector aperture of antenna on high orbit satellite.

3.6.2 Equi-spherical Area M_i Radiated

It is fit for the design of medium and low orbit satellite systems because M_i does not change with E_i for any terminal located in different service area of satellite.

3.6.3 Equi-surface Area Radiated of Earth

It is only fit for the low orbit satellite with extra advantege for transmission on very low elevation angle and with the result of increasing the size of satellite antenna.

According to the analyses above, we calculated the orbit parameters of five satellite systems and listed them in Table 2. Here, No. 1 is for Iridium, No. 2 is for Globalstar, No. 3 is for Odyssey, No. 4 is for Inmarsat-ICO and No. 5 is for APMT.

Table 2 Comparison of parameters among LEO, MEO and GEO

No.	H/km	E_{min}/(°)	l/km	2θ/(°)	2α/(°)	m	M/dBm^2	L_2/dB	D_a, D_b/m
1	780	8.2	2 463.68	123.72	39.88	48	113.12	14.48	2.5, 0.9
2	1 389	10	3 460.08	107.11	52.09	16	121.11	6.49	1
3	10 354	10	14 397.25	44.07	115.93	37	120.93	6.67	3
4	10 354	10	14 397.25	44.07	115.93	121	118.39	9.21	4
5	35 860	27	38 955.38	15.45	110.55	<250	116.78	10.89	12.25

In the above table, D_a and D_b are the length and width of the phase array or major and minor axes of parabolic reflector of satellite antenna respectively. We use one of them when they are equal. Here, assume that the transmitted power of handheld rerminal is 0.5 W, taking the voice activity factor 0.5 into account, average power is 0.25 W. We will get $G_e/T_e = -24$ dB/K. Taking the power on satellite for each user to be 0.562 W with the voice activity factor 0.4, the average power will be 0.225 W.

Though the number of beams will increase correspondingly, the L_2 margin of APMT system will increase by 1.8 dB when the -1.2 dB contour gain of beams is selected. No. 1 to No. 4 are designed with equi $-M_i$, while No. 5 is designed with equi-beamwidth.

According to the estimate above, the vegetation margin of Iridium system is a little less than 16 dB. The power of satellite power unit can only support 10% of the signal channels with total vegetation margin. As the margins of both Globalstar and Odyssey are 6.5 dB, the inadequate section should be supplied by diversity reception. The result of it is somewhat random, and the effect depends on the overlapping probability of the satellites' constellation. In addition, their power can also support only part of the fully faded signal channels. For taking the GSM standard the actually designed power of both user terminal and satellite of APMT are less than the calculated value here by 3 dB and the real L_2 designed is 7 dB margin. This 7 dB vegetation margin is acceptable in conditions of relative stationary satellite and higher elevation angle ($E_{min} = 27°$)

4 COMPARISON AMONG GEO, MEO AND LEO COMMUNICATIONS SYSTEMS

4.1 Realization of Domestic Mobile Communications

To select a satellite mobile communication system we must ensure that the system can meet the needs of domestic communications services in our country, can set up our space resource with relatively less investment. The geosynchronous orbit satellite mobile communications system needs the fewest investments and it is still suitable for regional services. Using multi-spot-beams antenna on satellite, it can meet the requirement of handheld communications.

The main disadvantage of GEO system is the long delay. The VSAT communications have shown that the delay of single-hop can be accepted by the users.

In general, GEO communications system, which needs less investment, is available for our country. It can set up our sovereign space resource and effectively protect most of the market of domestic satellite mobile communications services.

4.2 The Economic Consideration

Only one geostationary satellite is necessary to cover the China and peripheral territories. In actual existence its coverage can include most of Asia-Pacific territories, and its beams can be selected to cover only effective territories merely to avoid waste of power. In addition, a satellite can offer 16 000 user channels. With a lifetime of 12 years, the price $ 3 125 for each channel per year, is the lowest among the principal systems. Hence cheap service to users is possible. The base band message should be exchanged between beams on the satellite, and the working elevation angle will be larger than 27°. To communicate without interruption, 40~80 satellites for the low orbit system and 10~20 satellites for medium orbit system are needed. The minimum working elevation angle of user should be decreased to 10°. The base band message must be exchanged simultaneously between beams, satellites or through gateway stations. So, it is obvious that using one geostationary satellite to cover the domestic and Asia-Pacific territory is a more economical selection with higher benefits.

4.3 Worldwide Connection

In China there are not enough submarine cable links of international communications. If a geosynchronous mobile satellite is connected to global network mainly through the international satellite communications system, the delay of multi-hop relay will be too long. On the other hand, the delay of global MEO and LEO mobile satellite with inter-satellite link of communications is much less. In condition or using Geosynchronous satellite for regional mobile communications, at the same time it is better to join a global MEO or LEO system with inter-satelite transmission links for some demand of long distance international mobile communications services.

5 CHARACTERISTICS AND PARAMETERS OF APMT

5.1 Coverage of Satellite beams

The satellite has about 250 spot heams, which are formed by a parabolic antenna reflector with 12.25m diameter, a multi-feed array and commandable by grand control center through on-board processing unit. The beamwidth is 0.65°. The coverage of satellite beams is shown in Fig. 1, the shape of satellite is shown in Fig. 2. The inclination angle of satellite is less than 6°. To keep the cells that are covered by the beams constant, the antenna of satellite tracks two ground beacons continuously and the attitude of satellite will be regulated respectively. Moreover, the onboard beamformer makes accessory adjustment to position the beams more accurately.

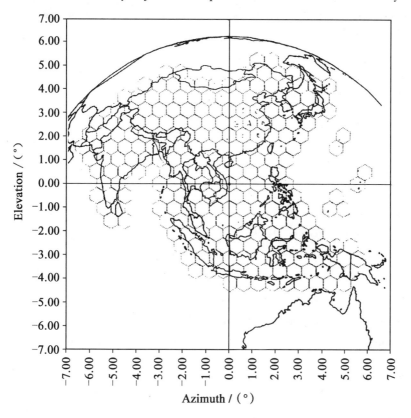

Fig. 1 The coverage of APMT satellite beams

Fig. 2 The shape of APMT satellite

5.2 The Capability of Satellite in Communications

APMT system, using L and Ku bands for mobile and gateway up/down links, works in TDMA/FDMA constitution with 7 beam frequency reuse. The carrier frequency interval is 31.25 kHz. The carrier is QPSK-modulated by 8 time division multiplexing for voice and digital data channels. The system has an on-board switching capability to support 16 000 bi-directional circuits by which mobile user can communicate with fixed telephones through gateway stations, or 8 000 bi-directional circuits between mobile users. The satellite can support 10 000 handheld terminals simultaneously in spite of the limit of radiated power.

REFERENCES

[1] Tong Kai, et al. The technical study of cooperation to abroad global mobile communications, Internal CAST study, 1991, 9, 19.

[2] Tong Kai, Guo Jianning. Primary Analysis of Development Approach of Chinese Satellite Mobile Communications. Proceedings of International Symposium on Benefits from Space Activities, Oct 11 – 14, 1992, Beijing, China.

[3] Tong Kai, Guo Jianning. Primary Analysis of Development Approach to Chinese Satellite Mobile Communication, Journal of Systems Engineering and Electronics, Vol. 4, No. 3, 1993, 15 – 27.

风云二号气象卫星指令与数据获取站

摘 要 风云二号气象卫星指令与数据获取站是中国第一套集遥感图像接收与实时处理、多种云图广播与数据通信,以及对卫星跟踪、三点测距,确定卫星姿态、遥测、遥控等多种功能于一体,多载波体制工作的,具有国际先进水平的大型综合站。文章对其任务、系统组成与功能进行介绍,给出了系统框图和主要参数。对研制全过程的重要技术问题,特别是对原始云图实时处理为展宽云图、三点测距等关键技术难点进行了较详细的分析。

关键词 气象卫星 指令与数据获取站 总体设计

0 引言

风云二号(FY-2)指令与数据获取站(CDAS)是中国第一套集遥感图像接收与实时处理、多种云图广播与数据通信,以及对卫星跟踪、三点测距,确定卫星姿态、遥测、遥控等多种功能于一体,多载波体制工作的,具有国际先进水平的大型综合站。

该系统研制立足于国内,技术先进、系统复杂、研制难度很大,是一项复杂的高科技系统工程,其综合水平达到国际20世纪90年代同类产品先进水平。该站核心设备数据同步缓冲器(S/DB)达国际领先水平;三站长基线测距系统达国际先进水平;S波段卫星测控及多载波通信广播收发系统、国内外数据平台收集系统和作为全站配套设备的计算机辅助测试的系统分析器等3项技术都是国内首次采用,居于国内领先地位;全站自动生成运行日程表,全天24 h不间断运行。

1 CDAS的系统组成与功能

FY-2 CDAS全系统由1个主站、2个副站组成,共有3个天线、54个机柜(台)、1套主计算机(5台)和13台下位机,1个标校塔,分属14个分系统。系统方框图参见图1,系统参数与指标见表1,各主要分系统参数见表2。

系统主站设于北京,副站1和2分设于乌鲁木齐和广州。此外,为改善三点测距定位的几何关系,在墨尔本另设1个副站,它与广州站互为备份,系统的14个分系统为:

· 天线馈电及伺服控制分系统,跟踪FY-2卫星;
· 发射分系统,发送地面处理后的各种云图信号、主站测距和遥控信号;

---

* 本文发表于《中国空间科学技术》,1998年第3期,风云二号气象卫星指令与数据获取站专辑。

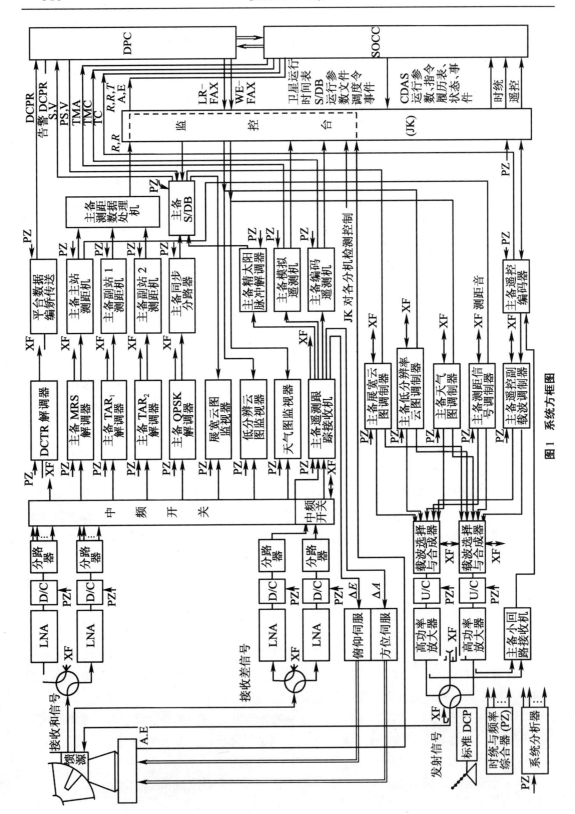

图1 系统方框图

· 接收分系统，含遥测信号跟踪接收机，频率综合器（PZ），接收各种云图、测距和数据收集平台（DCP）信号；

· 原始云图解调、分路分系统，解调星载可见光、红外自旋扫描辐射计（VISSR）获取的原始云图信号、提取同步码头，将串行数据分路为并行数据；

· 同步数据缓冲器分系统，处理原始云图数据，立时生成展宽数字云图（SV）；

· 三点测距分系统，含 1 个主站测距站（MRS）和 2 个测距副站（TAR），用长基线三点测距法精确测定卫星位置；

· 遥控（TC）分系统，生成遥控编码信号，对卫星有效载荷进行业务控制；

· 编码遥测（TMC）分系统，监视卫星技术状态和提供大回路指令验证；

· 模拟遥测（TMA）实时定姿分系统，解调卫星姿态脉冲，用卡尔曼滤波确定卫星姿态和为 S/DB 处理原始云图提供精太阳脉冲（SP），兼承担编码遥测译码工作；

· 数据收集平台，报告信号接收解调和校频分系统（DCS）；

· 云图广播监视分系统，监视 SV、低分辨传真云图（LR-FAX）及天气图（WE-FAX）上下行信号；

· 监控（JK）分系统，与运控中心（SOCC）和数据处理中心（DPC）交换数据，接受 SOCC 的运行控制命令，实现全站 24 h 自动化运行与管理；

· 系统分析器（XF）分系统，对全站设备进行性能分析、标定和校准，并实时监视备份信道；

· 标校分系统，模拟卫星转发功能，标定距离和角度零值。

表 1 CDAS 系统参数与指标

工作频率/MHz	上行：2 047~2 064, 401.1~402.1；下行：1 670~1 710
天线口径/m	主站 20；测距副站 7.3
天线增益/dBi	主站发 50.4, 主站收 48.8, 副站发 41.2, 副站收 39.7
主站系统参数	· G/T = 27.5 dB/K　　· 最大发射功率 2 W · 平均测角精度 0.05°　　· 平均测距精度 15 m · 接收一本振 1 611.6 MHz　· 发射变频本振 1 980.0 MHz

表 2 主要分系统参数

信道	载波频率/MHz		EIRP/dBm		调制体制	副载频/kHz	数据率/(Mbit/s)	备注
	上行	下行	上行	下行				
原始云图		1 681.6		57.5	QPSK		14	误码率 10^{-6}
展宽云图	2 047.5	1 687.5	100	57.5	DPSK		0.66	误码率 10^{-6}
低分辨云图	251.0	1 691.0	97	57.5	AM/FM	2.4	0.001 68	频偏 126 kHz
天气图	2 059.5	1 699.5	97	46	8PSK-AM/FM	1.7	0.009 6/0.004 8	频偏 9 kHz
遥控	2 057.0		84		MFSK/FM		100 bit/s	调制指数 <2 指令条数 254
遥测（编码）		1 702.5		44	ΔPSK/PM	32	2 000 bit/s	调制指数 0.55 rad

续表

信 道	载波频率/MHz 上行	载波频率/MHz 下行	EIRP/dBm 上行	EIRP/dBm 下行	调制体制	副载频/kHz	数据率/(Mbit/s)	备 注
遥测（模拟） 姿态脉冲 填充 精太阳脉冲		1 702.5		44	MFSK/PM	副载波 162 64 166 168 75	传输精度 200 μs 200 μs 200 μs 200 μs 1.5 μs	调制指数 0.62 rad 0.62 rad 0.62 rad 0.62 rad 1.53 rad
主站测距	2 050.5	1 090.5	97	57	PM	测距音($F=1$ MHz) $F_1 = F/5, F_2 = F/36$ $F_3 = F_2/7$, $F_4 = F_3/14$, $F_5 = F_4/8$		调制度(rad) 测距 1.0~1.5 话音 1.5~2.0
副站1测距	2 046.5	1 686.5	82	32	PM			
副站2测距	2 044.5	1 684.5	82	32	PM			
数据收集平台 ($D = 0.003$ $F = 401.101$ $G = 402.001$)	国内：$N = 1~100$ $F_{up} = F + (N-1)D$, 国际：$N = 101~133$ $F_{up} = G + (N-101)D$ $F_{down} = F_{up} + 1 307.9$		46	20	分相码 BPSK	数据率：100 bit/s		平台数： 4 000~10 000 误码率：10^{-6}

2 图像接收、解调与实时处理

地球静止轨道气象卫星获取的数字地球圆盘云图面积大，像素分辨度高。可见光为 1.25 km（35 μrad 视角），红外与水汽为 5 km（140 μrad 视角）；每幅图的像素：可见光为 10 000×10 000，红外和水汽为 2 500×2 500。

卫星扫描辐射计靠卫星自西往东自旋扫描地球产生原始云图图像（图像占 20° 扫描角），每圈（标称周期 $T_s = 0.6$ s）获取 1 组数据（持续 $0.6 \times 20/360 = 33.3$ ms，其中可见光为并行 4 行，红外与水汽各 1 行，总数据串 14 Mbit/s）。每扫完 1 圈，相机往南步进 1 步，25 min 完成 1 幅图。

按图像像质不失真要求，像素数据的采样间隔应为等角度的，而实际采样、传输和显示都是按等时间间隔进行。这种情况下，由于卫星自旋转速有变化，像素数据的采样间隔不能保持等角度的要求，这就造成图像东西长度和每行数据起点的变化。为了保证每行起点的对齐，卫星采用自旋扫描观测到的精太阳脉冲 SP 作为图像位置基准（其精度为 1 μrad 自旋相角）。但又由于地球存在自转和公转，精太阳和图像起点间的扫描相角 β 又是不断变化的，其变化规律为每天大体均匀减少 360°，过 0 后周而复始。为了简化卫星的设计任务，星上每行图像起点 SSD（行同步头）相对 SP 滞后的时间扩 NT_e（$T_e = 292.571$ 4 μs，精度由星上晶振保证，$N = 1~2 050$ 左右，随转速而异）相对固定，每 70 行左右 N 值递减 1，这样可大体与 β 角的变化相匹配，但此时原始云图是一幅畸变的和带锯齿形的图像，无法直接提示给用户使用，为此，复现精确的真实图像的难题便由 CDAS 的 S/DB 设备来承担。

S/DB 功能是恢复真正等角度的无畸变视图，并将数据率降低到 660 kbit/s，形成展宽云图，隔 1 行后立即发回卫星，插在 2 行原始云图数据的时间间隔内，分时经同一卫星转发器转发给广大国内外用户。

2.1 数据同步缓冲器

S/DB 技术新、难度大，能否实现关系到整个系统的成败，因此它是全站最核心的设备。根据国情，制定出"先缓冲存储后重新采样"的全新方案。它使等角度重采样的处理时间由 33.3 ms（原始云图期间）扩展为 600 ms，（全自旋周期），成功地实现了用软件方法替代昂贵的高速硬件电路，并显著提高了等角度重采样的插值运算精度和处理灵活性。与此同时还研制了捕获跟踪精太阳 SP（常年存在），并可自动转向跟踪 SSD（下发原始云图时产生）的高精度全数字化锁相环电路。它可自动解模糊求出 N 整数值，用铷钟精度测定卫星石英钟频率以修正提高星上定时精度，精确测定卫星自旋周期以保证等时采样转换为等角度重采样的精度，使重采样分辨率达到 1 μrad。

2.2 同步分路器技术的突破

利用外星下行信号进行 S/DB 初样设备联试，需要 QPSK 解调器逐行快速捕获和解调出 5 ms 内突发的原始云图串行数据和为同步分路器提供捕获起始信号。同步分路器的作用是从解调的每帧数据中识别出帧同步码和其后定间隔的分帧同步码 M，并借此分离出多路数据和定时脉冲。其目标是在降低信噪比，使误码率为 10^{-3} 条件下，保证 10 万行云图数据不丢失 1 行。使接收和处理云图可靠地适应各种可能的恶劣情况。由于图像数据中存在大量虚假的帧和分帧同步码，各帧又不严格等长，因此不能用常规方法可靠地同步分路。根据试验结果和云图数据特点，对设计进行了以下修改，使难题获得彻底解决。

a）解调器发出捕获起始信号后立即开始识别帧同步码，由于帧同步码紧挨着前导码"01"序列，两者有最大的码距，允许容错 2~3 位而不会发生错误识别或漏识别；识别出帧同步码后，直到下一帧捕获起始信号前，停止继续识别，杜绝其后的图像数据和噪声引发虚假帧同步。

b）捕获后保持帧同步定时序列，严格按分帧格式设立时间波门，如果在适当容错位下连续检验出三次分帧同步码在波门内丢失，则判定失步重捕；重捕时，在无容错位下识别出分帧同步码后，再连续检验出三次分帧同步码后则确立同步恢复，否则再次重捕。这样，可以排除图像数据中的虚假分帧同步码的干扰。经初样联试后研制生产出来的正样同步分路器工作极为可靠。

2.3 N 值过 0 问题的解决

联试中发现，当卫星 β 角由 0 跳变至 360°时，S/DB 所处理的展宽云图边缘产生一个小锯齿波缺口。经试验查明，原因是数字太阳 SSD 滞后 SP 的时间 NT_c 由 N 从 1 跳变至 N_{max} 时，卫星自旋周期 T_s 不能被 T_c 整除（$T_s/T_c = 2\,050.781\,5$，N_{max} 的标称值为整数

2 050），其余数 0.781 5 T_c 被星上电路附加到 N 为 1 的间隔内（即停留在 $N=1$ 的扫描行数多于标移的 70 行）这时在原始云图上表现为一个较大的锯齿。如果能正确求解出 N 值，重采样算法在 N 由 1 跳变至 N_{max} 瞬间使 β 角也相应跳变 360°，就可在展宽云图上实现正确补偿。但原始云图的实时 N 值是靠 S/DB 锁相环用 SP 正确引导锁定 SSD 来求解的，试验时，模拟遥测的 SP 与数字太阳 SSD 的传输延时不同，而且外星与 FY-2 的 SP 分别采用的是前沿和后沿，因此发生 N 值错 1，使图像 β 角的 360°跳变时刻错位，使展宽云图产生小的锯齿。解决的办法是偏置精太阳跟踪回路的零点位置，以修正解模糊的 N 值，使问题获得了解决。

3 三点测距系统

为了在云图上套经纬度网格和地形轮廓线，需对卫星轨道位置精确测定。其空间定位精度应优于 600 m（rms）或星下点精度 100 m（rms）。对于地球静止轨道卫星，它与测站距离达 37 000 km 的条件下，常规的测距、测角（包括短基线干涉仪）体制不能满足精度要求（由于大气湍流的折射影响，其极限角精度只能达 0.05 mrad，对应的空间线偏整达 1 850 m），为此确定在国内首次采用长基线三点测距体制。限于国土范围，确定北京 CDAS 为测距主站，另设广州和乌鲁木齐测距副站。主站发测距信号，经卫星转发后自己接收以测定卫星至主站距离，主站测距信号如再经副站转发回至卫星，然后主站接收，可测出主副站至卫星距离和，从而求解出卫星至副站距离。测距信号采用国际通用的多侧音体制。侧音 $F_1 \sim F_5$ 解模糊确定距离初始值，其后在初值基础上只用 F_1 精确测定距离增量。

关于基线长度，北京—广州为 1 885.6 km，对卫星张角 $\theta = 2.31°$；北京—乌鲁木齐为 2 390.5 km，$\theta = 2.74°$；广州—乌鲁木齐为 3 254.2 km，$\theta = 3.76°$。因此误差几何放大系数($1/\sin(\theta/2)$)比较大，分别为 49.5、41.8 和 32.2。为了满足上述空间定位精度要求，单站测距精度应控制在 12.12 m（rms）。任务书规定为主站 15 m（rms），副站 20 m（rms）。这时空间定位误差椭球短轴小于 20 m，指向测站方向，两长轴垂直于短轴，大于 990 m，超出空间定位要求。

为了提高空间定位精度，本方案主要立足于用开普勒方程进行轨道改进，用长弧段精密轨道逼近测量数据，使测量点与轨道的均方差为最小，可显著提高定位精度。

测距精度的提高主要采取了以下措施。

a) 7 m 抖动的消除。对系统长期积累的测距试验数据分析，发现存在 7 m 的离散抖动，研制人员找出了测距高速计数器前几级逻辑设计中存在的问题，修改电路设计后使设备固有抖动降至 1 m（rms）。

b) 解距离模糊。多侧音测距体制需要粗侧音解精侧音的距离模糊，在系统长期考机中发现偶尔有解模糊性质的大数错误，分析系粗、精侧音数据先平滑后解模糊所造成，这时在平滑的一组数据中有部分数据进位，平均时就会产生大数错误，修改软件后解决。此外，多侧音解模糊测定初值后，只用精侧音继续测距，按增量对初值累加并正确进位，不再解模糊。

c）零值漂移的消除。对系统长期测距积累数据的分析，发现测距主站支路在不同次测试中数据有阶跃性系统偏差。经长期同时进行多个支路和环路测距数据的测试比对，终于将问题定位在主站中频闭环段内，问题迎刃而解。此后，系统长期测试的测距零值漂移只有 1~2 m（rms）。

4 其他系统和技术

4.1 数据收集平台系统（DCS）

DCS 在国内也是第一次研制，它有 133 个频道，国内频道 100 个，包括第 34 标准频道，国际频道 33 个。每频道每小时可分时接收 30 个平台的报文数据，每平台占用 2 min（包含保护时隙在内），数据率 100 bit/s，误码率 10^{-6}。数据收集平台系统的特点是频间间隔只有 3 kHz，平台无人值守，定时报告。为此，除要求平台频率准确度优于 10^{-6} 外，平台报告接收系统须消除卫星转发本振频率的变化（3×10^{-6}），为此中频本振对第 34 频道（标准平台）的频率进行锁相跟踪，以保证各平台频道的一一对准。

4.2 S 频段测控与多载频通信广播收发系统

由于气象业务采用 S 频段，测控也相应采用该频段。为此在中国首次建立 S 频段多载波体制的测控与业务数据传送系统，低噪声接收场效应放大器噪声温度为 50 K，束调管发射功率放大器的连续波输出功率为 2 kW。

多载波的相互交调是设计中的关键问题。卫星转发器基本是一个强非线性系统，但分开 3 个转发器工作，CDAS 接收是一个统一的宽带线性系统，但也存在较弱的相互交调，设计中做了大量的交调分析计算和反复的微波与中频频率选择和仿真，其后的实践证明已正确解决了这一难题。

发射调制部分包括展宽云图、低分辨传真图、天气传真图、遥控和主站测距上行。它们随任务日程自动被选择，通过同一发射机按不同功率发送，正确的频率选择保证了无交调干扰发生。

原微波本振频率易于失锁，分析原因系微波锁相环采用微波腔体滤波，环路带宽较窄，在压控振荡器频率漂移和高频箱振动条件下引起失锁。改用微带的宽带锁相环，使问题得到彻底解决。宽频带的本振源对接受多种载波信号提供了灵活方便，增加了标校塔测试副站测距机和跟踪多种外星信号的功能。

4.3 全站统一自动化管理

全站统一自动化管理包括以下主要内容：

①运行日程的自动生成、管理与监视；②设备状态巡检、超限报警、自动与手动控制管理，包括故障处理简要提示；③卫星遥测参数监视；④对卫星自动或手动遥控发令，包

括监控台、本控和运控中心发令等多种方式；⑤数字式引导、操纵天线与捕获目标；⑥接收信号频谱监视；⑦上、下行展宽云图、低分辨云图与天气图监视；⑧接收与执行运控命令，报告设备状态，⑨与运控中心、数据处理中心交换数据。

设备正常情况下，全站3人值守即可，主要是天线伺服与发射机的安全值班，监控台的监控管理和异常情况处理。

4.4 系统分析器对全站设备的计算机辅助测试

系统分析器由一整套计算机控制的数字仪器组成。全站运行时按日程对发射、接收信道以及终端设备的备份通道进行性能参数测试，及时发现问题，报告监控台进行检修，调试和检修时对系统或设备进行专题测试也极为方便，提高了系统运行可靠性。

4.5 20 m天线的选型与改进设计

原定18 m S波段天线是全系统联试的前提条件。我们充分继承国内已有成果，选定有20 m定型产品的天线专业单位承担此项目，利用原有设计，重新设计S波段馈源和高频箱体，同时进行天线座施工，适时提供了接收外星原始云图的初样设备对接。

5 在轨测试和调试试运行

FY-2发射后，CDAS成功地执行了在轨测试和调试试运行。

5.1 优质的原始云图获取与展宽云图生成

CDAS接收到的原始云图信号的$C/N_0 = 90.0$ dBHz。QPSK解调的捕获时间小于5 ms，跟踪可靠，在轨测试期间获取云图200幅，共50万行数据未丢1行，或其部分线段，误码率为$5 > 10^{-7}$，大部分云图达1×10^{-7}或无误码，优于设计指标10^{-6}的要求；S/DB生成的展宽云图图像清晰，未出现过麻点和丢线；CDAS所获图像质量具有0.1可见光像素能力，超过国际同类气象卫星CDAS水平。由于模拟与数字式太阳脉冲的高精度数字锁相环和等角度内插重采样采用了软件方法，比国外同类设备有更高的精度和灵活性。

5.2 编码遥测的可靠运行

CDAS捕获卫星后编码遥测立即提供了正确的、不间断的遥测数据，可靠性极高。累计测试3.33×10^7个码元，误码为0，远优于设计要求。

5.3 模拟遥测的新突破

由于卫星下行传输体制确定精太阳脉冲调幅于75 kHz次载波，模拟遥测向S/DB提供精太阳脉冲会引起一个次载波周期（13.3 μs）的跳动。测试结果平均每100次少于1次，按300次统计，其抖动量为0.46 μs，优于1.5 μs设计指标，远优于接收外星的效果。S/DB可以100%地由模拟精太阳跟踪方式引导至SSD数字跟踪方式，N值解模糊正确无误。

设备还提供了正确的编码遥测解码数据。对于卡尔曼滤波确定姿态系统，由于卫星下行传输体制中姿态脉冲信号重叠会引起优先级低的宽姿态脉冲分裂，产生虚假姿态脉冲，引起卡尔曼滤波定姿算法中断，不能连续定姿，卫星测控中心的工程测控也有类似问题。经改进软件和综合利用编码遥测数据，终于解决了连续定姿问题，使工作有了新的突破。

5.4 多种云图和测距信号经受了随机阵发干扰

在轨测试中发现卫星第一、二转发器下行通道中伴有原因不明的宽带阵发性随机干扰，包络呈卫星转发器中频滤波器特性，干扰功率高于热噪声 10 dB。它威胁着展宽云图、低分辨云图、天气图和测距信号的接收品质。但事实证明，由于卫星和 CDAS 信道的设计裕量，前两者对图像质量无影响，对测距精度稍有下降，不影响使用，也对天气图有影响，气象部门认为，数据率由 9.8 kbit/s 降为 4.8 kbit/s 后，仍可以满足使用要求。

5.5 数据收集平台经受了干扰的考验

在轨测试发现，卫星数据收集平台转发器下行伴随有周期为 198.5 ms 的窄脉冲干扰，其峰值幅度高于热噪声（1 kHz 带宽）10 dB 以上（俄罗斯 GOMS 卫星 DCPR 信道内含有与此干扰频谱完全相同的信号，认定属于同一来源），对数据平台产生明显干扰。22 天内接收 500 多份报文，400 kbit 数据中，对标准平台信号无失锁，收报成功率达 99.8%，误码率 1.14×10^{-4} 曾出现 46 h 无干扰情况，此时接收 470 kbit 数据中收报成功率达 100%，误码率为 0，证明数据收集平台系统本身满足设计要求。

5.6 三点测距系统精度调试与分析

三点测距系统功能的开通很顺利，但在精度处理方面发现一些在远距离和动目标条件下才起作用的软件编制错误，诸如距离解模糊中一个参数中漏去精确光束系数，由距离和求副站距离时漏减主站精距离增量等，这些问题解决后，测距数据经轨道改进计算达到内复核空间定位方差 256 m，星下点方差小于 100 m，满足了云图加网格的技术要求。

在轨测试期间实际测量测距起伏方差主站小于 0.6 m，副站小于 1 m，近 4 个月内（经过调机）标校塔 2 次（期间经过设备检修，再未进行标校）测距标校值相比，主站平均漂移 −0.53 m，方差 1.95 m；副站 1 平均漂移 12.2 m，方差 6.53 m；副站 2 平均漂移 −2.33 m，方差 5.65 m。可见变化不大，如能按预定设计进行定期标校，距离零值变化完全可控制在 1~2 m 以内。

改用精确大地测量的站址坐标后，原测距数据经轨道改进的软件进行了多种计算。由于该软件可解三点的距离系统偏差，因此，内复核的空间定位方差降为 34~40 m，观测与轨道预报差值方差为 12~14.5 m。由此可见，本三点测距系统可以达到国内最高水平，国际同类设备先进水平。

参 考 文 献

[1] Tong Kai, Fan Shiming, et al. New Design Conception and Development of the Synchronizer/Data Suffer System in CDAS for China's GMS. Advances in the Astronautical Sciences vol. 77. USA.

[2] 林山信彦，等。Renewal of Ground Communication System for Satellite Data at the Meteorological Satellite Center. 测候时报，1988，55（5）.

CHINA'S CDAS OF METEOROLOGICAL SATELLITE FY - 2

Abstract The Command and Data Acquisition Station (CDAS) of the meteorological satellite FY - 2 is a first Chinese advanced comprehensive station. It integrates remote sensing image receiving and real time processing, broadcasting cloud pictures of different type, data communications, tracking, telemetry and command, trilateration ranging and satellite attitude determination. This paper describes its tasks, constructions and functions. The system block diagram and main specifications of the system and subsystems are given. The overall situation of design and development process are also analysed.

Keywords   Meteorological satellite   Command and date acquisition station   System design

对欧洲导航定位系统的考察报告

1 考察情况与结果

1.1 基本概况

2000年3月19日至3月27日，国防科工委组织了由团长孙来燕，成员曾开祥、王克然、童铠及周志成组成的代表团到欧空局对导航定位系统的研制和发展情况进行考察。

代表团分别访问了位于荷兰的欧洲空间研究与技术中心（ESTEC），法国的国家空间研究中心（CNES）以及ALCATEL公司。对于欧洲正在开发研制的EGNOS系统进行了深入的了解，掌握了欧空局负责系统概念研究的GALILEO导航系统的最新情况。

1.2 考察内容及结果

针对美国的GPS以及俄罗斯的GLONASS导航定位系统的运行情况，欧空局提出了全球导航卫星系统的概念（GNSS）。他们认为GNSS系统从系统安全性、系统独立性、经济前景、对工业界的推动以及提高生活质量等方面对整个欧洲都是至关重要的。

全球导航定位系统的发展包括两个阶段，第一阶段（即第一代）称为GNSS-1，是基于接收GPS和GLONASS星座信号，进行区域增强的系统。这个系统也称为EGNOS，即欧洲地球同步轨道导航重叠覆盖服务系统，计划2003年建成使用。第二代系统GNSS-2，目标是为民用用户提供全球导航定位服务，这个系统属于民用管理和控制。GALILEO计划就是要建立这个系统。欧空局认为GPS和GALILEO系统一起构成全球导航定位系统（GNSS）。

1.3 EGNOS系统

EGNOS是基于GPS和GLONASS系统的区域增强系统，它是由欧洲的3个组织，即：欧盟、欧洲控制（EUROCONTROL，属于欧洲民航）和欧空局共同开发的。计划在欧洲上空布置3颗同步轨道卫星，构成可靠的增强系统。目前使用2颗海事卫星（AOR-E，IOR）进行系统的验证工作，在即将发射的中继卫星ARTEMIS上包括1路导航转发器。

EGNOS的信号类似于GPS信号。系统具有以下的增强功能：测距；广域差分修正，提高在欧洲区域的定位精度（可达到4m）；监测全球导航星座及增强系统自身的完整性、可用性以及连续性。增强系统可以支持多种用途的用户使用，包括航空、航海、公路和铁路。其系统试验验证采用的是测试床技术,空间段是 2 个海事卫星,地面系统包括:11 个参考站,2 个处理站,分别位于挪威和法国的图鲁兹,以及 2 个上行站。其用户接收机已经开发成功并参加了演示验证系统。

这个验证系统取得了良好的应用效果,现场演示表明其定位精度较单独使用 GPS 有非常大的提高。该系统计划 2003 年投入使用。

1.4 GALILEO 系统

这个系统提供全球导航定位服务,并且在欧洲(或其他区域)提供特定的增强服务。

1.4.1 系统构成

空间段为全球定位星座。30 颗卫星分布在 3 个轨道平面内,每个轨道面有 10 颗卫星。

轨道高度 h:24 000 km(圆轨道);

轨道倾角 i:55°。

卫星质量为 600 kg 左右,可以用 Ariane-5 一箭发射 4~5 颗卫星。卫星的轨道周期大于 12 h,这样做的目的主要是考虑轨道容易保持,并可以减少地面站的数量,具有良好的覆盖区域。

欧空局在系统设计时,考虑了使用地球静止轨道卫星提供区域增强服务的可能。

1.4.2 卫星主要参数

卫星质量:600 kg 左右;

功率:1 500 W;

导航有效载荷质量:70~80 kg;

导航有效载荷功耗:850 W;

通信载荷:50 kg/500 W;

天线:采用包含 120 个单元的相控阵天线;

频率:欧洲将在 2000 年 5 月在土耳其召开的电联大会上提出议案,建议划分新的导航频段,希望中国给予支持。

关于卫星的关键技术——星载原子钟(铷钟),欧空局已经和瑞士的一家公司开展合作。其具体指标如下。

输出频率:10.23 MHz;

频率稳定度:$1\ \text{s}/10^6\ \text{a}$;

质量:1.3 kg;

研制进度:工程模型 2001 年 3 季度完成,鉴定件 2002 年 2 季度完成。

1.4.3 系统性能

系统定位可以达到米级精度。从覆盖图中可以看出,大部分地区定位精度为 5 m 以下。

1.4.4 计划安排

系统定义阶段:1999 年 6 月~2000 年 12 月;

技术发展阶段：1999年1月~2002年初；

系统设计和开发阶段：2001年7月~2004年1月；

在轨验证阶段：2004年5月~2005年12月；

系统建设阶段：2006年6月~2008年8月；

在轨运行使用：2005年5月开始试运行，2008年8月正式运行。

2 考察后的思考与建议

a) 伽利略计划方案思路与我国第二代导航系统发展思路有重要相似之处：以中圆轨道（MEO）建立自己独立的核心星座，公布的高度为24 000 km，经概算，最近的回归轨道卫星高度为24 045 km，周期为52 810.10 s，或0.612 9恒星日，每31圈回归1次，回归周期为19恒星日。这种轨道可降低地球重力异常影响，提高轨道稳定性，且可以减少地面跟踪站数量。此外，系统还配置静止轨道（GEO）卫星作为区域加强系统，初期MEO卫星数可以少至15颗，建成时可扩展为30颗，可以和其他国际系统如GPS兼容，提高用户导航精度，这与我国先建区域系统，将来发展为全球系统以及民用码与国际兼容的思路一致。今后加强两个系统设计方面的合作与交流对我们是有利的。

b) 伽利略系统采用了2项欧洲自己的专门技术，一是采用星载铷钟，瑞士生产，1.3 kg重，频率稳定度为$1\ s/10^6 a$，就字面来说，似乎解决了铷钟的长期慢漂移，长稳达3×10^{-14}，他们采用的每小时地面对星载钟校准一次的方法，值得我们深入了解。二是采用星载计算机，用奔腾Ⅱ型级的芯片。对这2项技术可进一步探讨合作引进的可能性，其中瑞士的星载铷钟对方已经报过价，对瑞士洽谈采购可能是一条较好的出路。

c) 欧盟将于2000年5月在伊斯坦布尔举行的世界无线电通信大会上提出有关导航频率分配的建议，要求作为电联成员国的我国予以支持。其中心思想有2点，一是申请新的导航卫星频率分配，具体为1 151~1 215 MHz，以及1 260~1 300 MHz两段；二是协调分享GPS/GLONASS已在使用的频率。我们建议我国代表团支持新导航频段的分配，同时也为我国第二代导航系统提出对该频段的使用要求；在协调分享GPS/GLONASS已在使用的频率方面，我国可有重点地在对俄合作中争取分享GLONASS频率。现在离即将举行的世界无线电通信大会时间已经很近，建议我院负责频率申请的同志抓紧和有关部门协调这一工作，新申请频段原分配给航空远程测量设备DME和监控雷达，国内需和民航预先协调，但估计问题不大。

发展我国深空探测飞行器测控
与通信初步设想[*]

摘 要 文中提出利用我国拟建的巨型射电望远镜，同时建设为深空测控通信系统的初步设想，简要分析系统应具备的测控功能和开展国际合作的可能性，同时分析了几个关键技术，如微弱信号接收技术、低门限信号解调技术和遥感图像数据压缩编码技术。

关键词 巨型射电望远镜 深空探测 微弱信号接收

1 问题的提出

深空飞行器探测，如美国的登月飞行，天王星、海王星探测，以及近期的火星探路者计划[1]等，都离不开深空测控与通信，这是世界空间科学研究发展的需要，是研究宇宙起源和探索宇宙生物的需要。图1显示了美国深空探测器航行者和先驱者的飞行轨迹图，图2是美国全球深空网（DSN）的组成分布图。

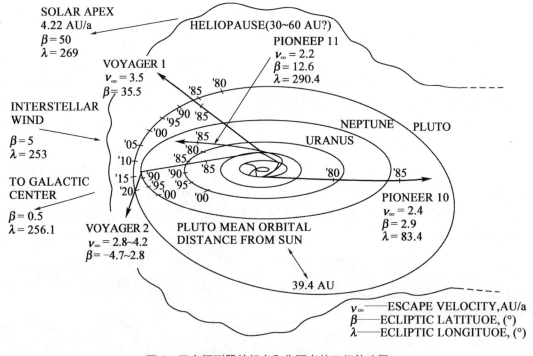

图1 深空探测器航行者和先驱者的飞行轨迹图

---

[*] 本文写于2000年，作者：陈芳允、杨嘉墀、童铠、余玉材。

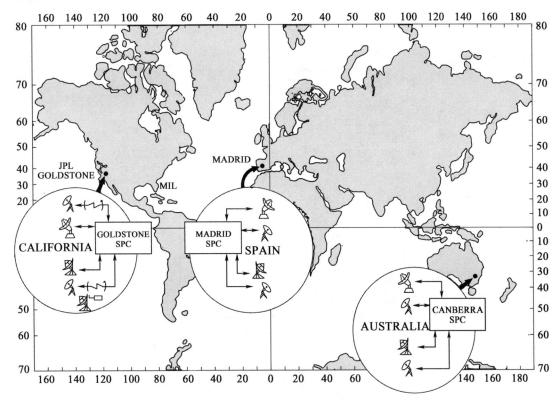

图 2 美国全球深空网（DSN）的组成分布图

目前，我国的空间飞行器测控网只到达 36 000 km 的地球同步轨道，测控天线为 10 m。深空探测飞行器的研制虽然还未正式提上日程，但探月飞行已有不少专家在考虑，但苦于缺乏深空测控与通信工具。日本由于建立 Usuda 64 m 天线深空测控通信系统，从而有可能发射一系列深空探测小卫星，如：哈雷彗星探测器、月球探测器，并曾参与美国全球深空网联网。设于澳大利亚堪培拉的 70 m 天线跟踪站，由于其地理经度的优势，在美国深空网中起了重要作用。目前，在美国的深空网中仍存在一个比较大的观察间隙（图 3 的 17 h 处），如果在我国喀什设站，可以有最好的填补作用。为了利用喀斯特地貌，500 m 主动球面望远镜拟建于贵州南部[2]，其站址经度比观察间隙偏东 30°，考虑到其天线口径远大于现有深空网的所有天线口径，因之，如果将此天线同时建成为深空测控通信系统，其在国际上仍然对 DSN 有很好的填补作用。

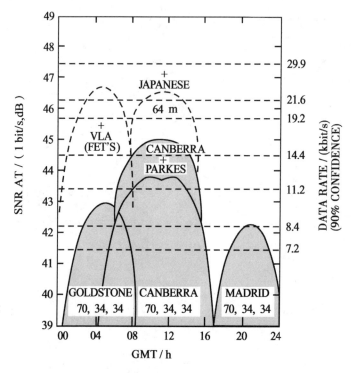

图 3 航行者在海王星处的通信链路

2 具体目标

a) 为我国未来月球探测飞行试验提供测控通信;
b) 为我国后续的深空探测小飞行器提供测控通信，这之前可以参与国际深空网的合作，争取提供对国际深空飞行器的技术支持，从中共享研究成果，积累深空探测的经验。

3 深空测控通信系统的功能

a) 具备对飞行器遥控，(含注入数据) 上行大功率发送链路;
b) 具备飞行器下行遥测、遥感数据的低噪声接收解调链路;
c) 跟踪飞行器的位置和速度;
d) 与国内外中、低和高空测控网联网，接力跟踪刚发射入轨的深空飞行器;
e) 与全球深空网联网，建立数字、语音和视频传送接口以交换信息，还可预留站间中频信号的相干叠加接口，以准备将来提高有用信号的 E_b/N_0。

4 关键技术

4.1 微弱信号接收技术

根据雷达信标方程，接收信号与噪声功率谱密度比 $\dfrac{S}{N_0}$ 为

$$\frac{S}{N_0} = \frac{P_t A_t \eta_t A_r \eta_r}{kTR^2 L \lambda^2}$$

折算到信号码速率 b（bit/s）为

$$b = \frac{S/N_0}{E_b/N_0}$$

式中 P_t——飞行器的发射功率；

A_t、A_r——分别为发射和接收天线口径面积；

η_t、η_r——分别为发射和接收天线效率；

k——波兹曼常数；

T——总接收噪声温度；

R——归一化为地球到海王星的距离（4.6×10^{12} m）；

L——链路传输介质损耗；

λ——波长；

E_b/N_0——单位比特信号与噪声功率谱密度之比。

在 500 m 主动球面望远镜天线基础上建立双向收发馈源系统，首先满足 S 频段 2 GHz 需求，与全球深空网天线相比，500 m 天线的有效增益（按 300 m 计算）将提高 12.64 dB（相对于 70 m 天线），目前，DSN 已将频段扩展到 8 GHz（X 频段），使信噪比提高了 12 dB，而且还将向 Ka 频段发展，但是本设计受制于 500 m 天线的精度[2]，最高频率只能到 5 GHz，由 S 频段向 X 频段及 Ka 频段扩展将受到限制，这是需进一步探讨的重要问题，图 4 为全球深空网（DSN）遥测接收能力的增长曲线（归一化为地球到海王星的距离 4.6×10^{12} m）。

图 4 中，在 1977 年时，64 m 天线接收 S 波段信号的信息速率大约为 40 bit/s，在其他条件（飞行器天线直径为 3.7 m，飞行器发射功率 20 W，脉泽（Maser）低噪声放大器，地面设备数字解调门限 $E_b/N_0 = 4.5$ dB）不变的前提下，采用 300 m 有效天线口径接收时，总接收信噪比增加 12.64 dB，从而可使传输信息速率达到 728 bit/s，如应用于地球到月球探测，数据率将可达到几 Gbit/s 量级，因此，探测飞行器的天线直径可大为缩小。

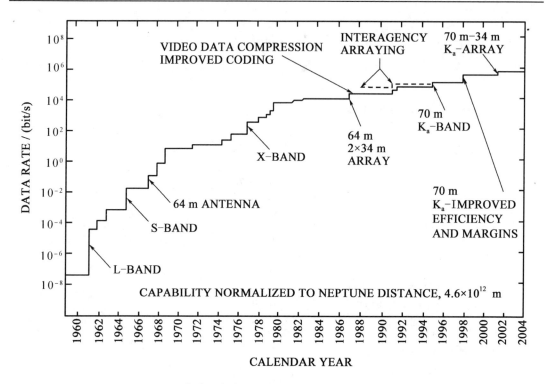

图 4　全球深空网（DSN）遥测接收能力的增长

4.2　低门限解调技术

采用前向纠错译码以降低解调门限 E_b/N_0，图 5 为航行者信道编码性能。

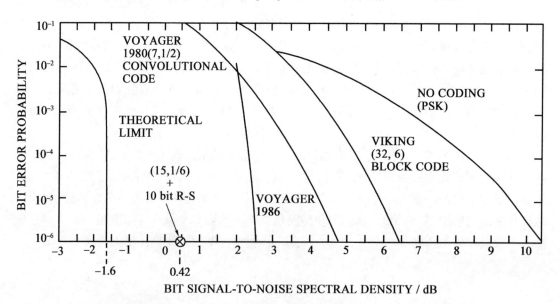

图 5　航行者信道编码性能

图 5 中，1980 年采用 (7，1/2) 卷积码编码，在误码率为 10^{-6} 时，$E_b/N_0 = 4.75$ dB，1986 年又采用了新的前向纠错编码方式，$E_b/N_0 = 2.5$ dB，提高 2 dB，现在已达到 $E_b/N_0 = 0.42$ dB，该门限与理论极限值相差只有 2 dB，可见，使用更为有效的编译码方案，降低解调门限 E_b/N_0，将会大大提高传输速率。

4.3 数据压缩编码技术

如果对飞行器获取的遥感图像数据进行高压缩比压缩编码，那么在传输速率不变的情况下，地面可以解译出更多的信息。

4.4 关于上行链路发射机的设置问题

采用 S 频段千瓦级大功率发射机，如置于山头上，则必须采用长距离馈线将射频功率传送至馈源，也可考虑采用置于馈源后面的小功率发射机，具体方式待核定信道链路计算后确定。

5 设备组成

设备组成的初步设想示于图 6。

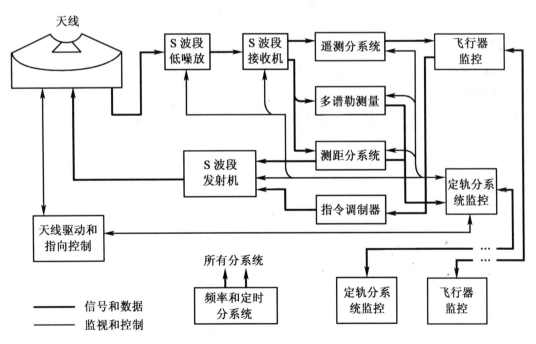

图 6 设备组成示意框图

参 考 文 献

[1] Reid M S. DSN Engineering for the Voyager Neptune Encounter. Third International Space Conference of Pacific Basin, Beijing, 1989.
[2] 邱育海. 新型球面射电望远镜技术方案的设想. 新型大射电望远镜专家讨论会, 北京, 1998, Jan 24.

PRELIMINARY CONSIDERATION FOR DEVELOPING CHINA TTC AND COMMUNICATION SYSTEM FOR DEEP SPACE EXPLORATION SPACECRAFT

Abstract Preliminary consideration for constructing TTC and communication system for Deep Space Exploration is brought up by using giant radio telescope intended to built up in the future. Basic functions in the system are proposed. Several key techniques are analyzed, such as reception technique for weak signal, FEC decoding technique for lower threshold and compression encoding technique for imaging.

加强国防科普意识[*]

1 国防科学技术普及——一项刻不容缓的任务

我国高新国防科学技术已取得巨大成就,就我所属的信息与电子工程学科和具体从事的航天事业来说,我国已经能够发射各种科学的、军事和民用的应用卫星,如通信、导航、遥感、侦察等卫星和相应的地面应用系统,并具备了发射载人飞船的能力。

美国新领导人视我国为潜在敌人,发动一场对中国的新冷战,旨在遏制中国力量的崛起。在亚洲到处加强军事联盟,驻军冲绳军事基地,在中国周边停泊航空母舰和各种军舰,发展远程打击高科技武器,向中国台湾出售大量先进武器,阻挠台湾与祖国的统一。继2001年4月1日美国EP-3电子侦察机在南海上空撞机事件发生后1个月,美国海军于2001年5月7日起又派出战略电子侦察机RC-135,恢复了对中国东部及南海沿海的侦察飞行,而且海上侦察活动也已恢复。美国从事对中国的间谍活动,是对中国国家安全及和平秩序的威胁,是对中国主权的公然挑衅。美国加紧推进国家导弹防御系统,想化解所谓"大约20枚能够击中美国西海岸的中国洲际导弹"。为了保卫祖国的安全,必须下大力气发展我国独立自主的高新技术武器。

2 当前高新技术武器的一些最新特点

信息技术的发展和传播彻底改变了未来战争的特点,有人驾驶飞机技术面临无人驾驶空中飞行器以及太空和网络空间的军事行动,通过卫星将光学、红外和合成孔径雷达图像传送给地面站或战场。利用导航信息或地图匹配制导提高远程武器的精确打击能力。美国武装部队日益依赖空间资源进行侦察、监视、通信和导航,使其军事实力大为增强。

五角大楼展示了"数字化"军队的概念,前线步兵的装备中增加一个同卫星连接的手持电脑,可以让士兵获得以前不曾获得的战场信息,从而彻底改变作战方式。不久前的一次演习中,美国陆军约950辆坦克和装甲运兵车参加了一次模拟战斗。车辆上装备了卫星接收设备和计算机,卫星提供全景的详细情况,飞越战场上空的无人驾驶侦察飞机确定敌人的方位,车内成员能够观看到一幅包括三维结构的全景数字地图,能立即告诉士兵所处的位置,应该前往何方以及敌人可能的方位。离前线几英里远的作战中心里,指挥官能够

---

[*] 本文为作者在2001年6月的军事科普座谈会上的讲话稿。

监视每辆战车，知道他们的作战位置，从而能迅速制订作战计划，然后将命令下达到战车的计算机屏幕上。战车上人员与指挥中心以及彼此之间通过电子邮件的方式进行交流。系统能通过电子方式识别出本方的士兵或车辆，从而能够大幅度减少"友方炮火"的误伤事件。向所谓的数字化军队的转变可能意味着军队的传统指挥框架要进行重大的改变，因为未来战争爆发的速度相当快，以至于一个坦克中尉可能会作出一个往往属于更高级别的指挥官才能作出的艰难决定。这样一来，最大的挑战可能不是技术上的，而是文化上的。首先，士兵们面对所获得的所有信息可能不知所措，指挥官可能也不愿放弃自己的权力。士兵还可能太过依赖计算机，而很少依靠自己个人的决策。

美国国防部长拉姆斯菲尔德2001年5月8日宣布美国将对太空防御策略进行重大调整、加快美国的"天军步伐"，俄罗斯安全会议也作出响应，将太空部队的组建日期提前到2001年6月1日。太空部队的主要任务是发射信息航天器和打击敌方太空武器系统，以占领未来科技发展的制高点。

3 国防科学技术普及活动的任务

面临上述斗争形势和现代战争的新特点，我国必须加快国防现代化的步伐，武器科技含量的加大，不仅要加强各种研制人员的培养，各级指战员的科学素质也必须提高。如我们的科普活动迫切需要加强国防意识，加强危机感，落后就要挨打，靠引进绝对买不来一个国防现代化，为此，对我国青少年的科普教育中尤要着重以下几点：

a）培养热爱国防科学技术事业，树立投身于国防科学技术事业的远大志向，发扬不畏艰难困苦，甘愿为祖国国防事业默默奉献的崇高精神，要把中国发展和安全的命运掌握在中国人自己手中；

b）用丰富多彩的国内外最新国防科学技术知识武装自己；

c）培养科学研究的创新精神和脚踏实地、一丝不苟的科学态度；

d）锻炼按科学规律办事，学会应用科学技术独立自主解决问题的能力。

无线电跟踪、遥测与遥控[*]

1 概述

无线电跟踪、遥测与遥控系统，英文简称 TT&C，中文简称测控，包括对运载器、航天器的跟踪、观测与控制，确定其运动位置、速度、姿态和工作状态。无线电跟踪对准空间飞行器的质心运动，测量其飞行轨道。遥测通过传感器测量空间飞行器各种工作参数，并向地面传送数据，使地面了解和掌握飞行器的工作情况，尤其是卫星平台和有效载荷中关键部件的工作状况，向有关方面提供准确的监测数据，以便对卫星进行正确的管理和使用。无线电遥控的任务是通过地面指令完成对飞行器的各种控制，如对卫星的姿态控制、轨道控制以及改变星上各种仪器设备和部件的工作状态等，从而维持卫星的正常工作或根据需要完成特定的工作项目。由此可见，无线电跟踪、遥测与遥控系统是卫星发射与运行中与卫星建立联系不可缺少的重要手段，是卫星控制的重要组成部分。图1的地面控制方框图[1]较好地反映了星、地一体化实现地面对卫星的控制功能。

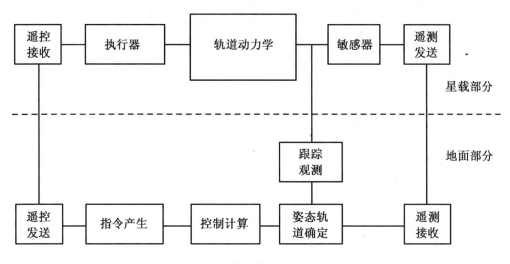

图 1 地面控制方框图

---

[*] 本文为作者的授课材料，写于 2000 年。

2 无线电跟踪测量

2.1 无线电跟踪测量体制

通过无线电波对卫星进行跟踪、测量,确定其轨道参数。

2.1.1 跟踪测量元素

①角度:方位 A,俯仰 E,或 X—Y

精密角度跟踪多数采用方位(A)—俯仰(E)装置的天线,天线座结构性能好,较常用,但跟踪至天顶时有死区(见图2(a))。如果需要在半球空间连续跟踪进行数据采集而不需要精密测角的设备,如遥感、遥测设备,可采用 X—Y 装置的天线,天顶无死区(见图2(b))。

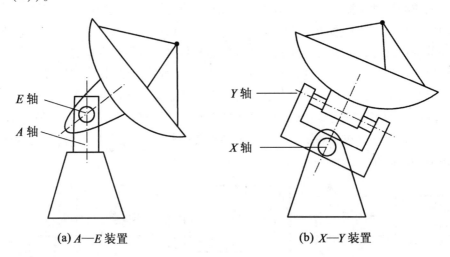

(a) A—E 装置   (b) X—Y 装置

图 2 天线装置

②斜距 R;径向速度 $\dot{R}$

2.1.2 跟踪定轨体制

①角度、距离及径向速度系统(A,E,R,$\dot{R}$)(如450-1)

②长基线三站测距系统(如 CDAS 站)

如图3所示,测角误差 ΔA 引起的空间定位误差 ΔL 随斜距 R 加大而加大,角度、距离及径向速度系统在远区空间定位误差大,而长基线三站测距系统只要加大测距站1,2间基线长度,对高轨卫星定位可有较高精度,国土范围可能成为基线长度的限制因素。

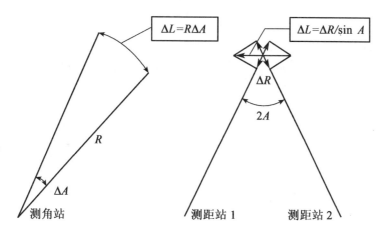

图 3　定位精度与测量元素误差的几何关系

2.1.3　初定轨与利用开普勒方程进行轨道改进精定轨

利用上述几何定轨精度不高，称为初定轨。当卫星作无动力惯性飞行时，对后续测量数据按开普勒方程曲线进行拟合或采用卡耳曼滤波，可以获得较高测轨精度，称为轨道改进精定轨。

2.2　角度跟踪测量方法

由单脉冲天线作为敏感器测定电轴偏离卫星信标（多半为遥测信道）天线方向的误差角度（单脉冲指单个脉冲时间内即可定向，非指脉冲制，连续波与脉冲制皆适用），微波角误差信号经接收机放大，伺服机构驱动天线对准目标。

2.2.1　振幅定向法单脉冲天线

图 4 即振幅定向法单脉冲天线，图中表示的是一维平面，天线形成 2 个偏焦波束，等强信号方向为天线电轴，对目标 A 偏离 θ 角，接收到的信号幅度差 $E_1 - E_2$，由此可以求得驱动天线向目标移动的角误差信号。

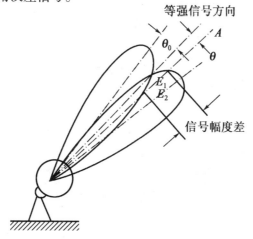

图 4　振幅定向法单脉冲天线

2.2.2 相位定向法单脉冲天线

图 5 所示为相位定向法单脉冲天线,当 R 远大于基线长 L,目标偏离基线法向为 θ,两天线接收的信号相位差 $\phi = L\sin\theta$,测定 ϕ,即可求得目标偏离角 θ。

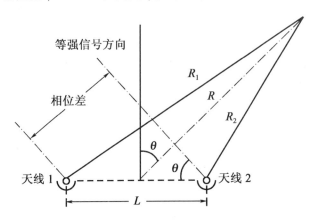

图 5 相位定向法单脉冲天线

2.2.3 三通道单脉冲测角系统

图 6 为三通道单脉冲测量系统方框图,图 7 为测角系统方框图。

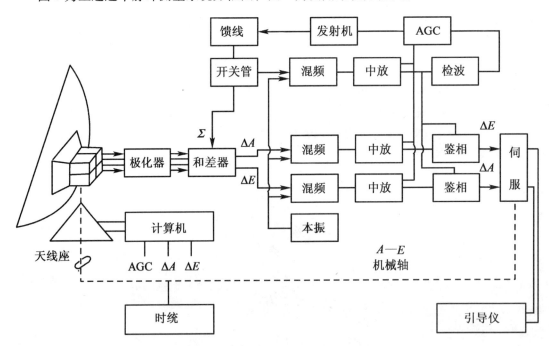

图 6 三通道单脉冲测角系统方框图

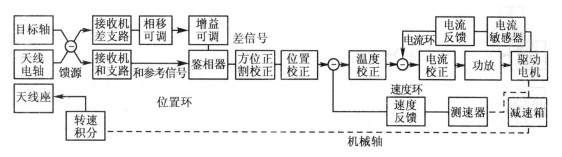

图 7 测角系统方框图

2.3 距离跟踪测量

2.3.1 脉冲测距

脉冲测距（多用于雷达，卫星测控常用连续波），斜距为：
$$R = C\tau/2$$

式中　τ——电波传播往返时间；

　　　C——光速。

2.3.2 连续波多侧音测距

连续波多侧音测距，多个（例如 5 个）正弦波同时或顺序调制到载波上，经地面发送，卫星转发，地面接收测电波延迟 τ 为：
$$\tau = (\phi_i + 2n_i\pi)/2\pi F_i \quad n_i = 1,2,\cdots,5$$

设定合适的侧音频率 F_i，测定相应的相位 ϕ_i，解模糊得相应的 n_i，进而求出 τ 和 R。

2.3.3 伪随机码测距

伪随机（PN）码是由 $2^n + 1$ 位二进制码元按照一定规律组成的周期序列，类似于宽带噪声，它直接调制在载频上，特点是其自相关函数主峰是底宽为二码元的窄三角形，旁瓣近于 $1/(2^n + 1)$。接收机接收经电波传播延迟了 τ 的 PN 码，与本地 PN 码相关处理，自动跟踪调整本地 PN 码时延以保持相关峰，即可测定 τ，从而实现测距。测距分辨度为单个码元的几十分之一，测距信噪比则由参与相关处理的总码元数保证，又由于伪码信号通过宽带信道传输，不存在窄带滤波相位漂移问题，因此测距精度很高。

2.4 多普勒测速

当目标径向速度为 V，地面发射的载频 F_0 经卫星应答（为简化叙述，设应答频率比为 1）返回产生的双程多普勒频率 F_d 为
$$F_d = [(C-V)/(C+V) - 1]F_0$$

跟踪测定 F_d 可求得 V，径向速度实时积分，可以获得精确斜距，但需要设法精确确定距离的积分初值。

3 遥测、遥控

遥控上行和遥测下行都属通信类，用于工程测控的卫星天线方向图必须保证卫星姿态失控时遥控正常工作，故采用低增益的全向天线，数据率较低。图8 介绍的是风云二号的

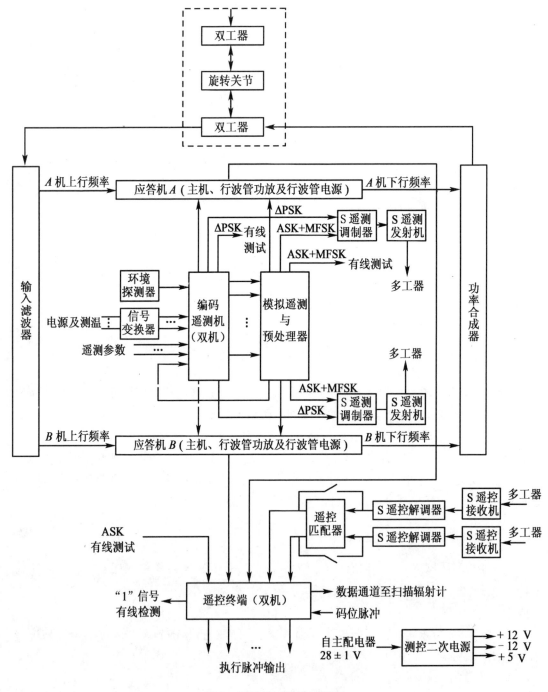

图8 测控分系统连接框图

星上测控分系统，较全面地反映了编码遥测，模拟遥测和遥控的组成框图。

3.1 遥测

遥测分为编码遥测和模拟遥测。

3.1.1 编码遥测

各个被遥测量经循环采样，数字化为 8 位二进制遥测字，其结构如图 9 所示。几百个遥测字按规定格式排列成帧结构，如图 10 所示。图中编测设 128 路主交换子 1 个，32 路副交换子 3 个，64 路和 128 路副交换子各 1 个。快变化量安排在主帧，慢变化量安排在副帧。帧同步码通常用巴格码（1110101110010000），可设于主帧 127，128 路。副帧与主帧同步传输，当传副Ⅳ-128 路时，帧同步码改变为反向巴格码（0001010001101111）。

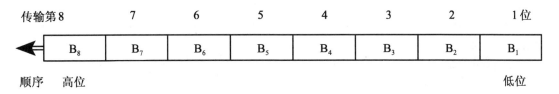

图 9　编码遥测字结构图

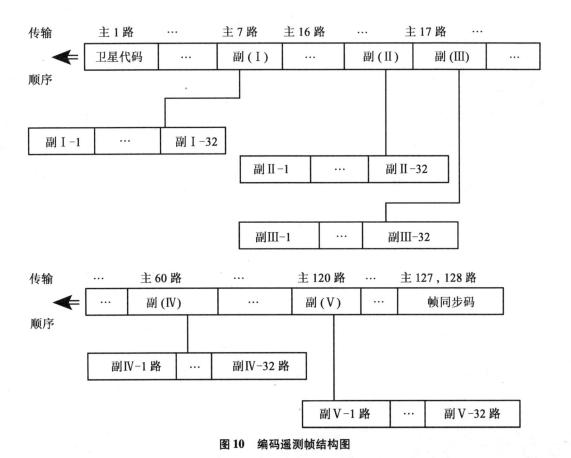

图 10　编码遥测帧结构图

遥测数据实时传输,传输速率可选,如 2 000 bit/s。对载波的调制格式为 PCM/ΔPSK/PM。

3.1.2 模拟遥测

模拟遥测用于自旋稳定卫星实时姿态测量[3]。各姿态脉冲采用 MFSK/PM 调制体制。由于各姿态脉冲在同一信道中传输,时间上发生冲突时,只传送优先顺序高的脉冲。

编码遥测也同时传输姿态脉冲参数,两者可以相互补充选用。在地面可用姿态脉冲参数进行几何定姿,其后可进行卡尔曼滤波对卫星姿态精确跟踪测量。表1 为模拟遥测信息分组。

表1 模拟遥测信息分组

组别	参数名称	脉冲宽/ms	定宽精度/μs	优先顺序	副载波频率/kHz
1	太阳脉冲 1	5	≤30	2	168
	太阳脉冲 2	10			
	延时脉冲	20			
2	北红外地中脉冲	5	≤30	3	168
	北红外地出脉冲	10			
	天线指向脉冲	20			
3	南红外地中脉冲	5	≤30	4	168
	南红外地出脉冲	10			
	扫瞄同步器同步监视脉冲	20			
4	空闲频率	—	—	—	162
5	精太阳脉冲	2	≤1	1	75

3.2 遥控

遥控数据率很低,通常为 100 bit/s,遥控指令约数百条,指令格式如图 11 所示,单元误码率约 10^{-5},但是漏指令概率要求较高(达 10^{-6}),编译码上采取重发措施,而窜指令概率要求更高(达 10^{-9}),需要星地大回路比对验证,返回的遥控指令验证码如图 12 所示,星上译码正确,识别位为 111,否则为 000。

图 11 遥控指令格式

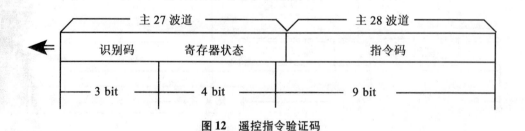

图 12 遥控指令验证码

遥控指令的执行脉冲有 3 类：
a) 单一脉冲，一次执行完；
b) 同步脉冲串，执行脉冲到达时间与卫星自旋同步；
c) 非同步脉冲串，执行脉冲多个，到达时间任意。

返回的遥控指令执行验证码可以持续一定长度的高低电平表示。

4 导航定位卫星系统接收机实现卫星定位

导航定位卫星系统目前以美军方控制的 GPS 系统最为成熟，俄罗斯的 GLONASS 系统原已建成，由于经费不足，目前天上卫星资源不足，难于维持。导航定位卫星系统利用全球分布的 20 200 km 高度 24 颗卫星（图 13、图 14）可对低轨道卫星导航定位，其原理是导航星星上时钟精密统一定时(t)，导航星在 t 时刻的轨道精确位置已知（x_i，y_i，z_i），在用户星上用导航接收机测定用户星与 4 颗以上导航星的时间差 τ_i，就可以求解用户星位置与时间（x，y，z，$t+\Delta t$）

$$\tau_i = (1/C)\left[(x-x_i)^2 + (y-y_i)^2 + (z-z_i)^2\right]^{1/2} + \Delta t \qquad i=1,2,3,4$$

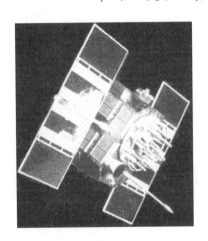

图 13 导航技术卫星

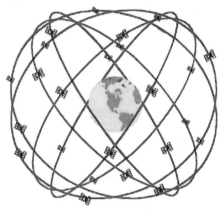

24 颗星分布于 6 个轨道面，每个轨道面 4 颗星，轨道高 20 200 km，倾角 55°

图 14 GPS 导航星座分布

目前 GPS 系统在美国用户可用性选择政策限制下的精度（1σ）：位置 50 m，速度 0.45 m/s，时间 1 μs。测量数据可直接用于星上，也可通过遥测下传。

5 数据中继卫星（TDRSS）实现卫星通信与测控

利用在地球同步轨道上 2 颗跨度较大的数据中继卫星，可以实现遥感卫星、飞船等接近全球范围的宽带数据直接通信与测控，从而节省大量地面设备和人力，可快速获取遥感卫星在国外的侦察信息。

中继星与用户星定向天线相互对准跟踪，天线以 Ka（或 Ku）与 S 双频段波束工作，

Ka 信道传输宽带数据，S 信道保证测控、波束搜索和引导 Ka 频段波束对准目标。中继星每个天线每一时刻只能跟踪 1 个用户星，对多用户采用分时工作。

传送数据时用户星 Ka 频段波束天线必须同时对准中继星，以保证高质量传送高速数据；遥控时用户星为全向 S 波段天线工作，保证用户星姿态失控时仍然可靠工作。

中继卫星采用单星测轨体制，只测定相对于用户星的斜距和径向速度，拟合开普勒方程精确定轨，这时用户星应处于惯性飞行段。

5.1 全球覆盖问题

1 颗 TDRSS 星只要天线扫描北南 ±31°，东西 ±22.5°，即可在大于 50% 的覆盖率内观测由地球表面开始至 12 000 km 高的用户星，如果再布设第 2 颗星，2 颗星相距 130°，扣除重叠覆盖区外，对 1 200 km 至 12 000 km 之间用户星可取得 100% 全球覆盖，对于 160 km 高的航天器可取得 85% 的覆盖率，随着用户星增高，而覆盖率渐趋于 100%。

5.2 高速数据传输

高速数据传输是低轨卫星对地观测、载人航天和生命科学试验的必然需求。TDRSS 靠 3 条途径来解决此问题，一是频段由 S 提高到 K；二是靠大天线窄波束，TDRSS 星和用户星之间同时互瞄自跟踪；三是靠采用 QPSK 调制技术复用带宽和信道编译码以降低信噪比的要求，综合结果可达到返回链路传输 300 Mbit/s 高速数据的能力。

5.3 多目标跟踪通信

采用多天线元的相控阵技术组成 S 波段多址天线对准多个用户进行多目标测控。星上还可以有 2 付 K，S 波段单址天线，提供给高数据率用户星使用。

6 关于空间数据系统咨询委员会（CCSDS）

1982 年 NASA 和其他国家的空间机构，组成一个空间数据系统咨询委员会（CCSDS），其职责在于开发空间数据标准化的通信结构、规约和业务，以便在将来空间通信网和空间通信任务的设计中实现这些技术。中国空间技术研究院/中华人民共和国作为观察员空间机构参加该委员会的活动。

CCSDS 集中其标准化的活动于 3 个主要范围：①作为数据通信系统总发展的高级在轨系统数据通信网部分，已制定出构造上的详细要求，称为 CCSDS 主网（CPN），定义了通过主网 CPN 传输信息的规约；②针对遥控、遥测技术提出了一系列建议；③CCSDS 开发出一系列信息标准化表达的技术指标，用标准格式化单元（SFDU）来表述。

6.1 CCSDS 主网

CCSDS 为地基和航天器用户设计了一组标准化业务，用于信息的传递、处理和存储。CCSDS 建议书 701.0B-1 中所描述的主网（CPN）是 3 种数据通信网的级联，分别称为 CCSDS 空载网（CON）、CCSDS 空间链路分网（CSLS）和 CCSDS 地面网（CGN）。图 15

给出 CCSDS 系统模型的 2 种构架。空—地构架用于空间和陆地用户之间提供业务，而空—空构架用于在不同轨道飞行器的空间用户之间提供业务。

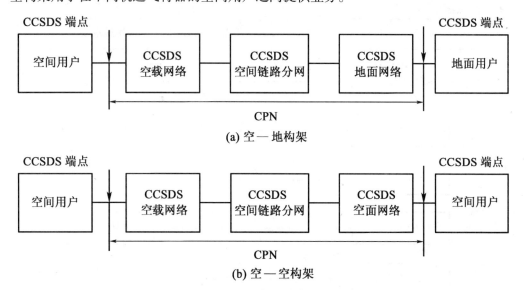

图 15 CCSDS 主网的 2 种构架

CPN 所支持的业务可分为 3 类，即：传递业务（BEARER）、遥业务（TELESERVICE）和用户至用户（USER – USER）业务。

传递（BEARER）业务能提供 8 种类型的业务：网间业务（互联网）、路径业务、包装业务、合路业务、位流业务、虚拟信道访问业务、虚拟信道数据单元业务和插入业务。

6.2 遥控业务和规约结构

CCSDS 遥控指令通信中的构造如图 16 所示，由一组功能上分为 7 层，按等级结构和顺序的组合所组成，这 7 层功能组合起来提供 3 种分等级的有序业务，分别称为：数据管理业务、数据路由选择业务和信道业务。数据管理业务，由顶上 3 层功能提供，除向航天器传递的遥控数据单元外，尚执行遥控系统的协调，指令集成和管理。而数据路由选择业务，包涵 3，4 两层，一方面将较高层的数据单元分解成适合传输的特定大小的段，同时履行合路功能，允许通过一单个物理连接来完成多个虚拟连接的操作。

信道业务的目的时间信息包装成转移帧，用可靠的方式由地面信源转移到航天器上，信道业务依靠 7 层功能中的较低 2 层实现。

6.3 遥测业务和规约构架

遥测涉及到将航天器上信源产生的数据，送到地基用户。数据源包括各种类型的科学仪器和工程分系统的传感器。为了向遥测系统提供一标准化的业务集合和数据构造，CCSDS 已经制定了一些数据格式和信道差错控制编码方案。

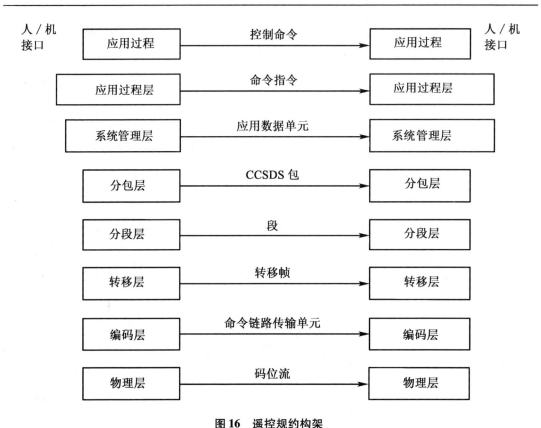

图 16 遥控规约构架

CCSDS 遥测业务是一个按等级构造的业务集合，这些业务也依据类似于遥控规约构架的 7 层功能来实现，当前制定了 2 种业务。第一种称为分包遥测业务，提供表达遥测信息的标准化数据结构，并提供一种规约，用于由航天器到空间或地面的多途径传送这些数据。分包遥测业务利用了分包、分段和转移层 3 种功能。第二种业务称为遥测信道编码业务，靠差错控制编码技术来克服信道差错，遥测信道编码业务负责数据的可靠传输，它利用了编码层的功能。为了与国际接轨，国内已开展了分包遥测和分包遥控的研制工作。

参 考 文 献

[1] 陈芳允，贾乃华. 卫星测控手册.
[2] 552 工程技术手册，风云二号卫星分册.
[3] 风云二号气象卫星指令与数据获取站专辑. 中国空间科学技术，Vol. 18，1998. 3.
[4] 丁子明，言中. 卫星导航与微波着陆.
[5] 姜昌. 205 - 11 载人空间站系统测控网概念研究专题论证组，载人空间站系统测控通信网概念研究报告.
[6] 中国空间技术研究院五零三所. 国外 CCSDS 研究与应用译文集.

感念母校培育，汇报科研征程*

我于苏联列宁格勒电信工程学院电信专业获副博士学位返回祖国后，1961年调国防部第五研究院一分院12所任无线电制导总体研究室副主任，主持洲际导弹无线制导的总体方案工作。从事连续波测速定位系统体制研究，为我国后来用于导弹靶场的高精度连续波测速定位工程研制奠定了技术基础。

为了我国当时反导系统的需要，1965年我被转调至七机部二院23所雷达总体室任副主任，1974年主持完成了我国第一部精密制导脉冲多普勒相参雷达，研制中亲自解决了一系列关键技术难题，于1978年获全国科技大会奖。1979年晋升为高级工程师。

为了我国发射地球同步轨道通信卫星的需要，我于1980年调航天部"450"办公室任副主任，任微波统一测控系统工程副总设计师、总设计师，先参加后主持研制成功通信卫星微波测控系统。在保证按期完成研制任务，提高系统性能和精度等项指标达到国际先进水平方面发挥了关键作用，该系统圆满完成多次卫星发射测控任务，1985年获国家科技进步特等奖。

1986年航天部中国空间技术研究院成立北京卫星信息工程研究所，由我担当第一任所长，1987年晋升为研究员，1989年到现在改任中国空间技术研究院科技委常委、副主任。1997年作为总设计师主持研制成功我国第一座静止气象卫星指令与数据获取站，此站集遥感图像接收、实时处理和广播多种云图、收集平台数据、三站长基线测距定轨、卡尔曼滤波定姿和遥测、遥控等功能于一体，全站高度自动化运行。在研制中，从提出总体方案构思和研制途径开始，并带领技术队伍攻克一系列技术难关。1997年风云二号卫星发射成功，该站优质地接收、处理和广播卫星可见光、红外和水汽云图，达到国际20世纪90年代同类产品先进水平。该站至今运行良好。于1998年获航天部科技进步一等奖，1999年获国家科技进步三等奖。

1992年开展我国卫星导航定位系统预研攻关，在国内首次突破卫星定位长伪随机码在强噪声条件下的快速捕获重大难题。随后在系统的工程研制中任我国北斗一号导航卫星应用系统总设计师。

1997年11月，我当选为中国工程院院士，1998年6月当选为中国工程院信息与电子工程学部常委。

现正为发展我国第二代卫星导航系统开展研究工作，已优选到一种卫星轨道方案，可满足我国及周边大区域导航要求，并可发展为全球系统，为我国全球导航卫星系统分步发展找到了一条可行的技术途径，可解决我国国力有限条件下导航卫星系统起步难的问题。

---

* 本文2001年发表于山东大学建校百年纪念册——《百年山大 群星璀璨》。

在航天领域，我参与和领导完成了多项国家重点大型工程，可算是毕生精力献给了国家重点工程，刻苦学习新技术，始终处于国际科学技术发展的前沿，并将理论和实践紧密地结合在一起。不管处在什么情况下，始终把事业放在第一位，勤奋工作，刻苦钻研。在这次母校百年华诞之际，我能向母校领导和广大师生汇报自己毕业后的点滴成功体会，不由得衷心感谢母校对我的培养，授我以技能，教我如何做人。我爱我的母校！愿母校不断繁荣昌盛，办成为世界一流大学，祝母校一代又一代的学子为祖国创造新的辉煌，攀登世界学术最高峰！

卫星导航系统对星载原子钟与
星地时间同步技术的需求

1 建立空间高精度的卫星位置与时间基准

卫星导航系统定位方法采用单程测距，用户机直接接收卫星辐射的单程测距信号自己定位，测距精度要由星载高稳定度的原子钟来保证。所有用户机可使用稳定度较低的石英钟，其时钟误差作为未知数和用户的三维未知位置参数一起由 4 个以上的卫星测距方程来求解。由此可见，保障卫星导航系统定位精度的最主要关键在于和突破星载的高精度时间频率基准技术和解决系统时间同步。

1.1 所有星载时钟需保持与系统时钟同步

卫星导航系统在中心控制站设有系统时间基准 STS，一般由 1 组氢钟或铯钟担任，并与 UTC 校准和保持同步，这有利于 STS 的长期稳定性和提供用户 UTC 时间。系统钟的精度可以达到 1 ns，和 UTC 时的同步精度要求不超过 100 ns。

卫星导航系统分布在各地的轨道测定与时间同步站采用氢钟或铯钟，并严格与 STS 同步，这些站的任务是保证各个星载原子钟与 STS 的同步。

1.2 卫星环境条件与限制

星载原子钟的应用环境条件与限制远比在地面应用恶劣，为了保证其寿命与卫星同步，并有很高的可靠性，每个卫星需至少装载 3 台钟，2 台互为热备份，1 台冷备份，这对星载时钟的体积、质量和电源功率提出严格要求，它必须承受卫星发射过程中的恶劣振动条件，这对氢钟来说也是一个关键问题。此外，星载时钟还需要防护中圆轨道空间 Van Allen 辐射带的影响和温度的变化。

1.3 星载时钟稳定度要求

星载时钟频率稳定度表达式可近似为

$$\sigma_y(\tau) = \sigma_s \tau^{-1/2} + \sigma_d$$

式中 σ_s——秒稳定度；

σ_d——日稳定度；

τ——测量间隔（单位：s）。

由 τ 引起的星钟时间偏移方差 $\sigma^2(t)$ 还决定于星地时钟（地面时钟采用氢钟作系统基准）同步校准的时间间隔和校准方法

$$\sigma^2(t) = \sigma_s^2(t - t_k) + \sigma_d^2(t - t_k)^2$$

式中　t——当前时刻；

　　　t_k——校准时刻。

由星钟频率稳定度引起的测距误差要求控制在 1 m 或 3.33 ns 左右。各卫星与地面系统钟同步方法误差则应控制在 1 ns 之内。对于星钟有规律的频率漂移，原则上可以预报修正，但不可太大。此外，还必须校准相对论效应和地球重力异常效应。

系统建设初期同步校准时间间隔暂可取 24 h，但今后为了提高系统抗敌方摧毁地面站能力，同步校准时间间隔应可以拉长到 1～3 个月而不显著降低定位精度。表 1 列出了所需 σ_s 和 σ_d 对应于同步校准时间间隔的计算结果。

表 1　所需 σ_s 和 σ_d 对应于同步校准时间间隔的计算结果

$(T - t_k)$ /d	σ_s/s	σ_d/d	$\sigma(t)$/ns	相应测距误差/m
1	8×10^{-12}	2.7×10^{-14}	3.3	0.99
7	3×10^{-12}	4.0×10^{-15}	3.36	1.0
30	3×10^{-12}	4.0×10^{-15}	11.4	3.43
180	3×10^{-12}	1.5×10^{-15}	26.2	7.85

星载原子钟美国 GPS 卫星早期采用铷钟，指标不高（$\sigma_s = 1 \times 10^{-11}$/s，$\sigma_d = 1 \times 10^{-12}$/d，日漂移 $= 5 \times 10^{-12}$）；后期指标有明显提高（$\sigma_s = 3 \times 10^{-12}$/s，$\sigma_d = 5 \times 10^{-14}$/d，日漂移 $= 5 \times 10^{-14}$，质量 5.44 kg，功耗 $= 39$ W），并增加铯钟，以铯钟为主（$\sigma_s = 5 \times 10^{-12}$/s，$\sigma_d = 3 \times 10^{-14}$/d，日漂移 $= 0$，质量 13 kg，功耗 $= 30$ W，寿命 > 3 年）；也曾试用氢钟，但并未实用。近来新型频标研究取得重大进展，其中离子阱频标尤为突出（$\sigma_d = 3 \times 10^{16}$/d，日漂移 $= 2 \times 10^{-16}$，预期质量 10 kg）。

俄罗斯 GLONASS 系统采用每星 3 台铯钟（俄罗斯无线电导航与时间研究所产品，$\sigma_s = 2 \times 10^{-11}$/s，$\sigma_d = 5 \times 10^{-13}$/d，钟组质量 55 kg，寿命 3～5 年），每 12 h 地面对星载钟校准一次；未来的 M 型卫星 $\sigma_s = 2 \times 10^{-11}$/s，$\sigma_d = 1 \times 10^{-13}$/d，质量 30 kg，寿命 > 7 年。

欧共体 GALILEO 系统则计划主要采用铷钟（S‑RAFS 产品，$\sigma_d = 3 \times 10^{-14}$/d，质量 1.3 kg），共采用 3 台钟，2 台互为热备份，1 台冷备份，作为备份或二期工程准备上氢钟。

1.4　星地时间同步与校准

在卫星导航系统中星地时间同步与校准往往与轨道测定（测距）同步进行，分单程测距法与双程测距法，这种方法卫星定位误差与时间同步误差交联在一起；另一种采用直接时间比对法，时间同步与定位分开处理。

1.4.1　单程测距法

这是 GPS 已经成功应用的方法，GALILEO 的轨道精定轨与时间同步和 GPS 一样，也计划采用单程测距，由分布在全球的 12 个轨道测定和时间同步站接收卫星辐射给用户的双频伪码测距和记录多普勒信号，每站设铯钟，并与系统时钟精确同步。

测量方法是利用测量的伪距值和轨道定位得到的卫星与同步站之间的距离值，二者求差，即可以得到卫星时钟与地面站时钟的偏差。这种方法可以满足系统精度的要求，同时星上设备实现简单。

GPS ⅡA 型卫星每天由地面监控系统更新星历和星钟修正系数，用最新数据可以提供 5.3 m 的总测距精度，ⅡR 型卫星采用新型的铷原子钟，频率稳定性能比ⅡA 型高一个量级，并采用星间相互无线电链路定轨，卫星能够自主运行 180 天，总测距精度仍可达到 7.4 m，如果每隔 30 天由地面监控系统作 210 天数据集的星历和星钟修正系数更新，总测距精度可达 5.3 m。

伽利略系统设计，每 30 min 地面对星载钟更新 1 次校准数据。满足时钟与轨道误差的综合误差不超过 0.65 m（1 m），伽利略系统进行校准的时间间隔比较小的原因是要减小卫星上原子钟周跳的影响。

1.4.2 双程测距法

这是 GLONASS 所采用的方法，它采用若干雷达测量站和少数激光站进行测量，雷达测量的测距精度最大误差为 2~3 m，激光测量的距离精度可以达到 1.5~2 cm，角度测量精度为 2″~3″。从而可以精确确定卫星的轨道。然后采用同单程测距相同的方法获得卫星时钟与地面时钟的偏差。GLONASS 采用该种方法可以达到的时间精度约为 10 ns。

1.4.3 直接时间比对法

这种方法大多用于地面精确时间传递，主要采用双向测时的方法实现。从地面站发送时标，在卫星上测量到达时间，同时卫星发送时标，在地面站测量到达时间，比较这两个测量值，可以得到卫星时钟与地面时钟的钟差。

利用双程测量的方法，也可以进行直接时间比对，由地面站发送的时标信号到卫星，在卫星上测量到达时间，同时卫星转发地面发送的信号，地面站测量双程传输的时间，该测量值的 1/2 和卫星上测量的结果比较，即是卫星和地面站的钟差。该方法的另一种实现方式是不在卫星上进行测量，在地面测量卫星发射的时标信号的到达时刻，和双程测量时间的 1/2 比较，即得到卫星和地面站的钟差。

采用直接时间比对法，最大的优点是测量值不受轨道测量精度的影响。准确度较高，可达 1~2 ns。

此外，无论是采用何种时钟同步测量的方法，均要考虑广义相对论引力势变化对原子钟的影响和狭义相对论卫星高速运动对原子钟的影响。

2 发展我国星载原子钟面临的选择

2.1 当前概况

国内对地面用的铷、铯和氢钟都有研制，而星载高精度的时间频率基准刚开始开发。

北斗一号卫星上是引进的精度不高（秒稳 5×10^{-10}，年稳 5×10^{-10}）的美国产品。目前我国已开展星载铷钟研制，主要技术难度是日稳和寿命偏低（秒稳 $1\times10^{-11}\sim5\times10^{-12}$，日稳 $1\times10^{-12}\sim5\times10^{-13}$）。氢钟的主要技术难度是质量和体积需要显著缩小。有关研究机构正在开展光抽运小铯钟、地面时间基准大铯钟等的研制，所研制的铯原子喷泉装置精度很高，但目前离工程实用尚远。

2.2 提请会议讨论发展我国星载原子钟应选择的技术途径

总的说来，对于星载原子频标的研究我国缺乏统一的长远规划，对其今后发展方向的设想也不尽一致。在研的星载铷钟指标不完全满足导航要求，尤其不能适应长期不经校准而保持测距精度的要求。星载氢钟的实用性有待攻关，国外广为实用的星载铯钟的研制国内尚未开展。离子阱频标也正在研究探讨之中。

在确定星载原子钟的发展策略和技术途径上，应结合我国卫星导航系统的继承和发展，在不同阶段发射的卫星可以使用不同类型的原子钟，在系统建设初期可以采用精度较低但是相对成熟的原子钟，随着系统的不断建设和国内原子钟技术的发展，在后续的卫星钟可以采用精度更高的原子钟，但要以不对系统和卫星作大的改动为前提。

从目前的研究情况来看，国内铷钟有较好的研究基础，但精度较差，尚需要进一步进行攻关，为了满足整个系统定位精度对时间同步的要求，在运行初期必须要求每 24 h 对卫星时钟进行测量和校准。随着后续卫星采用稳定度和精度更高的原子钟，可以将时钟校准间隔延长，增加系统的自主运行时间。在研制过程中也不排除可以考虑引进个别铷钟产品（主要是从欧洲）作为国内研制的参考。

在卫星导航系统和铷钟研制的同时，还应当要对氢钟或铯钟开展研究，从目前的基础看，氢钟相对铯钟在国内有较好的基础，但是从体积和质量上看，距离上星还有很大的差距，对两种原子钟在今后的发展策略和研究重点上，还需要做深入探讨。同时也可以考虑引进个别铯钟作为研制参考。

在采用何种时钟同步的方法上，如果采用单程测距的方法可以满足系统的精度要求，卫星无须做专用测量设备，可以加快系统的建设。如果要求更高的时间同步精度，可以采用双向测量时间比对的方法。

参 考 文 献

[1] подредакцией в. н. харисова А. и. перова в. А. болдина москва ипржр. глонасс глобальная сптниковая радио-навигаци онная система, 1999.

[2] 中国空间技术研究院. 欧洲全球导航卫星系统（GNSS-2）比较研究, 2001.

导航定位卫星[*]

0 引言

世界主要大国和国家集团不惜斥巨资发展全球卫星导航系统。其中，美国和俄罗斯已经建成这种系统，欧洲也即将组建他们自己的系统。中国建成的区域卫星导航定位系统，解决了自主系统的有无问题，但它是一个投资很少的初级区域性卫星定位系统，尚不能满足今后中国对卫星导航系统的进一步要求。作为一个发展中的社会主义大国，为了迎接21世纪科学技术的挑战，中国还需要进一步发展新一代性能更高的卫星导航系统，以满足军、民的需求。本文分析卫星导航系统的重要作用和国外发展状况，简述了我国自主研制成功的第一代卫星导航系统，提出发展中国第二代卫星导航系统的建议。

1 卫星导航的重要作用

卫星导航的基本作用是向各类用户和运动平台实时提供准确、连续的位置、速度和时间信息。

卫星导航定位技术目前已基本取代了无线电导航、天文测量和传统大地测量技术，使导航定位成为人类活动中普遍采用的一种技术，并在精度、实时性和全天候等方面对这一领域产生了革命性的影响。

1.1 卫星导航为民用领域带来巨大的经济效益

卫星导航广泛应用于海洋、陆地和空中交通运输的导航领域，推动世界交通运输业发生了革命性变化。例如，卫星导航接收机已成为海洋航行不可或缺的导航工具，国际民航组织在力求完善卫星导航可靠性的基础上将推动以单一卫星导航取代已有的综合导航系统，陆上长、短途汽车装备卫星导航接收机正在蓬勃发展。

卫星导航在工业、农业、林业、渔业、土建工程、矿山、物理勘探、资源调查、陆地与海洋测绘、地理信息、海上石油作业、地震预测、气象预报、环保、电信、旅游、娱乐、管理、社会治安、医疗急救、搜索救援以及时间传递、电离层测量等领域已得到大量应用或已显示出巨大应用潜力。

---

[*] 本文节选自《2003年高技术发展报告》第3章"航天技术新进展"。

卫星导航还用于飞船、空间站和低轨道卫星等航天飞行器的定位和导航，不仅提高了飞行器定位精度，而且简化了相应的测控设备，推动了航天技术的发展。

卫星导航已经渗透到国民经济的许多部门。随着卫星导航接收机的集成与微小型化，嵌入到其他通信、计算机、安全和消费类电子产品，使其应用领域更加扩展。卫星导航用户接收机生产和增值服务本身也是一个蓬勃发展的产业，是重要的经济增长点之一。

在当今社会，卫星导航已成为经济发展的强大发动机，导航卫星系统已成为重要的基础设施。

1.2 军事应用历来是卫星导航的重要领域

卫星导航可为各种军事运载体导航。例如为弹道导弹、巡航导弹、空地导弹和制导炸弹等各种精确打击武器制导，可使武器的命中率大为提高，命中精度提高2倍，相当于弹头TNT当量提高8倍。在提高远程打击武器的制导精度后，可使攻击武器的数量大为减少。卫星导航已成为武装力量的支撑系统和倍增器。

卫星导航可与通信、计算机和情报监视系统构成多兵种协同作战的指挥系统。

卫星导航可完成各种需要精确定位与时间信息的战术操作，如布雷、扫雷、目标截获、全天候空投、近空支援、协调轰炸、搜索与救援，以及无人驾驶机的控制与回收、火炮观察员的定位、炮兵快速布阵以及军用地图快速测绘等。

卫星导航还可用于靶场高动态武器的跟踪和精确弹道测量，以及时间统一勤务建立与保持。

当今世界正面临一场新军事革命，电子战、信息战及远程作战成为新军事理论的主要内容。导航卫星系统作为一个功能强大的军事传感器，已经成为天战、远程作战、导弹战、电子战、信息战的重要武器。敌我双方对控制导航作战权的斗争将发展为导航战，谁拥有先进的导航卫星系统，谁就在很大程度上掌握未来战场的主动权。

2 国际卫星导航系统发展概况

2.1 美国 GPS 全球定位系统

美国 GPS 计划（见图1）自1973年起步，1978年首次发射卫星，1994年完成24颗中高度圆轨道（MEO）卫星组网，历时16年、耗资120亿美元。至今，已前后发展了三代卫星，共发射卫星41颗。目前，在轨工作卫星28颗，其中，还发射成功2颗新型的 Block-2R 卫星，并将继续发射19颗，总共耗资190亿美元。计划从2003年开始部署33颗 Block-2F 卫星。此外，现在又开始了全改进型 GPS-3 的概念性研究，以适应2030年未来的系统级要求。GPS 系统由美国国防部运作。

GPS 是一个全球性、全天候、全天时、高精度的导航定位和时间传递系统。空间部分由24颗卫星组成，卫星高度20 182 km，位于6个倾角为55°的轨道平面内，周期近12 h。卫星用2个L波段频率发射单向测距信号，区别不同卫星采用码分多址。它是一个军民两用系统，提供 2 个等级的服务。即，为军事用户提供 L1（频率 1 575.42 MHz）、L2（频率 1 227.6 MHz）双频 P 码测距，优于 22 m 的水平精度、27.7 m 的垂直精度和 100 ns 的授时精度（条件：5°仰角，空间定位精度淡化系数 PDOP=6，2σ 或 95% 的精度）的精密定位服务，可加反欺骗（AS）Y 密码；为其他用户提供 L1 单频 C/A 码测距加选择可用性（SA）人为干扰的标准定位服务（SPS），位置精度降低到 100 m，授时精度降低到 340 ns。

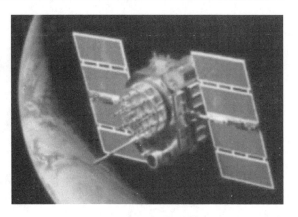

图 1 美国 GPS 导航卫星

为提高导航精度、可用性和完整性，该系统在世界各地开展了各种差分系统。特别是利用地球静止轨道卫星建立的地区性广域差分增强系统（如美国民航局开发的 WAAS，欧洲的 EGNOS 及日本的 MSAS），可提供附加区域卫星导航测距信号、导航精度校正数据和在轨导航卫星的可用性信息，显著地提高了导航精度和可靠性，同时使 SA 干扰失去作用。

美国政府为了加强其在全球导航市场的竞争力，已于 2000 年 5 月 1 日午夜撤销对 GPS 的 SA 干扰技术，标准定位服务定位精度双频工作时实际可提高到 20 m、授时精度提高到 40 ns，并承诺以后逐步增加 2 个民用频率，即 L2 增加 C/A 码和民航安全专用的 L5（频率 1 176 MHz），希望以此来抑制其他国家建立与其竞争的其他系统，并提倡以 GPS 和美国政府的增强系统作为国际使用的标准。

美国为保持其独家利用卫星导航系统的军事优势，提出了导航战的战略方针。其内容在战时包括 3 个方面。一是对战区内实行民用信号抑制，如施放干扰和恢复 SA 手段，使敌方丧失使用其所有有用导航的功能；二是确保本方使用，如加强反干扰、反欺骗能力和抗摧毁能力，如加大 Y 码功率和在 L1 和 L2 上增加 M 码，以及已开发出的军码在民用码受干扰和关闭时独立捕获的自我生存能力，增加星间链路和提高卫星原子钟频率长期稳定度以增加星座自主导航能力，导航接收机采用可控方向图天线，对多个干扰源方向形成天线方向图零点以降低干扰能量等；三是保留战区以外的民间应用，但这仅为宣称，实际波及的范围估计不可能太小。

由此可见，美国的导航卫星战略是要继续巩固其军事霸权和全球导航市场，并持续进行导航战所需的系统更新。

2.2 俄罗斯 GLONASS 全球导航卫星系统

GLONASS 系统（见图 2）用 20 年发射了 76 颗卫星。1995 年完成 24 颗中高度圆轨道卫星加 1 颗备用卫星组网，耗资 30 多亿美元，由俄罗斯国防部控制。GLONASS 空间部分也由 24 颗卫星组成，卫星高度 19 130 km，位于 3 个倾角为 64.8°的轨道平面内。这一高度除避免和 GPS 同一高程，以防止两个星座相互影响外，其周期为 11 h15 min，8 天内卫星运行 17 圈回归，3 个轨道面内的所有卫星都在同一条多圈衔接的星下点轨迹上顺序运行。这有利于消除地球重力异常对星座内各卫星的影响差异，可以稳定星座内部相对布局关系。

系统工作基于单向伪码测距原理，但它对各个卫星采用频分多址，而不是码分多址。其码速率是 GPS 的一半，导航精度低于 GPS。它的主要好处是没有加 SA 干扰，民用精度优于加 SA 的 GPS，但应用普及情况则远不及 GPS。GLONASS 卫星平均在轨道上的寿命较短，后期增长为 5 年。前一时期因经济困难而无力补网，原来在轨卫星已陆续退役。1998 年 12 月和 2000 年 10 月各发射 3 颗星，目前在轨 6 颗星可用，不能独立组网，只能与 GPS 联合使用。俄罗

图 2　俄罗斯 GLONASS 导航卫星

斯曾对外寻求合作以弥补经费不足，希望首先恢复其 24 颗星的星座，后来又计划发展改进型卫星 GLONASS - M，平均寿命 7 年，民用频率将由 1 个增加到 2 个。

2.3　欧洲伽利略 (GALILEO) 导航卫星系统计划

为争夺全球导航市场并保证其自身得以生存发展，欧洲于 1999 年初正式推出伽利略导航卫星系统（见图 3）计划，但计划实施一再搁浅。

该计划提出过 2 种方案。一种是纯 MEO 方案，由 30 颗中高度圆轨道卫星（30/3/0 Walker 星座）组成，卫星高度为 24 126 km，卫星位于 3 个倾角为 54°的轨道平面内；另一种是 24MEO + 8GEO 混合星座方案，MEO 为 24 颗中高度圆轨道卫星（24/3/2Walker 星座），轨道高度 23 222 km，卫星位于 3 个倾角为 57°的轨道平面内，GEO 为 8 颗覆盖全球范围的地球静止轨道卫星。

欧洲伽利略计划的目标是，使系统自身是具有全球范围加强的全球系统。位置精度要求达米级或更高，并要求提供多种附加值服务，以利于争夺全球导航市场。从这一目标出发，再考虑到欧洲不少国家地处高纬度地区，用户对 GEO 卫星可见仰角偏低，故计划倾向于采用纯 MEO 方案，要求部分 MEO 卫星取代原由 GEO 卫星完成的区域差分和加强任务。但这样一来，仍然需要全球各地区设站，实时监测当地上空卫星状况和消除电波

图 3　欧洲伽利略导航卫星系统

传播等差分信息。

该计划在 2001 年 4 月 5 日欧盟交通部长会议获得批准，但计划执行又因德国、意大利争夺主导权而停顿。预计系统将于 2008 年建成，需投资 32 亿欧元，加上 12 年运营、维持和补网，20 年内总投资达 60 亿欧元，同期经济效益 620 亿欧元，社会效益 120 亿欧元。主要投资将由欧洲联盟、欧洲空间局提供，并向欧洲工业界和私人投资商集资。

伽利略系统独立于 GPS，频段分开，但将和 GPS 系统兼容和相互操作。根据欧盟的文件，伽利略系统虽是民间系统，但仍受控使用，采取反欺骗、反滥用和反干扰措施，在战时可以对敌方关闭。

3 中国自主研制的第一代卫星导航定位系统

2000 年 10 月 31 日、12 月 21 日中国相继成功发射第 1 颗和第 2 颗导航定位试验卫星，有关报道宣布"中国将自行建立第一代卫星导航定位系统——北斗导航系统"。

3.1 北斗导航系统

北斗导航系统是全天候、全天时提供卫星导航信息的区域系统。这个系统建成后，主要为公路交通、铁路运输和海上作业等领域提供导航服务，对中国国民经济建设将起到积极推动作用。

北斗导航系统在国际电信联盟（ITU）登记的频段为卫星无线电定位业务（RDSS）频段，上行为 L 频段（频率 1 610～1 626.5 MHz），下行为 S 频段（频率 2 483.5～2 500 MHz）；登记的卫星位置为赤道面东经 80°、140°和 110.5°（最后一个为备份星星位）。美国的 Geostar 公司和欧洲的 Locstar 公司曾从事 RDSS 系统的研制工作，但最后都失败和破产了，中国首先实现 RDSS 系统，是卫星导航定位的一项创新。它将导航定位、双向数据通信和精密授时结合在一起，系统自身包含广域差分标校以提高定位精度。当用户提出申请或按预定间隔时间进行定位时，不仅用户知道自己的测定位置，而且其调度指挥或其他有关单位也可得知用户所在位置。

系统只在中心站设一个时间基准，由中心站经 2 个经度上相距 60°的地球静止卫星（GEO）对用户双向测距、由 1 个配有电子高程图的地面中心站定位，另有几十个分布于全国的参考标校站和大量用户机。它的定位原理是：以 2 颗卫星的已知坐标为圆心，各以测定的本星至用户机距离为半径，形成 2 个球面，用户机必然位于这 2 个球面交线的圆弧上。电子高程地图提供的是一个以地心为球心、以球心至地球表面高度为半径的非均匀球面。求解圆弧线与地球表面交点即可获得用户位置（见图 4）。

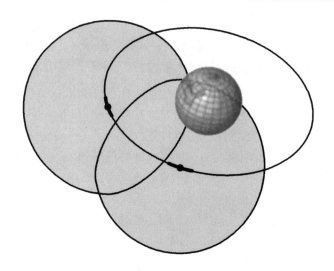

图4 双星定位原理示意图

3.2 北斗导航系统已顺利投入运行

北斗导航系统的研制成功解决了中国自主卫星导航定位系统的有无问题。它是一个成功的、实用的、投资很少的初级起步系统。在该系统的基础上，还可建立中国的 GPS 广域差分系统，可使受 SA 干扰的 GPS 民用码接收机的定位精度由百米量级修正至数米级，可以更好地促进 GPS 在民间的利用。目前，卫星运行一直正常，系统调试与运行表明导航定位系统在国内及周边服务区的定位精度是很好的，简短双向数据很正常，满足系统预定要求。北斗导航系统尤其适合于同时需要导航与移动数据通信的场所，例如交通运输、调度指挥、有关地理信息系统的实时查询等。

北斗导航系统需要中心站提供数字高程图数据和用户机发上行信号，从而使系统用户容量、导航定位维数及隐蔽性等方面受到限制，在信号体制上不能与国际上的 GPS, GLO-NASS 及将来的 GALILEO 兼容。因此，中国还需要在第一代导航卫星系统成就的基础上发展第二代导航卫星系统，以满足今后国家对卫星导航应用和长远经济发展的需求。

4 发展中国第二代导航卫星系统的几点建议

4.1 导航定位体制采用单程测距，用户机免发上行信号

用户机直接接收卫星发射的单程测距信号自己定位，系统的用户容量不受限制，并可提高用户位置隐蔽性。其代价是：测距精度要由星载高稳定度的原子钟来保证，所有用户机使用稳定度较低的石英钟，其时钟误差作为未知数和用户的三维未知位置参数一起由 4 个以上的卫星测距方程来求解。这就要求用户在每一时刻至少可见 4 颗以上几何位置合适的卫星进行测距（见图5）。

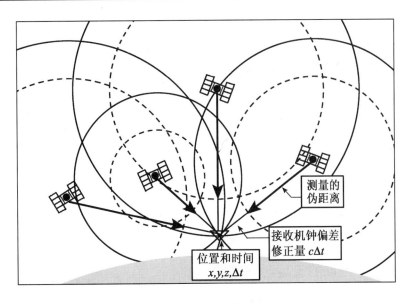

图 5　单程伪距测量定位示意图

单程伪距测量定位原理可以进一步用数学表达式进行表达，此略。

4.2　星座体制应以建立全球导航系统为长远目标，分步实施

中国的卫星导航系统究竟应该是区域的还是全球的，这是中国导航界专家广泛关注的一个重要问题。从长远发展打算，中国经济和科学技术的发展离不开卫星导航，国际航空、航海和低轨飞行器的定轨也要求有全球导航系统支撑。从前瞻性考虑，导航卫星星座体制应以建立全球导航系统为长远目标。由于全球导航系统的工程实施，投资巨大，建设周期长，建议从技术经济条件出发，按先区域、后全球，分两步实施。为此，需要在先实施的区域系统考虑与未来全球系统的体制兼容，保证区域星座可以扩展为全球星座。今后可根据国力和实际需要，发射后续卫星，以最小的代价平稳地过渡到全球系统。

应采用中高度圆轨道（MEO）卫星星座。这是一种 12 h 周期、倾角为 55°~63.43°的轨道，是经过 GPS 和 GLONASS 系统成功运行，被证明性能优良的全球星座轨道。分析计算表明，24 颗倾角为 55°的 MEO 卫星分布在 3 个轨道面内，可满足全球导航精度（3 个倾角为 54.74°的轨道面通过地心相互正交，卫星在全球分布最均匀）。由于每一 MEO 卫星星下点轨迹历经全球，可达到全球导航的目的，而且可立足于本国国土内测控所有卫星。这种单一由 MEO 卫星组成的星座必须布满全部 24 颗卫星才能有效地投入运行，如要满足民航可用性要求和精密近进，则必须再增加 6 颗 MEO 卫星，也可以增加地球静止轨道卫星（GEO）进行区域加强。

GEO 作为区域加强是一项适合于中国的成熟技术。卫星星座可一天 24 h 静止在规定的赤道位置上空，提供本区域导航服务，卫星利用率高，已广泛应用于全球导航系统的区域增强系统。全区域需布设几颗地球静止轨道卫星则取决于导航服务区域要求的大小。

总的说来，中国的卫星导航系统的第一步建设规模取决于当前的国家目标、市场以及

投资能力。在当前我国国力有限的条件下，尚不具备争夺导航国际市场的科技与产业能力，只能尽快在国内及周边地区实现区域卫星导航，逐步地以国内产品取代充斥市场的进口产品。因此，在建设规模上近期内以建成东部北半球中、低纬度区域导航系统为宜。

计算表明，对于 24 颗星的 Walker 24/3/2 全球星座，只要发射其一半卫星数的子星座并与已有的北斗导航系统 3 颗后续地球静止轨道卫星（增设第二代导航系统所确定的导航频段）相结合，可满足区域系统的导航要求。如果后续布满 24 颗卫星，则可发展为高精度区域加强的全球系统。

4.3 导航频段宜采用国际导航系统通用的 L 频段

为了中国二代导航系统与国际导航系统的导航用户接收机兼容，测距伪随机码应自我独立，但频段要尽可能接近国际导航系统通用的 L 频段。

4.4 建立空间高精度的卫星时间基准

所有星载时钟需保持与系统时钟同步。系统在中心控制站设有系统时间基准 STS，一般由一组氢钟或铯钟担任，并与 UTC 校准和保持同步，这有利于 STS 的长期稳定性和提供用户 UTC 时间。系统钟的精度可以达到 1 ns，和 UTC 时的同步精度不超过 100 ns。系统分布在各地的轨道测定与时间同步站采用氢钟或铯钟，并严格与 STS 同步，这些站的任务是保证各个星载原子钟与 STS 的同步。

卫星环境条件与限制方面，星载原子钟的应用的环境条件与限制远比在地面应用恶劣。为保证其寿命、与卫星同步和很高的可靠性，每个卫星需至少 3 台钟，2 台互为热备份，1 台冷备份，这在体积、质量和电源功率提出了严格要求。星载原子钟还必须承受卫星发射过程中的恶劣振动条件。此外，星载时钟还需要防护中圆轨道空间 Van Allen 辐射带的影响和温度的变化。

星载时钟稳定度要求方面，由星载时钟频率稳定度引起的测距误差要求控制在 1 m 范围内，或 3.33 ns 左右。各卫星与地面系统钟同步方法误差则应控制在 1 ns 之内。对于星钟有规律的频率漂移，原则上可以预报修正，但不可太大。此外，还必须校准好相对论效应和地球重力异常效应。系统建设初期同步校准时间间隔可暂取 24 h，至少取 12 h，但今后为了提高系统抗敌方摧毁地面站能力，同步校准时间间隔应可以拉长到 1~3 个月而不显著降低定位精度。

星载原子钟，GPS 卫星采用铷钟和铯钟，以铯钟为主。GPS - A 型卫星每天由地面监控系统更新星历和星钟修正系数，用最新数据可以提供 5.3 m 的总测距精度；GPS - R 型卫星采用新型的铷原子钟，频率稳定性能比 GPS - A 型高一个量级，并采用星间相互无线电链路定轨，卫星能够自主运行 180 天，总测距精度仍可达到 7.4 m，如果每隔 30 天由地面监控系统作 210 天数据集的星历和星钟修正系数更新，总测距精度可达 5.3 m。俄罗斯 GLONASS 系统，采用每星 3 台铯钟，每 12 h 地面对星载钟校准一次。欧共体 GALILEO 系统则计划采用铷钟，氢钟作为备份。为了满足时钟与轨道误差的综合误差不超过 0.65 m（1 m）的要求，每 30 min 地面要对星载钟更新一次校准数据。

无论采用何种时钟同步测量的方法，均要考虑广义相对论引力势变化对原子钟的影响和狭义相对论卫星高速运动对原子钟的影响。

在确定我国星载原子钟的发展策略和技术途径方面，应结合我国卫星导航系统的继承和发展需要，在不同阶段发射的卫星可以使用不同类型的原子钟，系统建设初期可以采用精度较低但相对成熟的原子钟，随着系统的不断建设和国内原子钟技术的发展，在后续的卫星中可以采用精度更高的原子钟，但要以不对系统和卫星做大的改动为前提。从目前的研究情况来看，国内铷钟有较好的研究基础，但精度较差，尚需要进一步进行攻关。为了满足整个系统定位精度对时间同步的要求，在运行初期要求每 24 h 对卫星时钟进行测量和校准。随着后续卫星采用稳定度和精度更高的原子钟，可以将时钟校准间隔延长，增加系统的自主运行时间。

在卫星导航系统和铷钟研制的同时，还应当对氢钟或铯钟开展研究。从目前的基础看，氢钟相对铯钟在国内有较好的基础，但在体积和质量方面，距离上星还有很大的差距。

参 考 文 献

[1] 中国空间技术研究院译. 欧洲全球导航卫星系统（GNSS-2）比较研究，2001.
[2] 童铠. 我国第二代卫星导航系统的星座方案，1999，11.
[3] Под редакцией В. Н. Харисова А. И. Перовва, В. А. бопдина, Москва ипржр. глонасс глобалвная спутниковая радио-навигационная система, 1999.

附录

童铠院士生平活动年表

1931 年　9 月 12 日，出生于江苏省泰州市。
1943 年　9 月，泰州洧水桥小学毕业，考入江苏省泰州中学初中。
1946 年　9 月，江苏省泰州中学初中毕业，考入苏州高级工业专科学校。
1948 年　9 月，苏州高级工业专科学校毕业，到泰州电厂实习，同时在江苏省泰州中学高三插班就读。
1949 年　9 月，江苏省泰州中学高中毕业，考入青岛山东大学电机系电讯专业。
1950 年　1 月，在山东大学加入中国共产主义青年团，11 月 30 日，在山东大学加入中国共产党。
1952 年　9 月，山东大学电机系提前毕业。在济南山东大学工学院无线电教研室担任助教，10 月兼任教师党支部书记。
1953 年　9 月，在北京俄专留学生预备部学习俄语。
1954 年　9 月，因计划调整，出国推迟。在上海交通大学进修，师从张煦教授。
1955 年　9 月，苏联列宁格勒电信工程学院研究生，被选举兼任中国留学生党支部书记。
1956 年　9 月，列宁格勒电信工程学院研究生，被选举兼任列宁格勒中国留学生党总支委员。获选参加第七届世界青年联欢节。
1957 年　9 月，苏联列宁格勒电信工程学院研究生，被选举兼任列宁格勒中国留学生党总支副书记。
1959 年　秋，苏联列宁格勒电信工程学院研究生毕业，获技术科学副博士学位。1959 年底被借调到西安军事电信工程学院，担任微波多路通信教研室负责人，在校参军并被授予上尉军衔，荣立三等功一次。
1961 年　秋，调回国防部五院，在二分院十二所担任导弹制导总体研究室副主任，至 1964 年从事连续波测速定位系统研究，参加并主持完成某型号无线电指挥式制导测速定位系统体制选择。
1964 年　9 月至 1965 年 4 月，主持完成某装备型号控制系统大型山地校飞试验，负责制定试验技术方案和理论分析。试验结果为我国某国防装备采用某类惯性制导的决策提供了依据。
1965 年　9 月，调到七机部二院二十三所雷达总体室任副主任，从事雷达总体工作。
1966 年　参加并主持研制我国第一部精密制导雷达。
1969 年　年底，下放到河南正阳"五七"干校劳动锻炼。

1971 年	10 月，调回七机部二院二十三所雷达总体室。
1972 年	恢复七机部二院二十三所雷达总体室副主任职务，继续主持精密制导雷达的研制。
1974 年	完成了精密制导雷达外场地面系统联试、跟踪气球试验和校飞试验前的准备工作等。
1975 年	精密制导雷达在北京地区完成了 6 架次的飞行试验，证明原理正确、方案可行。
1976 年	精密制导雷达在高原地区成功地完成了 12 架次的校飞试验。
1977 年	当选为北京市第七届人民代表大会代表。同年完成精密制导雷达后续任务的方案设计工作，与他人合作开创了用自主研制的雷达专用小型计算机（当时称为数据处理器），实现对距离、角度和测速跟踪回路的控制。
1978 年	3~4 月，主持完成了大型精密跟踪、测量雷达的发展技术途径和总体方案论证工作。
1979 年	7 月，精密制导雷达成功地完成了国防装备型号的试验任务，交付使用。
1980 年	3 月，调到航天部某工程办公室，任副主任兼总工程师，主持工程微波测控系统的技术总体工作并协助解决工程另一系统研制中的技术难题。主持完成了校飞方案制定和校飞准备工作。
1981 年	8 月，负责校飞现场技术指挥，参加完成了某工程在北京地区 7 架次的校飞试验。
1982 年	1981 年 11 月至 1983 年年中，参加指导完成某卫星测控站的设备总装调试、系统联试、校飞、精度分析等工作。1981 年至 1983 年，多次到 549 厂指导工程另一系统的研制和总体工作。
1983 年	第四季度某工程向某卫星测控站初步移交，由基地执行卫星发射跟踪任务。
1984 年	2 月，在某测控站完成东方红二号第 1 颗地球同步通信卫星发射测控任务，担任该工程办公室副主任兼总工程师。 4 月，在某卫星测控站完成东方红二号第 2 颗地球同步通信卫星发射测控二线指挥任务。
1985 年	3 月至 1986 年 1 月，指导完成航天部北京地区第一个同步轨道卫星跟踪遥测接收站的技术改造和增建任务。 4 月，开展我国卫星导航定位系统及其发展途径的论证、预研工作。 10 月，在国防科工委有关会议上，做《卫星导航定位系统在国内应用前景》和《GPS 原理和概况》报告，探讨我国独立自主的卫星导航系统发展途径。 12 月，代表中国宇航学会在美国夏威夷"空间开发与利用"国际学术会议上，做题目为《发射同步通信卫星的中国测控系统》的学术报告。 完成《试验通信卫星目标散布椭圆预报及目标捕获问题》的研究总结报告。
1986 年	2 月，在某卫星测控站完成东方红二号第 3 颗地球同步通信卫星发射测控二线指挥任务。 3 月，参加并负责双星导航系统的方案论证、预研工作。

	8月16日，航天部五院五零三所成立，担任第一任所长。
1987年	至1988年，主持完成北京卫星地面监测站第二次改建任务。
	2月，参加并指导双星导航攻关课题组，进行双星快速定位通信系统入站信号快速捕获系统的关键技术攻关。
	7月，指导完成《地球同步气象卫星指令与数据获取站（CDAS）总体方案设想》编写工作。
1988年	3月底，指导完成《CDAS站研制建议书》的编写。
	5月，在西安与总参测绘局研究双星系统立项问题。
	9月，参加并指导编写了《双星快速定位系统总体方案设想及可行性论证》报告。
1989年	1月初，CDAS投标成功，航天部五院与国家卫星气象中心正式签订了CDAS研制合同。
	3月，参加并指导CDAS中的S/DB课题攻关。
	4月，调航天部五院科技委，任常委。
	6月，指导完成《CDAS站总体方案设想》报告。
	9月，担任总设计师，主持研制我国第一座地球静止轨道同步气象卫星指令与数据获取站（CDAS）。
	10月，双星快速定位通信系统入站信号快速捕获系统攻关成功，在国内首先突破了长伪随机码在强噪声条件下的快速捕获的重大技术难题。
1990年	5月，参加并指导编写了《双星定位系统专题论证报告》。
	6月，到西安测绘研究所讲课，题目为《双星快速定位系统原理》。
	8月，经过1年多的技术攻关，终于研制出同步数据缓冲器（S/DB）的模样机。
	10月，由杨嘉墀院士主持的专家评审委员会对同步数据缓冲（S/DB）方案研究进行鉴定，一致认为该成果处于当代国际先进水平，获航天部科技成果一等奖。
1991年	1月，参加并指导编写了《双星快速定位系统总体方案设想及可行性论证》报告第二卷。
	9月，参加并指导用S/DB的初样设备进行了CDAS站接收与处理日本GMS原始云图试验，试验取得圆满成功。
	10月，被评为航天部有突出贡献老专家，享受政府特殊津贴。
	10月17日至11月15日，指导双星导航攻关组，解决了快速捕获入站信号和入站信号低碰撞概率要求的技术难题，经过专家鉴定，达到了国际先进水平，获航天部科技成果二等奖，对北斗导航试验卫星导航定位系统通过国家工程立项发挥决定性作用。
	12月至1992年4月，分别在CDAS站及上海五零九所和西安五零四所参加并指导，进行了原始云图星地对接试验、遥测遥控星地对接试验和三点测距星地对接试验，都取得了满意的结果。

1992 年	6 月，参加并指导编写了《双星快速定位系统可行性论证情况汇报》。 年底至 1994 年，指导、帮助国家交通部交通通信中心完成交通专用长途通信网北京主站系统工程的建设。
1993 年	3 月，在双星定位系统补充论证会上作报告。 4 月，参加并指导编写了《双星快速定位系统可行性分析报告》。
1994 年	1 月至 2001 年，被国防科工委任命为北斗一号卫星导航地面应用系统总设计师，指导完成总体技术方案设计和制定正确、合理的研制途径，解决关键技术难题，对重大技术问题决策进行把关。 至 1997 年 4 月，参加并指导 CDAS 站先后与风云二号卫星地面应用系统 5 次对接试验。国家卫星气象中心对 CDAS 站进行验收测试，全部功能和技术指标满足或优于国家气象卫星中心提出的研制任务书要求。 担任中国国际文化交流中心理事会第二、第三届理事。
1996 年	11 月，参加 1996 年台北无线电技术研讨会，进行学术交流，并作了题为《我国卫星数字技术的发展》的学术报告。
1997 年	4 月 28 日，进行了 CDAS 站向国家卫星气象中心的初步移交。 5 月 1 日起，CDAS 站交付用户管理投入试运行。 6 月 10 日，风云二号卫星的发射定点成功，CDAS 站顺利完成风云二号卫星的在轨测试任务。 9 月，参加并指导编写了《北斗导航卫星试验地面应用系统总体技术方案》。 10 月 21 日，国家卫星气象中心通过了对 CDAS 站的验收并进行了正式移交。11 月 29 日在国家卫星气象中心举行了 CDAS 站验收交付签字仪式，至此 CDAS 站研制任务全面完成。 11 月，当选为中国工程院院士。担任电子与信息学部 1998 年和 2000 年两届常委。
1998 年	5~6 月，进行了导航星地对接试验，指导解决了一系列关键技术问题，使设备初步实现了系统集成，达到了预期目标。 开展我国导航系列卫星后续任务方案研究。 领导东方红三号平台后续卫星的预研工作，负责卫星大系统设计和卫星总体优化，对于星际链路捕获跟踪技术等关键内容进行了大量的分析、复算和技术把关，取得了一系列显著的研究成果，为型号的工程立项发挥了重要的作用。 担任中国空间技术研究院科技委副主任。
1999 年	2 月，倡导并参加策划召开了"我国新一代卫星导航系统发展研讨会"。 6 月，审查新一代卫星导航系统《卫星总体方案可行性论证报告》。 9 月，撰写技术报告《关于发展我国新一代卫星导航系统的方案设想》。 11 月，完成《北斗一号与新一代导航定位系统的关系》论证报告。 12 月，随团赴俄罗斯访问，对俄罗斯卫星导航系统进行技术考察，随后完成对俄技术合作构想的报告。

2000 年	3 月，随团访问欧洲，回国后合作编写了《对欧洲导航定位系统的考察报告》。
4～5 月，作为主编，完成了《××工程技术手册：地面应用系统分册》的编写工作。
6～7 月，北斗一号导航系统进行了正样星地对接试验。与 9 位院士联名，通过中国工程院向国务院总理呈送《关于加速发展我国新一代自主卫星导航系统的建议》。
参加卫星导航系统方案讨论会，撰写了《我国新一代卫星导航系统的星座方案设想》。
2001 年	1 月，作为总设计师，圆满完成了我国自主研制、技术全新的北斗导航试验卫星导航地面应用系统研制任务。
年中，随团赴意大利，参加中国空间技术研究院与意大利合作的空间技术研究项目的验收。
撰文《我国研制成功第一代卫星导航系统——中国导航定位卫星系统的发展》。
12 月，建立研究课题——中国新一代卫星导航系统发展途径深化研究。
2002 年	4 月 23～25 日，申请并参加策划召开了第 181 次香山科学会议。会议的主题是"卫星导航星载原子钟与同步技术"。在会上发表论文的题目是《我国卫星导航系统发展研究，系统对星载原子钟与星地时间同步技术的需求》。
5 月 16 日，和陆建勋院士、王义遒专家联名给中国工程院院长、科技部长、自然基金委员会主任写信，希望国家对我国卫星导航星载原子钟与同步技术的发展加大支持力度。
2003 年	参加北斗导航系统应用论坛，发表文章《卫星导航系统在我国的应用与发展》。
在中科院 2003 年《高技术发展报告》第三章《航天技术新进展》中发表文章《导航定位卫星》。
2004 年	继续进行新一代卫星导航系统方案和星座设计。
2005 年	1 月，参加航空航天技术领域专家委员会第 13 次会议。
5 月，参加航天系统对 2005 年申报两院院士候选人的遴选工作。
6 月底，参加中国工程院及其信息与电子学部会议，参与 2005 年新院士第一轮评选活动。